普通高等教育"十二五"系列教

U0682442

泵与风机

BENG YU FENGJI

主　编　王洪旗

副主编　李广辉

编　写　徐　砚

主　审　吕玉坤

中国电力出版社
CHINA ELECTRIC POWER PRESS

内 容 提 要

　　本书是普通高等教育"十二五"系列教材（高职高专教育）。全书共分八章，其中：第一～四章为泵与风机的基础知识，主要讲述叶片式泵与风机的基本原理、结构和性能；第五～八章主要讲述泵与风机理论知识的应用，包括泵与风机运行调节的原理、方法以及泵与风机应用中节能和选型的相关问题，火力发电厂常用泵与风机的结构特点、工作方式和运行操作等方面的知识，泵与风机检修的基本知识和基本方法，并以大型火电机组典型的泵和风机为例，讲述了检修过程。

　　本书为高职高专热能与动力工程、火电厂集控运行专业泵与风机课程的教材，也可作为能源动力类其他相关专业的教学参考书；还可作为电厂运行和检修人员的岗位培训以及有关技术人员的参考用书。

图书在版编目（CIP）数据

泵与风机/王洪旗主编 . —北京：中国电力出版社，2012.4
（2023.5 重印）

普通高等教育"十二五"规划教材 . 高职高专教育
ISBN 978 - 7 - 5123 - 2572 - 2

Ⅰ.①泵… Ⅱ.①王… Ⅲ.①泵－高等职业教育－教材②鼓风机－高等职业教育－教材 Ⅳ.①TH3②TH44

中国版本图书馆 CIP 数据核字（2011）第 282398 号

中国电力出版社出版、发行

（北京市东城区北京站西街 19 号 100005 http：//www.cepp.sgcc.com.cn）
廊坊市文峰档案印务有限公司印刷
各地新华书店经售

＊

2012 年 4 月第一版 2023 年 5 月北京第七次印刷
787 毫米×1092 毫米 16 开本 14.75 印张 360 千字
定价 **48.00 元**

前　言

　　本书旨在适应职业教育的特点，以厚基础、重能力、求实创新为总体思路。从深化教学改革、突出电力行业的特色出发，本书适度地削减了难度大或繁琐的理论阐述部分，突出了热能与动力工程和电厂集控运行专业所要求的、与专业素质和技能密切相关的基本理论，力求符合实用、够用的职业教育原则，以适应电力职业教育的实际需要。

　　在内容的安排上，本书遵循由易到难、由理论到实际的原则顺序展开，形成了一定的层次，更加有利于教学大纲和教学计划的贯彻执行。本书的第一～四章为基础知识，主要讲述泵与风机在系统中的作用、工作原理、基本结构和性能；第五～八章主要介绍泵与风机理论知识的应用，主旨在介绍大中型火力发电机组常用泵与风机的典型结构特点、工作方式、操作和检修的一般问题，以及泵与风机的工作与系统的关联性和系统对泵与风机的要求。本书兼顾泵与风机的基础知识、运行和检修方面的内容，适合较多学时教学的需要。

　　本书由哈尔滨电力职业技术学院王洪旗担任主编，并编写第四、五、六章；哈尔滨电力职业技术学院李广辉担任副主编，并编写第七、八章；哈尔滨电力职业技术学院徐砚编写了第一、二、三章。全书由华北电力大学吕玉坤教授审稿，他对本书提出了详尽而宝贵的指导意见，编者对此深表感谢！

　　由于编者水平所限，本书难免存在不足之处，恳请读者批评指正。

编　者
2012 年 2 月

目 录

第一章 概 述

泵与风机是将原动机的机械能转换为流体的能量并输送流体的一种机械，用来输送液体的即为泵；用来输送气体的即为风机。泵与风机的工作介质是流体，所以它们属于流体机械类。泵与风机的形式和结构多样，种类繁多，它们广泛地应用于石油、化工、造船、水利、轻工、电力等国民经济的各个领域，属于通用机械范畴。

在日常生活中，人们常需要用水泵输送生活用水。冬季采暖系统的热水循环，卫生设施的冷、热水供应，城市的给排水等都需要以水泵作为动力设备。在农业生产中，农田灌溉与排涝也是以水泵作为动力设备的。在工业生产中，泵的作用十分重要，采矿用水、矿井的排水、石油开采向地层注水、一般工业设备的冷却用水也都需要水泵。

风机的应用也和泵的应用同样广泛。从日常生活的通风、空调，工业生产的厂房通风，到矿井、地铁等特殊场所的通风，都需要以风机作为动力设备。某些工厂用气力输送物料，也需要以风机作为动力设备。

上述列举的泵与风机应用场合仅仅是很少一部分，实际上泵与风机是应用最广泛的通用机械设备之一，据有关统计，仅各种水泵的耗电量就占全国总发电量的 1/5。在火力发电厂，泵与风机的应用同样具有重要的地位。从消耗电力的角度来看，大型火力发电机组，各种泵与风机的容量占机组发电量的 5% 左右，对于中小型机组，这一比例要大得多。因此，泵与风机运行的经济性对整个机组的经济性有着重要的影响。

在火力发电厂中，需要许多泵和风机同时配合主机工作，才能使整个机组正常运转，生

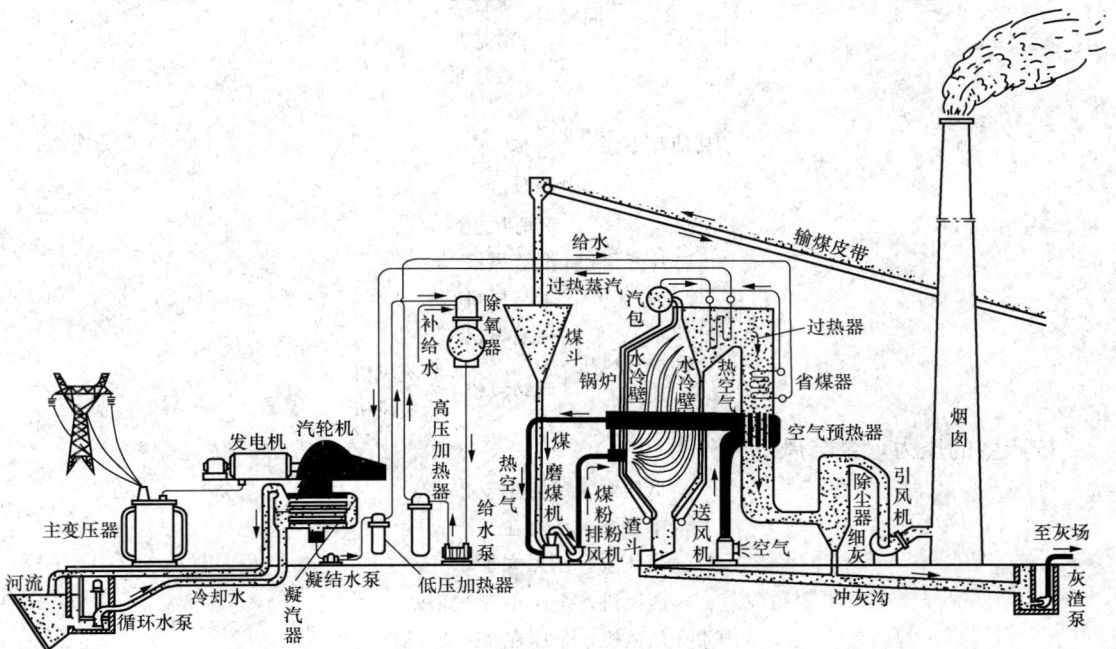

图 1-1 火力发电厂生产过程

产出电能。如图 1-1 所示，锅炉的给水，供给燃烧所需的空气，排除燃烧后的烟气，汽轮机排汽在凝汽器中凝结所需的冷却水输送及凝结水的排出，无不与泵和风机的工作有关。另外，各种转动设备的轴承，运行时都需要润滑，在各种强制循环的油系统中润滑油的流动是需要油泵作为动力的。由此可见，泵与风机是火力发电厂中汽、水、风、烟各个系统中介质运动的动力，掌握泵与风机的原理、性能及运行的规律对全面理解和掌握火力发电厂动力部分，并使之高效、安全地运行有着非常重要的意义。

随着火力发电厂中锅炉、汽轮机初参数的提高和单机容量的增大，为保证火力发电厂安全可靠和经济合理地运行，对泵与风机的结构、性能和运行调节也提出了更高的要求。

本书将着重介绍火力发电厂常用的、尤其是处于电力生产流程上的泵与风机。

第一节　泵与风机的分类及工作原理

一、泵与风机的分类

泵与风机的种类非常繁多，从不同的角度可以有不同的分类。按工作原理的不同，泵与风机大致可以分类如下：

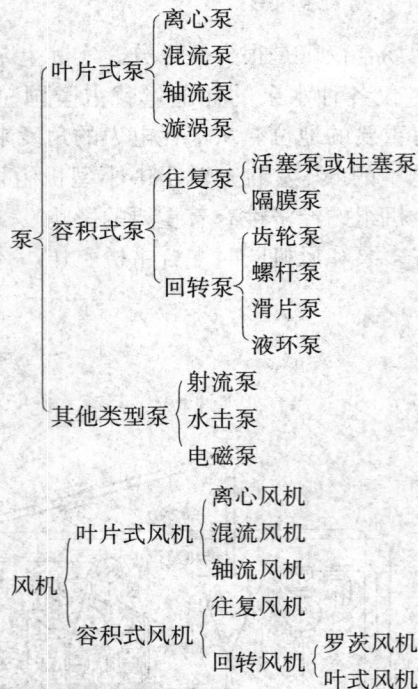

泵
- 叶片式泵
  - 离心泵
  - 混流泵
  - 轴流泵
  - 漩涡泵
- 容积式泵
  - 往复泵
    - 活塞泵或柱塞泵
    - 隔膜泵
  - 回转泵
    - 齿轮泵
    - 螺杆泵
    - 滑片泵
    - 液环泵
- 其他类型泵
  - 射流泵
  - 水击泵
  - 电磁泵

风机
- 叶片式风机
  - 离心风机
  - 混流风机
  - 轴流风机
- 容积式风机
  - 往复风机
  - 回转风机
    - 罗茨风机
    - 叶式风机

按产生的压力，泵与风机可分为：

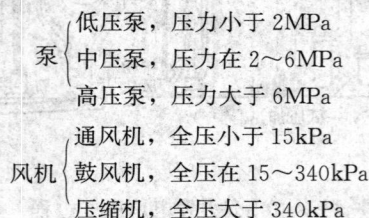

泵
- 低压泵，压力小于 2MPa
- 中压泵，压力在 2～6MPa
- 高压泵，压力大于 6MPa

风机
- 通风机，全压小于 15kPa
- 鼓风机，全压在 15～340kPa
- 压缩机，全压大于 340kPa

因为火力发电厂中的主要风机属于通风机类，故本课程中的风机主要是指通风机，而通风机的全压较小，气体密度变化不大，因此，同泵中的液体一样，气体在通风机中的运动可视为不可压缩流体的运动。

不同类型的泵与风机，其结构是不同的，这就决定了它们的性能特点、运行的要求、应用的范围和场合是不同的。叶片式泵与风机是在火力发电厂中最重要的形式，在火力发电厂热力系统中主要的泵与风机都是叶片式的。故叶片式泵与风机的原理、结构、性能和运行方面的知识是本书的重点内容。

二、叶片式泵与风机的工作原理

叶片式泵与风机是通过叶轮的旋转，由布置在叶轮上的叶片将能量传递给流体的。根据叶轮中的流体流动方式的不同，叶片式泵与风机有离心式、轴流式及混流式之分。

1. 离心式泵与风机的工作原理

离心式是泵与风机中应用最广的一种形式。离心式泵与风机内对流体做功的主要部件是叶轮，流体从轴向流入叶轮，由径向流出。

图 1-2 所示为离心泵工作原理示意。泵壳中的液体在高速旋转的叶轮带动下而旋转。在离心力的作用下，旋转中心的压力会降低，并由中心向周围半径大的位置压力递增。于是，在叶轮的中心位置的吸入口处形成低压区，而位于叶轮外围出口处形成高压区。若有如图 1-2 所示的管道接入泵壳，液体就会在外界大气压力的作用下，经管道被吸入泵内，又在压力差的作用下，经压出管道被压出。

离心风机的工作原理与上述情况完全相同，故不再叙述。

离心式水泵启动前应在泵壳内充满液体，并应排净泵壳内的空气。这是因为空气密度比液体密度小得多，在旋转的叶轮中，产生的离

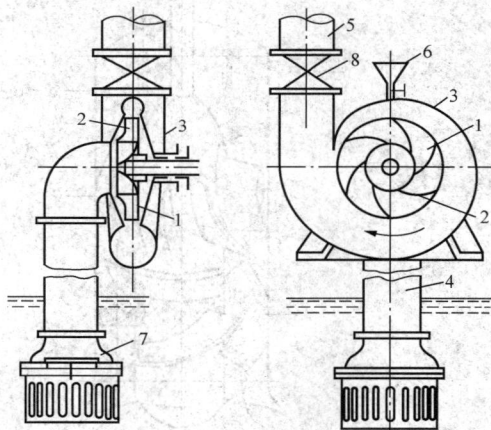

图 1-2 离心泵工作原理示意

1—叶轮；2—叶片；3—泵壳；4—吸入管；
5—压出管；6—引水漏斗；7—底阀；8—阀门

心力要小得多，所以叶轮中的气体含量达到一定的程度时，叶轮的进、出口不能产生足够的压力差，就会使离心泵的吸入和压出过程停止，不能正常工作。图 1-2 中的引水漏斗就是给该泵启动前注水设置的，吸入管道的底阀可防止启动前注入的水或停泵时泵内的水漏失。

2. 轴流式泵与风机的工作原理

轴流式泵与风机是叶片式泵与风机的另一种形式。在轴流式叶轮中，流体轴向流经叶轮，没有径向速度分量，因此离心力对流体没有做功。在轴流式泵与风机叶片的通道中，流体绕叶片的流动类似于气体绕飞机的机翼流动。由流体力学知识可知，流体绕翼型流动时，流体对翼型有升力作用，同时，翼型对流体也就有一个反作用力。如图 1-3 所示，轴流式泵与风机叶轮上的许多叶片在旋转时相对于流体高速运动，形成升力，于是叶片也作用给流体一个与升力大小相等、方向相反的力。这个作用在流体上的力，推动流体流动，对流体做功，使流体不断地被吸入叶轮并在叶轮中轴向的圆柱面方向上流动，提高了流体的

机械能。

如图 1 - 3 所示，因为叶轮中的流体在叶片的推动下旋转向上流出叶轮，所以流体运动速度存在一定的圆周速度分量。为了回收流体旋转运动这部分动能，一般需要在轴流式叶轮出口侧设置导叶，将流向转为轴向。

和离心泵启动前必须注满水一样，轴流泵启动前也必须使整个叶轮浸没在水中。

3. 混流式泵与风机的工作原理

混流式泵与风机也是叶片式泵与风机的一种形式。流体从轴向流入混流式叶轮后，沿轴向渐扩的锥面流动，离心力和叶片升力的反作用力都对流体做功，使流体获得能量，如图 1 - 4 所示。混流式泵与风机的结构特点，决定其性能特点介于离心式和轴流式之间，图 1 - 4 所示为混流式泵结构示意。

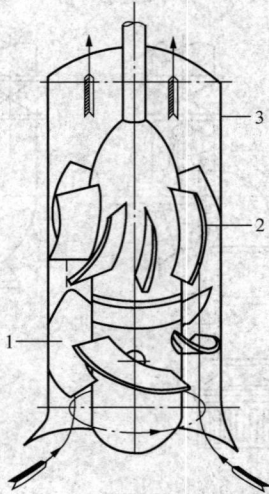

图 1 - 3　轴流式水泵示意
1—叶轮；2—导流器；3—泵壳

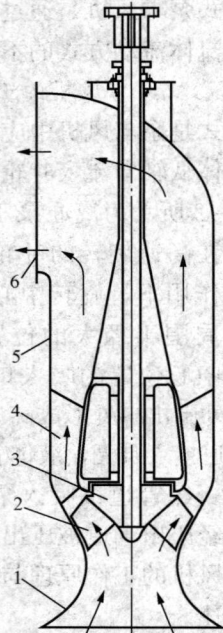

图 1 - 4　混流式泵结构示意图
1—吸入口；2—叶片；3—轮毂；
4—导叶；5—泵壳；6—出口

三种形式叶片式泵与风机的原理和结构的不同，使其在性能和适用场合上有所区别。离心式泵与风机的相对流量较小、相对能头则较高，轴流式泵与风机相反，而混流式泵与风机则介于两者之间。

三、容积式泵与风机的工作原理

这是由工作室的体积周期变化来输送流体的一类泵与风机，分为往复式和回转式。在火力发电厂的各类系统中，常用的容积式泵与风机主要有活塞泵和柱塞泵、齿轮泵、活塞式空气压缩机、罗茨风机等。

1. 活塞泵和柱塞泵

图 1 - 5 为活塞式泵工作原理图。该活塞式泵的活塞由曲柄和连杆带动，做往复运动。活塞在活塞缸内自最左位置向右移动时，工作室容积逐渐增大，压力逐渐降低，上方的排水阀关闭，下方的流体在外界与泵室内的压差作用下，顶开进水阀进入工作室，直至活塞移至最右位置为止，这个过程称为吸入过程。然后，在曲柄连杆机构的作用下，活塞开始自右向

左移动，使工作室内的流体受压。在这一压力作用下，进水阀关闭，排水阀打开，高压流体排至出水管，这个过程称为压出过程。活塞不断地左右往复运动，可使液体间歇性地吸入和排出泵室。

活塞泵的效率不高，主要用于小流量、高压力的场合。为了提高活塞承受高压的能力，常将活塞变形为柱状塞，制成柱塞式泵，如图 1-6 所示。一般高压往复式泵主要是柱塞泵。

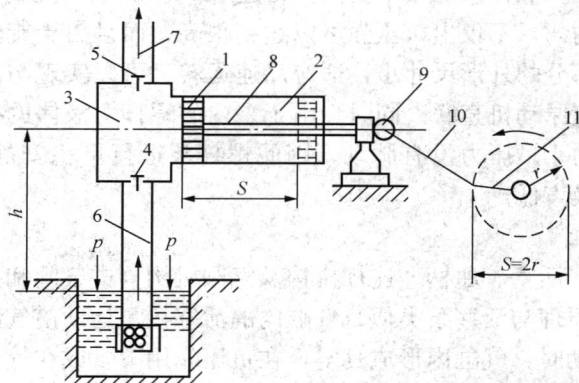

图 1-5　活塞式泵工作原理

1—活塞；2—活塞缸；3—工作室；4—进水单向阀；

5—排水单向阀；6—进水管；7—压水管；8—活塞杆；

9—十字接头；10—连杆；11—皮带轮

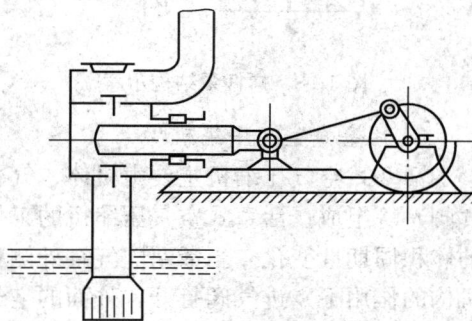

图 1-6　柱塞泵示意

2. 齿轮泵与螺杆泵

齿轮泵的结构比较简单，制造容易、成本较低，广泛地被用作液压系统和一些设备的润滑油系统中的油泵。齿轮泵的种类较多，按其啮合方式，可分为外啮合和内啮合齿轮泵。应用较广泛的是渐开线齿形的外啮合齿轮泵，见图 1-7 所示。

外啮合齿轮泵是由一对大小相等、模数相同的齿轮置于壳体内部，在壳体中间有两个通道，一个是进口（吸油口），一个是出口（压油口）。壳体前后的盖板和相互啮合的齿轮一起组成 a 和 b 两个密闭的工作腔。当主动齿轮按图 1-7 中所示的方向旋转时，原来啮合在一起的主动齿轮的轮齿 A 和从动齿轮的轮齿 D 逐渐脱开，因为 A 齿嵌在 D 齿右边的齿谷中，所以两齿脱开时使齿间的容积增大，形成部分真空。因此，在储油池中液面上大气压力的作用下油液被吸进吸油腔 a，并充满两齿脱开时增加的容积。随着齿轮的转动，每个齿轮的齿谷把油液从 a 腔带到 b 腔。齿轮在 b 腔进入啮合。图 1-7 中 B 齿和 C 齿啮合，C 齿进入 B 齿左端的齿谷中，使 b 腔容积减小，B 齿左端齿谷中的油液便被挤压出。齿轮不断地转动，齿轮泵就完成了连续的吸排油过程。

螺杆泵的工作原理和齿轮泵相似，它依靠螺杆相互啮合空间的容积变化来输送液体，图 1-8 所示为螺杆泵的结构示意。螺杆泵主要由主动螺杆、从动螺杆（可以是一根，也可以是两根或三根）和泵壳组成，

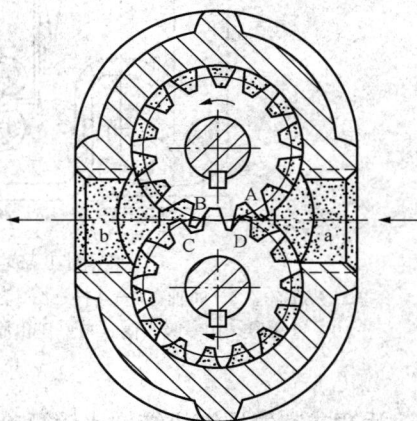

图 1-7　齿轮泵工作原理

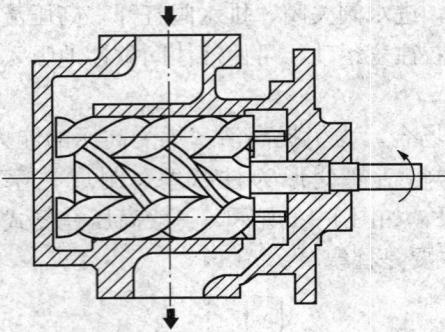

图 1-8　螺杆泵结构示意

主动螺杆与从动螺杆的螺纹方向相反。当螺杆旋转时。螺纹相互啮合，流体犹如螺母一样沿螺杆的轴向移动，从而将流体自进口排向出口。

螺杆泵和齿轮泵的性能相似。与齿轮泵相比较，螺杆泵的效率更高，可达 70%～80%，流量更均匀，不仅出口压强可以达到很高，而且由于旋转部分的外形尺寸小，适应高速运转，可以实现与高速原动机直联。同时，由于泵内的螺杆对液体的扰动小，压力没有脉动，因此螺杆泵运行平稳安静、噪声低。

3. 活塞式空气压缩机

活塞式空气压缩机主要由机体、气缸、活塞、曲柄—连杆机构及气阀机构（进气阀和排气阀）等组成。活塞式空气压缩机的工作原理与活塞泵类似，气缸内的活塞往复运动使气缸的体积周期性变化。当活塞向气缸外侧移动时，气缸内形成真空，在负压作用下（或在气阀机构的作用下）进气阀打开，外面的空气经进气管充满气缸；当活塞向气缸内移动时，进气阀关闭，空气因活塞回行而压缩，直至排气阀打开，经压缩的空气经排气管送入储气罐。

图 1-9 所示的 L 形空气压缩机是一种常见的两级两缸双作用水冷活塞式空气压缩机。空气压缩机由电动机或柴油机带动，气缸有两级，第一级为低压缸，第二级为高压缸。为了增加输气量和减少功率消耗，在两级气缸间采用水冷（或风冷）却器。空气自滤清器进入第一级压缩机气缸，经压缩后排至冷却器冷却，然后再进入第二级压缩机气缸，经第二级压缩后，排至储气罐。

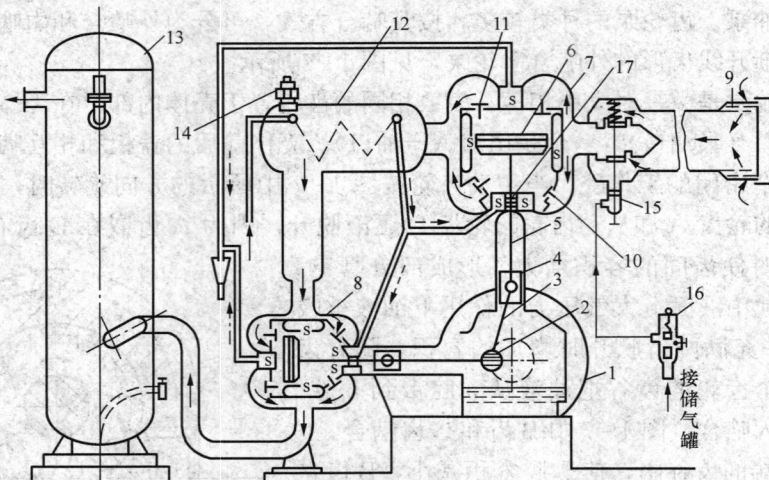

图 1-9　L 形空气压缩机的构造示意图

1—皮带轮；2—曲轴；3—连杆；4—十字头；5—活塞杆；6—活塞；7—第一级气缸；8—第二级气缸；9—过滤器；10—吸入阀；11—压出阀；12—中间冷却器；13—储气罐；14—安全阀；15—减荷阀；16—压力调节器；17—填料箱

活塞式空气压缩机结构比较简单，操作容易。压力变化时，风量变化不大，但由于排气量较小，且有脉动流出现，所以一般根据系统的风量要求设一个或几个储气罐。空气压缩机组本身尺寸较大，再加上储气罐，故安装占地面积较大，有时还要采取除水滤油措施。

4. 罗茨风机

图 1-10 为罗茨风机简图，风机壳内有两个外形是渐开线的"8"字形的叶轮，它的工作原理与齿轮泵相似，即每个叶轮相当于只有两个齿的齿轮。两个叶轮分别装在互相平行的两根轴上。两个转子中的一个是主动轮，另一个是从动轮，两个"8"字形的叶轮呈同步反向转动。在机壳体外，轴上装有互相啮合的两个齿轮以保证两轴转动同步。运转时如同齿轮泵的原理，气体从进口吸入，由出口排出，若改变两转子的旋转方向，则吸入和排出口互换。罗茨风机的两叶轮之间、叶轮与机壳之间间隙很小，使转子能自由运动而无过多的泄漏，故其容积效率较高。

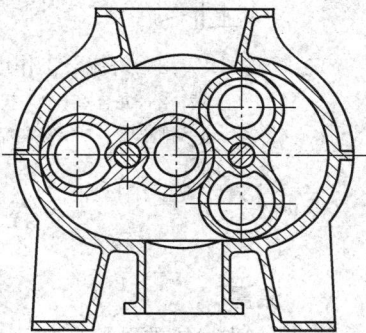

罗茨风机具有结构简单、使用维修方便，运行时不需要内部润滑，避免了输送介质含油，风机内部磨损轻等特点，在发电厂广泛用于循环流化床锅炉、除灰系统、气力输送等系统中。

图 1-10   罗茨风机简图

容积式泵与风机为定排量泵与风机，不能用关小出口阀的方法来调节流量，更不能在出口阀门关闭的情况下工作。为了避免罗茨风机严重超压和转子倒转，必须在它的压出管道上配备安全阀和止回阀。

四、其他形式的泵与风机

1. 水环式真空泵

水环式真空泵工作原理如图 1-11 所示，其工作原理是星状叶轮偏心地装在圆筒形的工作室内，当叶轮在原动机的带动下旋转时，存在于工作室内的水被叶轮甩至工作室内壁，形成水环，水环内圈上部与轮毂相切，下部形成一个月牙形的气室，右半个气室顺着叶轮旋转方向使两叶片之间的空气容积逐渐增大，压力降低，因此将气体从吸入口吸入；左半个气室顺着叶轮旋转方向使两叶片之间的空间容积逐渐减小，增加吸入气体的压力，使其从排气口排出。叶轮每旋转一周，月牙形气室使两叶片之间的空间容积周期性改变一次，从而连续完成一个吸气和一个排气过程。叶轮不断地旋转，便能连续地抽排气体。

在火力发电厂中，水环式真空泵常用于抽吸凝汽器内的气体，以保持凝汽器的真空度。在运行中，水环式真空泵内的一部分水会随着气体排出，必须不间断地向泵内补水。

图 1-11   水环式真空泵工作原理

1—叶轮；2—泵缸；3—吸气腔；4—排气腔；
5—轮毂；6—进气口；7—排气口；8—工作液体

2. 射流泵

射流泵工作原理如图 1-12 所示。根据流体力学原理，流体被加速时，它的压力要降低。射流泵内，工作流体由喷嘴高速射出，携带喷嘴周围的流体一同进入扩散管，并在喷嘴出口形成高真空。混合室内的流体不断地被射流带走，使空间的真空得以保

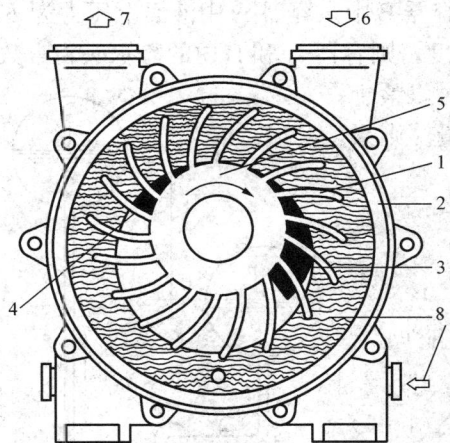

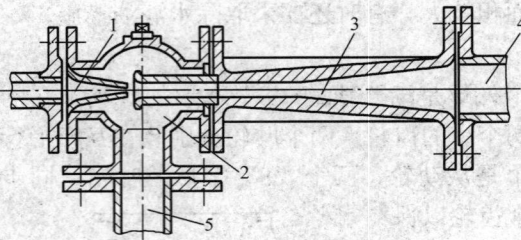

图 1-12　射流泵工作原理
1—喷嘴；2—混合室；3—扩散管；
4—排出管；5—吸入管

持，并且在混合室内真空的作用下，被抽吸的流体经吸入管不断地被吸入，这就是射流泵的工作过程。射流泵除了可以用作抽吸凝汽器内的气体外，在电厂的水力除灰系统中，也可用射流泵抽送含有大量悬浮颗粒的灰水。

射流泵的工作流体可以是蒸汽，也可以是水。以蒸汽为工作流体的射流泵也叫射汽抽气器，以水为工作流体的射流泵也叫做射水抽气器。

第二节　泵与风机的主要参数

一、流量

单位时间内泵或风机所输送流体的数量称为流量。常用的流量有体积流量和质量流量两种。体积流量用符号 q_V 表示，常见的单位为 m³/s、m³/min、m³/h、L/s。质量流量用符号 q_m 表示，常见的单位为 kg/s、kg/min、kg/h、t/h。

体积流量和质量流量的关系是：质量流量（q_m）＝密度（ρ）×体积流量（q_V）。

二、扬程或全压

单位重力作用下的液体在泵内所获得的能量称为泵的扬程，即扬程为泵出口液体的能量头比入口液体的能量头提高的数值，用符号 H 表示，其单位为 m（米液柱高）。同理，单位体积的气体在风机内所获得的能量称为全压，以符号 p 表示，单位为 Pa。

泵与风机的扬程或全压可根据实际情况由能量方程确定，现分析如下。

1. 选择泵与风机时扬程或全压的计算公式

管路中流动的流体所需要的能量，是由工作在管路系统中的泵或风机提供的。因此，泵与风机的扬程和全压可根据维持管路系统内流体流动所需要的能量来确定。

如图 1-13 所示，一台泵将容器 A 中的水输送至容器 B 中，容器 A 中液面上压力为 p'，容器 B 的液面上的压力为 p''。若忽略容器内的流动速度，则容器 A 和 B 内的静水头为常数，可用自由表面上的静水头代表容器内的静水头。此时，整个管路系统中，流体流动所需的能量即为泵输出的能量。则泵的扬程就必须满足流体流动所需的总能头，包括：

（1）容器 A 和 B 的位置能头差 H_z；

（2）容器 A 和 B 的压力能头差 $\dfrac{p''-p'}{\rho g}$；

（3）吸入管路和压出管路的总阻力损失 h_w。

于是，该泵的扬程为

$$H = H_z + \frac{p''-p'}{\rho g} + h_w \qquad (1-1)$$

式中的总阻力损失 h_w 为吸入管道阻力损失与压出管道阻力损失之和，即 $h_w = h_{w1} + h_{w2}$。

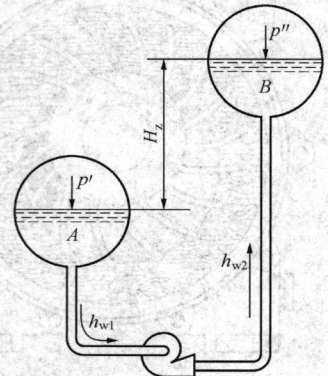

图 1-13　管路系统能量的分析

　　同理，风机的全压也可由气体在管路系统中流动所需的能量求得。一般来讲，气体的位能很小，可以忽略不计。则风机的全压就等于维持流动所需的能量，这个能量用单位体积的气体所具有能量的形式表示，即

$$p = (p'' - p') + \rho g h_w \tag{1-2}$$

　　一般用途的通风机，吸入空间气体的压力和压出空间气体的压力均接近当地的大气压力，如火力发电厂的锅炉送风机和引风机。这种情况下，风机的全压可近似地表示为

$$p = \rho g h_w = p_w \tag{1-3}$$

　　这种用管路系统运行时所需的能量来确定泵与风机扬程的方法，常用在已知管路系统的情况下，选择泵与风机时流量和扬程的计算。当然，实际计算时，需要考虑增加一定的富裕量。

　　2. 运行时泵与风机扬程或全压的计算公式

　　流体通过水泵时，由于能量被提高了，使泵出口处的能头大于入口处的能头，这个能头差就是泵的扬程。如图 1-14 所示，泵的入口处的能头为

$$H_1 = z_1 + \frac{p_1}{\rho g} + \frac{v_1^2}{2g}$$

泵的出口处的能头为

$$H_2 = z_2 + \frac{p_2}{\rho g} + \frac{v_2^2}{2g}$$

则泵的扬程就是

$$H = (z_2 - z_1) + \frac{p_2 - p_1}{\rho g} + \frac{v_2^2 - v_1^2}{2g} \tag{1-4}$$

式中　z_1、z_2——泵入口、出口的位置高度，m；

　　　　p_1、p_2——泵入口、出口截面上的液体压力，Pa；

　　　　v_1、v_2——泵入口、出口截面上的液体平均流速，m/s。

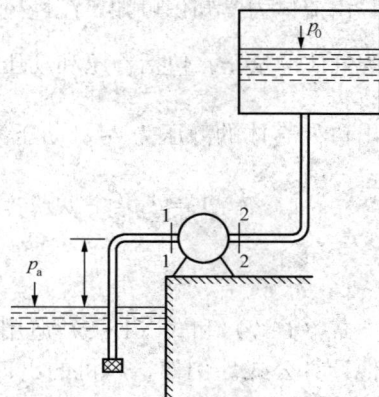

图 1-14　泵的扬程确定

　　根据具体情况，式（1-4）可变为以下两种情况。

　　（1）实际上多数的泵进、出口标高相同，即使不同，相对于泵的扬程来说其值一般也不大，可以忽略不计，则有

$$H = \frac{p_2 - p_1}{\rho g} + \frac{v_2^2 - v_1^2}{2g} \tag{1-5}$$

　　但是，对于火力发电厂的大型立式循环水泵，进、出口标高相差较大（有时能达到 2～3m），而循环水泵的扬程一般较小（有时只有 10m 左右），这时如忽略泵进、出口的高度差会导致计算误差过大，故不宜忽略水泵进出口高差。

　　（2）实际上许多泵的进、出口直径相同或比较接近，又因为液体的压缩性、泵的泄漏量均较小，泵的进、出口处液体的体积流量比较接近，所以一般可以忽略泵进、出口处的流速差。尤其对于高压泵，由于进、出口处的速度能头差相对于压力能头之差小得多，可忽略不计，则有

$$H = \frac{p_2 - p_1}{\rho g} \tag{1-6}$$

　　需特别指出的是，式（1-4）～式（1-6）中的压力 p_1、p_2 是泵的入口和出口截面在泵的轴心高度上的压强，而实际泵的运行中，入口和出口的压强需由压力表或真空表测得。然

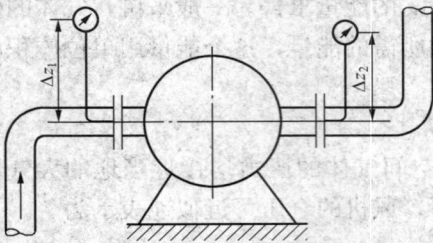

图 1-15 压力表或真空表安装
位置对扬程的影响

而，由压力表的读数 p_{g1}、p_{g2} 来取代 p_1、p_2 时，其安装的位置的不同会使扬程公式不同，如图 1-15 所示，则入口和出口的压力分别为

$$p_1 = p_{g1} + \rho g \Delta z_1$$
$$p_2 = p_{g2} + \rho g \Delta z_2$$

若入口为真空状态，真空表读数为 p_m，则

$$p_1 = -p_m + \rho g \Delta z_1$$

若压力表安装在泵的轴心下方，则 Δz_1、Δz_2 为负值。对于高压泵，当 Δz_1、Δz_2 不大时，不必考虑 Δz_1 和 Δz_2 的影响。由于泵所在的管路系统不同、计算时的已知条件不同，泵扬程的公式需根据扬程的定义式分析、推导得出。对于风机全压的计算也是如此。

由流体力学知识可知，流经风机气体的能量是以单位体积所具有的能量表示的，总机械能称为气体的全压，包括静压和动压。若风机进口处气体的静压为 p_1、动压为 $p_{d1} = \dfrac{1}{2}\rho v_1^2$；风机出口处气体的静压为 p_2、动压为 $p_{d2} = \dfrac{1}{2}\rho v_2^2$，根据风机全压定义，得到风机全压的定义式

$$p = (p_2 + p_{d2}) - (p_1 + p_{d1}) = \left(p_2 + \frac{1}{2}\rho v_2^2\right) - \left(p_1 + \frac{1}{2}\rho v_1^2\right) \tag{1-7}$$

或

$$p = (p_2 - p_1) + \frac{\rho}{2}(v_2^2 - v_1^2) \tag{1-8}$$

式（1-7）和式（1-8）适用于任何场合。根据风机管路系统的具体布置，它可派生出其他计算公式。例如，风机的出口直接通向大气时，$p_2 = p_a$，风机的全压为

$$p = (p_a - p_1) + \frac{\rho}{2}(v_2^2 - v_1^2) \tag{1-9}$$

又如风机的入口直接通向大气，$p_1 = p_a$，$v_1 = 0$，则

$$p = (p_2 - p_a) + \frac{\rho v_2^2}{2} \tag{1-10}$$

对于风机来说，在所提高的能量中，动能占有一定的比例，而管路系统的阻力损失要由风机的静压来克服，所以，静压是风机的又一个重要性能参数。根据 JB/T 2977—2005《工业风机、鼓风机和压缩机 名词术语》，风机的静压定义为

$$p_{st} = p_2 - \left(p_1 + \frac{\rho v_1^2}{2}\right) \tag{1-11}$$

因而风机的动压为

$$p_d = p_{d2} = \frac{\rho v_2^2}{2} \tag{1-12}$$

【例 1-1】 如图 1-13 所示，电厂给水泵中心位于标高 $\nabla_0 = 1m$ 处，给水由除氧器水箱供给，除氧器水面上压强 $p_A = 600kPa$，吸入管道直径 $d_1 = 250mm$，管长 $l_1 = 30m$，沿程阻力系数 $\lambda_1 = 0.025$，局部阻力系数之和 $\sum \xi_1 = 15$，给水泵出口的水送至锅炉汽包，压出管道直径 $d_2 = 242mm$，沿程阻力系数 $\lambda_2 = 0.028$，管长 $l_2 = 150mm$，局部阻力系数之和 $\sum \xi_2 = 200$，汽包内水面上压强 $p_B = 10\,000kPa$。给水系统内加热器、省煤器等设备的阻力损失 $h_w' = 19m$。除氧器水面标高 $\nabla_A = 14m$，汽包液面标高 $\nabla_B = 37m$。若给水泵流量 $q_m = $

235.45t/h，给水密度 $\rho=909.1\text{kg/m}^3$，试确定给水泵所必需的扬程。

解　吸入管中的流速为

$$v_1=\frac{q_m}{3600\rho A}=\frac{234.45\times1000}{3600\times909.1\times0.785\times0.25^2}=1.46(\text{m/s})$$

吸入管道的阻力损失为

$$h_{w1}=\left(\lambda_1\frac{l_1}{d_1}+\sum\xi_1\right)\frac{v_1^2}{2g}=\left(0.025\times\frac{30}{0.25}+15\right)\times\frac{1.46^2}{2\times9.81}=2(\text{m})$$

压出管道流速为

$$v_2=\frac{q}{3600A_2}=\frac{2300\times1000}{3600\times8918\times0.785\times0.242^2}=1.56(\text{m/s})$$

压出管道中的阻力损失为

$$h_{w2}=\left(\lambda_2\frac{l_2}{d_2}+\sum\xi_2\right)\frac{v_2^2}{2g}=\left(0.028\times\frac{150}{0.23}+200\right)\times\frac{1.56^2}{2\times9.81}=27(\text{m/s})$$

给水管道的总损失为

$$h_w=h_{w1}+h_{w2}+h'_w=2+27+194=223(\text{m})$$

给水泵的扬程为

$$H=H_p+H_z+h_w$$
$$=\frac{(10\,000-600)\times1000}{8918}+(37-14)+223=1300(\text{m})$$

【例 1-2】　有一装有进风管道和出风管道的送风机，用 U 形管在机进口处测得空气静压 p_{1b} 和动压 p_{d1} 分别为 $-37.5\text{mmH}_2\text{O}$ 和 $6.5\text{mmH}_2\text{O}$；风机出口处的静压 p_{2b} 和动压 p_{d2} 分别为 $19\text{mmH}_2\text{O}$ 和 $12.5\text{mmH}_2\text{O}$，试计算风机的全压。

解　该风机的全压为

$$p=(p_2+p_{d2})-(p_1+p_{d1})=(p_{2b}-p_{1b})+(p_{d2}-p_{d1})$$
$$=(19+37.5)+(12.5-6.5)=62.5\text{mmH}_2\text{O}\approx625(\text{Pa})$$

三、功率、效率及转速

泵与风机的功率是衡量做功能力的指标，分为有效功率和轴功率。我们将流体在泵与风机中获得的功率称为有效功率，用 P_e 表示，单位为 kW；将原动机传至泵与风机轴上的功率称为轴功率，一般以符号 P 表示，单位为 kW。

由于泵与风机内存在着能量损失，输入的能量不可能全部转化为所输送流体的能量。效率是指泵与风机内能量的利用率。我们将有效功率与轴功率的比值称为泵与风机的效率，用 η 表示，即

$$\eta=\frac{P_e}{P}\times100\%\tag{1-13}$$

效率越高，说明泵与风机的能源利用率越高，其经济性就越好。火力发电机组的泵与风机选择高效率的节能产品，并在运行中保持效率较高的工况，是提高发电的经济性、降低厂用电率的必要措施。随着机组容量的增大，对主要的泵与风机（如给水泵、送风机、引风机）的节能要求越来越高。

泵的有效功率可用式（1-14）计算，即

$$P_e=\frac{\rho gq_V H}{1000}\tag{1-14}$$

式中　P_e——有效功率，kW；

　　　ρ——液体的密度，kg/m³；

　　　q_V——泵的流量，m³/s；

　　　H——泵的扬程，m。

　　风机的能头一般用全压表示，所以风机的有效功率为

$$P_e = \frac{pq_V}{1000} \qquad (1-15)$$

式中　p——风机的全压，Pa。

　　泵的轴功率，可用式（1-16）计算

$$P = \frac{\rho g q_V H}{1000\eta} \qquad (1-16)$$

　　风机的轴功率，用式（1-17）计算

$$P = \frac{pq_V}{1000\eta} \qquad (1-17)$$

　　泵与风机运行时，若传动装置（联轴器或变速器等）的效率为 η_d，则原动机输出的功率 P_g 为

$$P_g = \frac{P}{\eta_d} = \frac{P_e}{\eta\eta_d} \qquad (1-18)$$

　　泵与风机运行时，若原动机的效率为 η_g，则原动机输入的功率 P'_g 为

$$P'_g = \frac{P_g}{\eta_g} = \frac{P}{\eta_d \eta_g} = \frac{P_e}{\eta\eta_d\eta_g} \qquad (1-19)$$

　　在选择原动机时，考虑到防止过载，故应加一定的富裕量，式（1-18）变为

$$P_M = K\frac{P}{\eta_d} = K\frac{P_e}{\eta\eta_d} \qquad (1-20)$$

式中　P_M——原动机的铭牌功率，kW；

　　　P——泵与风机的铭牌轴功率，kW；

　　　K——电动机容量安全系数。

　　电动机容量安全系数见表1-1。传动效率因传动方式而定，泵与风机由电动机直联传动或联轴器直联传动时，$\eta_d = 1.0$；用液力耦合器传动时，$\eta_d = 0.95 \sim 0.98$。

表 1-1　　　　　　　　　　　　　　电动机容量安全系数 K

电动机容量 （kW）	K 值			
	离 心 式			轴 流 式
	一般用途	除尘	高温	
<0.5	1.5	—	—	—
0.5~1.0	1.4	—	—	—
1.0~2.0	1.3	—	—	—
2.0~5.0	1.2	—	—	—
>5.0	1.15	1.2	1.3	1.05

泵与风机的转速也是其主要的性能参数之一。泵与风机的轴每分钟的转数称为泵与风机的转速，以 n 表示，单位为 r/min。在一定的转速下，产生一定的流量、扬程，并对应着一定的轴功率。当转速改变时，其流量、扬程、轴功率等都将随之改变。实际运行中，泵与风机的转速不一定为设计值，而是会随着负荷变化而少许变化。

一般来讲，高转速对提高泵与风机的综合性能是有利的。对于水泵，高速泵的叶轮级数少、泵轴为短而粗的刚性轴、泵体的尺寸也较低速泵小得多、效率也较高，这正是大容量机组的给水泵一般都采用高速泵的主要原因。

【例 1-3】 某台 IR125-100-315 型热水离心泵的流量为 $240 m^3/h$，扬程为 $120m$，泵效率为 77%，热水温度为 $80℃$，密度为 $970 kg/m^3$，试计算该泵有效功率和轴功率的大小。

解 该泵的有效功率

$$P_e = \frac{\rho g q_V H}{1000} = \frac{970 \times 9.81 \times 240 \times 120}{3600 \times 1000} = 76.13 (kW)$$

轴功率

$$P = \frac{P_e}{\eta} = \frac{76.13}{0.77} = 98.87 (kW)$$

【例 1-4】 G4-73-11№12 型离心风机，在某一工况下运行时测得 $q_{V1} = 70\ 300 m^3/h$，全压 $p_1 = 1440.6 Pa$，轴功率 $P_1 = 33.6 kW$；在另一工况下运行时测得 $q_{V2} = 37\ 800 m^3/h$，全压 $p_2 = 2038.4 Pa$，轴功率 $P_1 = 25.4 kW$。问风机在哪一种工况下运行较经济？

解 第一工况的运行效率为

$$\eta_1 = \frac{P_e}{P} = \frac{q_{V1} p_1}{1000 P_1} \frac{70\ 300 \times 1440.6}{3600 \times 1000 \times 33.6} = 83.7\%$$

第二工况的运行效率为

$$\eta_2 = \frac{P_e}{P} = \frac{q_{V2} p_2}{1000 P_2} \frac{37\ 800 \times 2038.4}{3600 \times 1000 \times 25.4} = 84.3\%$$

因为 $\eta_2 > \eta_1$

所以，第二工况的运行较经济。

思 考 题

1-1 简述泵与风机在火力发电厂中的重要地位。

1-2 泵与风机有哪些主要参数？它们的单位分别是什么？

1-3 泵与风机是怎样分类的？叶片式泵与风机可分成哪几种形式？各有何特点？

1-4 泵的扬程和风机的全压有什么不同？

1-5 为管路系统配置泵时，在已知管路系统需要提高的能头和流量的前提下，如何确定泵的轴功率？如何预测该泵使用时所需电源的功率？

习 题

1-1 一台离心泵压出水管上的压力计读数为 $260kPa$，吸水管上真空计读数为 250mm Hg。位于水泵中心线以上的压力计与联结点在水泵中心以下的真空计之间的标高差 $\Delta z =$

0.6m，吸入管与压出管直径相同。该离心泵此时的扬程为多少？

1-2　一台引风机在温度为 $t=190℃$ 时，自锅炉中排除数量为 80 000m³/h 的烟气。烟道在工作状态下的总阻力损失为 2800Pa。试求引风机进口为标准状态（压力为 101 325N/m³，温度为 20℃）时所产生的全风压。

1-3　为了满足锅炉燃烧的要求，在大气压力 $p_a=730$mm Hg、温度 $t=40℃$ 时的情况下，需要供给数量为 2000kN/h 的空气。设风道的总阻力损失为 1800Pa。试求在风机进口为标准状态下，风机必须具有的送风量及全风压。

1-4　离心泵自井中吸水，并将它输往一水池中。离心泵的流量 $q_V=100$m³/h，吸入管道直径 $d_1=200$mm，长度为 $L_1=8$m，压出管直径 $d_2=150$mm，长度为 $L_2=50$m。井中水面与水池水面的地形高差为 32m，若离心泵所需的轴功率为 14kW，试求离心泵的总效率。已知吸入和压出管道的沿程阻力系数均为 $λ=0.025$。吸入和压出管道的总局部阻力系数 $ζ_1=2.6$，$ζ_2=4.3$。

1-5　某离心泵的流量为 200m³/h，输水地形高差 $H_z=25$m，管道系统中总的流动阻力损失为 6m H₂O。离心泵的效率为 0.7，电动机的效率为 0.95，该电动机由挠性联轴器与泵轴相连的传递效率为 1.0。试求驱动离心泵的电动机的耗电功率。

1-6　某离心风机在送风量 $q_{V1}=70\ 000$m³/h 时产生的全风压 $p_1=1800$Pa，且此时消耗的轴功率 $P_1=61$kW。同一台风机，当全风压 $p_2=1000$Pa 时的送风量 $q_{V2}=100\ 000$m³/h，轴功率 $P_2=65$kW。问该风机在哪种情况下工作更为经济？

1-7　有一离心泵，装设在标高 ▽2=4m 的平台上（见图 1-16）。该泵从水面水位 ▽1=2m 的蓄水池中吸水，并送往另一水位标高 ▽3=14m，自由表面上的绝对压力 $p_0=120$kPa 的压力水箱中。当地大气压力 $p_a=101\ 325$Pa。

（1）试确定离心泵的流量及扬程。设安装在离心泵出口的压力表读数 $p_g=250$kPa。吸入管道长为 6m，直径 $d_1=100$mm，沿程阻力系数 $λ_1=0.025$，压出管道长为 60m，$d_2=80$mm，$λ_2=0.028$。吸水滤网的局部阻力系数为 7，每个 90° 弯管的局部阻力系数为 0.5，阀门的局部阻力系数为 8.0。

（2）确定原动机的功率。设离心泵的效率 $η=0.7$，功率的备用系数 $K=1.2$，原动机传动效率 $η_d=0.9$。

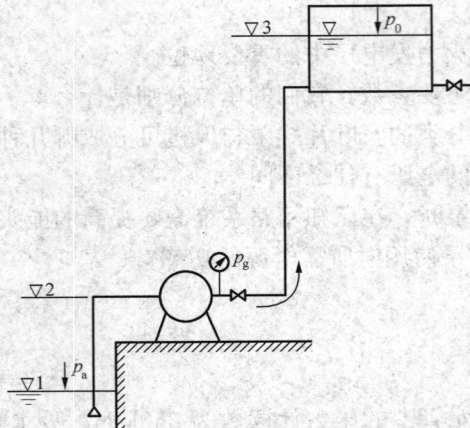

图 1-16　习题 1-7 图

第二章 叶片式泵与风机的基本结构

第一节 离心泵的主要部件

离心泵的主要部件包括转动部件、静止部件、密封部件等。

一、转动部件

转动部件包括叶轮、轴及轴套等。

1. 叶轮

泵内的液体是在流经叶轮时获得能量的，所以叶轮的作用是将原动机的机械能传递给液体，使液体的压力能及动能均有所提高。叶轮水力性能的优劣对泵的效率影响最大，故叶轮是离心泵最重要的部件之一。

离心泵叶轮一般由前盖板、叶片、后盖板和轮毂组成，如图 2-1 所示。叶轮有封闭式、半开式及开式三种形式。图 2-1、图 2-2（a）所示为封闭式叶轮，用于清水泵，效率较高。与封闭式叶轮结构相似但没有前盖板，或前、后盖板都没有的为半开式或开式，图 2-2（b）、（c）所示。半开式或开式的叶轮因其流道不易堵塞，常用于输送含有杂质的液体。由于半开式或开式的叶轮的效率较低，一般情况下较少采用。

离心泵叶轮还有单吸式和双吸式之分。叶轮在单侧仅有一个吸入口的形式，叫做单吸式叶轮；叶轮两侧各有一个吸入口的形式，叫做双吸式叶轮，如图 2-3 所示。双吸式叶轮既可以用于单级泵中，也可用作多级泵的首级叶轮。

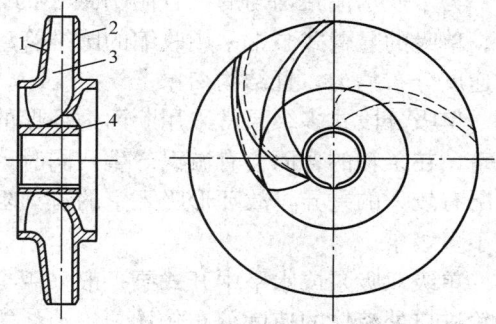

图 2-1 离心式叶轮构造
1—前盖板；2—后盖板；3—轮毂；4—叶片

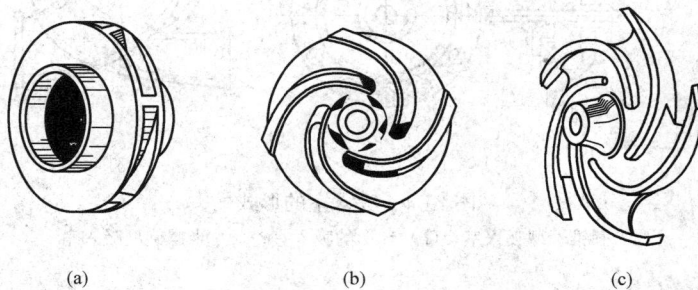

(a)　　　　　　　　(b)　　　　　　　　(c)

图 2-2 离心泵叶轮形式
（a）封闭式；（b）半开式；（c）开式

离心泵叶轮在运行中高速旋转，因为离心力的缘故，在材料内部产生很大的内应力，故不同的转速对材质有不同的要求。另外，因离心泵用途的不同或输送液体的不同，对叶轮的材质也有不同的要求。一般清水泵的叶轮的常用材质是铸铁、铸钢、合金钢等；输送具有一定腐蚀性液体时，叶轮的常用材质有青铜、磷青铜、不锈钢、陶瓷、塑料等。

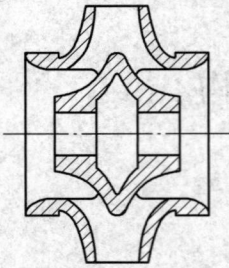

图 2-3 双吸叶轮

2. 轴及轴套

轴是传递扭矩的主要部件。中小型的泵多采用平轴，叶轮滑配在轴上，用轴套作轴向定位。近代的大型泵多采用阶梯式轴，用不等径的轴孔的叶轮热套法装在轴上，叶轮与轴之间为过盈配合，没有间隙。泵轴采用的材质常见的有优质碳素钢和合金钢。

在轴上通常还装有轴套，它的作用，一是给叶轮定位；二是保护轴，防止轴封填料或杂质对轴面的研磨。轴套的材质一般为铸铁，有时也用青铜或不锈钢等。

二、静止部件

静止部件包括吸入室、导叶、压出室等。

1. 吸入室

为了使水流在均匀的，且阻力最小的情况下流入叶轮，在离心泵的叶轮前需装有吸入室。单吸的悬臂式泵常采用收缩的圆锥管型吸入室，如图 2-4（a）所示。该形式叶轮入口的速度分布均匀，且结构简单。

单吸分段式多级泵常采用断面为环形的吸入室，如图 2-4（b）所示。由于泵轴穿过吸入室，在泵轴的背面会有漩涡产生。同时，因为叶轮旋转的原因，轴两侧的液体流入叶轮的情况有较大的差异，故环形吸入室的流动阻力较大。环形的吸入室的优点是轴向尺寸小，适宜于多级泵。

单级双吸泵或水平中开式泵一般采用半螺旋型吸入室，如图 2-4（c）所示。该形式的叶轮进口处液体的速度分布较均匀，消耗能量少。但是，叶轮前有一定的预旋，这将使泵的工作扬程有所下降。

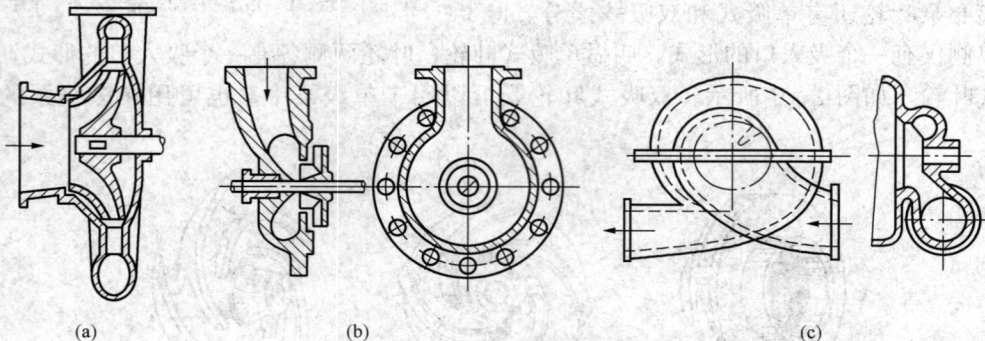

(a)　　　　　　　　(b)　　　　　　　　(c)

图 2-4 吸入室的形式

（a）圆锥管型吸入室；（b）环形的吸入室；（c）半螺旋型吸入室

2. 导叶

导叶也称为导向叶轮，它的作用是将从叶轮中甩出来的高速液体收集起来，并引导至次一级叶轮或泵的压出室。分段式的多级泵内都装有导叶，导叶有径向式和流道式两种形式。图 2-5 所示为径向式导叶，图中 a-b 为叶轮出口至正导叶入口前，b-c 为正导叶流道，c-d 为过渡区，d-e 为反导叶流道，后面为下一级叶轮的入口。末级叶轮的导叶中没有反导叶，只有正导叶。径向导叶和导叶外壳体构成了分段式单级泵的中间段。

　　流道式导叶与径向式导叶作用相同，但结构不同。它的特点是液体从导叶的入口到反导叶的出口都处于一个连续变化的流道内，速度变化均匀，如图2-6所示。流道式导叶的水力性能好，但设计和制造都较困难。

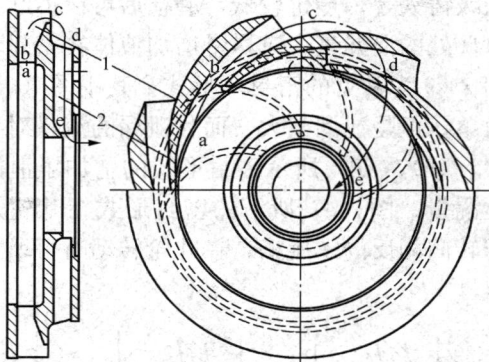

图2-5　径向式导叶
1—正导叶；2—反导叶

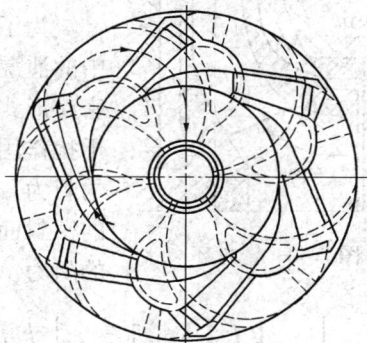

图2-6　流道式导叶

　　液体流出叶轮的速度方向和实际工况有关，导叶入口的安装角是按设计工况设计的，在非设计工况下的液体进入导叶的方向与导叶叶片的安装角不同，会产生冲击损失，使泵的效率降低。所以，在单级泵或中开式多级泵中一般不采用导叶。

　　3.压出室

　　从叶轮中获得了能量的液体，流出叶轮进入压出室，由压出室将高速的液体收集起来，引向次级叶轮的进口或引向泵的压出口，同时还将液体中的部分动能转化为压力能。压出室的液体流速很高，易形成较大的流动阻力损失，所以其水力性能的优劣对泵的效率影响很大。离心泵的压出室有螺旋形和环形两种。

　　环形压出室一般用于分段式多级泵中。液体从叶轮出口进入一个环形空间时会有很大的圆周速度，为了使圆周速度转化为压能，圆环形压出室内需设有导叶，图2-7（a）所示。因为液流进入导叶时会有冲击损失，故其效率一般不高。

　　图2-7（b）所示为螺旋形的压出室。这种压出室在汇聚叶轮输出的液体的同时，还可将液体的部分动能转化为压力能，故该形式压出室的效率较高。在单级单吸泵、单级双吸泵、中开式多级泵中一般均采用螺旋型压出室。

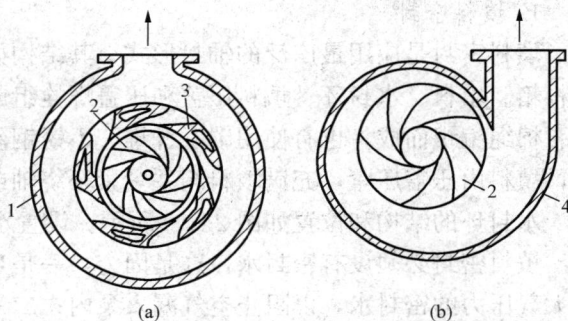

(a)　　　　　　　(b)

图2-7　压出室形式
(a)环形压出室；(b)螺旋形的压出室
1—环形压出室外壳；2—叶轮；3—导叶；
4—螺旋形压出室外壳

三、密封部件

（一）内密封装置

为减少泵壳内液体从高压处向低压处的泄漏，泵内一般设有内密封装置。内密封装置包

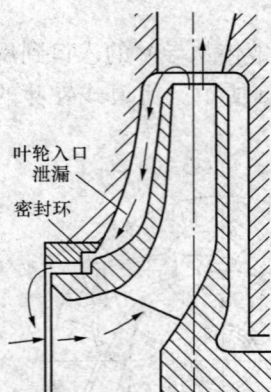

叶轮入口
泄漏

密封环

图 2-8 密封环

括叶轮入口处的密封环和多级泵的级间密封。密封环又称卡圈、口杯或防漏环，如图 2-8 所示，作用是对叶轮吸入口与泵壳之间的间隙进行密封，以减少高压液体向吸入口的回流，并保护泵壳和叶轮入口，避免磨损。密封环通常采用硬度较低的耐磨材料如青铜、碳钢、高级铸铁等，造价较低，磨损后可以拆卸更换。

为了减小密封环处的泄漏量，应尽量增加液体在密封环间隙中的泄漏阻力。图 2-9 为常见的密封环形式，其中图（a）所示密封形式的结构简单，但是泄漏量大，而且泄漏的流量对主流有干扰作用；图（b）、（c）、（d）所示密封形式的增加了泄漏流体的阻力，可减小泄漏量；图（e）所示的密封形式在叶轮入口处的密封面上开有与转向相反的螺旋槽，在叶轮转动时可增加泄漏的阻力。

图 2-9 叶轮密封环形式
（a）平环式密封环；（b）单齿迷宫密封；（c）多齿迷宫密封；（d）锯齿形密封；（e）螺旋槽密封

（二）外密封装置

为了防止泵内的水泄漏至泵外，以及泵外的空气漏入泵内，离心泵需设置外密封。外密封装置主要是指轴端密封（简称轴封），用于泵壳与两端轴间的密封。轴封的形式很多，常见的有如下几种。

1. 填料密封

填料密封是应用最广泛的轴封形式，其结构如图 2-10（a）所示。填料密封由泵壳上的填料箱、填料、水封环、填料压盖和压盖螺栓组成。填料也称为盘根，一般是由浸油和石墨的石棉绳编织而成，也有使用碳素纤维、不锈钢丝、合成纤维等材料编织而成的。正常工作时，填料由压盖压紧，充满填料箱并紧紧环绕轴或轴套，阻止泵内的水大量地向外泄漏。

水封环的结构和位置如图 2-10 所示。设置水封环的目的是让密封水能顺利进入填料箱内。填料密封必须设有密封水，这是因为：一是当泵内低于大气压力时，从水封环处注入高于大气压力的密封水，以阻止空气漏入泵内；二是通过向轴封注入密封水来冷却和润滑轴表面。填料用压盖适度压紧，运行时应有少量密封水滴漏出泵外。压盖压力过小则泄漏损失大；压盖压力过大则会增大填料和轴（或轴套）的摩擦，使轴封过热并使泵的效率降低。

填料密封的缺点是填料和轴（或轴套）之间的摩擦大，有较大的功率损耗，运行时产生大量热量，故填料密封的效率较低。但是，由于其结构简单可靠，填料密封广泛应用于中小型泵或低速泵，一般要求密封处的圆周速度不大于 25m/s。

2. 机械密封

机械密封定义是：由至少一对垂直于旋转轴线的端面在流体压力和补偿机构弹力（或磁

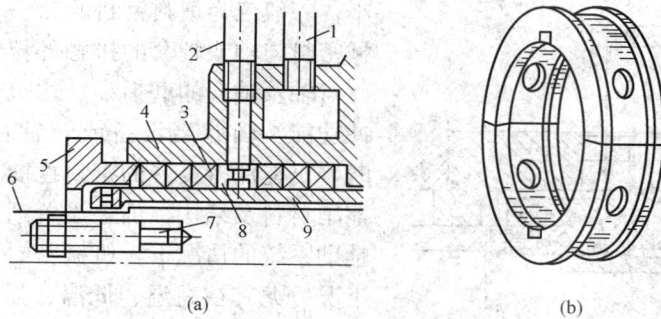

图 2-10　填料密封

(a) 结构；(b) 水封环

1—冷却水管；2—水封管；3—填料；4—填料箱；5—压盖；6—轴；

7—压盖螺栓；8—水封环；9—轴套

力）的作用以及辅助密封的配合下保持贴合并相对滑动而构成的防止流体泄漏的装置。机械密封由主要部件（动环和静环）、辅助部件（密封圈）、弹力补偿机构（弹簧、推环）和传动件（弹簧座及键及各种螺钉）等组成，其工作原理示意如图 2-11 所示，由弹簧的压力和泵内液体的压力把动环紧压在静环上，被精确加工的动、静环的端面形成配合精密的密封面。运转时，在密封端面上的动、静环之间形成一层极薄的水膜，起到冷却和润滑的作用。密封面的温度不可过高，否则可导致密封面内水膜汽化，造成机械密封工作不正常。为此，机械密封的端面需要密封水来冷却。密封水的回水经泵外的热交换器冷却后，并经过磁性过滤器后重新进入机械密封，形成封闭循环。

动环和静环是构成机械密封最主要的元件，在很大程度上决定了机械密封的使用性能和寿命，因此，对其有很高的要求：①要有足够的强度和刚度，保证在工作条件下不损坏，变形应尽量小，工作条件波动时仍能保持密封性；②密封端面应有足够的硬度和耐腐蚀性，以保证工作条件下有满意的使用寿命；③应有良好的耐

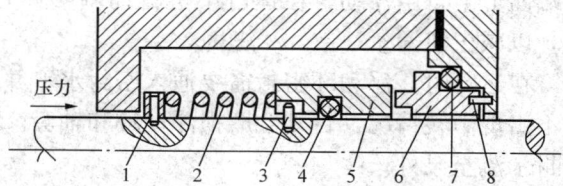

图 2-11　机械密封工作原理示意

1—弹簧座；2—弹簧；3—传动销；4—动环密封圈；

5—动环；6—静环；7—静环密封圈；8—防转销

热冲击能力，材料有较高的导热系数和较小的线膨胀系数，承受热冲击时不至于开裂；④应有较小的摩擦系数和良好的自润滑性，材料与密封流体还要有很好的浸润性，工作中如发生短时间的干摩擦，不损伤密封端面；应力求简单对称并优先考虑用整体型结构；⑤要加工制造容易，安装和维修方便，价格要低廉。动、静环常见的材质有用碳化硅、铬钢、金属陶瓷、炭石墨浸渍巴氏合金、硬质合金等。

机械密封的类型很多，结构各异，但其基本原理、特点和使用要求是相似的。总的来讲，机械密封的特点是：①在长期运转中密封状态稳定、密封性好，泄漏量仅为软填料密封的 1% 以下；②机械密封端面的自润滑性及耐磨性好，而且具有磨损补偿机构，因此使用寿命长，其磨损量在正常工作条件下很小，一般可连续使用 1~2 年，有的可达 5~10 年；③在运转中即使摩擦副磨损后，密封端面由于弹簧力的作用始终自动地保持贴合，正确安装后一般不需要调整；④机械密封的端面接触面积小而且摩擦系数小，故机械密封的摩擦功耗

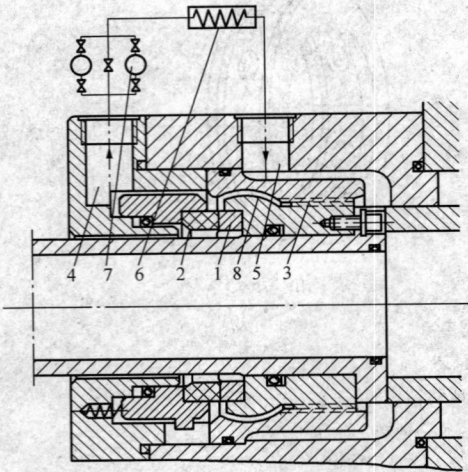

图 2-12 具有高鲁皮夫反向螺旋的机械密封

1—动环；2—静环；3—高鲁皮夫螺旋；
4—密封水出口；5—密封水入口；6—换热器；
7—电磁过滤器；8—导流通道

小，一般仅为填料密封的 20%～30%；⑤由于机械密封与轴或轴套的接触部位没有相对运动，因此对轴及轴套的磨损小；⑥机械密封由于具有缓冲功能，因此当设备或转轴在一定范围内振动时，仍能保持良好的密封性能；⑦在合理选择摩擦副材料及结构，加上设置适当的冲洗、冷却等辅助系统的情况下，机械密封可广泛适用于各种工况，尤其在高温、低温、强腐蚀、高速等恶劣工况下，更突显出其优越性。

由于其密封性能好、摩擦小、寿命长、工作稳定并适应高轴面速度等优点，近年来，机械密封在大型给水泵上得到广泛的应用。图 2-12 为应用在某引进 320MW 机组给水泵上的机械密封，该形式机械密封的特点是在动环座轴套上具有高鲁皮夫（Golubiev）反向螺旋。实际上就是旋转套上的螺纹与静止衬套里的螺纹方向相反，旋转时对密封水有泵水作用，推动密封水的循环。

3. 浮动环密封

图 2-13 所示为浮动环密封，该装置利用浮动环和轴套表面的间隙的节流作用逐级降低泄漏水压来控制泄漏，密封环受到轴套表面上液体动力支撑作用，可使浮动环沿支承环的密封端面上下自由浮动，在运行中可自动调整环心。浮动环与轴套间的密封间隙可以做得很小，以减少泄漏量。

在运行时，浮动环密封需要通入密封水，并且任何情况下密封水不能中断，以确保浮动环不出现干转情况，否则会磨损浮动环和轴套。运行中有一小部分密封水流入泵内，大部分密封水流至泵外。

浮动环密封允许的圆周速度较大（可达 40m/s），故用于大型高速泵中。由于该型密封的轴向尺寸大，这对一般高速泵要求采用短而粗的刚性轴是不利的。

4. 其他密封形式

离心泵常用的轴封形式除了上述三种之外，还有迷宫密封及流体动力密封等。

迷宫密封是利用转子和静子间的间隙变化，对泄漏流体进行节流、降压，从而实现密封作用。图 2-14（a）所示为金属迷宫密封，该形式密封的轴与静止密封片的间隙较大，即使在泵启停的情况下（热变形很大时），也不会发生动、静部件之间的摩擦，所以，该形式的密封可靠性高，且结构简

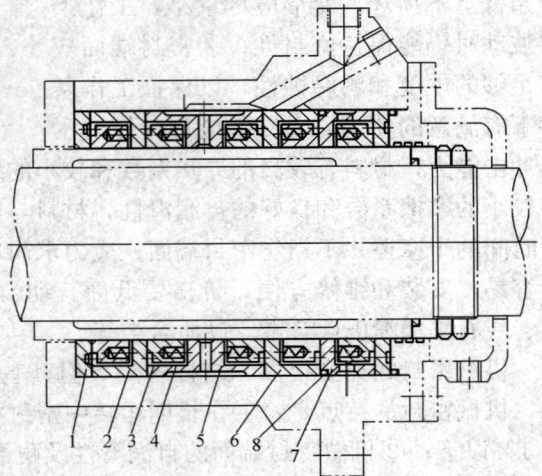

图 2-13 浮动环密封

1—密封环；2、5、6、7—支承环；3—浮动环；
4—弹簧；8—密封圈

单，损耗功率小。炭精迷宫密封是将密封片做在轴套上，与之配合的炭精环有若干个弧段组成，装在密封室中，如图 2-14（b）所示。轴套上的密封片尖端与炭精环接触时摩擦力很小，不会产生很多的热量，也不会损伤密封片，因而可使密封片与炭精环的间隙大大减小，从而使泄漏量减小。螺旋密封是一种非接触型的流体动力密封，在密封部位的轴表面上具有反向螺旋槽，如图 2-14（c）所示。泵轴转动时，反向螺旋槽对泄漏至密封部位的液体产生向泵内泵送作用，从而达到减少泵内液体泄漏的目的。迷宫密封原来主要用于汽轮机、燃气轮机、航空燃气轮机、压气机等，现在也常见于大型高速离心泵中。由于迷宫密封的泄漏量大，对泵的经济性是不利的，但由于其安全可靠，对恶性条件的适应能力较强（如密封水中断时），可避免轴封摩擦造成的严重事故，因此近代的大型高速泵常采用这种形式的轴封。

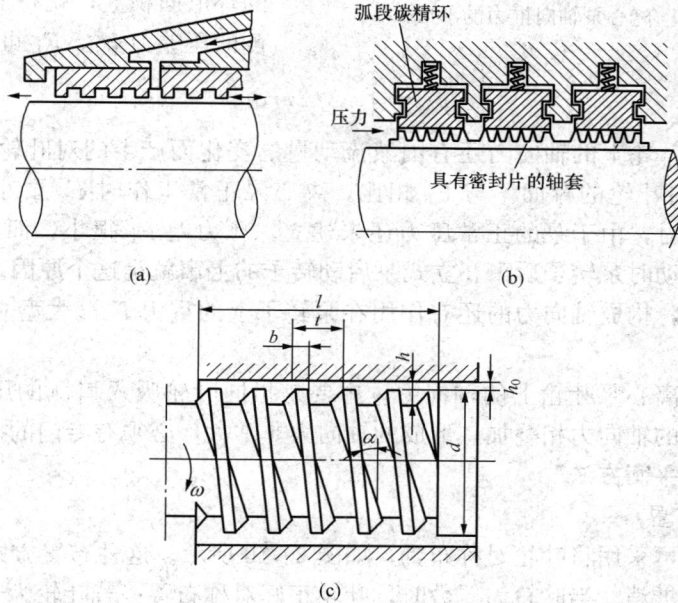

图 2-14　其他轴封形式

（a）金属迷宫密封；（b）炭精迷宫密封；（c）螺旋密封

第二节　离心泵的轴向力、径向力及其平衡

一、轴向力的产生

在如图 2-15 所示的单吸叶轮上，由于两侧压力分布的不同，会产生一个指向吸入口侧的力，即离心泵叶轮的轴向力。对于叶轮两侧压力分布不同的原因现分析如下。

当叶轮旋转时，液体的压力在叶轮中被提高后进入压出室，再经泵的出口排出，同时，会有极少量的高压水流沿叶轮与泵壳的间隙流入环形腔室 A 和 B。在旋转的叶轮带动下，A 和 B 腔中液体的平均旋转速度为叶轮旋转角速度的 1/2，可根据旋转液体中压力分布规律得出半径 r 处的液体压力 p 为

$$\frac{p}{\rho g} = \frac{p_2}{\rho g} - \frac{\omega^2}{4} \frac{(r_2^2 - r^2)}{2g}$$

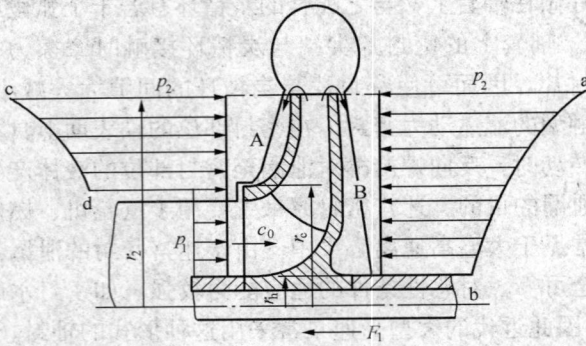

图 2-15 离心泵轴向推力的形成

这就在叶轮的后盖板上形成了图 2-15 中 a-b 所示的压力分布。在叶轮的另一侧，为了减少高压水向吸入口低压区的泄漏，在吸入口处设有内密封装置，这样，将图 2-15 中叶轮左侧面分成了不同压力分布的两个区。半径大于 r_c 的环形面积上压力较高，如图 2-15 中的 c-d 所示，与右侧对应的面积上的压力分布对称而相互抵消；而在叶轮两侧面半径小于 r_c 的环形面积上，就有了一个指向吸入口侧的压差力 F_1，F_1 可表示为

$$F_1 = \int_{r_h}^{r_0} \Delta p 2\pi r dr$$

另外，作用在叶轮上的轴向力还有因液流动量的变化而产生的对叶轮的冲击力 F_2，方向与 F_1 相反，指向叶轮的背面。与 F_1 相比，离心泵正常工作时 F_2 要小得多，可忽略不计。但是在泵启动时，由于泵的正常压力还未建立，压力差 F_1 很小，而冲击力 F_2 的作用较明显。卧式泵启动时泵转子后窜、立式泵启动转子的上窜就是这个原因。

如果是立式泵，构成轴向力的还有作用在泵转子上的重力 F_3。大型立式泵应设有推力轴承支撑转子重量。

总之，作用在离心泵叶轮上的轴向力，主要是指向叶轮吸入口侧的压差力。对于多级泵，每一级叶轮上的轴向力相叠加，形成的轴向力非常大，必须有专门的措施来平衡。

二、轴向力的平衡方法

1. 叶轮对称布置

对于多级泵，可采用将叶轮对称布置，如图 2-16 所示。这种布置方式可以使不同的叶轮上的轴向力彼此抵消。当叶轮为偶数时，叶轮正好对称布置；若叶轮为奇数，首级叶轮可采用双吸叶轮，其余叶轮仍对称布置。

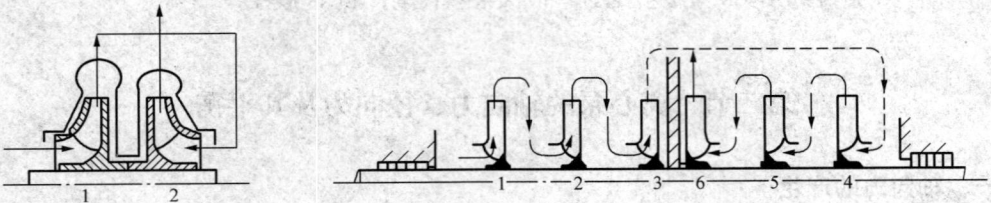

图 2-16 叶轮对称布置消除轴向力的方法

采用叶轮对称布置平衡轴向力的方法简单，但增加了外回流通道，造成泵壳结构复杂。这种方法主要用在中开式泵芯的圆筒式给水泵中。

2. 平衡孔及平衡管

为了消除叶轮前后的压力差，可在叶轮的后盖板靠近轮毂处开平衡孔，让液体经后盖板回流到叶轮中，如图 2-17 所示。为减少平衡孔的泄漏，在叶轮背面，与前盖板密封直径相同的位置需设有密封环。平衡孔的数目一般为 4~8 个，直径约 5~30mm。

采用平衡孔来平衡轴向力常见于单级泵和小型泵，但平衡孔的泄漏干扰了主流，使泵的效率下降。故在较大型的单级泵上常应用平衡管来平衡轴向力。平衡管的工作原理与平衡孔类似，不同的是叶轮背面高压水是经由平衡管泄漏至叶轮入口前的，这样，泄流对叶轮中主流流速分布的影响小，故使用平衡管比使用平衡孔平衡轴向力的泵效率高。

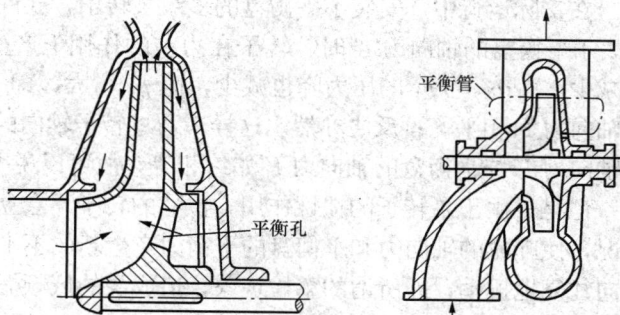

图 2-17　平衡孔及平衡管

平衡孔与平衡管平衡法简单、可靠，但泄漏量较大，对泵的效率影响较大。

3. 双吸叶轮

双吸叶轮两侧的结构对称，理论上不会产生轴向力。但是，由于制造上的误差，或运行中两侧密封环磨损等方面的差异，在双吸叶轮两侧压力并不严格地对称，会产生残余轴向力，需要采用具有一定承担轴向负载能力的轴承。

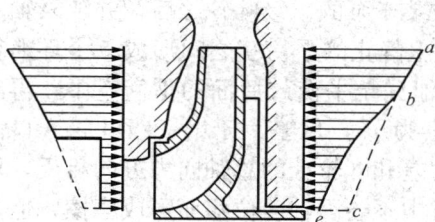

图 2-18　背叶片

4. 背叶片

背叶片是在叶轮背面铸径向肋筋，叶轮背面相当于半开式叶轮，增加了叶轮和泵壳间隙中液体旋转速度，如图 2-18 所示，使原压力分布曲线 abc 变为 abe，从而使叶轮前后总压力相平衡。

5. 平衡装置

多级泵的轴向力平衡方法除了上述的叶轮对称布置之外，常见的方法还有采用平衡盘、平衡鼓及平衡盘与平衡鼓联合装置的方法。

平衡盘装于末级叶轮后，固定于轴上，并随泵轴共同旋转，其平衡轴向力的结构原理如图 2-19 所示。若多级泵末级出水压力 p_2，经过叶轮与泵壳的间隙，到叶轮背面轴表面或轴套附近，液体的压力降至 p_3，液体再经过轴向间隙 b_1 泄漏到平衡盘前腔室中压力降至 p_4，再经过轴向间隙 b_2 流入平衡盘后的平衡室。平衡室的泄水一般由平衡管通至首级叶轮吸入口前，故排入平衡管的压力为 p_5。p_5 略大于首级叶轮吸入压力，而平衡室中作用在平衡盘上的平均压力略小于 p_5，为 p_6。这样，只要间隙 b_2 足够小，就会有足够大的压差（$\Delta p = p_4 - p_6$）作用在平衡盘两侧，产生一个压差力 F'。F' 与作用在叶轮上的轴向力的合力 F 方向相反，可以互相抵消。

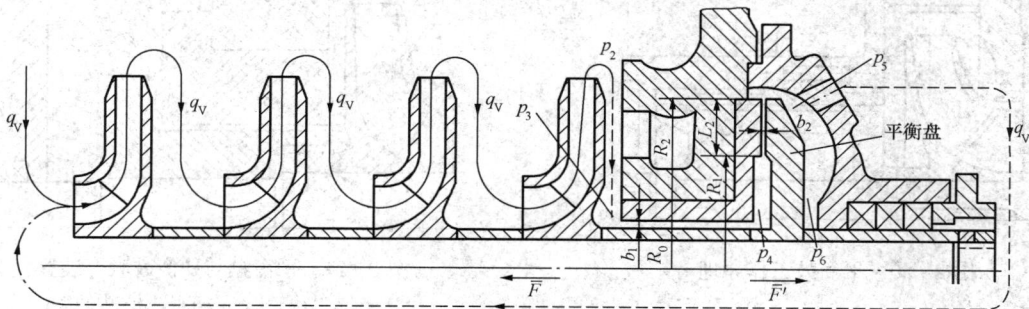

图 2-19　平衡盘平衡轴向力的原理

在实际运行中，安装了平衡盘的多级泵转子，允许有一定的轴向位移。当叶轮上的轴向力 F 大于平衡盘的轴向力 F' 时，转子在力差的作用下产生微小位移，径向间隙 b_2 减小，使泄水量减少，由 p_2 至 p_4 的压力降也减少，而 p_4 增大，即平衡盘上的轴向力 F' 增大，使之与叶轮的轴向力 F 相平衡；反之亦然。这样，通过转子轴向的位移，在泵的工况变动时，可保持叶轮的轴向力 F 与平衡盘的轴向力 F' 始终相等，故可以说平衡盘具有自动平衡轴向力的功能。

但是，由于泵转子的惯性作用，位移的转子不会立即停在平衡位置上，会发生位移过量的情况，使叶轮的轴向力和平衡盘的平衡力产生新的不平衡。在某种工况下，会造成了泵转子沿轴向往复地振动，即所谓的窜梭现象，造成泵的低频振动。这种现象严重时危及泵的安全。窜梭现象和泵的设计参数有关，主要是间隙 b_1、b_2、平衡盘的直径等。但是，在实际运行中窜梭现象很难彻底避免，尤其在小流量下，常有因窜梭引起平衡盘与平衡座的摩擦严重而迫使泵组停运的事故发生。因而在大型的高速泵中一般较少单独采用平衡盘装置来平衡轴向力。

导致平衡盘摩擦事故的另一个原因是在启动时，或调速泵在很低转速运行时，由于末级叶轮出水压力较低，平衡盘上的轴向力不足，常导致窜轴，造成平衡盘与平衡座的摩擦，甚至咬死。

由于上述的缺点，平衡盘仅用于中小型分段式的多级泵中，并要求有推力轴承作为抵消轴向力的辅助手段。

平衡鼓是多级泵轴向力平衡的另一种装置。平衡鼓装于泵的末级叶轮之后，并随泵轴一同转动，如图 2-20 所示。平衡鼓的外缘与镶嵌在壳体上静止的平衡套之间形成一个环形径向间隙，叶轮背面平均压力为 p_2 的高压液体经此间隙泄漏至平衡鼓后面的平衡室中，再经平衡管送到首级叶轮的入口前。平衡室中的压力较低，为 p_0，仅略大于第一级叶轮入口前的压力，故平衡鼓的两侧就有了一个压力差。这个压力差和叶轮上的总轴向力方向相反，可起到平衡轴向力的作用。和平衡盘相比，平衡鼓在运行中不会因轴向位移而形成摩擦，但是平衡鼓也不具有自动调整平衡力的能力。

装有平衡鼓的泵在工况变动时，不能完全平衡轴向力，需要附设双向推力轴承。另外，因为平衡鼓径向间隙的湿周大，故泄漏量大。为减少泄漏量，在平衡鼓的外缘表面及平衡套上，常开有反向螺旋槽，以增加泄流阻力。

实际上，在一些大型泵的多级泵上常采用平衡盘与平衡鼓联合装置来平衡轴向力，如图 2-21 所示。由平衡鼓承担 $50\% \sim 80\%$ 的轴向力，这就减少了平衡盘的负荷，从而可采用较大的轴向间隙，避免了因转子轴向窜动而造成的平衡盘摩擦。

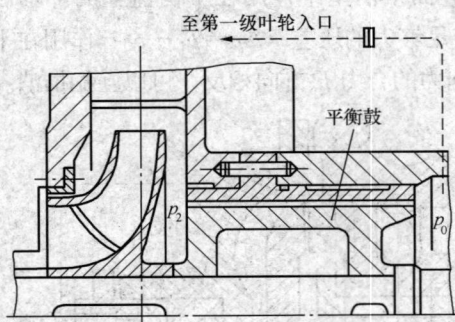

图 2-20 平衡鼓工作原理

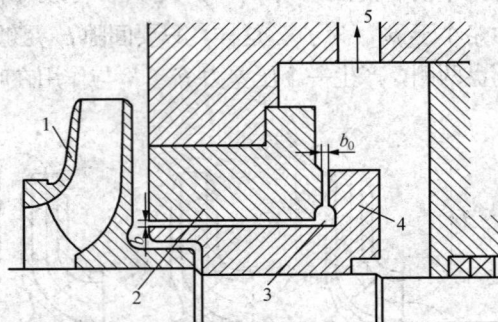

图 2-21 平衡盘与平衡鼓联合装置

1—末级叶轮；2—平衡座；3—中间室；

4—平衡盘与平衡鼓；5—接第一级吸入室

三、径向力的产生和平衡方法

螺旋形压出室在设计流量下工作，压出室中叶轮出口处液体的流速和压力都是均布的，此时的液体对叶轮的径向作用力为零。但是在泵的变工况条件下，叶轮周围的速度和压力是变化的，图 2-22 所示为某离心泵压出室中的水压在大于设计流量和小于设计流量时的分布情况。这样，当泵的流量偏离设计流量时，在叶轮上就产生了一个径向作用力。

运行中，泵的径向力使轴受到交变应力的作用，对泵产生损害，需设法消除。

单级泵径向力的平衡方法，一种是将压出室分成两个对称的部分，如图 2-23（a）所示；另一种采用两个对称的压出室，如图 2-23（b）所示。液体在对称的螺旋形压出室产生的径向力相互平衡，这样，在叶轮上就不存

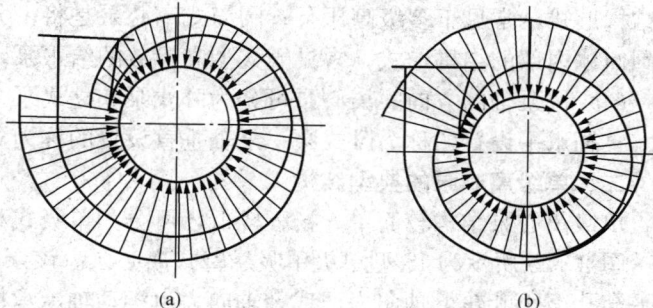

图 2-22　叶轮上的径向力
(a) 小于设计流量；(b) 大于设计流量

在剩余的径向力了。多级泵的径向力的平衡方法常采用两个相差 180°布置的压出室，如图 2-24 所示，这两级叶轮上的径向力相互平衡。这种方法虽然可平衡转子上的径向力，但是，由于这两个互相抵消的径向力不在一个平面内，在轴上会存在一个力偶。

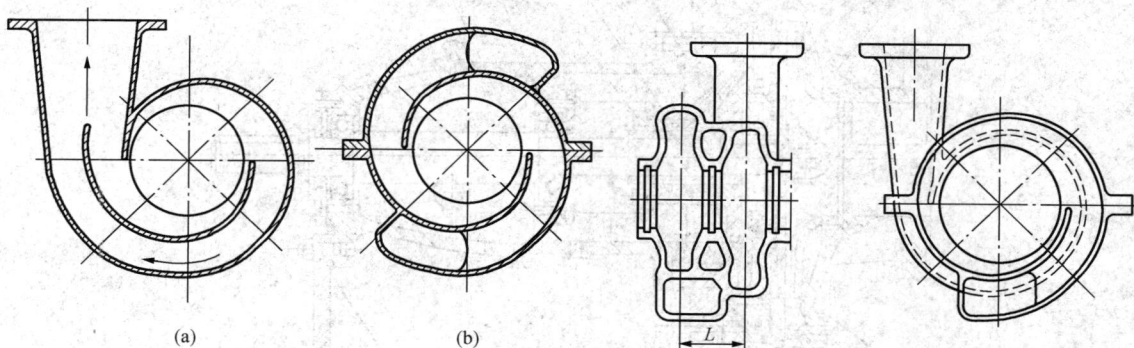

图 2-23　双层压出室和双压出室　　　　图 2-24　两个相差 180°的压出室

第三节　离心泵的整体结构形式

一、离心泵的结构形式

离心泵的结构形式虽然繁多，但是由于其工作原理相同，因而主要部件的形状也大体相似。按其结构特点，离心泵可做如下分类：

（1）按叶轮级数，离心泵可分为单级泵和多级泵。

单级泵即泵壳内仅有一个叶轮的离心泵；多级泵即泵壳内有两个或多个叶轮的离心泵，泵工作时液体依次流经每个叶轮，能量逐级被提高。叶轮的个数即为泵的级数，级数越多，水泵提高液体能量的能力就越强，泵的总扬程等于各级叶轮产生的扬程之和。

（2）按叶轮的吸入方式，离心泵可分为单吸泵和双吸泵。

单吸泵是指单级泵的泵壳上具有单侧吸入口的离心泵，常见于中小型水泵；双吸泵是指单级泵的泵壳上具有双侧吸入口的离心泵，常用于流量较大的场合。

（3）按泵壳的分开方式，离心泵可分为中开式、分段式和圆筒式。

中开式离心泵的壳体是按轴心线平面分开，两部分泵壳用法兰连接，中开式离心泵又有水平中开式和垂直中开式之分；分段式离心泵是将吸入段、中间段和压出段按轴向串联而成的结构形式，常见于多级高压泵；圆筒式离心泵是将一分段式或中开式结构的多级泵芯封闭于圆筒体内部的结构形式，常见于大型高参数的给水泵。

（4）按泵轴的方向，离心泵可分为卧式泵和立式泵。

泵轴水平设置的称为卧式泵；泵轴垂直设置的称为立式泵。

二、单级离心泵的典型结构

单级离心泵结构较简单、扬程较低，可分为单吸式和双吸式。

图 2 - 25 所示为 IS 型单级单吸悬臂式离心泵。该泵采用填料密封，密封水由泵内自供，有平衡孔减小叶轮上轴向力，残余轴向力由滚动轴承承担。叶轮两侧均设有密封环以减少泵内的泄漏。

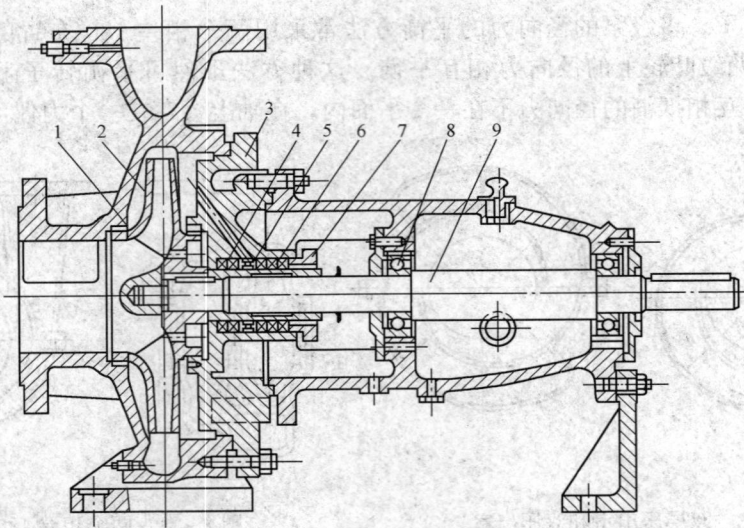

图 2 - 25 IS 型单级单吸悬臂式离心泵

1—密封环；2—叶轮；3—泵盖；4—轴套；5—水封环；6—填料；7—填料压盖；
8—滚动轴承；9—轴

图 2 - 26 所示为 S 型单级双吸式离心泵。泵壳为轴面水平中开式，吸入管和压出管位于泵体一侧，泵体泵盖两部用法兰连接，整个泵自叶轮中心两侧对称。双吸叶轮两侧对称的吸入口不仅避免了产生轴向力，也更适应大流量，并可以降低泵的进口液体流速，有更好的抗汽蚀性能。所以，有些高压离心泵的首级叶轮也采用双吸叶轮。大型 S 型离心泵的轴承多采用滑动轴承，中小型泵多采用滚动轴承，图 2 - 26 所示为采用滚动轴承的结构。

三、多级离心泵的典型结构

多级高压离心泵的主要结构形式有分段式和圆筒式。图 2 - 27 所示为较典型的分段式多

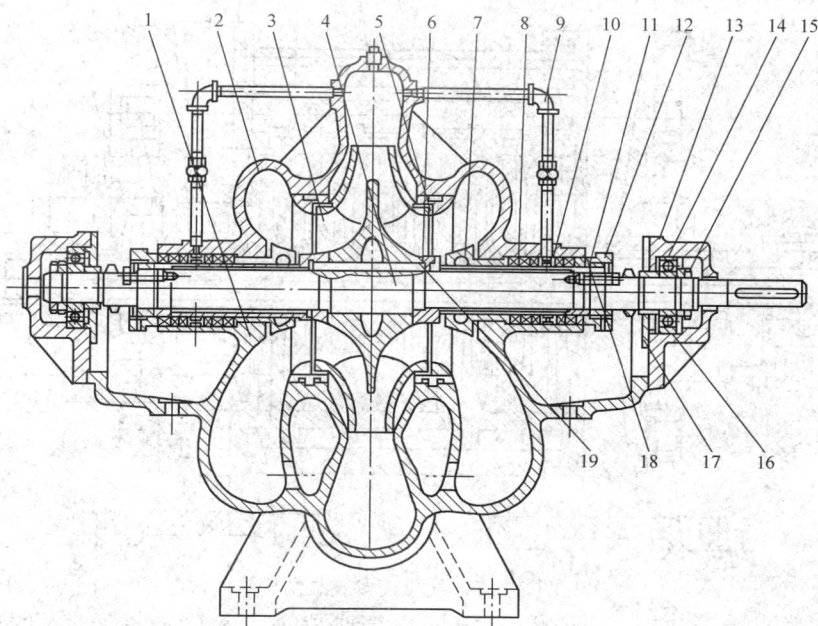

图 2-26　S 型单级双吸式离心泵

1—泵体；2—泵盖；3—叶轮；4—轴；5—密封环；6—轴套；7—填料套；8—填料；
9—水封管；10—水封环；11—压盖；12—轴套螺母；13—轴承体；14—轴承；
15—圆螺母；16—轴承挡圈；17—轴承端盖；18—双头螺栓；19—键

级离心泵的结构，各级叶轮串联安装在同一根泵轴上，连同平衡装置和联轴器等构成水泵转子。为避免汽蚀，一般多级泵首级叶轮进口直径比其他叶轮尺寸大。泵壳整体由各级叶轮对应的导叶组成中间段、吸入段和压出段三个部分，并用 8 根或 10 根较长的双头拉紧螺栓紧固在一起，构成泵体静止部分。为解决热态膨胀问题，在泵座上设有滑销导向装置，传动端（电动机侧）支座上为横销，自由端支座上为纵销。设置在泵壳外两端的轴承箱内各有一个径向滑动轴承（一般小型多级泵为滚动轴承），自由端轴承箱内一般还需设有推力轴承以克服额外的轴向力。分段式多级泵的主要优点是承压能力高，而且各中间段的结构相同、容易制造并且可以互换；缺点是拆卸和装配比较困难，结合面多，密封困难，抗热冲击性能差，易产生变形，造成泄漏和部件损坏。

　　双壳体圆筒式多级离心泵是大型机组配套给水泵主要采用的结构形式。与节段式水泵相比，圆筒式泵的优点是承压能力高、密封性好，泵体受热均匀、不易变形，检修时一般不需拆卸进、出水管道，而是将泵芯整体抽出，更换备用泵芯，大大减少了检修停机时间。

　　在级数较少时，多级泵也有中开式的泵壳结构。图 2-28 所示为某 200MW 机组配套的凝结水泵，该泵为立式垂直中开结构，泵盖一侧不与进出口管道相连，更便于检修时拆卸。两级叶轮采用口对口布置，让轴向力互相抵消。增加了入口直径的首级叶轮位于下方，并设置有诱导轮以提高其抗汽蚀性能。水泵的下轴承为水力润滑轴承，润滑水引自首级叶轮背面；上轴承为一对单列向心球轴承。

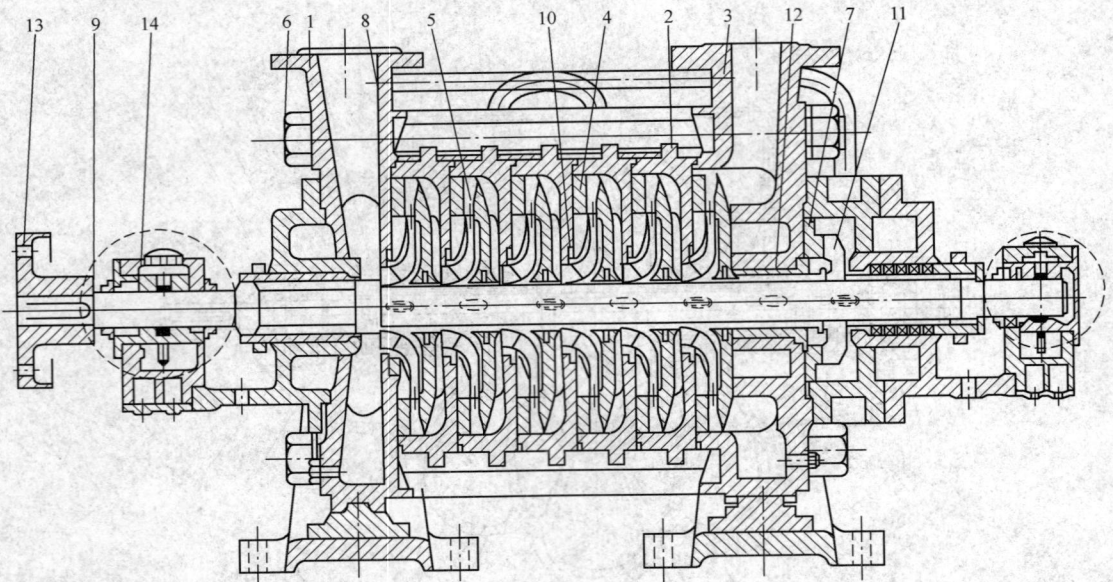

图 2-27 分段式多级泵结构

1—吸入段；2—中段；3—压出段；4—导叶；5—导叶套；6—双头拉紧螺栓；7—平衡盘圈；
8—密封环；9—泵轴；10—叶轮；11—平衡盘；12—平衡衬套；13—联轴器；14—轴承

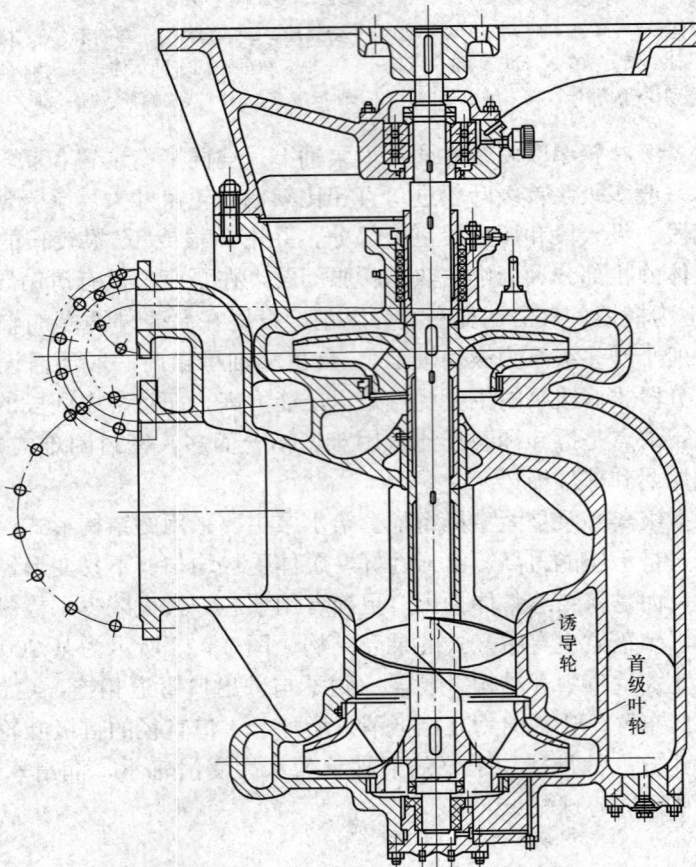

诱导轮

首级叶轮

图 2-28 垂直中开式二级离心泵

第四节 离心风机的构造

一、离心风机的主要部件

离心风机的结构与离心泵相仿，分为转子和壳体两大部分。转子由叶轮、轴、联轴器等组成；壳体部分由蜗壳、轴承、支架、进气箱、导流器、集流器等组成。

1. 叶轮

叶轮是离心风机传递能量的最重要的部件，它由前盘、后盘、叶片及轮毂组成，如图2-29所示。

离心风机的叶片形式有后弯式、径向式和前向式三种，最常见的是后弯式叶片。在叶片的结构形式上，后弯式叶片有机翼型、直板型和弯板型三种，如图2-30所示。机翼型叶片具有较高的效率，但若输送的气体中含有固体颗粒时，中空的叶片常会被磨穿，固体颗粒就会沉积在叶片内，会破坏叶轮的平衡，引起强烈的振动。

图2-29 离心风机叶轮
1—前盘；2—后盘；3—叶片；4—轮毂

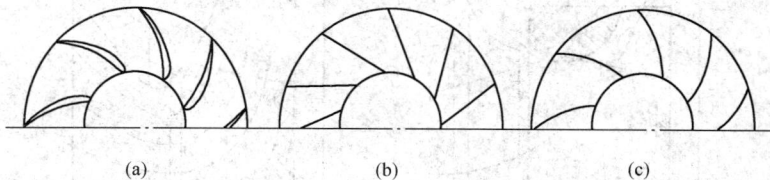

所以，当电厂锅炉引风机选用具有机翼型叶片的离心风机时，必须考虑叶片的防磨损问题。

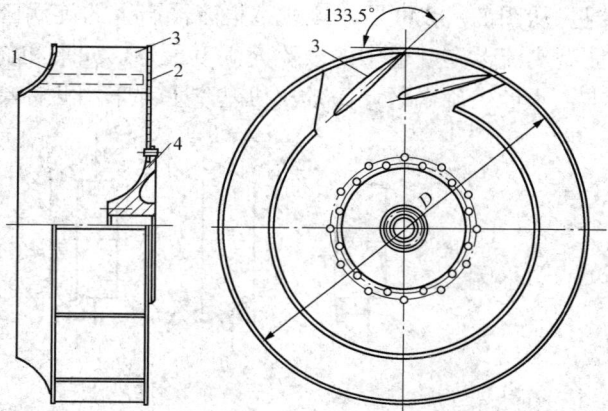

图2-30 后弯式叶片的三种类型
（a）机翼型；（b）直板型；（c）弯板型

直板型和弯板型叶片的效率较低，但是在发生磨损的情况下不会产生机翼型叶片那样严重的后果，而且制造成本较低。所以对于输送含固体颗粒的风机，如锅炉引风机、排粉机等，常采用这种形式的叶片。近年来，经优化设计的弯板型叶片风机的效率，和机翼型叶片风机的效率已较为接近。

叶轮前盘有平直前盘、锥形前盘和弧形前盘三种形式，如图2-31所示。不同形式的前盘对离心风机的效率也有较大的影响。前盘的形状若不能符合流线的变化，气流进入叶轮后进入流道后就会与前盘分离，形成旋涡区，降低离心风机的效率。在图2-31

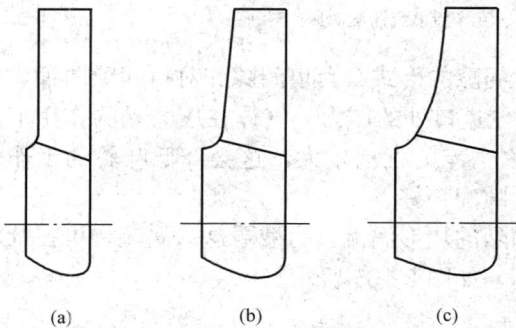

图2-31 前盘形式
（a）平直前盘；（b）锥形前盘；（c）弧形前盘

所示的三种形式前盘中，平直前盘的效率较低，弧形前盘的效率较高。除了前盘的形状之外，影响前盘后旋涡区的主要因素还有集流器的形式。

2. 集流器

集流器装置在叶轮前，其作用是使气流能均匀地进入叶轮，并使阻力损失最小。集流器的形式如图 2-32 所示。气体通过集流器进入叶轮后产生的旋涡区因集流器的类型的不同而不同，图 2-33 所示为圆锥形集流器、流线型集流器以及缩放体型集流器产生旋涡区的对比情况。从图 2-32 可见，流线型集流器产生的旋涡区比圆锥形的要小。从图 2-33 可见，缩放体型集流器在叶轮中的气流充满度最好，如果和前盘的形状相配合得好，缩放体型集流器基本上不产生旋涡区，高效风机基本上都采用此种集流器。

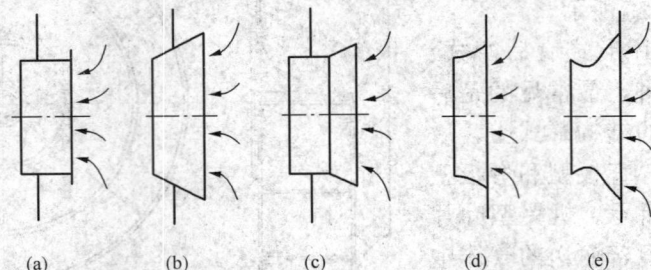

图 2-32 集流器的形式
(a) 圆柱形；(b) 圆锥形；(c) 圆锥圆柱组合型；(d) 流线型；(e) 缩放体型

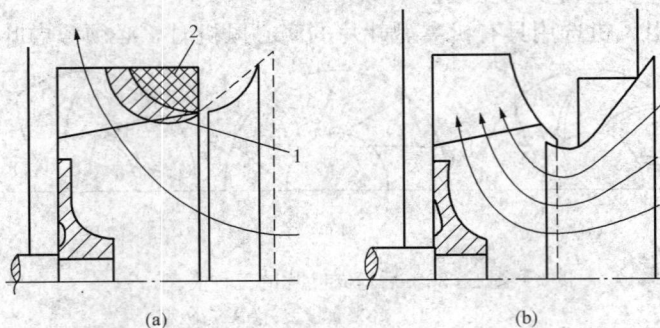

图 2-33 集流器的形式对流动的影响
(a) 圆锥形、流线型；(b) 缩放体型
1—圆锥形集流器旋涡区；2—流线型集流器旋涡区

集流器与叶轮的配合，应留有足够的间隙，间隙的形式有套口间隙和对口间隙两种，如图 2-34 所示。由于叶轮流出气流的压力高于叶轮进口处的压力，气体在压力差的作用下产生回流（见图 2-34）。对口间隙的回流对叶轮内主流的扰动较大，这会降低叶轮的工作效率，因而集流器与叶轮的套口间隙配合比对口间隙配合好。

另外，在蜗壳内靠近集流器附近有一个较强烈的环形涡流，为减弱这一涡流，可在叶轮进气口前加装挡风圈，用挡风圈占据涡流的空间，如图 2-35 所示。

3. 进气箱

风机的进气方式有两种情况，一种是风机经集流器直接从周围大气中吸取气体的方式，称为自由进气；另一种是因风机的工作条件或结构布置的要求需配有进气箱，如发电厂锅炉

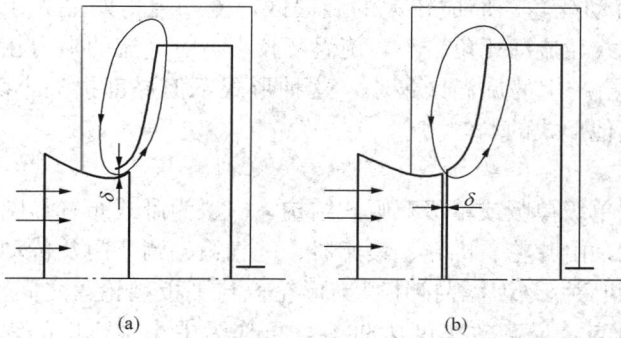

图 2-34　叶轮与集流器的配合
（a）套口间隙；（b）对口间隙

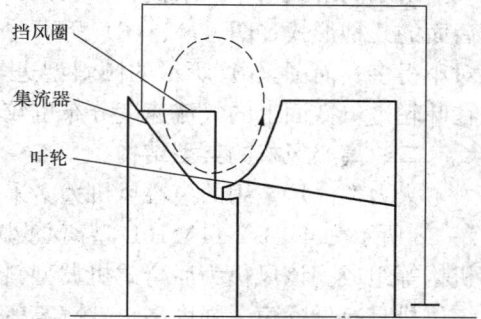

图 2-35　挡风圈的作用

送风机和引风机的进风管道和风机集流器之间就需要设有进气箱。进气箱的形状及位置如图 2-36 所示。

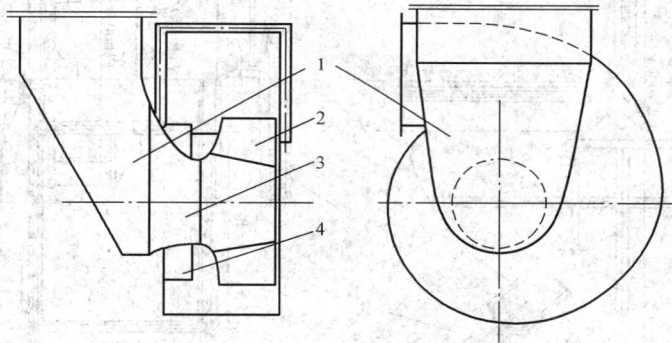

图 2-36　进气箱的形状及位置
1—进气箱；2—叶轮；3—集流器；4—挡风圈

显然，带有进气箱的风机与自由进气的风机相比，其流动损失要大些，且不易使进入叶轮气流的速度均匀。因此，带有进气箱的离心风机的工作效率低于自由进气的风机。这是因为一方面气流在进气箱中形成流动死角，产生旋涡，造成了很大的局部损失；另一方面气流经进气箱进入叶轮的速度分布是不均的。有关实验表明，即使采用形式较好的进气箱，和自由进气相比风机运行的效率也要下降 4% 左右。

进气箱有多种形式，如图 2-37 所示。进气箱的形式对于离心风机的工作效率影响很大。图 2-37（a）、

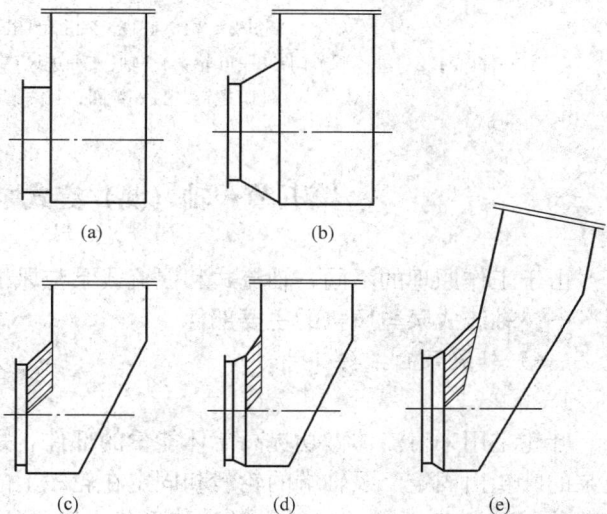

图 2-37　进气箱的形式

（b）所示的形式简单，气流存在较大的流动死角，形成较大的旋涡区，流动阻力明显大于后面的几种形式；图（c）、（d）所示的形式，流动死角较小，旋涡区较小，对气流的阻力相对小得多；而图（e）所示的倾斜型进气箱产生的旋涡区最小，这种形式不但局部损失小，在叶轮进口截面上的气流速度分布也较其他形式的均匀。

二、离心风机的典型结构

火力发电厂常用的离心风机大多采用单级单吸或单级双吸式结构，一般为卧式布置。图2-38所示为4-13.2-11№16D型离心风机，由叶轮、机壳、集流器、进气箱、调节门及传动机构等组成。该风机为后弯式机翼型斜切叶片，叶片焊接在弧锥形轮盖与平板型轮盘之间。该风机具有低噪声、强度高、效率高等优点，最高效率可达90%，可作为中小型机组的锅炉送风机，也可用作除尘效率大于85%的锅炉引风机。

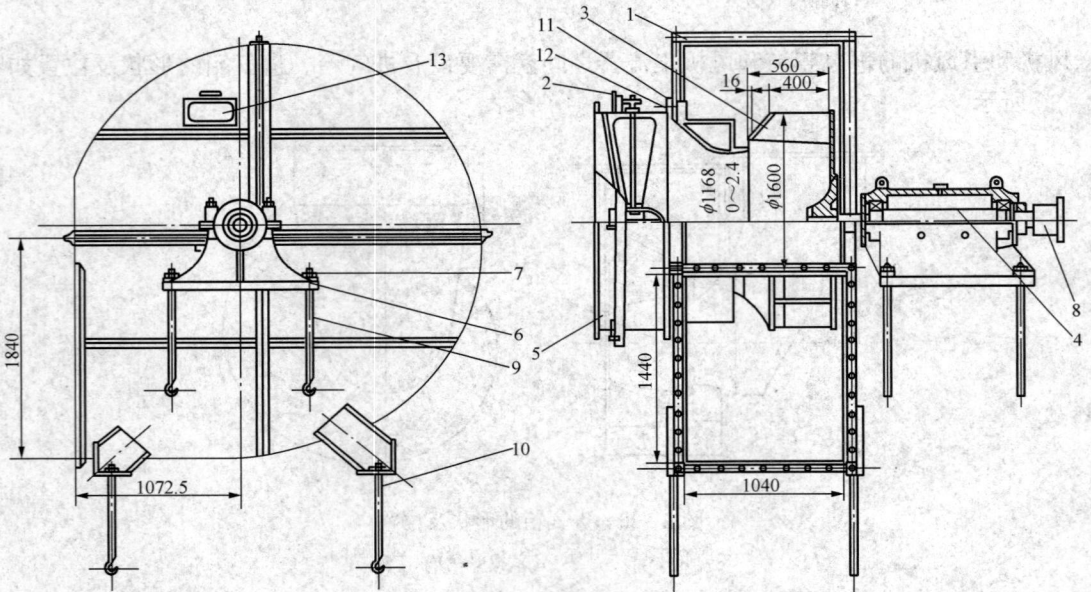

图 2-38　4-13.2-11№16D型离心风机
1—机壳；2—进风调节门；3—叶轮；4—轴；5—进风口；6—轴承箱；7—地脚螺栓；8—联轴器；
9、10—地脚螺钉；11—垫圈；12—螺栓级及螺母；13—铭牌

第五节　轴（混）流式泵与风机的结构

由于工作原理的不同，轴流式和混流式泵与风机的结构与离心式有很大差别。

一、轴流式泵与风机的主要部件

（一）轴流泵的主要部件

1. 叶轮

叶轮是用来对流体做功提高流体能量的部件，是轴流泵与风机中最重要的部件之一。轴流泵的叶轮由固定于泵轴端的轮毂和固定在轮毂上的动叶片组成，如图2-39所示。轴流泵的叶轮上通常有4~5个叶片，叶片的形状为扭曲的机翼型。叶片安装在轮毂上，有固定式、

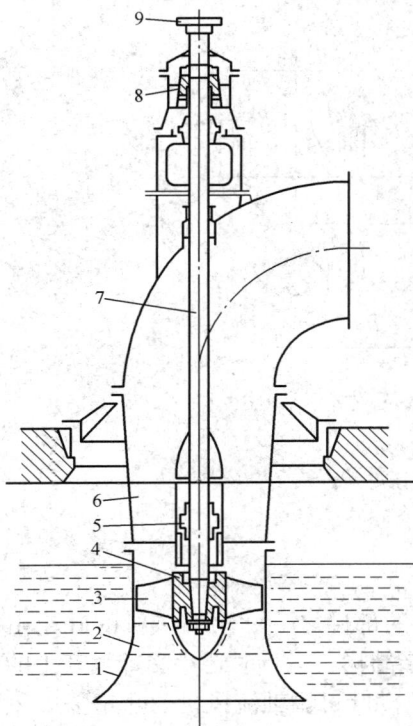

图 2-39　轴流泵结构

1—喇叭口；2—进口导叶；3—叶轮；
4—轮毂；5—轴承；6—出口导叶；
7—轴；8—推力轴承；9—联轴器

半调节式和全调节式之分，后两种形式可以在一定的范围内调节动叶的安装角。轮毂有圆锥形、圆柱形和球形三种，在可调节叶片的轴流泵中，一般采用球形轮毂，如图 2-40 所示。因为球形轮毂能使叶片在任何角度和轮毂之间保持固定的间隙，可减少水流经此间隙的泄漏损失。在动叶可调式泵的轮毂内装有叶片固定和叶片调节机构。图 2-41 为动叶调节原理示意，空心主轴内的芯轴通过连杆、曲柄系统连接着动叶片，这样，芯轴的上下移动即可改变叶片的角度来达到调节的目的。

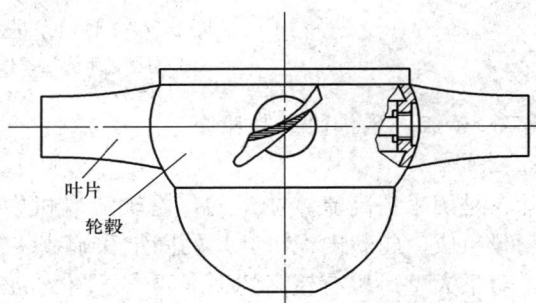

图 2-40　球形轮毂的叶轮

叶片
轮毂

2. 导叶

导叶又称为静叶，如图 2-39 所示。轴流泵出口导叶的作用是将叶轮流出的液体圆周运动转变为轴向运动，并在流道中将部分动能转变为压能，从而提高轴流泵做功能力。为了不使抗汽蚀性能降低，一般轴流泵不采用前置导叶，或者前置导叶仅起到导流作用。

3. 轴

轴的作用是将原动机的转动力矩传递至叶轮。一般动叶可调轴流泵的泵轴为空心结构，转子旋转时通过芯轴的上下移动，带动叶片转动，实现动叶调节，如图 2-41 所示。

4. 吸入室及进水流道

吸入室位于轴流泵叶轮进口前（正下方），主要作用是引导水流，使之以最小的损失、均匀分布的速度和压力进入叶轮。中小型轴流泵多采用喇叭口型吸入室，如图 2-39 所示，直接从水池中吸水。大型轴流泵的进

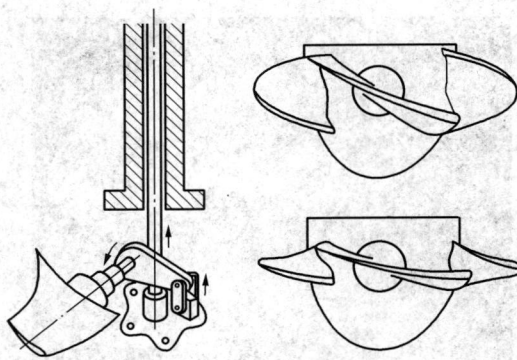

图 2-41　动叶调节示意

水口常采用进水流道，常见的形式有肘型和钟型两种，如图 2-42 所示。

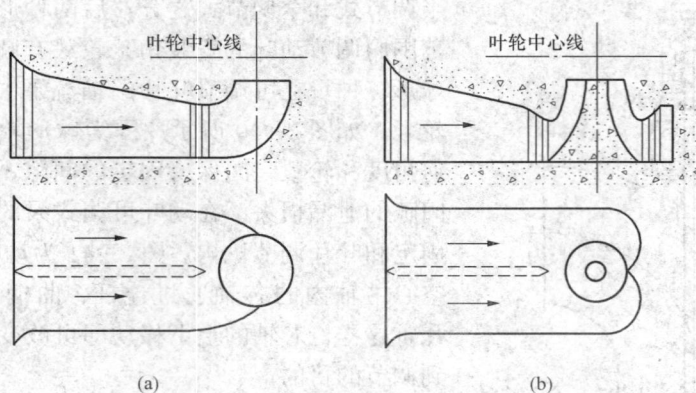

图 2-42　轴流泵进水流道的形式

(a) 肘型进水流道；(b) 钟型进水道

（二）轴流式风机的主要部件

1. 叶轮

叶轮是用来提高流体能量的，是轴流风机中最重要的部件之一。轴流风机的叶轮由叶片、轮毂组成。轮毂内设有叶片的固定和调节装置等复杂结构，运行时还承受叶片产生的离心力，对于大型风机有较高的强度要求。图 2-43 所示为动叶可调轴流风机的叶轮。

叶片的常见材质是铸铁或铸钢，为了减小离心力，有时也采用铸造或锻造的铝叶片。叶片的截面几何形状对风机的运行特性有很大的影响，一般为机翼形。为使沿叶片长度不同半径处产生的全压相同，叶片需做成扭曲形状，而且叶片的宽度和厚度沿径向减小，这样，既可以减少叶片所产生的离心力，又可以保证叶片的结构强度。

2. 导叶

导叶的作用是引导气流以特定的角度进入叶轮，把流出叶轮的圆周速度转变为轴向速度并将部分动能转化为压力能。导叶有前置导叶、后置导叶之分，仅有后置导叶的形式在轴流风机中是最常见的，图 2-44 所示为轴流风机后置导叶。因为导叶是静止的，所以也叫做静叶轮，导叶的叶片也叫做静叶片。与动叶是扭曲的道理相同，导叶的叶片一般也是扭曲的。

图 2-43　动叶可调轴流风机的叶轮

图 2-44　轴流风机后置导叶

轴流风机在变工况运行时，气流流出叶轮的方向不同于设计工况，所以进入后置导叶的气流，不可避免地会有一定的冲击损失。动叶调节改变的角度越大，冲击损失也就越大。

导叶叶片的数目不能与动叶片的数目相同，否则会增加气流冲击而产生共振的可能。

3. 集流器及进气箱

集流器安装于叶轮进口前，同离心风机情况类似，其作用是使气流能均匀地进入叶轮，并使阻力损失最小。发电厂应用的大型轴流风机一般都为非自由进气方式，需要在集流器前设置进气箱，如图 2-45 所示。进气箱入口的面积一般约为叶轮进口面积的两倍左右，气流在进气箱和集流器内均匀地加速，目的是在叶轮入口获得均匀分布的流速和压力。由于结构的限制，在集流器前局部气流不对称，对风机的效率会有一定的影响。

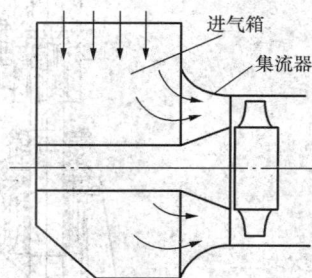

图 2-45　进气箱与集流器

二、轴流式泵与风机的典型结构

（一）轴流式泵与风机的基本形式

火力发电厂常用的轴流泵一般为单级立式结构；轴流风机则根据对压头的要求有单级和双级两种，一般为卧式结构。根据使用条件和要求的不同，轴流泵与风机有多种结构形式，如图 2-46 所示。

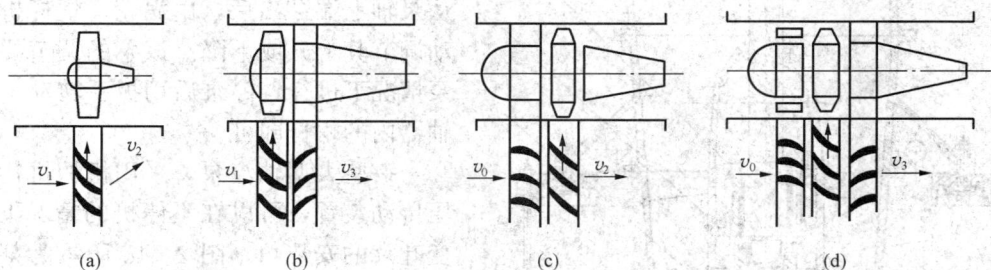

图 2-46　轴流泵与风机的基本形式

1. 单个叶轮

轴流式泵与风机单个叶轮形式如图 2-46 (a) 所示，在机壳内只有单个叶轮，是轴流式泵与风机中最简单的形式。这种形式的叶轮出口的流体不可避免地有很大的旋转速度，所以单个叶轮的形式效率不高。但其结构简单，常见于小型的低压轴流式泵或风机。

2. 单个叶轮后置导叶

如图 2-46 (b) 所示，在叶轮后设置静止导叶，将叶轮出口处流体的旋转速度方向转变为轴向流动。在静止导叶流道中，随着流动的有效截面面积增大，将旋转流动的动能转换成压力能，增加了轴流式泵与风机的效率。这种轴流式泵与风机的效率比单个叶轮的形式明显高，一般可达 80%～88%，常见于大型的轴流式泵与风机，火力发电厂轴流送、引风机一般采用这种形式。

3. 单个叶轮前置导叶

如图 2-46 (c) 所示，在叶轮前加装一个静止导叶，使流体进入导叶后产生与叶轮转动方向相反的旋转，提高叶轮对流体的做功能力，增加叶轮所提高的能头。前置导叶也可做成安装角可调节式，火电厂中使用的子午加速轴流风机常采用这种调节形式。该形式的轴流风机效率可达 78%～82%。考虑到汽蚀性能的原因，叶轮前置导叶的形式不用于轴流泵中。

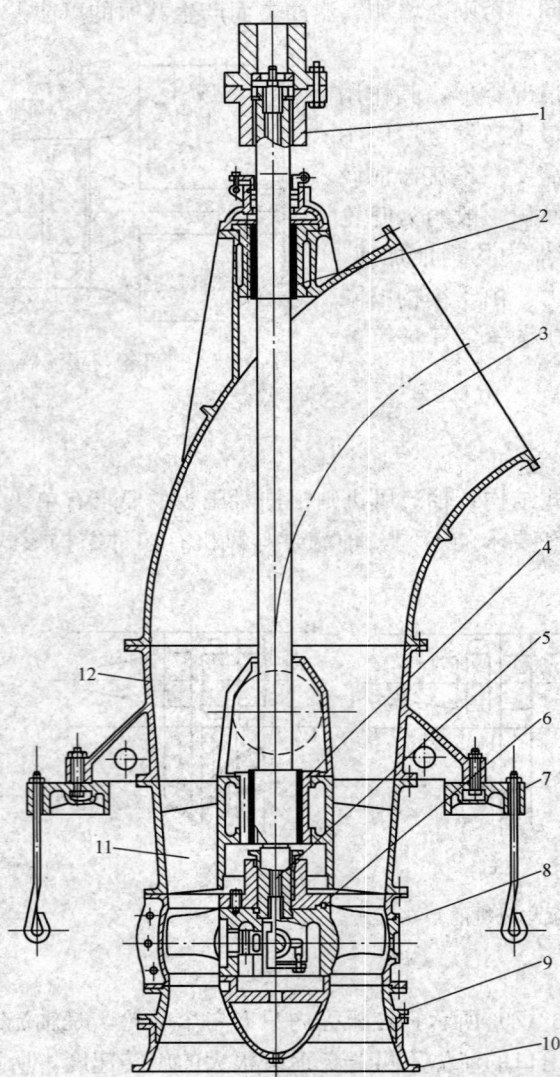

图 2-47　ZLQ 型国产立式轴流泵结构示意
1—联轴器；2—橡胶轴承；3—出水弯管；4—橡胶轴承；
5—拉杆；6—叶轮；7—底板；8—叶轮外壳；
9—进水喇叭管；10—底座；11—导轮；12—中间段

4. 单个叶轮前后置导叶

图 2-46（d）所示，该形式是单叶轮前置导叶和后置导叶形式的综合。用在轴流风机中，可将前置导叶做成可调节形式，后置导叶的作用是将叶轮流出速度方向转变为轴向。该形式风机的流量适应范围较大、效率高，一般效率可达 82%～85%。

（二）轴流泵的典型结构

图 2-47 为 ZLQ 型国产立式轴流泵结构示意。转子部分由叶轮、泵轴等组成。整个转子的重量由电动机轴顶端的推力盘悬吊支撑，在泵内设有水力润滑的橡胶径向轴承。壳体部分主要由叶轮外壳、导叶体、进水喇叭管、中间接管、出水弯管、轴承和密封装置等组成。调节杆（芯轴）从泵轴上端穿出后，由涡轮、蜗杆机构传动调节其上升或下降。该泵的调节要在停泵情况下进行，停泵后用扳手转动上端联轴器内的蜗杆即可。

一些大型轴流泵，采用机械机构或液压传动装置，可以在不停机的情况下，改变叶片的安装角。图 2-48 所示为某引进600MW 机组配套的轴流式循环水泵动叶调节执行机构，该轴流泵通过一套差速齿轮机构，可以在运行时进行动叶调节而不用停泵。该机构主要由驱动电动机、涡轮—蜗杆传动机构、差动齿轮组、行星齿轮组、芯轴齿轮、泵轴齿轮以及齿轮箱等部件组成。在正常运行时，空心的泵轴和芯轴同步运转，需要进行动叶调节时，通过执行机构的驱动电动机或调节手轮的转动，通过齿轮机构带动芯轴转动，形成芯轴与泵轴的转差。在泵的轮毂内，由泵轴上的螺纹将芯轴与泵轴的转差转换为带动叶片曲柄的上下运动，进而使叶片转动。该型轴流泵轮毂内部结构见图 2-49 所示。

（三）轴流风机的典型结构

火电厂常用轴流风机的结构基本类似，按调节原理的不同分为动叶调节型和静叶调节型。图 2-50 所示为上海鼓风机厂引进德国 TLT（TURBO-LUFTTECHNIK GMBH）公司技术生产的 FAF 型动叶调节轴流风机结构示意，该风机主要部件包括进气箱、主风筒、后

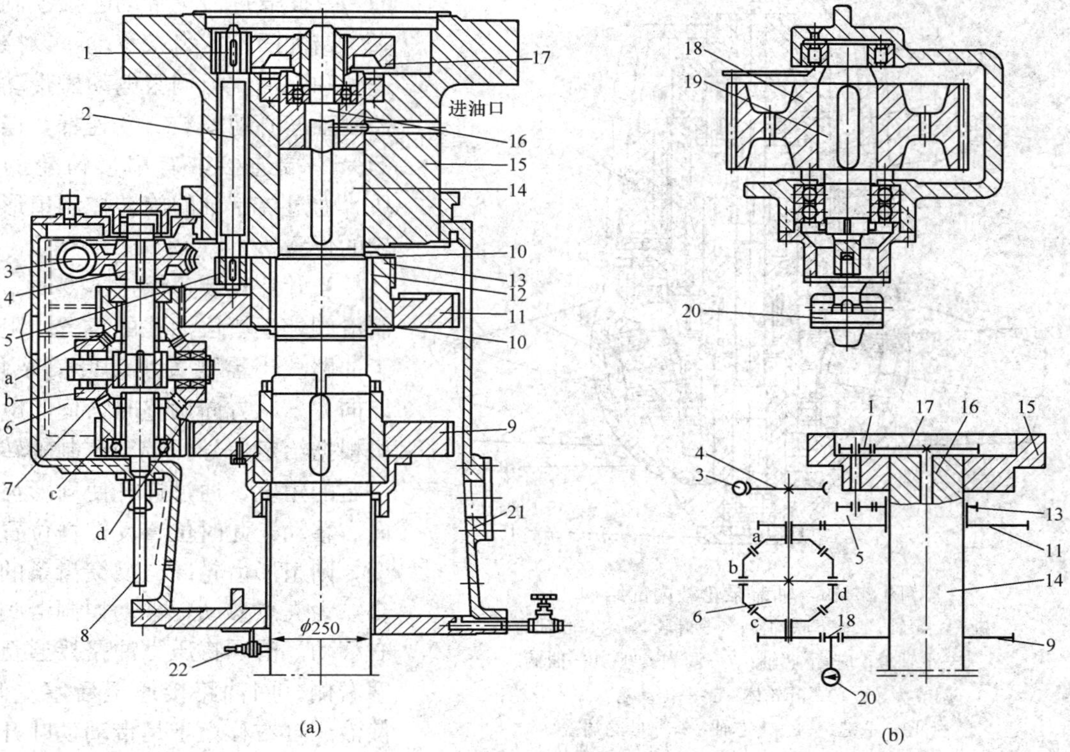

图 2-48　轴流式循环泵动叶调节执行机构

（a）动叶调节机构剖图；（b）动叶调节机构原理

1—上行星齿轮；2—行星齿轮轴；3—蜗杆；4—涡轮；5—下行星齿轮；6—差动齿轮组；7—差动齿轮水平轴；
8—差动齿轮垂直轴；9、11、13—齿轮；10—推力轴承；12—套筒轴承；14—上泵轴；15—泵联轴器；16—上芯轴；
17—上芯轴齿轮；18—中间齿轮；19—油泵轴；20—齿轮润滑油泵；21—齿轮箱；22—泵轴转动探头

风筒、扩压器、转子组、轴承箱、中间轴、联轴器和动叶调节机构等。风机的机壳和进气箱一般为钢板焊接结构。为了减弱运行中产生的振动传播，在进气箱与叶轮外筒间、导叶外筒与扩压器外筒间设置了挠性连接。进气箱入口和扩压器出口均设有膨胀节以补偿热膨胀。风机的轮毂为铸造件焊接组合结构，叶片为机翼型扭曲叶片，送风机叶片的材料一般为铸铝或铸铁，而引风机叶片为铸铁或铸钢。在特殊情况下，引风机叶片还可以喷涂一层耐磨材料。在轮毂内，叶柄上有导向轴承和推力轴承使叶片固定在轮毂上并可自由转动。在叶柄上还装有平衡重锤，用以平衡叶轮旋转时叶片上产生的使叶片关闭的力矩，如图 2-51 所示。在叶根部，叶柄穿出轮毂外圈处设有密封，以防止灰尘进入轮毂内部。

图 2-52 为 TLT 公司的轴流送风机液压调节机构工作原理图。液压缸内的活塞固定在活塞轴上，活塞轴则固定于叶轮的罩壳上和叶轮一同转动。活塞缸在压力油作用下能产生轴向移动，带动叶柄上的调节杆（曲柄）运动，从而调节叶片的安装角。活塞轴一端插入液压缸，另一端插入控制头。控制头不转动且和轴之间装有轴承，在两个轴承之间开有两个环形油室，两油室中间及两端与轴的间隙设有齿形密封。轴中心设有和液压缸同步轴向移动的位置反馈杆。在控制头内，位置反馈杆的端部是一个两面齿条。轴内还设有油道来供油和回油，以控制液压缸的轴向移动。该齿条的一面带动指示轴转动，以指示液压缸的位置，齿条

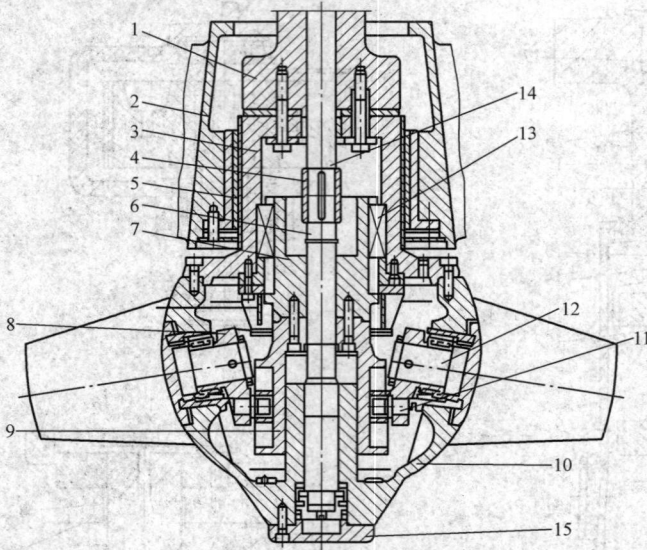

图 2-49　轴流泵轮毂内部结构

1—上泵轴；2—下联轴器；3—叶轮毂；4—联轴器；

5—下轴承；6—下芯轴；7—调节螺母；8—曲柄；

9—调节拨叉；10—叶轮体；11—传动箱；12—叶轮；

13—平键；14—上芯轴；15—叶轮端盖

的另一面通过齿轮带动连接控制滑阀（错油门）的齿条移动，以控制进油和回油。由伺服电动机带动的控制轴偏心地安装一个连杆，连杆的另一端连接带有扇形齿轮的滑块，通过控制轴的旋转控制扇形齿轮的位置。

当叶片安装角保持不变时，控制滑阀处于堵住油孔的位置，阻断了油路。当需要关小动叶安装角，即向"—"方向调整时，伺服电动机根据给定信号，带动控制轴转动一定的角度，通过连杆使扇形齿轮向右移动，此时位置反馈杆位置不变，则扇形齿轮以与反馈齿条的啮合点为支点移动，带动控制滑阀向右移动。滑阀将压力油路接通至活塞右侧，回油路接通至活塞左侧，使液压缸右移，于是带动动叶开始

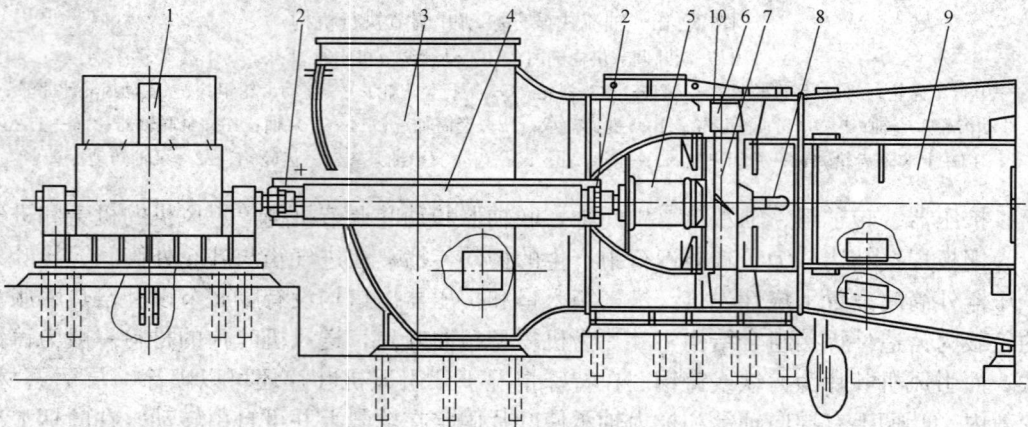

图 2-50　FAF 型动叶调节轴流式风机结构示意

1—电动机；2—联轴器；3—进气箱；4—主轴；5—液压缸；6—叶轮片；7—轮壳；8—传动机构；

9—扩压器；10—叶轮外壳

向"—"方向转动。液压缸的右移带动反馈杆右移，通过齿条带动扇形齿轮转动，此时控制轴的位置不变，则扇形齿轮只能以自身轴为支点转动，通过控制滑阀的齿条使控制滑阀复位，重新阻断油路，液压缸停留在一个新的位置上。这样，控制轴旋转一定的角度就使液压缸产生一定的位移，从而使叶片转过一定的角度。同样的道理，欲使动叶向开大的"＋"方向转动时，只需向相反的方向调节控制轴即可。

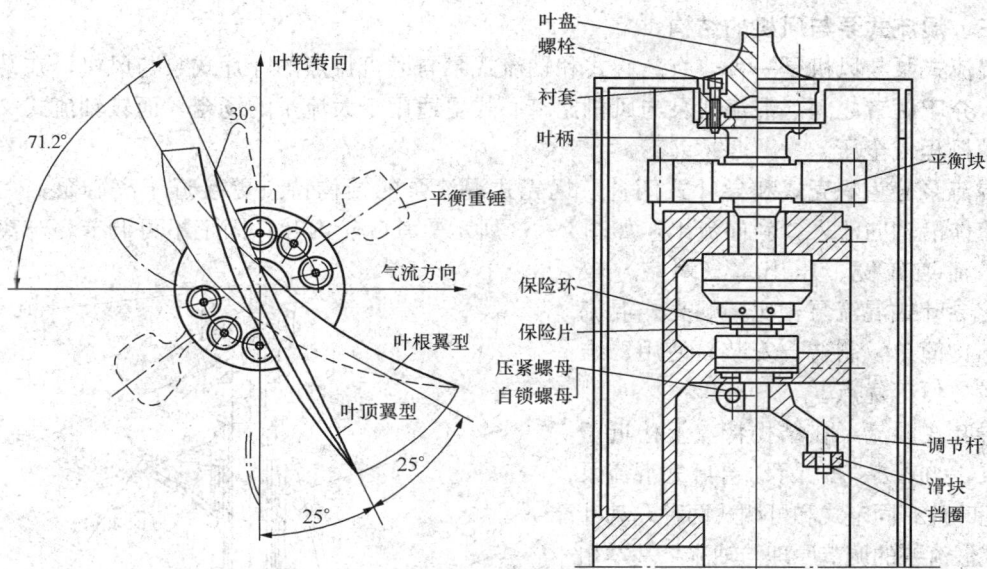

图 2-51 FAF 型轴流风机叶轮结构图

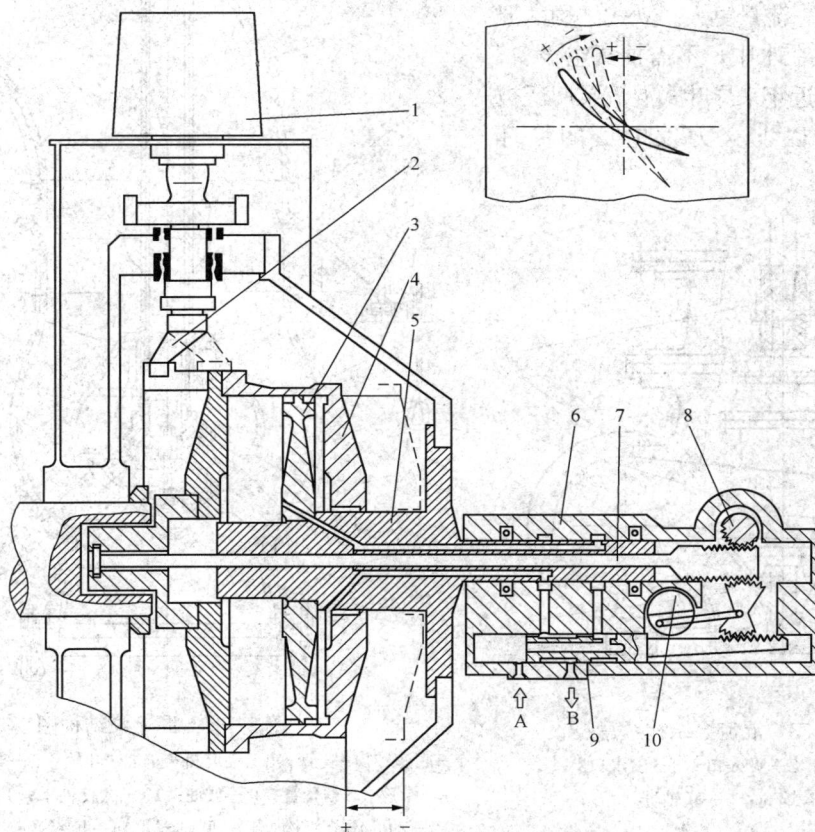

图 2-52 轴流风机液压调节机构工作原理

1—叶片；2—调节杆；3—活塞；4—液压缸；5—活塞轴；6—控制头；7—位置反馈杆；
8—指示轴；9—控制滑阀；10—控制轴；
A—压力油；B—回油

三、混流式泵与风机的结构

混流式泵与风机是一种兼有离心式和轴流式泵与风机特点的叶片式泵与风机，在结构和性能上介于两者之间。混流式泵与风机比离心式更适用于大流量的场合，而较轴流式又具有更高的扬程或全压。

混流泵分为蜗壳式和导叶式两种。蜗壳式混流泵的结构特点更接近于离心泵，在叶轮内，流体沿轴向流入，斜向流出，如图 2-53 所示。其叶轮内叶片固定不可调节，与离心泵相比，流道较宽、压出室（蜗室）较大。与导叶式混流泵相比，蜗壳式混流泵有结构简单，制造、安装、使用、维护均较方便等优点。

导叶式混流泵在结构特点上接近于轴流泵，如图 2-54 所示。导叶式混流泵的叶轮叶片有固定式和可调式两种。动叶可调式混流泵的调节原理与轴流泵基本相同。与蜗壳式混流泵相比，导叶式混流泵径向尺寸较小，流量更大。立式结构的混流泵叶轮淹没在水中，不需抽真空设备，占地面积小。近年来导叶式混流泵广泛被用作 300MW 以上火力发电厂的循环水泵。

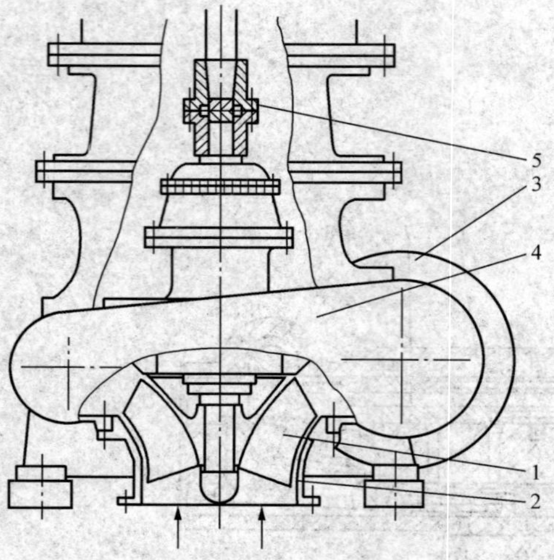

图 2-53　混流泵结构示意
1—叶轮；2—吸入口；3—出水口；
4—蜗壳；5—联轴器

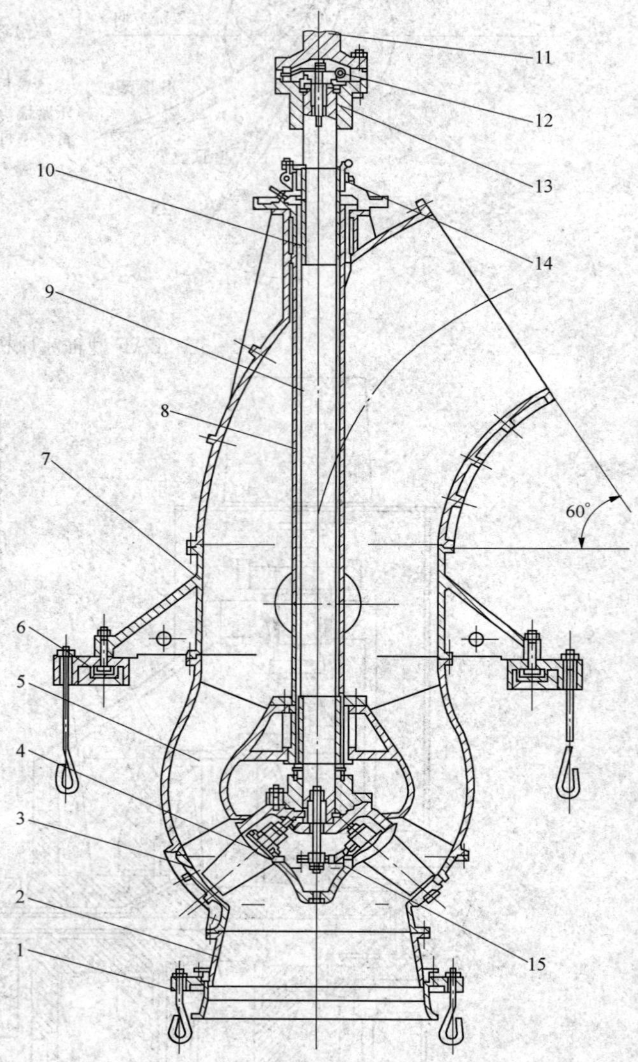

图 2-54　混流泵结构图
1—底座；2—套管；3—动叶外壳；4—叶轮；5—导叶；6—座板；
7—泵座；8—套管；9—泵轴；10—橡胶轴承；11—中间轴；
12—动叶调节机构；13—联轴器；14—填料函；15—调节杆

混流式风机在发电厂也有较多的应用，如大型机组的引风机就经常采用导叶式、入口静叶可调的混流风机。

思　考　题

2-1　简述离心泵的主要部件及其作用。

2-2　离心泵的轴封的作用是什么？有哪几种类型？各应用在怎样的场合？

2-3　轴封密封水的作用是什么？

2-4　简述机械密封的特点和工作原理。

2-5　离心泵轴向推力是怎样产生的？有哪些平衡方法？

2-6　比较平衡盘和平衡鼓的工作特点。

2-7　试根据平衡盘的工作原理分析，如果平衡管堵塞或管路上的阀门未全开，对多级离心泵运行的影响如何？

2-8　简述离心风机的主要部件及其作用。

2-9　简述轴流式泵与风机的主要部件及其作用。

2-10　简述轴流式泵与风机是怎样实现动叶调节的。

2-11　混流式泵与风机在结构上有何特点？

第三章　泵与风机的叶轮理论

第一节　流体在离心叶轮中的运动及速度三角形

一、叶轮中流体的运动

流体在离心式泵与风机叶轮中的运动是一种复合运动。叶轮内流体质点的运动，一方面是相对于叶轮流道的运动，我们将这种运动称为相对运动，其速度用 $\vec{w}$ 表示；另一方面，叶轮是旋转的，我们将叶轮的旋转运动称为牵连运动，其速度用 $\vec{u}$ 表示。这样，叶轮内的流体相对于静止泵体的运动，就可以看做是牵连运动和相对运动的复合运动。我们将叶轮内流体质点相对于静止泵体的运动称为绝对运动，其速度用 $\vec{v}$ 表示。图 3-1 表示叶轮内流体的复合运动情况，绝对速度可以认为是牵连速度和相对速度合成的，即

$$\vec{v} = \vec{u} + \vec{w} \tag{3-1}$$

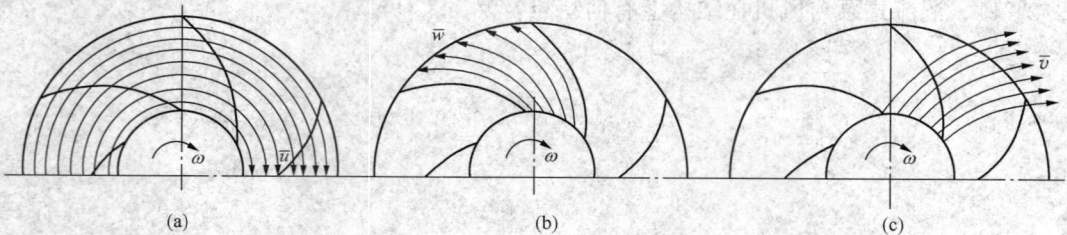

图 3-1　叶轮内流体的运动

(a) 牵连运动；(b) 相对运动；(c) 绝对运动

图 3-2 表示流体在叶轮进口和出口处的绝对速度的确定。下角标 1 表示叶轮流道进口的速度，下角标 2 表示叶轮流道出口的速度。绝对速度与圆周速度的夹角用 α 表示，相对速度与圆周速度反方向的夹角用 β 表示。

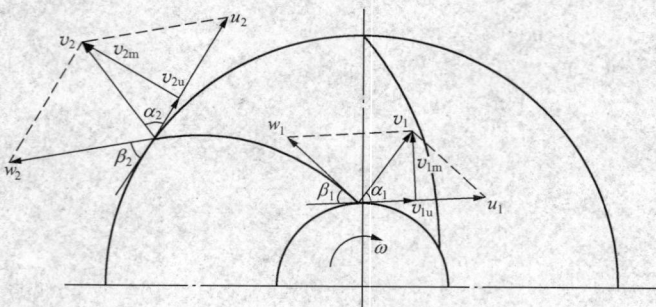

图 3-2　叶轮进口及出口的绝对速度

为了进一步讨论流体在叶轮中的运动规律，将绝对速度分解成圆周方向的分速度和轴面分速度（轴面是指经过轴心线的平面）。

叶轮流道进、出口处的圆周分速度为

$$v_{1u} = v_1 \cos\alpha_1 \tag{3-2}$$

$$v_{2u} = v_2 \cos\alpha_2 \tag{3-3}$$

叶轮流道进、出口处的轴面分速度为

$$v_{1m} = v_1 \sin\alpha_1 \tag{3-4}$$

$$v_{2m} = v_2 \sin\alpha_2 \tag{3-5}$$

二、速度三角形

实际上，式（3-1）所示的各个速度向量之间的关系，可用速度三角形的方法来表示。图 3-3 表示叶轮流道中任意半径处的速度三角形。

速度三角形中的绝对速度 v 的两个分量 v_u 和 v_m 是讨论泵与风机性能时的重要参数，需进一步加以说明。

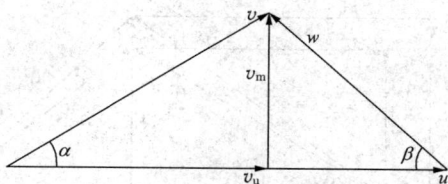

图 3-3　速度三角形

流体在进入和离开叶轮流道的圆周分速度 v_{u1}、v_{u2}，是确定流体通过叶轮时所获得能量的主要因素之一。轴面分速度 v_m 将用来计算流体通过叶轮的流量。

在叶轮半径为 r 处的流道有效截面面积 A 为

$$A = 2\pi r b \psi \qquad (3-6)$$

式中　A——叶轮流道中与轴面分速度相垂直的截面面积；

　　　r——有效截面处的半径；

　　　b——流道的宽度；

　　　ψ——因叶片厚度影响的排挤系数。

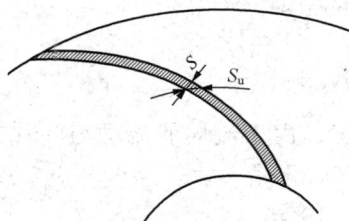

排挤系数是指实际的有效截面面积与不考虑叶片厚度的有效截面面积之比，即

$$\psi = \frac{2\pi r b - z b S_u}{2\pi r b} \qquad (3-7)$$

式中　z——叶片数；

　　　S_u——叶片在圆周方向的厚度，见图 3-4。

图 3-4　叶片厚度对流道有效截面面积的影响

对于离心泵，叶片进口处的排挤系数 $\psi_1 = 0.75 \sim 0.88$，出口处的排挤系数 $\psi_2 = 0.85 \sim 0.95$，小泵取低限，大泵取高限。

因此，流体通过叶轮的流量（此流量未考虑各种泄漏造成的损失，称为理论流量）为

$$q_{VT} = 2\pi r b \psi v_m \qquad (3-8)$$

由此可见，增大叶轮直径、增大叶轮宽度或增大叶轮中的轴面分速度，都可使流量增加；反之，会使流量减少。

由于叶片厚度的影响，流体在叶片的进口和出口处的速度三角形会发生变化。在流体即将进入流道前的各速度加下脚标 0，刚刚进入流道的速度均加下脚标 1，则由于叶片厚度的存在，使与轴面速度相垂直的截面变小，轴面分速度由 v_{0m} 变为 v_{1m}，如图 3-5（a）所示。流体即将流出叶轮流道的速度均加下脚标 2，刚刚流出流道的速度均加下脚标 3，则由于叶片厚度的影响，流体流出流道时，与轴面速度相垂直的截面变大，使轴面分速度变小，由 v_{2m} 变为 v_{3m}，如图 3-5（b）所示。

需特别指出的是，流体实际流动的角度与叶片方向不一定相同，仅在设计工况下工作时，叶轮中的相对速度方向在叶片进出口和流道中与叶片的方向基本上是一致的。表示叶片的方向角叫做安装角，用 β_y 表示。在非设计工况下，叶片出口处的相对速度的角度 β_2 与安装角 β_{2y} 相差很小，而在入口处的相对速度的角度 β_1 与安装角 β_{1y} 会有较大的差异，从而影响到泵与风机的性能参数。

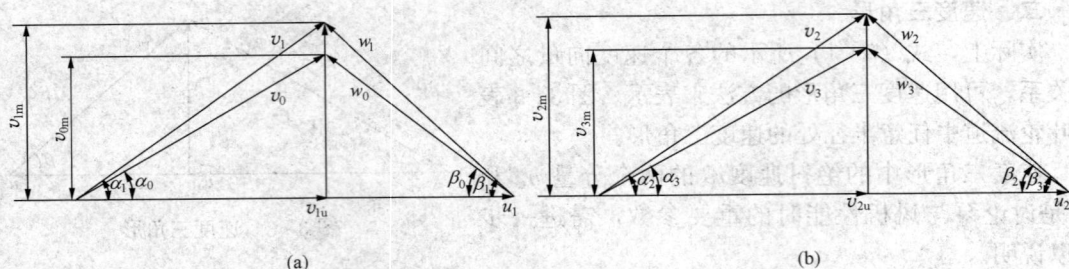

图 3-5 叶片厚度对速度三角形的影响
(a) 叶片进口处速度三角形；(b) 叶片出口处速度三角形

【例3-1】 离心泵叶轮进口处的宽度 $b_1 = 3.2$cm，出口宽度 $b_2 = 1.7$cm，叶片进口处直径 $D_1 = 17$cm，出口处直径 $D_2 = 38$cm，叶片进口安装角 $\beta_{1y} = 18°$，叶片出口安装角 $\beta_{2y} = 22.5°$。若液体径向流入叶轮，泵的转速 $n = 1450$r/min，液体在流道中的流动与叶片弯曲方向一致。试绘制叶轮进、出口处速度三角形，并求叶轮中通过的流量 q_{VT}。（不计叶片厚度）

解 先求出叶片进出口处的圆周速度

$$u_1 = \frac{\pi D_1 n}{60} = \frac{\pi \times 0.17 \times 1450}{60} = 12.9(\text{m/s})$$

$$u_2 = \frac{\pi D_2 n}{60} = \frac{\pi \times 0.38 \times 1450}{60} = 28.9(\text{m/s})$$

要确定速度三角形，需求出三角形的高，即 v_{1m} 和 v_{2m} 即可。由于流体的流动与叶片方向一致，则 $\beta_1 = \beta_{1y}$、$\beta_2 = \beta_{2y}$；且液体径向流入叶轮，即 $\alpha_1 = 90°$，于是

$$v_1 = v_{1m} = u_1 \tan\beta_{1y} = 12.9 \times 0.3249 = 4.19(\text{m/s})$$

$$q_{VT} = \pi D_1 b_1 v_{1m} = \pi \times 0.17 \times 0.032 \times 4.19 = 0.072(\text{m/s})$$

由于不计叶片厚度，$\psi = 1.0$，根据式（3-8）

$$v_{2m} = \frac{q_{VT}}{\pi D_2 b_2} = \frac{0.072}{\pi \times 0.38 \times 0.017} = 3.55(\text{m/s})$$

绘制速度三角形时，各边长必须保持固定的比例，如图3-6所示。

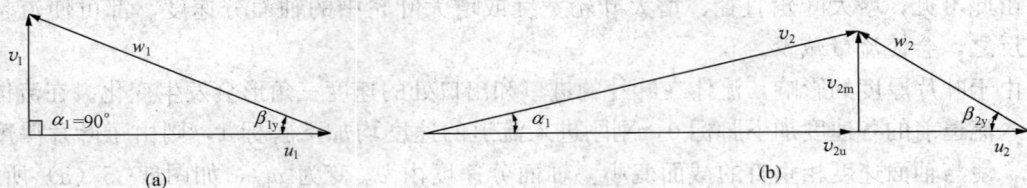

图 3-6 ［例3-1］图
(a) 入口速度三角形；(b) 出口速度三角形

第二节 泵与风机的基本方程式

泵与风机的基本方程式讨论的是流体流经叶轮后所提高能量的问题。现以离心式泵与风机为范例，对这一问题进行讨论。

一、离心式泵与风机的基本方程式

为了推导基本方程式，先从理想的条件出发，把实际情况简化，得出结论后再就实际情况给以修正。为此需要进行如下假设：

（1）假设流体是理想的、不可压缩的定常流动。

（2）假设叶轮的叶片数量无穷多，厚度无限薄，或称为理想叶轮。

这样，流体的质点就会完全沿着叶片的方向运动，流线的形状即为叶片的形状，且流道的排挤系数为 $\psi=1.0$。

可将流体在叶轮内的流动近似地看做是平面流动。因为叶轮流道中所有流线的形状均一致，故可用一条流线表示，则入口和出口的速度向量如图 3-7 所示。根据动量矩定理，在定常流情况下，单位时间内流出叶轮出口截面 2-2 与流进叶轮入口截面 1-1 的流体对叶轮轴心动量矩的变化，等于作用在叶轮中流体上所有外力对同一轴心力矩的总和。

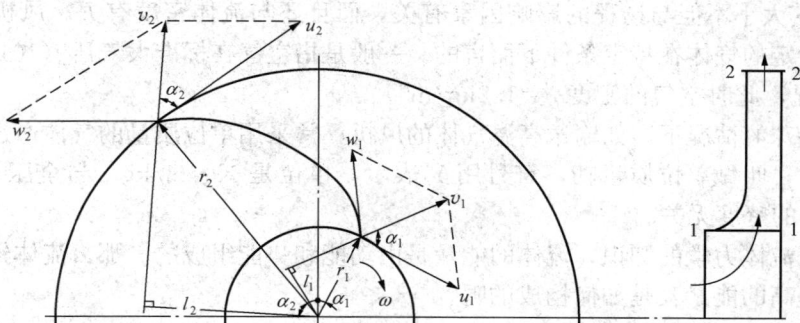

图 3-7　泵与风机的基本方程式推导

设流经叶轮的体积流量为 q_{VT}，单位时间内流入叶轮的流体动量矩为

$$\rho q_{VT} v_1 l_1 = \rho q_{VT} v_1 r_1 \cos\alpha_1$$

单位时间内流出叶轮的流体动量矩为

$$\rho q_{VT} v_2 l_2 = \rho q_{VT} v_2 r_2 \cos\alpha_2$$

根据动量矩定理

$$M = \rho q_{VT} (v_2 r_2 \cos\alpha_2 - v_1 r_1 \cos\alpha_1) \tag{3-9}$$

式中　M——作用在流体上的总外力矩。

若叶轮的旋转速度为 ω，则 $M\omega$ 即为外力矩传递给叶轮内流体的功率，这个功率在数值上等于单位时间内流体经过叶轮后所获得的能量。对于泵来讲，这部分能量常用单位重力作用下的流体通过泵的叶轮后所获得的能量来表示，称为泵的扬程。因为推导过程是建立在前述两个假设基础之上，故此处的扬程为理想流体在理想叶轮中获得的扬程，称为理论扬程，用 $H_{T\infty}$ 表示，其下脚标 T 表示理想流体、∞ 表示理想叶轮。于是流体在叶轮内获得的功率为 $\rho g q_{VT} H_{T\infty}$，即 $M\omega = \rho g q_{VT} H_{T\infty}$。又因为 $r\omega = u$，再由式（3-9）得

$$H_{T\infty} = \frac{v_2 u_2 \cos\alpha_2 - v_1 u_1 \cos\alpha_1}{g}$$

而 $v_2\cos\alpha_2 = v_{2u}$，$v_1\cos\alpha_1 = v_{1u}$，则

$$H_{T\infty} = \frac{u_2 v_{2u} - u_1 v_{1u}}{g} \tag{3-10}$$

同样地，对于风机来讲，叶轮所提高的能量则常用单位体积的流体通过叶轮后所获得的能量来表示，称为风机的全压。理想流体在理想叶轮中获得的全压用 $p_{T\infty}$ 表示，于是

$$p_{T\infty} = \rho(u_2 v_{2u} - u_1 v_{1u}) \tag{3-11}$$

需特别指出的是，式（3-10）和式（3-11）虽然是在离心式叶轮情况下得出的，但是推导过程中并未涉及离心力或者升力做功的问题，故这一结论同样适用于轴流式和混流式的叶轮。所以式（3-10）和式（3-11）也称为叶片式泵与风机的基本方程式（或泵与风机的欧拉方程式），对于这两个公式的理解，还需进一步分析如下：

（1）泵的扬程是指流出和流入叶轮的液体能头增量，表示泵的叶轮提高流体能量的大小，单位是 m。其大小与流体的密度无关，仅与转速 n、叶轮进出口直径 D_1、D_2、叶片进出口安装角 β_{1y}、β_{2y} 和流量 q_{VT} 等有关。故泵的扬程不因所输送的流体种类而变化。

风机的全压是指流出和流入叶轮气体的全压增量，表示风机叶轮提高流体能量的大小，单位是 Pa。其大小不但与扬程的影响因素有关，而且还与流体密度有关。风机铭牌上的全压是对吸入特定的气体在特定条件下而言的，一般是指空气在标准大气压（101 325Pa）、温度 20℃的情况，此时空气的密度 $\rho = 1.2 kg/m^3$。

在某些特殊的情况下，如输送高温气体的风机，常采用单位质量的气体通过风机后所获得的能量表示，叫做单位质量功，符号用 Y 表示，单位是 N·m/kg。与全压 p 不同的是，Y 与输送介质的密度无关。

（2）根据流体力学的知识，流体的能量是由动能和势能组成的。那么流体经过泵与风机的叶轮后所提高的能量又是如何构成的呢？

对于任意半径处的速度三角形，如图 3-8 所示，根据余弦定理

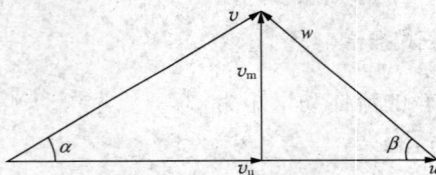

图 3-8 任意位置的速度三角

$$w^2 = u^2 + v^2 - 2uv\cos\alpha$$

因 $v\cos\alpha = v_u$，则

$$uv_u = \frac{v^2 + u^2 - w^2}{2} \tag{3-12}$$

现将式（3-12）应用于式（3-10）中，得

$$H_{T\infty} = \frac{v_2^2 - v_1^2}{2g} + \frac{u_2^2 - u_1^2}{2g} + \frac{w_1^2 - w_2^2}{2g} \tag{3-13}$$

式（3-13）中的三项中，第一项为流体通过叶轮所提高的动能，可用 $H_{d\infty}$ 表示，称为动扬程或动压头；第二项和第三项为流体通过叶轮所提高的压能，可用 $H_{st\infty}$ 表示，称为势扬程或静压头。即

$$H_{T\infty} = H_{d\infty} + H_{st\infty} \tag{3-14}$$

风机的情况也可依此类推，即

$$p_{T\infty} = \rho \frac{v_2^2 - v_1^2}{2} + \rho \frac{u_2^2 - u_1^2}{2} + \rho \frac{w_1^2 - w_2^2}{2} \tag{3-15}$$

而

$$p_{T\infty} = p_{d\infty} + p_{st\infty} \tag{3-16}$$

（3）由式（3-10）可知，当 $\alpha_1 = 90°$ 时（此时流体无旋地流入叶轮，在叶片入口处的绝对速度的圆周方向分量为零，即 $v_{1u} = 0$），式（3-10）变为

$$H_{T\infty} = \frac{u_2 v_{2u}}{g} \tag{3-17}$$

实际上，泵与风机在设计流量下工作时就属于这种情况，即流体无旋地流入叶轮。非设计流量时流体在叶片入口的绝对速度在圆周方向有速度分量，这种情况称为预旋，如图 3-9 所示，流量等于设计值时，$\alpha_1 = 90°$，$v_{1u} = 0$；流量小于设计值时，v_{1m} 减小，v_{1u} 不再为零，$\alpha_1 < 90°$。

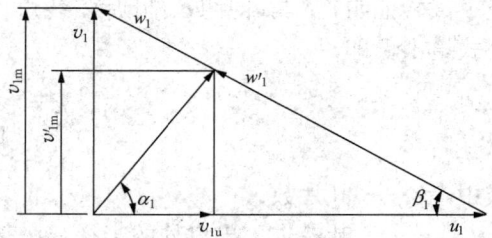

图 3-9 入口速度三角形

二、实际情况的离心式泵与风机的基本方程式

实际情况下的离心式泵与风机叶轮的叶片是有限的，一般的泵约为 5～7 片，而一般风机也不过为 12～30 片。另外，泵与风机内的流体也非理想流体，黏性的存在会影响到流体获得能量的多少。所以在实际情况下，必须对泵与风机的基本方程式进行修正。

在叶片有限的情况下，流体在叶轮内的流动和假设的情况不一样。叶片有限时，叶轮内存在轴向涡流。

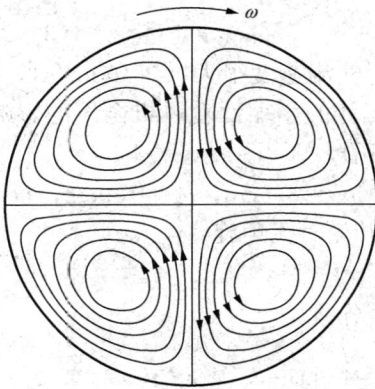

图 3-10 轴向涡流的产生

观察一个装有间隔板的容器中液体的旋转，由于旋转惯性的缘故，在容器刚开始转动时，间隔中的液体保持不旋转，仅做平动。即在容器转动时，不同间隔内的液体必须以相对于容器的相同角速度反向旋转，才能保持液体的实际运动只有平动而无转动，如图 3-10 所示。或者说，从绝对运动的角度讲液体是不转动的，然而从相对运动的角度来讲液体却是转动的，这就是所谓的轴向涡流。

再观察叶轮内的流动，流体在进入叶轮前是无旋的，由于旋转惯性的缘故，流体进入叶轮流道后的相对运动就会有反向的旋转，即轴向涡流。这样，流道中的相对运动就是均匀的速度和轴向涡流相叠加。于是，速度分布发生了改变，如图 3-11 所示。在叶轮的出口处，速度三角形会发生变化，原来的 v_{2u} 减小到 v'_{2u}，并使叶片出口相对速度方向发生变化，如图 3-12 所示。这样，理想流体通过实际叶轮所获得的能头 H_T（即实际叶轮的理论扬程），比理想叶轮的扬程 $H_{T\infty}$ 有所降低。可由滑移系数 k 表示其比值，则

$$H_T = k H_{T\infty} \tag{3-18}$$

式中 k——滑移系数。

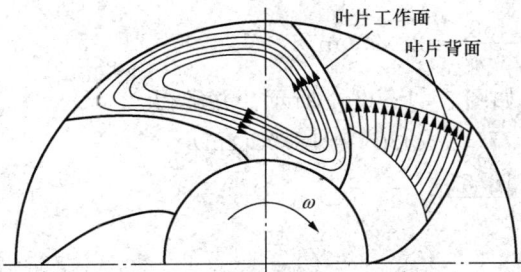

图 3-11 叶轮中的轴向涡流

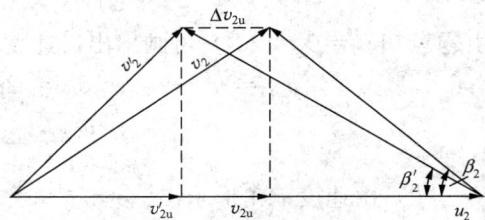

图 3-12 轴向涡流造成速度三角形的改变

　　试验证明，k 与叶片数、叶片安装角、叶轮几何尺寸等因素有关，对于离心泵可由经验公式给出，即

$$k = \cfrac{1}{1 + \cfrac{2\pi}{3Z} \cfrac{r_2^2}{r_2^2 - r_1^2}} \tag{3-19}$$

式中　Z——叶片数；

　　r_1、r_2——叶轮进、出口处的半径。

　　上述情况为理想流体在实际叶轮中获得的理论扬程。而实际流体在叶轮中流动，由于有黏性，存在着一定的流动阻力，造成能量损失，所以实际扬程 H 比理论扬程 H_T 要小。这种差异通常用流动效率 η_h 来修正，即

$$H = \eta_h H_T \tag{3-20}$$

　　据上述分析，泵与风机实际扬程可表示为

$$H = k\eta_h H_{T\infty} \tag{3-21}$$

同理可得

$$p = k\eta_h p_{T\infty} \tag{3-22}$$

　　对于风机而言，有些大型的离心风机或轴流风机，由于气流速度很大（＞100m/s），在确定其实际全压时，除了需要上述的修正之外，还需考虑气体的压缩性对风机全压的影响。关于风机全压计算气体压缩性的修正，请参阅其他教材或专著。

　　【例 3 - 2】　离心泵转速为 1450r/min，其叶轮尺寸为：$b_1 = 3.5$cm，$b_2 = 1.9$cm，$D_1 = 17.8$cm，$D_2 = 38.1$cm，$\beta_{1y} = 18°$，$\beta_{2y} = 20°$。假设液体流入叶轮时无预旋。

　　（1）计算叶轮的 $H_{T\infty}$；

　　（2）在泵产生的总能头中动能部分和压能部分各占的百分数。

　　解　（1）由题意知：$\alpha_1 = 90°$，$\beta_1 = \beta_{1y} = 18°$，则

$$u_1 = \frac{\pi D_1 n}{60} = \frac{\pi \times 17.8 \times 1450}{100 \times 60} = 13.5(\text{m/s})$$

由速度三角形知

$$v_{1m} = v_1 = u_1 \tan\beta_1 = 13.5 \times \tan 18° = 4.39(\text{m/s})$$

求出理论流量为

$$q_{VT} = A_1 v_{1m} = \pi D_1 b_1 v_{1m} = \pi \times 0.178 \times 0.035 \times 4.39 = 0.0859(\text{m}^3/\text{s})$$

叶轮的进、出口流量相等，得

$$v_{2m} = \frac{q_{VT}}{A_2} = \frac{q_{VT}}{\pi D_2 b_2} = \frac{0.0859}{\pi \times 0.381 \times 0.019} = 3.777(\text{m/s})$$

$$u_2 = \frac{\pi D_2 n}{60} = \frac{\pi \times 38.1 \times 1450}{100 \times 60} = 28.93(\text{m/s})$$

由题意知 $\beta_2 = \beta_{2y} = 20°$。可画出出口速度三角形，如图 3-13（b）所示，并解得

$$v_{2u} = u_2 - v_{2m}\cot\beta_{2y} = 28.93 - 3.777 \times \cot 20° = 18.55(\text{cm})$$

$$H_{T\infty} = \frac{u_2 v_{2u}}{g} = \frac{28.93 \times 18.55}{9.81} = 54.7(\text{m})$$

　　（2）由速度三角形求出 v_2

$$v_2 = \sqrt{u_{2u}^2 + v_{2m}^2} = \sqrt{3.777^2 + 18.55^2} = 18.93(\text{m/s})$$

在理论扬程中，动能部分为

$$H_d = \frac{v_2^2 - v_1^2}{2g} = \frac{18.93^2 - 4.39^2}{2 \times 9.81} = 17.3 (\text{m})$$

在理论扬程中，压能部分为

$$H_{st} = H_{T\infty} - H_d = 54.7 - 17.3 = 37.4 (\text{m})$$

这两项扬程分别占 $H_{T\infty}$ 的百分比约为 31.6% 和 68.4%。

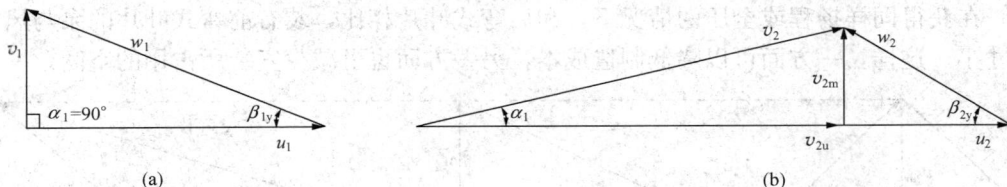

图 3-13 [例 3-2] 图
(a) 入口速度三角形；(b) 出口速度三角形

第三节 离心式泵与风机的叶片形式

一、叶片形式

叶轮是离心式泵与风机中提高能量的关键部件，其叶片形式的不同决定了泵与风机的扬程、功率、效率等具有不同的特点。离心式泵与风机的叶片形式有如下三种：

(1) $\beta_{2y} < 90°$，叶片弯曲方向与叶轮旋转方向相反，如图 3-14 (a) 所示，称为后弯式（或后向式）。

(2) $\beta_{2y} = 90°$，叶片出口的方向为叶轮的径向，如图 3-14 (b) 所示，称为径向式。

(3) $\beta_{2y} > 90°$，叶片弯曲方向与叶轮旋转方向相同，如图 3-14 (c) 所示，称为前弯式（或前向式）。

图 3-14 仅表示叶片形状，实际叶轮中会有几片到数十片叶片。

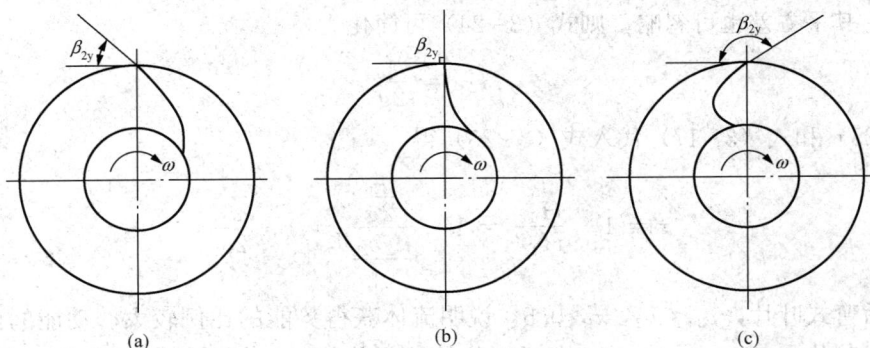

图 3-14 叶片形式
(a) 后弯式；(b) 径向式；(c) 前弯式

二、各种叶片形式的特点

下面对这三种叶片形式进行比较分析。为了便于比较，假定三种叶轮的几何尺寸、转速、流量及叶片入口的安装角完全一致，且流体无旋地流入叶轮。

1. 不同叶片形式下流体在叶轮中获得能量的能力

在流体无旋地流入叶轮的情况下，三种叶片的理论扬程均可由式（3-17）表示。

如图3-15所示，比较三种叶片形式的出口速度三角形，可知前弯式叶片的 v_{2u} 最大，径向式叶片的 v_{2u} 次之，后弯式叶片的 v_{2u} 最小。根据前述的假设，不同叶型的 u_2、v_{2m} 均相等，因此，前弯式叶片的 $H_{T\infty}$ 最大，径向式叶片的 $H_{T\infty}$ 次之，后弯式叶片的 $H_{T\infty}$ 最小。这说明，在获得同样扬程或全压的情况下，和后弯式叶片相比，装有前弯式叶片的泵与风机叶轮尺寸小。这样，一方面可以降低制造成本，另一方面也可减少安装所占用的空间。

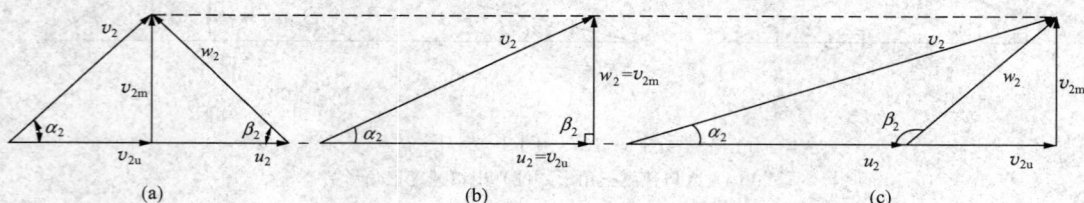

图 3-15　不同叶型的出口速度三角形
（a）后弯式；（b）径向式；（c）前弯式

2. 不同叶片形式下流体在叶轮中获得能量的性质

流体经过叶轮后所获得的理论扬程，包括势扬程 $H_{st\infty}$ 和动扬程 $H_{d\infty}$ 两部分，叶片出口安装角 β_{2y} 对这两部分扬程在总扬程中所占的比例有重要的影响。势扬程 $H_{st\infty}$ 在总扬程 $H_{T\infty}$ 中所占有的比例用反作用度表示，符号为 τ，即

$$\tau = \frac{H_{st\infty}}{H_{T\infty}} = \frac{H_{T\infty} - H_{d\infty}}{H_{T\infty}} = 1 - \frac{H_{d\infty}}{H_{T\infty}} \tag{3-23}$$

由速度三角形知：$v_1^2 = v_{1u}^2 + v_{1m}^2$，$v_2^2 = v_{2u}^2 + v_{2m}^2$，则

$$H_{d\infty} = \frac{v_2^2 - v_1^2}{2g} = \frac{v_{2m}^2 - v_{1m}^2}{2g} + \frac{v_{2u}^2 - v_{1u}^2}{2g} \tag{3-24}$$

在流体无旋地流入叶轮时，即 $v_{1u} = 0$，且对于一般离心式泵与风机的轴面速度 v_{1m} 和 v_{2m} 相差不大，其平方差也可忽略，则式（3-24）可简化为

$$H_{d\infty} = \frac{v_{2u}^2}{2g} \tag{3-25}$$

将式（3-25）和式（3-17）代入式（3-23）得

$$\tau = 1 - \frac{H_{d\infty}}{H_{T\infty}} = 1 - \frac{\dfrac{v_{2u}^2}{2g}}{\dfrac{u_2 v_{2u}}{g}} = 1 - \frac{v_{2u}}{2u_2} \tag{3-26}$$

对于后弯式叶片，$v_{2u} < u_2$，$\tau > 0.5$，说明流体获得势能的比例较大、动能的比例较小；对于径向式叶片，$v_{2u} = u_2$，$\tau = 0.5$，说明流体获得势能的比例和动能的比例相等；对于前弯式叶片，$v_{2u} > u_2$，$\tau < 0.5$，说明流体获得势能的比例较小、动能的比例较大。由此可知，前弯式叶片的扬程虽然大，但所提高的能量以动能为主，这些多余的动能将在泵壳内转化为压力能，而能量的转化过程中总是伴随着能量损失。因此，和后弯式叶片或径向式叶片相比，前弯式叶片的效率最低。

另外，根据上述分析也可确定叶片出口安装角的合理取值范围。如图 3-16 所示，对于后弯式叶片，当 $\alpha_2 = 90°$ 时，$v_{2u} = 0$，据式（3-26），此时 $\tau = 1$，$H_{T\infty} = 0$，叶片的安装角为最小值，即 $\beta_{2y} = \beta_{2ymin}$。对于前弯式叶片，当 $v_{2u} = 2u_2$ 时，据式（3-26），此时 $\tau = 0$，$H_{T\infty} = H_{d\infty}$，这时泵与风机所提高的能量全部是动能，相应的叶片安装角为最大值，即 $\beta_{2y} = \beta_{2ymax}$。由此可见，叶片出口安装角的取值超出或接近大、小两个极限值都是不合理的。

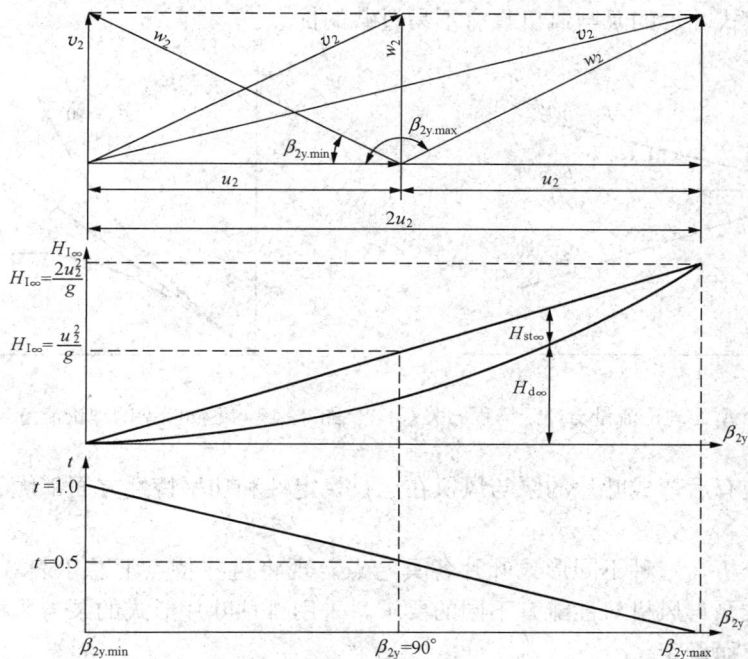

图 3-16　β_{2y}、$H_{T\infty}$ 和反作用度的关系

3. 不同叶片形式下流体在流道中的流动阻力特性

由图 3-14 可见，三种叶片形式的叶轮流道形状是不同的。后弯式叶片的流道长度大，流体在流道内的速度变化较平缓，而前弯式叶片的流道长度小，流体在流道内的速度变化较剧烈。所以，后弯式叶片流道内流体流动的局部损失比前弯式叶片小。径向式叶片的情况处于后弯式、前弯式叶型之间。另外，后弯式叶片在出口处的速度较小，前弯式叶片在出口处的速度较大，而流体流动损失的大小是与速度的平方成正比的，所以后弯式叶片的流动损失就小于前弯式的叶片和径向式叶片。从这方面考虑，在其他条件不变的前提下，装有后弯式叶片的泵与风机的效率将高于装有径向式和前弯式叶片的泵与风机的效率。

4. 不同叶片形式下泵与风机性能的稳定性和功率特性

分析图 3-15 中的速度三角形，β_2 不变的情况下，随着流量增大，v_{2m} 增大。对于后弯式叶片，随着流量增大，v_{2u} 减小，所以 $H_{T\infty}$ 减小。而对于径向式叶片，随着流量增大，v_{2u} 不变，所以 $H_{T\infty}$ 不变。对于前弯式叶片，随着流量增大，v_{2u} 增大，则 $H_{T\infty}$ 增大。理论流量和理论扬程的关系如图 3-17 表示。在考虑了各项损失后，前弯式叶片实际流量与实际扬程的关系曲线一般都会有驼峰，这种形式的性能曲线会使泵与风机工作不稳定。而后弯式叶片的实际流量与实际扬程的关系曲线一般不会有驼峰，没有不稳定工作区域。

由于理论流量和理论功率的关系是

$$P_T = \rho g q_{VT} H_{T\infty}$$

径向式叶片的 P_T 与 q_{VT} 成正比，其关系曲线为坐标原点出发的一条直线，如图 3-18 所示。后弯式叶片的 P_T-q_{VT} 曲线向下弯曲，而前弯式叶片的 P_T-q_{VT} 曲线则向上弯曲。这样，对于相同的一个流量变动量 Δq_{VT}，后弯式叶片的功率变动量 ΔP_T 明显地小于前弯式的叶片，即装有后弯式叶片的泵与风机具有不易过载的优点。

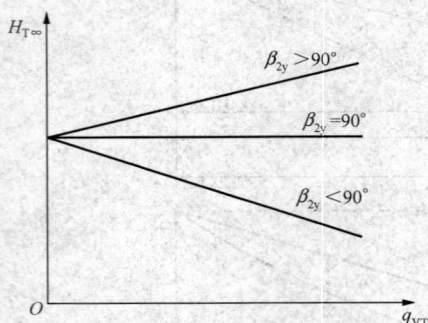

图 3-17 不同叶型的理论流量与理论扬程的关系   图 3-18 不同叶型的理论流量与理论功率的关系

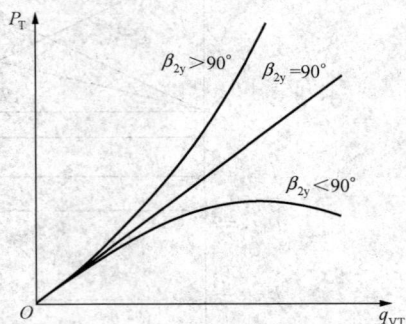

这说明了装有后弯式叶片的泵与风机在运行稳定性和功率特性方面都优于装有前弯式叶片的泵与风机。

总结上述分析，三种不同形式叶片各具特点，现将这些特点汇总于表 3-1 中。由于不同用途的离心式泵与风机对性能有不同的要求，采用哪种叶片形式的泵与风机，需根据实际情况的具体要求而确定。

表 3-1   三种叶片形式的特点汇总表

叶片形式 项目名称	后 弯 式	径 向 式	前 弯 式
叶片形状	叶片的弯曲方向与旋转方向相反	叶片的出口方向为径向	叶片的弯曲方向与旋转方向相同
出口速度三角形	锐角三角形	直角三角形	钝角三角形
出口安装角	$\beta_{2y} < 90°$	$\beta_{2y} = 90°$	$\beta_{2y} > 90°$
流体在叶轮中获得能量的大小	扬程（或全压）较小	居中	扬程（或全压）较大
流体在叶轮中获得能量的分配	流体获得的静压能较大，动能较小，$\tau > 0.5$	流体获得的静压能与动能相等，$\tau = 0.5$	流体获得的静压能较小，动能较大，$\tau < 0.5$
流动损失	较小	居中	较大
效率	较高	居中	较低
性能曲线	性能曲线比较平缓，运行性能比较稳定，不易过载	运行性能介于后弯式、前弯式之间	有驼峰，不稳定运行区域大，易超载

一般离心泵都采用后弯式叶片，这是因为后弯式叶片的运行效率较高，且性能稳定，具有不易过载的功率特性。离心泵叶片出口安装角 β_{2y} 一般在 $20°\sim30°$ 之间。据统计，高效锅炉给水泵的叶片出口安装角 β_{2y} 多为 $22.5°$ 左右。

对于离心风机，三种形式的叶片都有采用。大型高效离心风机一般都采用后弯式叶片，其出口安装角 β_{2y} 一般在 $30°\sim60°$ 范围内。后弯式叶片的风机除了具有运行效率高、性能稳定和不易过载这些优点之外，还有噪声低的特点。前弯式叶片主要用于小型的低压通风机中，其出口安装角 β_{2y} 多在 $90°\sim155°$ 范围内。前弯式叶片在性能上有一个较大的不稳定区，运行中必须避开。另外，在风机工作时，气流相对于叶片的速度非常高，为防止叶片磨损，一般要求所输送的气体中不能存在固体小颗粒，在气体含有固体颗粒情况下，风机采用径向式叶片对减轻叶片的磨损有利，这是由于在产生全压一定的情况下，径向式叶片的叶轮可采用较低的转速，使得固体颗粒相对于叶片表面的速度较低。

【例 3-3】 已知某离心风机的转速 $n=1450\text{r/min}$，理论流量 $q_{VT}=1.72\text{m}^3/\text{s}$，空气径向无旋地流入叶轮，空气密度为 1.2kg/m^3。叶轮的出口尺寸为 $D_2=500\text{mm}$、$b_2=127\text{mm}$、$\beta_{2y}=30°$。在满足相同的 q_{VT} 和 $p_{T\infty}$ 情况下，将叶轮出口安装角 β_{2y} 增大到 $120°$，流入叶轮的情况、转速和出口宽度不变，试计算此时叶轮外径，叶轮外径相对减小了多少？

解 改造前叶轮出口圆周速度为

$$u_2 = \frac{\pi D_2 n}{60} = \frac{\pi \times 0.5 \times 1450}{60} = 37.96(\text{m/s})$$

叶轮出口绝对速度的径向分速度为

$$v_{2m} = \frac{q_{VT}}{\pi D_2 b_2} = \frac{1.72}{\pi \times 0.5 \times 0.127} = 8.62(\text{m/s})$$

由出口速度三角形得

$$v_{2u} = u_2 - v_{2m}\cot\beta_2 = 37.96 - 8.62 \times \cot30° = 23.03(\text{m/s})$$

$$p_{T\infty} = \rho u_2 v_{2u} = 1.2 \times 37.96 \times 23.03 = 1049(\text{Pa})$$

当出口安装角 β_{2y} 增大到 $120°$ 时，叶轮出口圆周速度为 $u_2' = \frac{\pi D_2' n}{60}$，叶轮出口绝对速度的

径向分速度为 $v_{2m}' = \frac{q_{VT}}{\pi D_2' b_2}$，由于保持 $p_{T\infty}$ 不变，所以有

$$p_{T\infty} = \rho u_2'(u_2' - v_{2m}'\cot120°) = \rho\left[\left(\frac{\pi D_2' n}{60}\right)^2 - \frac{n q_{VT}}{60 b_2}\cot120°\right]$$

$$D_2' = \frac{60}{\pi n}\sqrt{\frac{p_{T\infty}}{\rho} + \frac{n q_{VT}}{60 b_2}\cot120°} = \frac{60}{\pi \times 1450}\sqrt{\frac{1049}{1.2} + \frac{1450 \times 1.72}{60 \times 0.127}\cot120°} = 0.345(\text{m})$$

叶轮外径相对减小了 $\Delta D = \dfrac{D_2 - D_2'}{D_2} \times 100\% = 31\%$。

第四节 轴流式泵与风机的叶轮理论

叶片式泵与风机基本方程式已给出了流体流经轴流式叶轮所提高的能量的规律，本节将探讨这一规律应用与轴流式叶轮的特点。

一、叶型与叶栅

1. 叶型的主要几何参数

叶型就是叶片截面的形状。如果叶型的截面形状为机翼形，则称之为翼型。翼型的轮廓线称为型线。常见的翼型有不同的形状，如图 3-19 所示。其主要几何参数如下：

（1）中线（骨架线）。翼型的型线内切圆圆心的连线。

（2）前、后缘点。翼型中线与翼型前端及后端型线的交点。

（3）弦长 b。连接翼型前后缘点的直线称为翼弦，翼弦的长度叫弦长。

（4）翼展 l。叶片的长度。

（5）展弦比 l/b。翼展与弦长之比。

（6）翼型厚度 c。翼型中线的法线与型线的两个交点间的距离，等于内切圆直径。翼型中最大的内切圆直径，即翼型最大厚度为 c_{max}。

（7）相对厚度 c_{max}/b。翼型最大厚度与弦长之比。对于弧形板叶片 $c_{max}/b=0$，一般翼型可取 $c_{max}/b=0.05\sim1.12$。

（8）弯度。翼型中线到翼弦间的垂直距离，图 3-19 中 f_{max} 为最大弯度。

（9）相对弯度 f_{max}/b。最大弯度与弦长之比。对于一般的轴流通风机，$f_{max}/b=0.03\sim0.15$。

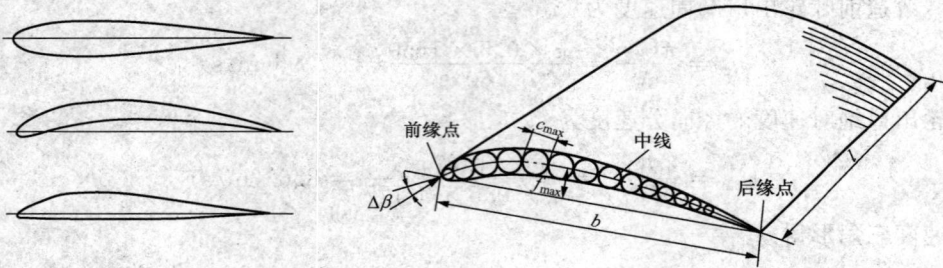

图 3-19 翼型的几何参数

2. 叶栅的主要几何参数

图 3-20 表示一个轴流式泵或风机的叶轮，在任意半径 r 处取一个圆柱面，该圆柱面与各个叶片相交，得到了一系列的截面（即翼型）。将这个圆柱面沿母线剖开并展开为一平面，就是所谓的叶栅。即叶栅是由一系列翼型等距离地排列在一条直线上而构成的。叶栅上各个翼型对应点的连线叫做额线，在各个翼型前缘点和后缘点的连线分别叫做前额线和后额线。叶栅主要的几何参数如下：

（1）栅距 t。在叶栅的圆周方向上两个相邻叶型对应点的距离称为栅距。栅距与弦长的比值 t/b 叫做相对栅距。

（2）稠度 σ。弦长与栅距之比叫做叶栅的稠度，$\sigma=b/t$。一般轴流风机动叶栅 $\sigma=0.2\sim2$。

（3）叶片安装角 β_b。翼弦与额线间的夹角。

（4）进口几何角 β_{1y}。翼型的中线在前缘点处的切线方向与额线间的夹角。

（5）出口几何角 β_{2y}。翼型的中线在后缘点处的切线方向与额线间的夹角。

二、轴流叶轮中流体的流动及速度三角形

同离心式叶轮一样，轴流式叶轮中流体的绝对运动是由圆周运动和相对运动合成的，是一种复合运动。描述圆周运动的速度，即圆周速度，符号为 $\vec{u}$，其大小为 $\frac{\pi Dn}{60}$，方向为旋转

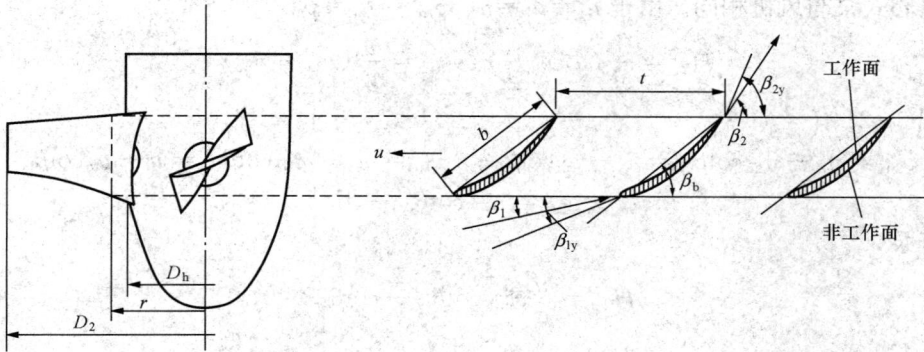

图 3-20　叶栅的几何参数

方向；描述相对运动的速度，为相对速度，符号为 $\vec{w}$，在叶片无限多且叶片厚度无限薄的假设条件下，相对速度的方向为所在处的叶片切线方向（指向叶轮出口），同一半径处相对速度大小相等，与叶轮流量和流道形状有关；描述绝对运动的速度，即绝对速度，符号为 $\vec{v}$，其大小、方向由圆周速度和相对速度的大小、方向共同决定。

由这三个速度向量组成的向量图称为速度三角形，对于图 3-20 所示的平面直列叶栅的进、出口速度三角形如图 3-21 所示，这两个速度三角形也就是轴流式叶轮在半径为 r 处的进、出口速度三角形。图中速度的下标 1、2 分别表示叶轮进口和出口，下标 m 表示轴向，下标 u 表示圆周方向。这两个速度三角形有下列两个特点：

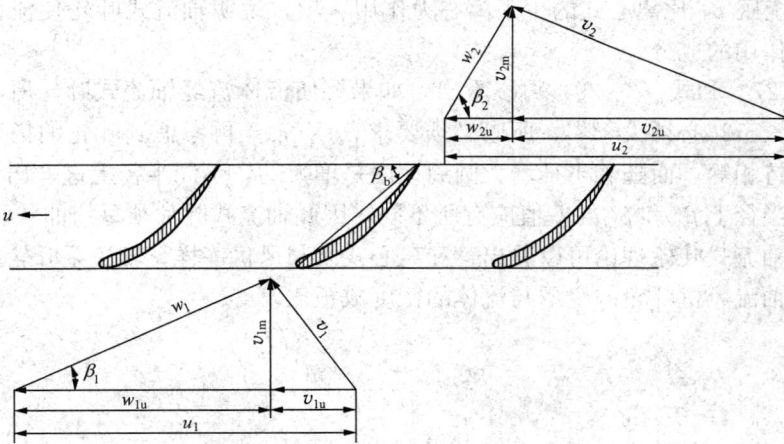

图 3-21　叶栅的进口和出口的速度三角形

（1）因为进出口所在的半径相同，均为 r，所以两个圆周速度相等，即 $u_1 = u_2$。

（2）因为轴流式叶轮进出口通流面积相等，如忽略进出口处流体的密度差别，则流进叶轮的体积流量等于流出叶轮的体积流量，而体积流量等于轴向速度乘以通流面积，所以，这两个速度三角形的轴向速度相等，即 $v_{1m} = v_{2m}$。

三、轴流式泵与风机的基本方程式

与离心式泵与风机基本方程式的含义相同，轴流式泵与风机的基本方程式也是反映流体在叶轮中得到的能量与叶轮进、出口流体速度的关系式，可以根据动量矩定理推导得到，其

形式与离心式泵与风机相同。由于 $u_1 = u_2 = u$、$v_{1m} = v_{2m} = v_m$，则

$$H_T = \frac{1}{g}(u_2 v_{2u} - u_1 v_{1u}) = \frac{u}{g}(v_{2u} - v_{1u})$$

由图 3-21 有

$$v_{2u} = u_2 - v_{2m}\cot\beta_{2y} = u - v_m\cot\beta_{2y}; \quad v_{1u} = u_1 - v_{1m}\cot\beta_{1y} = u - v_m\cot\beta_{1y}$$

则

$$v_{2u} - v_{1u} = v_m(\cot\beta_{1y} - \cot\beta_{2y})$$

对于泵

$$H_T = \frac{u}{g}v_m(\cot\beta_{1y} - \cot\beta_{2y}) \tag{3-27}$$

$$H_T = \frac{w_1^2 - w_2^2}{2g} + \frac{v_2^2 - v_1^2}{2g} \tag{3-28}$$

对于风机

$$p_T = \rho u v_m(\cot\beta_{1y} - \cot\beta_{2y}) \tag{3-29}$$

$$p_T = \frac{\rho(w_1^2 - w_2^2)}{2} + \frac{\rho(v_2^2 - v_1^2)}{2} \tag{3-30}$$

当流体轴向流入叶轮时，即进口处流体绝对速度没有圆周分速度，则 $v_{1u} = 0$，叶轮扬程 H_T 或全压 p_T 的形式变为

对于泵

$$H_T = \frac{u v_{2u}}{g} = \frac{u}{g}(u - v_m\cot\beta_{2y}) \tag{3-31}$$

对于风机

$$p_T = \rho u v_{2u} = \rho u(u - v_m\cot\beta_{2y}) \tag{3-32}$$

对比式（3-13）与式（3-28）及式（3-15）与式（3-30）可以看出，轴流式叶轮的理论扬程 H_T 和全压 p_T 比离心式的少了离心力作用一项，说明轴流式叶轮使流体获得的能量中没有离心力作用的成分。

由式（3-27）和式（3-29）可以看出，如果要使流体流经轴流式叶轮所获得能量为正数，则 $\cot\beta_{1y} - \cot\beta_{2y}$ 必须大于零，所以必须要求 $\beta_{2y} > \beta_{1y}$。再考虑到叶轮的扬程或全压在不同半径处应保持相等，而随着半径增大圆周速度是增大的，不同半径上进、出口速度三角形不同，则不同半径上 β_{2y} 和 β_{1y} 的差值应有所不同，因此轴流式叶片须呈扭曲状。

另外，从轴流式叶轮理论可以看出，和离心式泵与风机一样，轴流泵叶轮的扬程与流体的密度无关，轴流风机叶轮的全压与流体的密度成正比。

思 考 题

3-1 如何描述泵与风机叶轮中流体的流动？

3-2 如何绘制速度三角形？叶轮入口前流体的预旋和叶轮内的轴向涡流对速度三角形有何影响？

3-3 何谓叶片的排挤系数？叶片厚度对速度三角形有何影响？

3-4 何谓叶片式泵与风机的基本方程式？该方程在什么条件下成立？

3-5 在理想流体和理想叶轮的前提下，扬程和全压怎样表示？两者的关系如何？

3-6 在实际情况下，需要对泵与风机的基本方程式进行怎样的修正？为什么要修正？

3-7 离心式泵与风机的叶片形式有哪几种？各有哪些方面的优点？

3-8 为什么离心泵的叶片形式一般都是后弯式的，而离心风机具有 3 种叶片形式？

3-9　轴流式泵与风机叶轮中的速度三角形有哪些特点？

3-10　轴流式泵与风机的叶片为何需要制成扭曲的？

习　　题

3-1　试求转数 $n=1450 \text{r/min}$ 时的离心泵所产生的扬程，并绘出叶轮出口处的速度三角形。设叶轮外径 $D_2=300 \text{mm}$，出口处的绝对速度 $v_2=20 \text{m/s}$，$\alpha_2=15°$，水流径向地进入叶轮，流动效率 $\eta_h=0.85$，环流系数 $k=0.84$。

3-2　离心泵的转数 $n=1480 \text{r/min}$ 时，流量为 $300 \text{m}^3/\text{h}$。叶轮的外径为 360mm，叶片出口宽度 $b_2=27 \text{mm}$，叶片数 $z=7$。叶片出口的厚度 $s_{2u}=7 \text{mm}$，叶片出口安装角 $\beta_{2y}=30°$。试绘制出口速度三角形。

若叶片入口无预旋，滑移系数 $k=0.7$，求 $H_{T\infty}$ 及 H_T。

3-3　离心泵的转速 $n=1460 \text{r/min}$，叶轮进、出口尺寸为：$b_1=58 \text{mm}$，$D_1=153 \text{mm}$，$\beta_{1y}=26.5°$，$b_2=42.5 \text{mm}$，$D_2=270 \text{mm}$，$\beta_{2y}=21.5°$。若流体径向流入叶轮，试绘出叶轮进、出口处的速度三角形，并计算理想流体通过理想叶轮时的理论扬程。

3-4　液体进入离心泵叶轮后，若 $v_1=v_{1m}=v_{2m}=4.0 \text{m/s}$，叶片进、出口的安装角 $\beta_{1y}=25°$、$\beta_{2y}=22.5°$。叶轮叶片进、出口处直径 $D_1=115 \text{mm}$，$D_2=310 \text{mm}$。试绘出离心泵叶轮进、出口的速度三角形。

若环流系数 $k=0.81$，流动效率 $\eta_h=0.9$，问泵的实际扬程是多少？

3-5　采用后弯叶片的离心风机，叶轮外径 $D_2=2000 \text{mm}$，叶片出口安装角 $\beta_{2y}=30°$。在转速 $n=730 \text{r/min}$ 时，空气经叶轮出口的径向分速 $v_{2m}=20 \text{m/s}$。设空气无旋地径向进入叶轮，试求理论全风压为多少？并绘出速度三角形。空气的密度 $\rho=1.2 \text{kg/m}^3$。

若叶片改为前弯形式，叶片的出口安装角 $\beta_{2y}=150°$，为获得相同的全风压，风机的叶轮外径可相应减小为多大？

3-6　试求离心风机所产生的理论全风压。叶轮的外径 $D_2=500 \text{mm}$，转速 $n=1000 \text{r/min}$，空气径向进入叶轮。空气的密度 $\rho=1.29 \text{kg/m}^3$。叶片出口处空气的相对速度 $w_2=20 \text{m/s}$，它与 u_2 的夹角 $\beta_2=120°$。

如叶轮尺寸、转速及相对速度均相同且气流仍为径向进入叶轮，但叶片形式改为后弯式，$\beta_2=60°$，问理论全风压将如何变化？

3-7　离心式风机叶轮外径 $D_2=800 \text{mm}$。当 $\alpha_1=90°$ 时，问在多少转速下所产生的理论全风压 $p_{T\infty}=200 \text{mmH}_2\text{O}$。设叶片出口处的相对速度 $w_2=16 \text{m/s}$，它与圆周速度 u_2 的夹角 $\beta_2=130°$。

第四章　泵与风机的性能

第一节　泵与风机的损失与效率

　　泵与风机内有三种形式的能量损失,即机械损失、容积损失和流动损失。有效功率就等于轴功率减去由这三项损失所消耗的功率。从图4-1可以看出轴功率、损失功率与有效功率之间的能量平衡关系。要提高泵与风机运行的效率就必须设法减少这些损失。

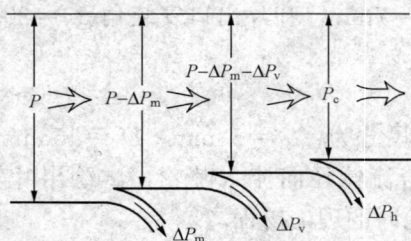

图4-1　泵内的功率损失

一、机械损失与机械效率

　　泵与风机内的机械损失包括发生在轴封装置处与轴承处的摩擦损失,以及叶轮前后盖板外表面与流体之间的圆盘摩擦损失两部分,其损失的功率前者用 ΔP_{m1}、后者用 ΔP_{m2} 表示。

　　轴封和轴承的摩擦损失与其结构形式有关。在大型水泵中多采用机械密封、迷宫密封等结构,其轴封摩擦损失很小。填料密封的轴封摩擦损失较大,一般与填料种类、泵内压力及填料压盖压紧程度有关。对于采用填料密封的泵,在运行中应注意保持合适的填料压盖的压紧程度,以及轴承的油温、油位、油质符合要求,防止轴封和轴承摩擦损失造成温度的异常升高。一般情况,ΔP_{m1} 约为泵轴功率的1%～5%。

　　圆盘摩擦损失是叶轮两侧表面和泵与风机壳体内流体的摩擦造成的损失。叶轮在壳体内的流体中旋转,一方面带动了与之接触的流体旋转,同时叶轮两侧的流体在离心力的作用下形成旋涡运动,如图4-2所示。旋转的流体以及漩涡运动消耗掉的能量所形成的能量损失即为圆盘损失,其功率 ΔP_{m2} 约为泵轴功率的2%～10%。

　　圆盘摩擦损失与泵腔的形状、表面粗糙度、雷诺数、叶轮宽度等因素有关。根据斯托道拉公式,离心泵的圆盘摩擦损失为

$$\Delta P_{m2} = 4.9 \times 10^{-4} \rho u_2^3 D_2^2 \qquad (4-1)$$

离心风机的圆盘摩擦损失为

$$\Delta P_{m2} = \beta \times 10^{-6} \rho g u_2^3 D_2^2 \qquad (4-2)$$

式中　ρ——流体的密度;

　　　u_2——叶轮外缘圆周速度;

　　　D_2——叶轮外缘直径;

　　　β——系数,推荐值为0.81～0.88。

　　由式(4-1)和式(4-2)可知,圆盘摩擦损失与圆周速度

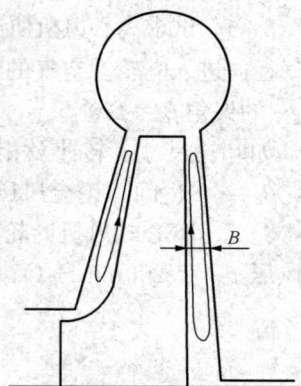

图4-2　圆盘摩擦损失

u_2 的三次方成正比,与叶轮外缘直径 D_2 的平方成正比。而圆周速度 u_2 又与叶轮外径 D_2 与转速 n 成正比,所以圆盘摩擦损失也就与转速的三次方、叶轮外缘直径 D_2 的五次方成正比。因此,圆盘摩擦损失随转速和叶轮外缘直径的增加而急剧增加。如果要提高单级扬程或全压,采用加大叶轮外径的方法,则圆盘摩擦损失与叶轮外径成五次方关系增加;而采用提

高转速的方法，则成三次方关系增加。所以前者的损失大于后者。在获得相同的扬程或全压的情况下，提高转速可使叶轮外径相应地减小，这样，虽然增加了转速，但是叶轮外径的减小最终会使圆盘损失减少，使泵与风机的机械效率提高。大型电站锅炉给水泵都采用高速泵就是这个道理。

越是大型的泵与风机，机械损失中 ΔP_{m1} 占轴功率的比例就越少，而 ΔP_{m2} 占轴功率的比例就越多，尤其是低比转速的泵与风机。

减小叶轮圆盘摩擦损失的主要措施有：

（1）在泵与风机需要较高的出口压力时，宜采用高转速或多级叶轮的方法。

（2）降低叶轮和泵壳内侧的表面粗糙度。叶轮外表面磨光后的圆盘摩擦损失可下降20%，而严重锈蚀、表面粗糙的叶轮会使圆盘摩擦损失增加30%。因此，对叶轮表面进行良好的清砂、磨光或涂漆等处理是十分必要的。

（3）叶轮与泵壳的间隙 B 不可太大或太小，对离心泵而言 $B/D_2 = 2\% \sim 5\%$。

由上述可知，机械损失功率为 $\Delta P_m = \Delta P_{m1} + \Delta P_{m2}$，机械损失的程度可由机械效率表示，即

$$\eta_m = \frac{P - \Delta P_m}{P} \qquad (4-3)$$

机械损失的大小对泵与风机的效率有一定的影响，而与流量、扬程或全压无关。离心泵的机械效率一般为 $90\% \sim 97\%$，离心风机的机械效率一般为 $92\% \sim 98\%$。

二、容积损失和容积效率

泵与风机由于转动部件与静止部件之间存在间隙，在运转时，间隙两侧会在压力差作用下产生泄漏，使少部分在叶轮中已获得了能量的流体从高压侧通过间隙流向低压侧，造成能量损失，这种损失称为容积损失（或泄漏损失）。

泵与风机内存在的泄漏主要有以下几种：

（1）叶轮入口处的密封间隙处的泄漏。由于叶轮出口的压力比叶轮入口处的压力高，部分流体在这个压力差的作用下，经叶轮入口处的动静间隙产生泄漏，如图 4-3 所示。

（2）离心泵轴向力平衡装置处的泄漏。无论是平衡盘、平衡鼓还是平衡孔、平衡管，为了平衡轴向力，就必然有部分从叶轮流出的液体，通过动静部件的间隙回流到叶轮的入口前，这就造成了容积损失。

（3）分段式多级泵级间的泄漏。分段式多级泵中静止的导叶隔板与转动的泵轴或轴套有一定的间隙。叶轮入口前的液体会通过这一间隙回流到前一级叶轮与导叶隔板的间隙中，产生回流，如图 4-3 所示。但是，这部分液体回流并不经过叶轮流道，其能量来源是由叶轮后盖板带动液体旋转所产生的离心力形成的，应属于圆盘摩擦损失，而不是容积损失。减小间隙 b 可减小这部分圆盘摩擦损失。

（4）轴封间隙的泄漏。无论哪种形式的密封都会有一定程度的泄漏。对于填料密封和机械密封来讲，这一泄漏非常小，可忽略不计。迷宫密封的泄漏量较大。

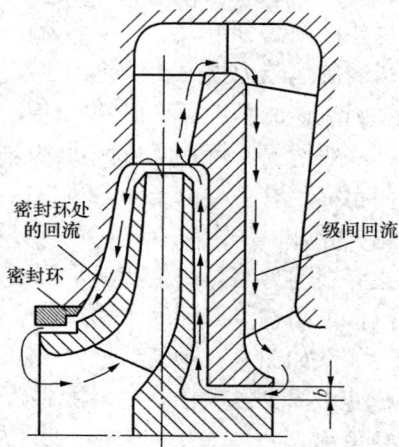

密封环处的回流

级间回流

密封环

图 4-3 分段式多级泵级间泄漏

　　由上述知，离心泵产生容积损失的泄漏主要是发生在叶轮入口密封间隙处和轴向力平衡装置的泄漏，减少这些泄漏可提高泵与风机的容积效率，其方法一般有以下几种：

　　（1）减小平衡装置的泄水量。采用平衡孔、平衡管来平衡轴向力时泄漏量较大，故大型泵、多级泵中很少采用。在大型多级泵中，常采用平衡盘和平衡鼓来平衡轴向力。减小平衡盘的直径可减小平衡盘与平衡座的轴向间隙 b_2（见图 2-19），这样虽然可以减少平衡盘泄水量，但是过小的平衡盘轴向间隙易发生平衡盘与平衡座摩擦事故。平衡鼓径向间隙的湿周较大，故泄漏量较大。为减少泄漏，在平衡鼓的外缘表面和衬套内表面常开有反向螺旋槽，使得在不减小径向间隙的情况下，增大了泄流阻力，减小了泄漏量。

　　（2）减小叶轮入口处密封间隙的泄漏量。为了减小这一泄漏，在泵壳的相应位置处设置密封环（或称口环、防磨环），即内密封（其形式见图 2-9）。为了减小密封环处的泄漏量，应选择合适的叶轮入口直径及密封间隙。运行中必须保持叶轮和密封环的位置同心，否则密封间隙在圆周上不均匀，泄漏量会明显增加，而且容易使叶轮和密封环产生摩擦。

　　（3）减小迷宫密封的泄漏量。密封间隙是影响迷宫密封泄漏量的主要因素。减少泄漏的方法是选择合适的密封间隙、在轴面和衬套内表面加反向螺旋槽等，并保持运行时密封间隙沿圆周均匀。另外，密封水压力对泄漏量也有一定的影响，运行时应注意调整。

　　（4）对于离心风机尽量减小集流器与叶轮的间隙。离心风机吸入口的间隙形式有套口间隙和对口间隙两种（见图 2-34），常用的是套口间隙形式。为了减小泄漏量，应该使套口的径向间隙 δ 尽量小。

　　容积损失大小用容积效率 η_V 来衡量，容积效率用式（4-4）表示

$$\eta_V = \frac{P - \Delta P_m - \Delta P_V}{P - \Delta P_m} = \frac{\rho g q_V H_T}{\rho g (q_V + q_V') H_T} = \frac{q_V}{q_V + q_V'} = \frac{q_V}{q_{VT}} \tag{4-4}$$

式中　ΔP_V——容积损失消耗的功率，kW；

　　　　q_V——泵或风机的流量，m^3/s；

　　　　q_V'——泵与风机内总泄漏量，m^3/s。

离心泵的容积效率 η_V 一般为 90%～95%，离心风机的容积效率会更低些。

三、流动损失和流动效率

　　流体从泵或风机的进口流至出口的过程中，会遇到流动阻力产生能量损失。流动阻力损失主要由两部分组成：一是因流体黏性而产生的摩擦损失以及因流动方向和流道断面变化而形成的旋涡阻力损失；二是因工况变化而形成的冲击损失。

　　因流体的黏性而形成的摩擦损失发生在泵与风机内整个流程，相当于管内流动的沿程损失。一般情况下可将泵或风机内的流动视为处于阻力平方区，流动摩擦损失的大小和流道的表面粗糙度有关。由于泵与风机内的流动变化急促，在流体流经的各个部件中，如吸入室、叶轮、导叶、压出室、出口短管等位置处会发生旋涡阻力损失。流速大小和方向的变化造成了边界层的分离，产生旋涡，形成的阻力损失类似于管内流动的局部损失。这种摩擦损失和旋涡损失与过流部件的结构尺寸、几何形状有关，与流量的平方成正比，用 h_w 表示，与流量的关系如图 4-5 所示。

　　冲击损失发生在泵与风机非设计工况下。流动的相对速度方向与叶片进口切线方向之间的夹角称为冲角 $\Delta\beta$，即 $\Delta\beta = \beta_{1y} - \beta_1$。当泵与风机在设计工况工作时，流体相对速度沿叶片切线方向流入，此时流体的入口流动角 β_1 与叶片安装角 β_{1y} 相等，如图 4-4（a）所示，此时

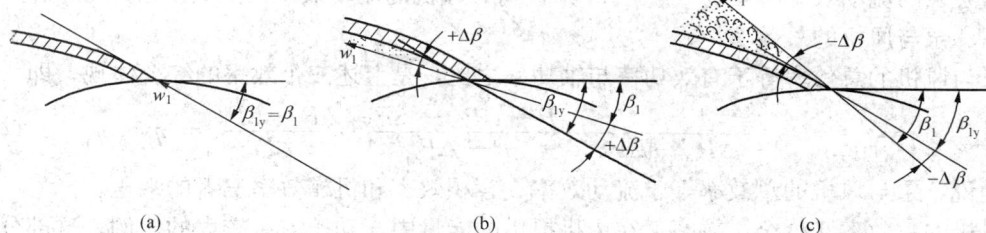

图 4-4　叶轮入口的冲击损失

(a) 设计流量；(b) 小于设计流量；(c) 大于设计流量

的冲角 $\Delta\beta$ 为零，没有冲击损失。泵与风机在偏离设计工况时，流体进入叶片的相对速度方向发生变化，实际流量小于设计流量时，流动角 β_1 小于叶片安装角 β_{1y}，如图 4-4 (b) 所示，此时冲击角 $\Delta\beta$ 大于零；实际流量大于设计流量时，流动角 β_1 大于叶片安装角 β_{1y}，如图 4-4 (c) 所示，此时冲击角 $\Delta\beta$ 小于零。非设计工况下，叶轮出口处流体的速度方向同样会有变化，在有出口导叶的情况下，也会产生冲击损失。冲击损失用 h_s 表示，与流量的关系如图 4-5 所示。总的流动损失是上述两项流动损失之和，即为 $h_w + h_s$。

应该指出的是在正冲角时，旋涡区发生在叶片非工作面上，能量损失比发生负冲角时要小；另外，总流动损失最小的工况与冲击损失最小的工况并不一致，总流动损失最小相应的流量小于冲击损失最小相应的流量，如图 4-5 所示。也就是说，总流动损失最小发生在具有一定正冲角的情况下。因此离心泵在设计时常采用 3°～9°的正冲角。

为减小流动损失可采取的措施有以下几种：

(1) 合理地设计叶片和流道的形状，使流体在流道中速度变化平缓，大小合适，尽量避免出现流动死角和旋涡。叶片入口、出口、导叶入口角选择合适，尽可能减少冲击损失。

(2) 保证良好制造工艺，降低流道的表面粗糙度，清除流道表面的黏砂、飞边、毛刺等铸造缺陷。

(3) 提高检修质量，保证运行时叶轮和导叶的中心相匹配，这在离心泵检修工艺中叫做叶轮对中心，如做得不好，可使泵的效率下降 1%～2%。

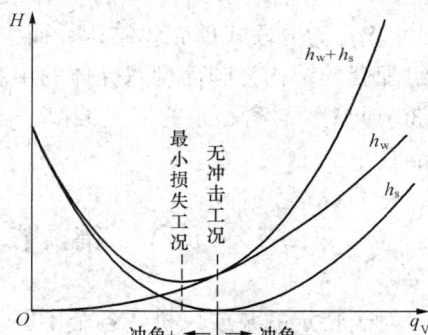

图 4-5　流动损失

(4) 注意选择离心风机的进气箱和集流器的形状，使旋涡区尽量小，选择合适的进气箱进口和叶轮进口的面积比、适合的涡壳宽度和涡舌形状等。

在大中型泵与风机中，影响效率的最主要因素是流动损失，即在所有的损失中，流动损失最大。流动损失用流动效率 η_h 来衡量，可用式 (4-5) 表示为

$$\eta_h = \frac{P - \Delta P_m - \Delta P_V - \Delta P_h}{P - \Delta P_m - \Delta P_V}$$

$$= \frac{P_e}{P - \Delta P_m - \Delta P_V} = \frac{\rho g q_V H}{\rho g q_V H_T} = \frac{H}{H_T}$$

$$(4-5)$$

式中　ΔP_h——流动损失的功率，kW。

离心泵的流动效率一般为 $80\%\sim95\%$，离心风机的流动效率一般为 $70\%\sim85\%$。

四、泵与风机的总效率

泵与风机的总效率等于有效功率与轴功率之比，是上述三个效率的综合体现，即

$$\eta = \frac{P_e}{P} = \frac{P_e}{P - \Delta P_m - \Delta P_V} \times \frac{P - \Delta P_m - \Delta P_V}{P - \Delta P_m} \times \frac{P - \Delta P_m}{P} = \eta_h \eta_V \eta_m \qquad (4-6)$$

也就是说，泵与风机的总效率等于流动效率、容积效率和机械效率三者的乘积。

风机的总效率又称全压效率。在风机提供的能量中，动压占有较大的比例，这部分动压如不加以利用，会使实际效率低于全压效率。故衡量风机性能优劣时，不仅要看它的全压效率，还要看它的静压效率。静压效率是用风机的静压计算的有效功率和轴功率比值，即

$$\eta_{st} = \frac{q_V p_{st}}{P} = \frac{P_{est}}{P} \qquad (4-7)$$

综上所述，要提高泵与风机的总效率就必须在设计、制造及运行等各方面注意减少机械损失、容积损失和流动损失。离心式泵的总效率约为 $62\%\sim92\%$，大容量高温、高压锅炉给水泵的总效率约为 $80\%\sim85\%$。离心风机约在 $70\%\sim90\%$ 的范围内，高效风机可达 90% 以上。轴流泵的总效率约为 $70\%\sim89\%$，大型轴流风机可达 90% 左右。

为了提高泵与风机的效率，节约能耗，我国自 20 世纪 80 年代始，先后淘汰了数百种落后的产品，并设计和引进了许多新的节能替代产品。新产品不仅效率有较大的提高，综合性能也优于淘汰产品。如淘汰的 3BA6 型泵，其效率 $\eta=65\%$，轴功率 $P=12.3kW$，而替代的新产品 IS80-50、IS80-200 型泵，其效率 $\eta=74\%$，轴功率降低了 $1.496kW$。又如用于 300MW 汽轮发电机组配套的半容量锅炉给水泵 DG500-240，其效率为 71%，轴功率为 $5500kW$，为分段式单壳体结构。而引进英国 Weir 泵厂专利技术生产的 300MW，汽轮发电机组配套的结构为圆筒型双壳体的半容量锅炉给水泵 FK5D32，其效率高达 82.9%，轴功率为 $3670kW$。与离心泵的情况类似，一些能耗高、技术水平低的风机产品也分批被列入淘汰产品目录。

第二节　泵与风机的性能曲线

对于特定的泵或风机，各个不同的性能参数之间存在着固有的关系。在某一特定的转速下，将扬程（或全压）、轴功率、效率等性能参数随流量的变化关系用曲线来表示，这些曲线称为泵与风机的性能曲线。离心式泵与风机主要的性能曲线有扬程曲线 H-q_V 或全压曲线 p-q_V、轴功率曲线 P-q_V 和效率曲线 η-q_V。此外，离心泵常用的性能曲线还有必需汽蚀余量曲线 $NPSH_r$-q_V 及允许吸上真空高度曲线 $[H_s]$-q_V。离心风机常用的性能曲线还有静压曲线 P_{st}-q_V 及静压效率曲线 η_{st}-q_V。在各种性能曲线中 H-q_V 曲线或 p-q_V 曲线最重要，应用也最多。

一、理论分析绘制的性能曲线

理想流体经过理想叶轮获得的理论能头 $H_{T\infty}$ 与理论流量 q_{VT} 的关系如图 3-17 所示，以后弯式叶片形式为例，$H_{T\infty}$-q_{VT} 为一条向下倾斜的直线。对于有限数叶片的叶轮，由于轴向涡流的影响，从而使扬程降低，可用滑移系数 K 进行修正。因此，叶片有限时的 H_T-q_{VT} 曲线，也是一条向下倾斜的直线，且随 q_{VT} 的减少轴向涡流使能头减小得更多。因此，H_T-q_{VT}

曲线倾斜地位于无限多叶片 $H_{T\infty}\text{-}q_{VT}$ 曲线之下，如图 4-6 所示。考虑实际流体黏性的影响，离心泵产生的能头还要在 $H_T\text{-}q_{VT}$ 曲线上减去因流动损失和冲击损失而减少的能头。流动损失 h_w 随流量的平方而增加，冲击损失 h_s 在设计工况下为零，在偏离设计工况时则按抛物线规律而增加，在减去不同流量下的流动损失 h_w 和冲击损失 h_s 后即得到图 4-6 中曲线 $H\text{-}q_{VT}$。除此之外，还需考虑容积损失对性能曲线的影响。因此，还需在 $H\text{-}q_{VT}$ 曲线上减去相应的泄漏量 q_V'，即得到流量与实际扬程的性能曲线 $H\text{-}q_V$，如图 4-6 所示。

风机的 $p\text{-}q_V$ 曲线与泵的 $H\text{-}q_V$ 曲线的分析方法相同。

机械损失不会直接降低泵与风机获得的能头，但可以影响泵与风机的轴功率。

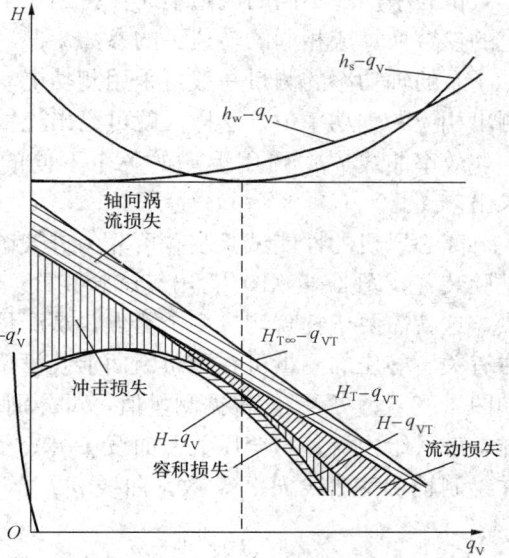

图 4-6 理论性能曲线 $H\text{-}q_V$

泵与风机的轴功率与流量之间的关系曲线也可由上述方法得出。由理论轴功率与理论流量的关系曲线 $P_T\text{-}q_{VT}$ 经修正得出轴功率曲线 $P\text{-}q_V$。

泵的效率曲线 ηq_V 可在已知扬程曲线和轴功率曲线的情况下由式（4-9）计算出

$$\eta = \frac{P_e}{P} = \frac{\rho g q_V H}{1000P} \qquad (4-8)$$

由式（4-8）可见，当 $q_V=0$ 时，$\eta=0$；当 $H=0$ 时，$\eta=0$。因此，ηq_V 曲线是一条通过坐标原点又与横坐标轴相交的曲线。由于泵与风机内各种损失的存在，实际的性能曲线 $q_V-\eta$ 位于理论曲线的下方。曲线上最高效率 η_{max} 点，即为泵与风机设计工况点。

二、实测绘制的性能曲线

上述理论分析得出性能曲线的方法，不能精确地反映性能参数之间的关系，仅可用来定性分析。实际上，用作性能分析和选择泵与风机依据的性能曲线只能通过性能实验实测得出，一般由制造厂提供。

图 4-7 所示为一种离心泵性能试验装置。此装置采用薄壁直角三角堰测量流量，也可采用孔板流量计或文丘里流量计来测量流量。在入口和出口压力值测出后，即可由式（1-4）求出泵的实际扬程。试验时，用阀门控制流量的大小，在不同的流量下测出（算出）相应的扬程。这样，就可绘制出流量和扬程的关系曲线，即 $H\text{-}q_V$。

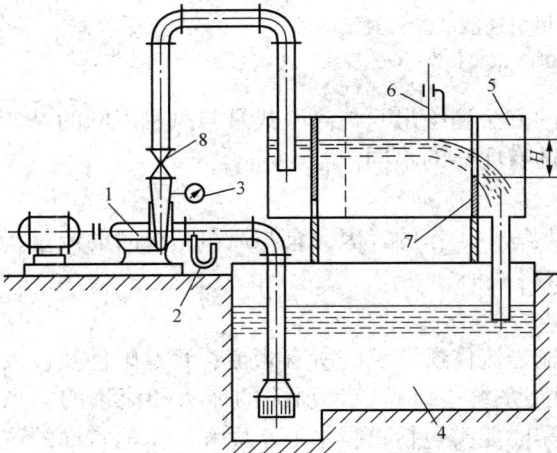

图 4-7 离心泵性能试验装置

1—离心泵；2—水银真空计；3—压力表；4—吸水池；
5—堰槽；6—测针；7—薄壁直角三角堰；8—调节阀

试验中，在不同的流量下应保持固定不变的转速，如转速有变化，还需按相似理论将对应的参数换算成相同的转速下的参数。

泵的轴功率的测量一般可采用测功电动机或电功率表。对应于上述试验的不同流量，可测出相应的轴功率 P，这样，就可绘出流量和轴功率的关系曲线 $P\text{-}q_V$。

效率曲线 $\eta\text{-}q_V$ 可用上述的各个不同的流量下对应的扬程 H 和轴功率 P 用式（4-8）求出。

离心风机的性能试验装置可分为进气试验装置和排气试验装置等，图4-8（a）为进气试验装置，图4-8（b）为出气试验装置。试验管段内设有毕托管测气流速度，从而求出流量，这就需要毕托管测量多个测点，从测量值中求出平均流速。测点的分布与平均流速的算法有关。静压的测量可在测量断面上装设多个静压测点，进而求出测量断面上的平均静压，如图4-8（c）所示。根据测量值，可分别由式（1-9）和式（1-10）求出风机的全压。这样，就可绘出流量与全压关系曲线 $p\text{-}q_V$、流量与静压的关系曲线 $p_{st}\text{-}q_V$，同样的方法可计算并绘制轴功率曲线 $P\text{-}q_V$、效率曲线 $\eta\text{-}q_V$ 等。

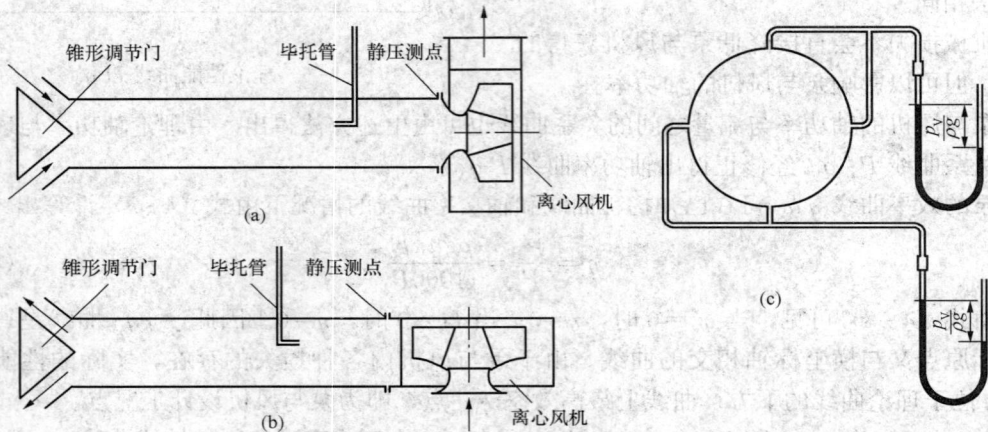

图4-8 离心风机性能试验装置
(a) 进气试验装置；(b) 排气试验装置；(c) 静压测点

轴流式泵与风机的性能曲线也可用类似的方法测绘出。与离心式泵与风机不同的是，轴流式泵与风机性能曲线的形状特点与离心式的有明显的不同。

三、工况点与工作点

由于在实际工作中的泵与风机是在管路系统中工作的，因此泵与风机运行时的流量、扬程等性能参数必然会受到管路系统特性的影响。

1. 管路特性曲线

泵与风机的管路系统是指完成泵与风机输送流体所涉及的所有管道、管道附件及吸入和压出容器的总和。泵的管路特性曲线是指管路系统中维持流动所需的能头和流量的关系曲线。分析流体在管路中的流动可知，流动所需的能头包括：吸水池水面和压水池水面的位置能头差、压力能头差和流动过程中克服流动阻力所消耗的能头。则管路特性曲线方程为

$$H = H_z + H_p + h_w \tag{4-9}$$

$$h_w = \sum \lambda \frac{l}{d} \frac{v^2}{2g} + \sum \zeta \frac{v^2}{2g} = S q_V^2$$

式中　H_z——吸水池和压水池水面的位置高度差，m；

　　　H_p——吸水池和压水池水面的压力高度差，m；

　　　h_w——管道系统的流动阻力损失，m；

　　　S——管路特性系数，若管路系统中有 n 段管道，m 个局部阻力件，则

$$S = \frac{1}{2g}\left(\sum_{i=1}^{n}\lambda_i \frac{l_i}{d_i}\frac{1}{A_i^2} + \sum_{j=1}^{m}\zeta_j \frac{1}{A_j^2}\right) \tag{4-10}$$

实际上，式（4-9）与前面所学的式（1-1）是等价的，求出的是管路系统维持流动需要的能头。由于 $H_z + H_p$ 为常数，H 与 q_V 的关系曲线为二次抛物线，即管路特性曲线为如图 4-9 所示的二次抛物线。

对风机而言，管路特性曲线是指输送单位体积的气体所需要的能量与管路中气体的流量之间的关系曲线。由于气体的位能一般可略去不计，且常用的通风机系统中，压力的提高也很小，风机的管路特性曲线方程可表示为

$$p = \rho g S q_V^2 \tag{4-11}$$

可见，风机的管路特性曲线为一条从坐标点出发的二次抛物线，如图 4-10 所示。

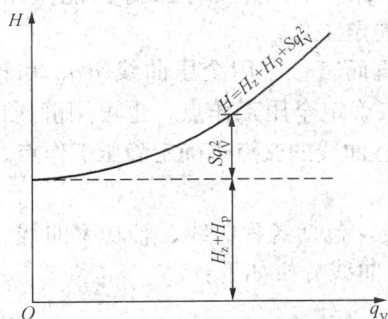

图 4-9　泵的管路特性曲线　　　　　图 4-10　风机的管路特性曲线

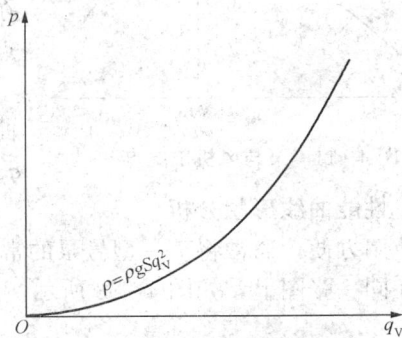

2. 泵与风机的工况点与工作点

在上述的泵与风机性能试验中可知，在固定的转速下，对于任意的一个流量都可测量出一组性能参数。实际运行中的泵或风机，流量会因为人为的调节或管路系统参数的改变而变化，相应的其他性能参数会随之变化，性能曲线反映了这种变化关系。泵与风机的某一流量 q_V，及此流量下所对应的一组性能参数，包括 $H(p)$、P、η 等，代表了泵与风机的一种工作状况，简称为工况。任何一个工况在性能曲线上对应于一组点，如图 4-11 中的 3 个 M 点。这些性能曲线上代表某一个工况的点叫做工况点。对应于效率最高的工况点称为最佳工况点。最佳工况点一般与泵与风机的设计工况点相重合。

泵与风机实际运行的工况点叫做工作点。在管路系统中运行的泵或风机，在性能曲线上的哪一个工况点工作，要受到管路系统的影响。图 4-12 所示为泵的工作点的确定原理，图中的横坐标 q_V 表示泵的流量，也表示流过管路的流量；纵坐标 H 表示泵的扬程，也表示单位重量液体流经该管路所需要消耗的能量。管路特性曲线与泵的性能曲线相交于 M 点，即在流量为 q_{VM} 时，泵的扬程为 H_M，同时，管路所需要消耗的能头也是 H_M。所以，在 M 点，单位质量液体在泵中得到的能量等于在流经管路时所需消耗的能量，能量供需处于平衡。实

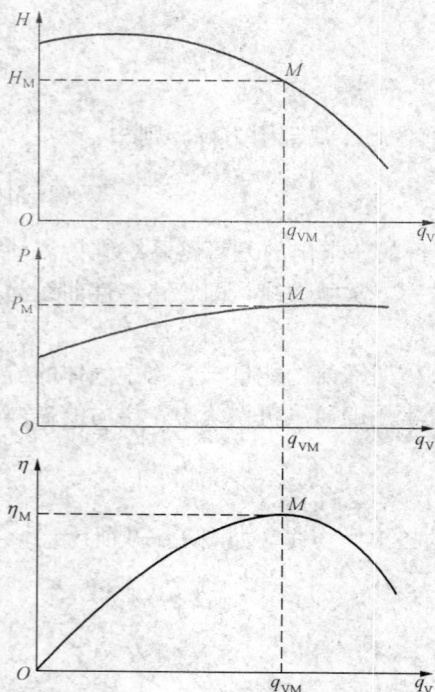

图 4-11　泵与风机工况点

际上，泵的性能曲线与管路特性曲线的相交点就是泵与风机的工作点。

对于性能曲线与管路特性曲线相交点就是泵与风机的工作点这一结论的必然性，可进一步分析如下：

假如在图 4-12 所示的泵和管路系统中，流量是 q_{VA} 而不是 q_{VM}，即工作点在 A 点，则会出现泵提供的能量头 H_A 大于管路系统所需要消耗的能量头 H'_A，使管路系统中流体的能量出现供大于求的情况，这必然会导致流动加速，使工作点向大流量侧移动；相反，若工作点在 B 点，则会出现泵提供的能量头 H_B 小于管路系统所需要消耗的能量头 H'_B，使管路系统中流体的能量出现供不应求的情况，这必然会导致流动减速，使工作点向小流量侧移动。可见，在运行中，泵的工作点只有保持在能量平衡的 M 点，泵才能稳定工作。

对于风机而言，可用全压曲线 p-q_V 和管路特性曲线的交点来确定全压工作点，也可用静压曲线 p_{st}-q_V 和管路特性曲线的交点来确定静压工作点。

四、性能曲线形状分析

为使用方便，通常将某一型号泵的常用性能曲线，包括扬程曲线、轴功率曲线、效率曲线绘制在同一张图上，如图 4-13 所示。对这些性能曲线分析如下：

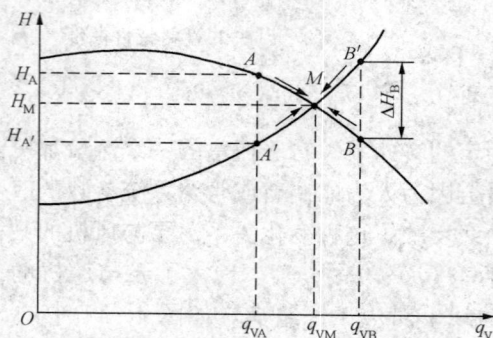

图 4-12　泵的工作点的确定原理

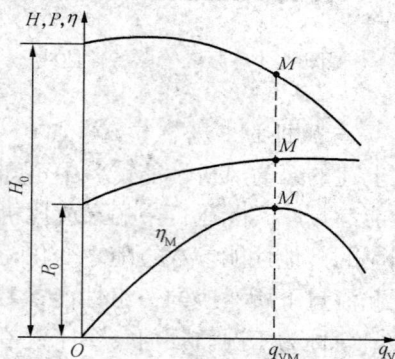

图 4-13　性能曲线的分析

1. 空转工况

$q_V = 0$ 时，$H = H_0$、$P = P_0$，此时为泵或风机的阀门关闭工况，称为空转工况。在此工况下，泵或风机的有效功率 $P_e = 0$，经轴输入到泵与风机内的能量以旋涡的形式被消耗掉，转化为流体的内能，使流体的温度上升。这对于某些水泵是不允许的，如锅炉给水泵吸入的是饱和状态的水，泵中的温升会造成给水的汽化。所以，这些泵一般都规定一个允许长时间运行的最小流量，让一定流量的水流将泵内摩擦产生的热量带走。最小流量的大小由泵内允许的温升来确定。给水泵需要设置再循环系统就是这一原因。

2. 最佳工况

$\eta = \eta_{max}$ 时的工况为最佳工况，此时的效率最高。选择泵与风机时应使其经常工作的流量范围在最佳工况点附近，以保持运行的经济性。在运行中要注意保持实际工作点在最佳工况点附近，否则即便是高效的泵与风机也难以获得好的经济性。

一般规定，泵与风机工作点的效率应不小于最高效率的 $92\% \sim 95\%$，据此所得出的工作范围（q_V 的范围）称为泵与风机的高效率区或经济工作区。

3. 离心式泵与风机性能曲线

离心式泵与风机的 $H\text{-}q_V$、$p\text{-}q_V$ 性能曲线的形状有三种类型，如图 4-14 所示的性能曲线 I 为平坦型、性能曲线 II 为陡降型、性能曲线 III 为驼峰型。具有平坦型 $H\text{-}q_V$ 性能曲线的泵或风机，在较大流量变化范围内，扬程的变化量较小，即扬程较稳定。电厂锅炉给水泵适宜选用这种类型的泵。具有陡降型 $H\text{-}q_V$ 性能曲线的泵或风机，对于一定的扬程变化量，其流量的变化较小，即具有较好的流量稳定性，这种泵或风机在管路系统的阻力有变化时，流量的变化较小。火力发电厂循环水泵适宜选用这种类型的泵。具有驼峰型 $H\text{-}q_V$ 性能曲线的泵

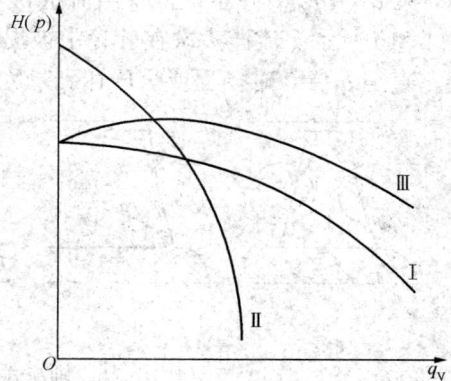

图 4-14　不同形状的 $H\text{-}q_V$ 曲线

或风机，随着流量 q_V 的增加 $H\text{-}q_V$ 性能曲线上升的区段是不稳定工作区。在选择泵与风机时，必须使工作区段避开不稳定工作区。前弯式叶片离心风机的全压曲线 $p\text{-}q_V$ 一般都是这种类型。

离心式泵与风机的轴功率曲线 $P\text{-}q_V$ 如图 4-13 所示，零流量的空转工况下轴功率为最小值。所以为避免启动瞬间电动机电流过大，离心式泵与风机必须关闭出口阀门启动。

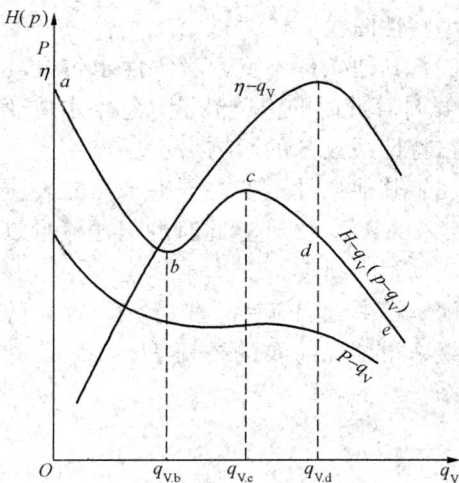

图 4-15　轴流泵与风机性能曲线

4. 轴流式泵与风机的性能曲线

轴流式泵与风机的性能曲线也是由试验的方法绘制的。当轴流式泵与风机的叶片安装角不变且转速为常数时，便可得到如图 4-15 所示的性能曲线。分析该性能曲线，可说明轴流式泵与风机有如下特征：

（1）扬程曲线 $H\text{-}q_V$ 或全压曲线 $p\text{-}q_V$ 为一条马鞍形曲线。随着流量的增加，轴流式泵与风机的扬程或全压先下降，然后有一个不大的回升，再下降。最大的扬程或全压出现在流量 $q_V = 0$ 时，即出口阀门关死的情况下，约为设计工况下的 $1.5 \sim 2$ 倍。

（2）轴流泵与风机的扬程或全压曲线在大流量段的设计工况点附近下降很陡，效率曲线偏离设计工况时下降趋势也很陡。

形成这样的性能特点，是由轴流式泵与风机特有的工作方式决定的。将图 4-15 中的 H-q_V 或 p-q_V 曲线分段分析，图上的 a、b、c、d、e 各工况点上流体在叶轮中流动的情况分别与图 4-16 中（a）、（b）、（c）、（d）、（e）图相对应。d 点为设计工况，此时流速沿叶高均匀分布，效率最高；当流量大于设计值，即 $q_V > q_{Vd}$ 时，叶顶部产生的扬程或全压小于叶根部的，叶轮的出流向轮毂方向偏斜，甚至在叶顶产生回流；当流量减小，$q_{Vc} < q_V < q_{Vd}$ 时，冲角增大，叶片对流体做功能力增加，扬程或全压升高，在 $q_V = q_{Vc}$ 时达到最大；流量再减小，当 $q_{Vb} < q_V < q_{Vc}$ 时，叶片背面产生边界层分离，形成脱流，阻力增加，扬程或全压下降，在 $q_V = q_{Vb}$ 时降至最低；当流量 $q_V < q_{Vb}$ 时，沿叶高产生的能头差较大，形成二次流，如图 4-16 所示。流体多次在叶轮中被提高能量，使扬程或全压升高，这种情况随流量越小越甚，直至 $q_V = 0$ 时扬程或全压达到最大值。

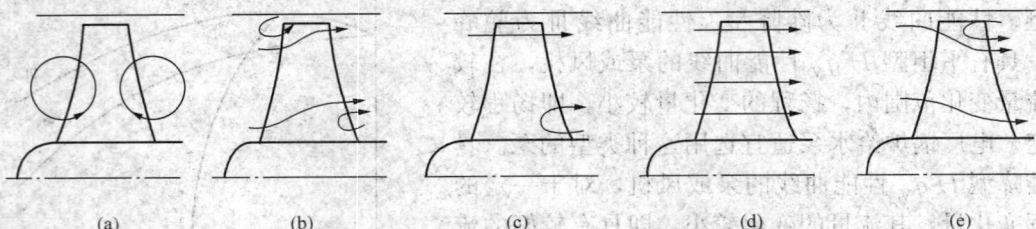

图 4-16　轴流式泵与风机变工况时叶轮内流动情况

与离心式泵与风机相反，轴流式泵与风机最大轴功率出现在空转工况下，所以在轴流式泵与风机启动时，其管路系统的阀门应该全开，以减小启动电流持续的时间，否则会因为启动时的轴功率过大损害设备，甚至导致电动机烧毁。

【例 4-1】　某供水系统，已知水的提升高度 $H_z = 5\text{m}$，吸入水面的压力为大气压，压出侧水面的表压力为 0.1MPa，水的密度为 1000kg/m^3，泵的性能曲线 H-q_V 如图 4-17 所示，泵的工作点流量为 15L/s。

（1）试计算管路流动阻力损失 h_w，并画出管路特性曲线。

（2）其他条件不变，吸水面水位升高了 2m，试计算此时的输送流量（忽略水位变化对管路特性系数 S 的影响）。

（3）其他条件不变，压出水面的表压升高到 0.12MPa，试计算此时的输送流量以及管路流动阻力损失 h_w。

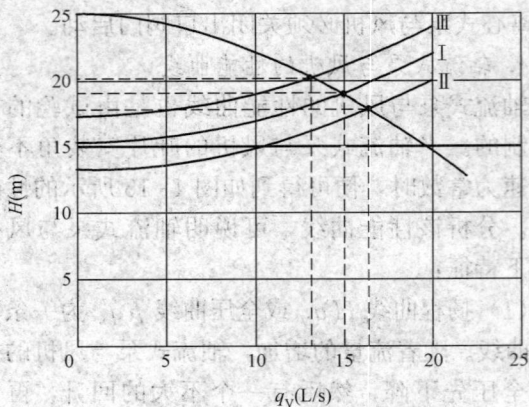

图 4-17　[例 4-1] 图

解　（1）已知流量为 15L/s，查泵的性能曲线，得出此时泵的扬程 $H = 19\text{m}$。并由题意知

$$H = H_z + \frac{p_B - p_A}{\rho g} + h_w$$

管路流动损失 h_w 为

$$h_w = H - \frac{p_B - p_A}{\rho g} - H_z = 19 - \frac{0.1 \times 10^6}{1000 \times 9.81} - 5 = 3.8\text{m}$$

管路的特性系数 S 为

$$S = \frac{h_w}{q_V^2} = \frac{3.8}{15^2} = 0.016\ 889 \text{m}/(\text{L/s})^2$$

此时管路特性曲线的方程式为

$$H = H_z + \frac{p_B - p_A}{\rho g} + Sq_V^2 = 5 + \frac{0.1 \times 10^6}{1000 \times 9.81} + 0.016\ 889 q_V^2$$

$$= 15.2 + 0.016\ 889 q_V^2$$

用该方程式计算出管路特性曲线上 5 个点的坐标，见表 4 - 1。

表 4 - 1　　　　　　　　　　管路特性曲线上 5 个点的坐标

q_V(L/s)	0	5	10	15	20
H(m)	15.2	15.6	16.9	19.0	22.0

按坐标在图中找到相应的点，然后用光滑的抛物线将它们连接起来，这条抛物线就是所要画的管路特性曲线，如图 4 - 17 中曲线 Ⅰ 所示。

（2）由题意知，此时管路特性曲线的方程式为

$$H = 3 + \frac{0.1 \times 10^6}{1000 \times 9.81} + 0.016\ 889 q_V^2$$

$$H = 13.2 + 0.016\ 889 q_V^2$$

可知，将曲线 Ⅰ 向下平移 2m，即是此时的管路特性曲线，画出该曲线如图 4 - 17 中的曲线 Ⅱ 所示，查出它与泵性能曲线 H-q_V 交点的横坐标，即此时的输送流量为 16.4L/s。

（3）由题意知，此时管路特性曲线的方程式为

$$H = 5 + \frac{0.12 \times 10^6}{1000 \times 9.81} + 0.016\ 889 q_V^2$$

$$H = 17.2 + 0.016\ 889 q_V^2$$

可知，将曲线 Ⅰ 向上平移 2m，即是此时的管路特性曲线，画出该曲线如图 4 - 17 中的曲线 Ⅲ 所示，查出它与泵性能曲线 H-q_V 交点的横坐标，即此时的输送流量为 13.2L/s。

管路流动损失为

$$h_w = Sq_V^2 = 0.016\ 889 \times 13.2^2 = 2.94 (\text{m})$$

需说明的是，为计算方便，本题中的管路的特性系数 S 对应的流量单位是升/秒（L/s），而一般情况管路特性方程中的流量单位是 m^3/s。

第三节　泵与风机的相似定律

相似理论广泛地应用于科学研究领域，在泵与风机的设计、改造、运行和设备选型等方面有着十分重要的应用，主要表现在如下三种情况：

第一，模型试验。一种新产品的开发，往往需要利用模型试验，对新产品的结构和性能进行优化研究。相似理论就反映了新产品的原形和模型之间在结构和性能上的内在联系。应用在泵与风机的设计中，就是将新产品的原形根据相似定律，按一定的规律缩小，制造出结构相对简单的模型。然后对模型进行试验、研究、修正，在得出满意的结果后，再由相似定律，将模型的结构尺寸还原到原形上。

　　第二，相似设计。新产品的开发，往往需要大量的资金和人力的投入，而且很难获得十分理想的结果。相似设计的方法是在现有的效率高、性能良好、结构简单的泵与风机中，选出合适的作为模型，按照相似关系设计出新的泵与风机。这种设计方法简单、可靠，可节约产品开发的投入。

　　模型试验和相似设计的方法不但适应于泵与风机的设计，也适应于对现有设备的性能进行改造。

　　第三，性能换算。同一台泵或风机在转速、几何尺寸或输送的流体密度有变化时，其性能参数和性能曲线都会发生改变，应用相似理论可以对变化前后的性能参数和性能曲线进行换算，这对于火力发电厂从事热力设备运行的人员尤为重要。

一、相似条件

　　泵与风机的相似是有特定条件的，即几何相似、运动相似和动力相似三个条件。

　　1. 几何相似

　　几何相似是指泵与风机的过流部分的模型和原型之间，各个对应的几何尺寸成同一比值，各个对应的几何角度相等。若将模型的各个几何尺寸、几何角度加注下脚标 m，原形的无下脚标，则有

$$\angle\beta_{1y} = \angle\beta_{1ym}; \angle\beta_{2y} = \angle\beta_{2ym}; \cdots \tag{4-12}$$

$$\frac{b_1}{b_{1m}} = \frac{b_2}{b_{2m}} = \frac{D_1}{D_{1m}} = \frac{D_2}{D_{2m}} = \cdots \tag{4-13}$$

　　满足式（4-12）和式（4-13）时即为几何相似，几何相似还要求泵或风机的叶片数相等。

　　2. 运动相似

　　运动相似是指泵与风机过流部分模型和原型的各个对应点上，相应的速度方向相同，大小成同一比值，对应流动角相等。这时，流道内各个对应点上的速度三角形相似，且相似比相等。满足这些条件时则有

$$\angle\alpha_1 = \angle\alpha_{1m}; \angle\alpha_2 = \angle\alpha_{2m}; \angle\beta_1 = \angle\beta_{1m}; \angle\beta_2 = \angle\beta_{2m}\cdots \tag{4-14}$$

$$\frac{v_1}{v_{1m}} = \frac{w_1}{w_{1m}} = \frac{v_2}{v_{2m}} = \frac{w_2}{w_{2m}} = \frac{v_{2u}}{v_{2um}} = \frac{u_2}{u_{2m}} = \frac{D_2 n}{D_{2m} n_m} = \cdots \tag{4-15}$$

　　3. 动力相似

　　动力相似是指泵与风机的模型和原型内流体的各个对应点上相应的同名力方向相同，大小成同一比值，这些力主要是指压力、重力、黏性力和惯性力。但是，要使这 4 种力满足动力相似极其困难，一般只要求影响较大的黏性力和惯性力满足条件即可。由于在泵与风机中流体的速度较高（$Re > 10^5$），可认为流动处于自模化区，自动满足了动力相似的要求。

　　可见，在泵与风机的三个相似条件中，动力相似已自动满足，所需讨论的相似条件是几何相似和运动相似。几何相似是运动相似的必要条件，没有几何相似，运动相似就没有任何意义。由于运动相似条件会随着运行工况的变化而变化，因而两台几何相似的泵与风机必然会存在运动相似工况。所以，可以说相似的泵与风机（指几何相似的）在相似工况（指运动相似的）下就可以认为已满足了相似条件。

二、相似定律

　　两台满足相似条件的泵与风机，在对应工况点的流量之间、扬程（全压）之间、轴功率

之间的关系式叫做泵与风机的相似定律。它包括以下三项内容。

1. 流量关系

根据式（3-8）求出的理论流量 q_{VT}，经容积效率的修正后，泵与风机的流量可表示为 $q_V=2\pi rb\psi v_m\eta_V$，故满足相似条件的泵与风机的流量关系为

$$\frac{q_V}{q_{Vm}}=\frac{\pi D_2 b_2 \psi_2 v_{2m}\eta_V}{\pi D_{2m} b_{2m}\psi_{2m} v_{2mm}\eta_{Vm}}$$

V_{2mm} 的第一个下标 m 代表轴面速度，第二个下标 m 代表模型。由于原形与模型的几何相似，有 $\psi_2=\psi_{2m}$，且 $\dfrac{D_2}{D_{2m}}=\dfrac{b_2}{b_{2m}}$、$\dfrac{v_{2m}}{v_{2mm}}=\dfrac{D_2 n}{D_{2m} n}$则

$$\frac{q_V}{q_{Vm}}=\left(\frac{D_2}{D_{2m}}\right)^3\frac{n}{n_m}\frac{\eta_V}{\eta_{Vm}} \tag{4-16}$$

2. 扬程或全压关系

根据泵与风机的基本方程式，原形泵和模型泵的扬程之比为

$$\frac{H}{H_m}=\frac{u_2 v_{2u}-u_1 v_{1u}}{u_{2m}v_{2um}-u_{1m}v_{1um}}\frac{\eta_h}{\eta_{hm}} \tag{4-17}$$

由式（4-15）可得

$$u_2 v_{2u}=\left(\frac{D_2}{D_{2m}}\frac{n}{n_m}\right)^2 u_{2m}v_{2um};\quad u_1 v_{1u}=\left(\frac{D_2}{D_{2m}}\frac{n}{n_m}\right)^2 u_{1m}v_{1um}$$

代入式（4-17）得

$$\frac{H}{H_m}=\left(\frac{D_2}{D_{2m}}\frac{n}{n_m}\right)^2\frac{\eta_h}{\eta_{hm}} \tag{4-18}$$

对于风机来讲，则全压之比为

$$\frac{p}{p_m}=\left(\frac{D_2}{D_{2m}}\frac{n}{n_m}\right)^2\frac{\rho}{\rho_m}\frac{\eta_h}{\eta_{hm}} \tag{4-19}$$

3. 轴功率关系

根据轴功率公式 $P=\dfrac{\rho g H q_V}{1000\eta}$，且 $\eta=\eta_m\eta_V\eta_h$，则有泵的功率之比为

$$\frac{P}{P_m}=\frac{\rho}{\rho_m}\frac{H}{H_m}\frac{q_V}{q_{Vm}}\frac{\eta_{mm}\eta_{Vm}\eta_{hm}}{\eta_m\eta_V\eta_h} \tag{4-20}$$

将式（4-16）与式（4-18）代入式（4-20），得出

$$\frac{P}{P_m}=\left(\frac{D_2}{D_{2m}}\right)^5\left(\frac{n}{n_m}\right)^3\frac{\rho}{\rho_m}\frac{\eta_m}{\eta_{mm}} \tag{4-21}$$

同理，对于风机也可得出式（4-21）。

一般来说，原型泵或风机的各项效率均大于模型的效率。在几何尺寸相差不大（小于3倍），且转速相差不大（小于1.2倍）时，模型与原形的各项效率近似于相等，上述的结论可简化为

$$\frac{q_V}{q_{Vm}}=\left(\frac{D_2}{D_{2m}}\right)^3\frac{n}{n_m} \tag{4-22}$$

$$\frac{H}{H_m}=\left(\frac{D_2}{D_{2m}}\frac{n}{n_m}\right)^2 \quad 或 \quad \frac{p}{p_m}=\left(\frac{D_2}{D_{2m}}\frac{n}{n_m}\right)^2\frac{\rho}{\rho_m} \tag{4-23}$$

$$\frac{P}{P_\mathrm{m}} = \left(\frac{D_2}{D_{2\mathrm{m}}}\right)^5 \left(\frac{n}{n_\mathrm{m}}\right)^3 \frac{\rho}{\rho_\mathrm{m}} \tag{4-24}$$

三、相似定律的特例

相似定律的特例指的是下列两种情况：

（1）两台相似的泵或风机，在 $D_2 = D_{2\mathrm{m}}$，$\rho = \rho_\mathrm{m}$，仅转速 n 有变化时。实际上同一台泵或风机在满足相似条件时，仅有转速变化，就是这种情况。此时相似定律变为

$$\frac{q_{\mathrm{V1}}}{q_{\mathrm{V2}}} = \frac{n_1}{n_2} \tag{4-25}$$

$$\frac{H_1}{H_2} = \left(\frac{n_1}{n_2}\right)^2; \quad \frac{p_1}{p_2} = \left(\frac{n_1}{n_2}\right)^2 \tag{4-26}$$

$$\frac{P_1}{P_2} = \left(\frac{n_1}{n_2}\right)^3 \tag{4-27}$$

式（4-25）～式（4-27）中参数的下标 1 表示转速为 n_1 时工况；下标 2 表示转速 n_2 时工况。式（4-25）～式（4-27）表示转速由 n_1 变为 n_2 时，泵或风机主要的性能参数 q_V、$H(p)$、P 的变化规律，这一组公式被称为比例定律。根据比例定律，可以将已知转速下的性能曲线换算到另一个转速下，如图 4-18 中的 $H_1\text{-}q_{\mathrm{V1}}$ 和 $H_2\text{-}q_{\mathrm{V2}}$。具体的换算方法是，在 n_1 转速的性能曲线上选取若干个工况点（如 A_1 点、B_1 点），将所选的各个工况点的坐标 (q_{V1}, H_1)、(q_{V1}, P_1)，通过比例定律得出在 n_2 转速下相应各工况点的坐标 (q_{V2}, H_2)、(q_{V2}, P_2)，再将得出的各个工况点用平滑的曲线连接起来，形成的新曲线就是 n_2 转速下的性能曲线。

必须强调的是，比例定律只有在相似工况下才成立，如图 4-18 中 A_1 与 A_2、B_1 与 B_2。由式（4-25）、式（4-26）可知，符合相似工况条件的工况点满足

$$\frac{H_1}{H_2} = \left(\frac{n_1}{n_2}\right)^2 = \left(\frac{q_{\mathrm{V1}}}{q_{\mathrm{V2}}}\right)^2$$

即

$$\frac{H_1}{q_{\mathrm{V1}}^2} = \frac{H_2}{q_{\mathrm{V2}}^2} = \cdots = K_1 \tag{4-28}$$

所以，满足式（4-28）关系点的轨迹方程为

$$H = K_1 q_\mathrm{V}^2 \tag{4-29}$$

同理，可以得出功率曲线上满足相似工况条件的点的轨迹方程为

$$P = K_2 q_\mathrm{V}^3 \tag{4-30}$$

式（4-29）和式（4-30）代表的曲线叫做比例曲线或相似抛物线。可见，在转速变化时，扬程（或全压）曲线上相似工况点在同一条经过坐标原点的二次曲线上，如 A_1 和 A_2 点；功率曲线图上的相似工况点在同一条经过坐标原点的三次曲线上，如 B_1 和 B_2 点。

由于相似工况的效率相等，图 4-18 中效率曲线上的点在转速变化时，相似工况点是水平移动的，在 $H\text{-}q_\mathrm{V}$ 为坐标的图上比例曲线本身就是等效率曲线。

为使用方便，有时在同一张图上绘制出不同转速下的泵与风机的性能曲线，叫做通用性能曲线，如图 4-19 所示。根据比例定律，可将转速 n_0 下的性能曲线换算到 n_1、n_2、n_3、n_1'、n_2'、n_3'……等转速下的性能曲线。图 4-19 中的虚线表示比例曲线。理论上比例曲线为一组等效率曲线，但是在与原转速 n_0 相差过大的情况下比例曲线将不再与等效率曲线重合，而形成如图 4-19 所示的封闭状。等效率曲线将各转速下的性能曲线划分出不同的效率区段，这就为确定泵的工作范围带来方便。

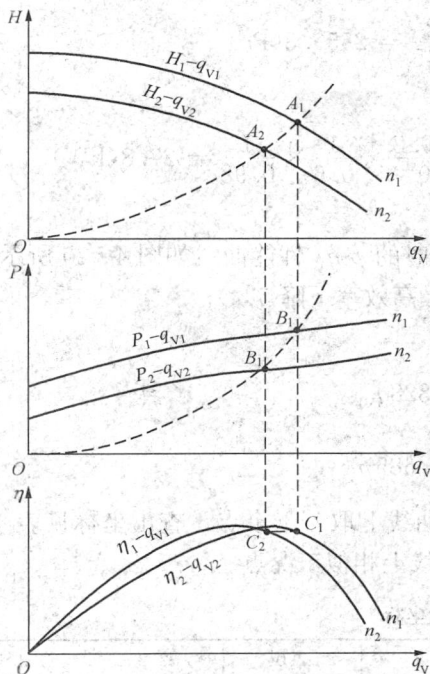

图 4-18 转速变化时性能曲线换算

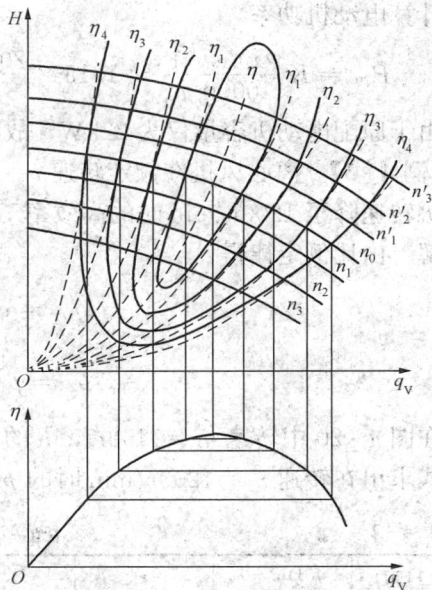

图 4-19 通用性能曲线

（2）相似的泵或风机，$D_2 = D_{2m}$、$n = n_m$、仅 ρ 有变化时。实际上，一台泵或风机在固定的转速下，仅密度发生改变时就是这种情况。这时

$$\frac{q_{V1}}{q_{V2}} = 1 \qquad\qquad (4-31)$$

$$\frac{H_1}{H_2} = 1; \quad \frac{p_1}{p_2} = \frac{\rho_1}{\rho_2} \qquad\qquad (4-32)$$

$$\frac{P_1}{P_2} = \frac{\rho_1}{\rho_2} \qquad\qquad (4-33)$$

式（4-31）～式（4-33）中参数的下标 1 表示流体的密度为 ρ_1 时的情况；下标 2 表示流体的密度为 ρ_2 时的情况。可见，在相似工况下，风机的全压与密度的一次方成正比，功率与密度的一次方成正比。

【例 4-2】 现有 Y9-35-12№10D 型锅炉引风机一台，铭牌上参数为 $n = 960$r/min，全压 $H = 162$mmH₂O，$q_V = 20\,000$m³/h，$\eta = 60\%$。锅炉引风机铭牌参数是以大气压为 101.325kPa 和介质温度 200℃为基础提供的。配用电动机 22kW。传动效率 $\eta_d = 98\%$。现用此引风机输送温度为 20℃的清洁空气，n 不变。

问：（1）在新的条件下的性能参数。

（2）原电机是否还适用？

解 这时空气的密度为 0.745kg/m³。将 H 换算成压力

$$p = \rho_{H_2O}gH = 9.81 \times 10^3 \times 0.162 = 1589.2\,(Pa)$$

当改送 20℃的空气时，其密度为 1.20kg/m³。故该风机的性能参数应为

$$q_{V20} = q_V = 20\,000\text{m}^3/\text{h}$$

$$p_{20} = p\frac{\rho_{20}}{\rho} = 1589.2 \times \frac{1.2}{0.745} = 2559.8(\text{Pa})$$

计算电动机功率

$$P_{20} = K\frac{p_{20}q_{V20}}{1000\eta}\frac{1}{\eta_d} = 1.15 \times \frac{20\,000 \times 2559.8}{3600 \times 1000} \times \frac{1}{0.6} \times \frac{1}{0.98} = 27.8(\text{kW})$$

由于原配电动机容量仅为 22kW，故已不适用。

【例 4-3】 离心风机在额定转速 $n=1450\text{r/min}$ 时的 $p\text{-}q_V$ 性能曲线如图 4-20 所示。试求风机转速降至 1200r/min 时的高效率工作范围（最高效率下降 5%）。

解 由比例定律得

$$q_{V2} = q_{V1}\frac{n_2}{n_1} = 0.828q_{V1}$$

$$p_2 = p_1\left(\frac{n_2}{n_1}\right)^2 = 0.685p_1$$

在图 4-20 中转速 $n_1=1450\text{r/min}$ 的 $p\text{-}q_V$ 性能曲线上取若干个点，查出坐标见表 4-2，用上式求出在转速 $n_2=1200\text{r/min}$ 时的 $p\text{-}q_V$ 性能曲线上相似工况点。

表 4-2 $p\text{-}q_V$ 性能曲线点的坐标

$n_1=1450$	$q_V(\text{m}^3/\text{s})$	1.4	1.6	1.8	2.0	2.2	2.4
r/min	$p(\text{kPa})$	1.48	1.44	1.39	1.28	1.13	0.90
$n_2=1200$	$q_V(\text{m}^3/\text{s})$	1.16	1.32	1.49	1.66	1.82	1.99
r/min	$p(\text{kPa})$	1.01	0.98	0.95	0.87	0.77	0.62

由表 4-2 得出的 $n_2=1200\text{r/min}$ 时的 $p\text{-}q_V$ 性能曲线上点的坐标，可绘出 $p\text{-}q_V$ 性能曲线，如图 4-20 所示。

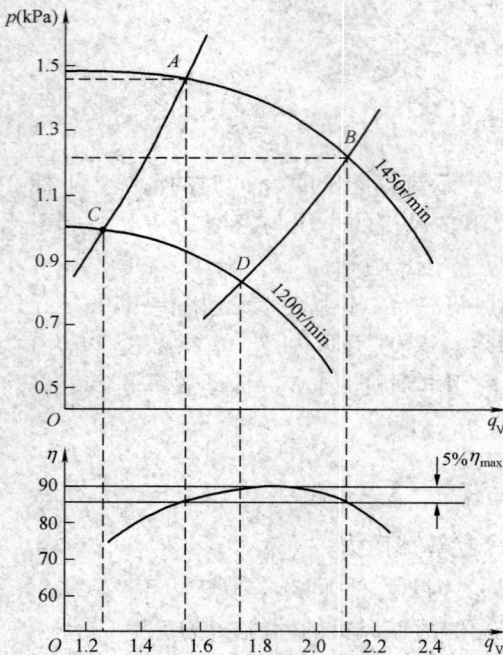

图 4-20 ［例 4-3］图

在效率曲线上找出最高效率为 $\eta_{max}=90\%$，效率减小 5% 即为

$$\eta = 90\% - 90\% \times 5\% = 85.5\%$$

从图 4-20 中查出原转速下高效率区的范围是 $q_V=1.54 \sim 2.09\text{m}^3/\text{s}$，即图中的 A、B 点之间，坐标为 $p_A=1.46\text{kPa}$、$q_{VA}=1.54\text{m}^3/\text{s}$；$p_B=1.22\text{kPa}$、$q_{VB}=2.09\text{m}^3/\text{s}$。由于转速的变化不大，可认为等效率曲线和比例曲线重合。分别作经 A、B 的比例曲线，求出比例常数

$$K_A = \frac{p_A}{q_{VA}^2} = \frac{1.46}{1.54^2} = 0.616$$

$$K_B = \frac{p_B}{q_{VB}^2} = \frac{1.22}{2.09^2} = 0.279$$

过 A 点的比例曲线方程为 $p=0.616q_V^2$，取若干个 q_V 计算出相应的 p，见表 4-3。

表 4 - 3 过 A 点的 p、q_V 值

$q_V(\mathrm{m^3/s})$	1.2	1.3	1.4	1.5
$p(\mathrm{kPa})$	0.89	1.04	1.21	1.39

按计算结果绘出通过 A 点的比例曲线，与转速 $n=1200\mathrm{r/min}$ 的性能曲线相交于 C 点。过 B 点的比例曲线方程为 $p=0.279q_V^2$，取若干个 q_V 计算出相应的 p，见表 4 - 4。

表 4 - 4 过 B 点的 p、q_V 值

$q_V(\mathrm{m^3/s})$	1.6	1.7	1.8	1.9	2.0
$p(\mathrm{kPa})$	0.714	0.81	0.90	1.01	1.12

按计算结果绘出通过 B 点的比例曲线，与转速 $n=1200\mathrm{r/min}$ 的性能曲线相交于 D 点。

由图 4 - 20 查出 C 点对应的流量 $q_{VC}=1.27\mathrm{m^3/s}$，D 点对应的流量 $q_{VD}=1.73\mathrm{m^3/s}$。由于 A、C 两个工况点效率相等，B、D 两个工况点效率相等，所以，当转速为 $n_2=1200\mathrm{r/min}$ 时最高效率的范围就是 $q_V=1.27\sim1.73\mathrm{m^3/s}$。

【例 4 - 4】 某管路特性曲线方程为 $H=50+25\,900q_V^2$，在转速 $n_1=1450\mathrm{r/min}$ 时离心泵的 H_1-q_{V1} 曲线绘于图 4 - 21 中。问：转速为多少时离心泵向管路系统输送的流量为 $75\mathrm{m^3/h}$？

解 管路特性曲线方程 $H=50+25\,900q_V^2$ 中流量单位是 $\mathrm{m^3/s}$，而图 4 - 21 中横坐标单位为 $\mathrm{m^3/h}$，应注意换算。计算出管路特性曲线的若干个坐标点，见表 4 - 5。

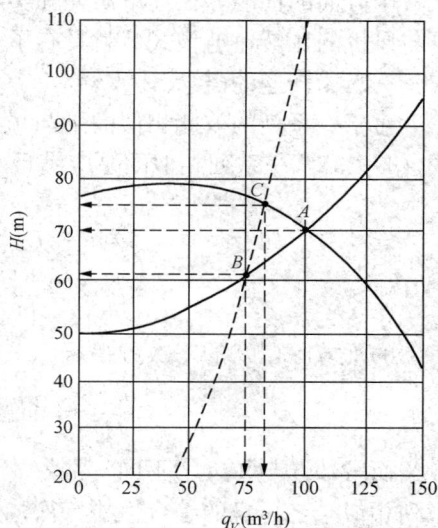

图 4 - 21 ［例 4 - 4］图

表 4 - 5 管路特性曲线的若干点坐标

q_V	$\mathrm{m^3/h}$	0	25	50	75	100	125
	$\mathrm{m^3/s}$	0	0.0069	0.0139	0.0203	0.0347	0.0417
H	m	50	51.2	54.9	61.2	70	95

由此可绘出管路特性曲线，查出与性能曲线 H_1-q_{V1} 的交点 A，即泵在转速为 1450r/min 时的工作点。本题欲求的是转速 n_2 为多少时，流量为 $75\mathrm{m^3/h}$。在管路曲线上流量为 $75\mathrm{m^3/h}$ 的仅有 B 点，故 B 点就是转速为 n_2 时的工作点。过 B 点作比例曲线交性能曲线 H_1-q_{V1} 于 C 点，则 B 和 C 为相似工况点。由 B 点的坐标 $H_B=61\mathrm{m}$，$q_{VB}=75\mathrm{m^3/h}$ 求出 K_1

$$K_1=\frac{H_B}{q_{VB}^2}=\frac{61}{75^2}=0.0108$$

故比例曲线方程为 $H=0.0108q_V^2$，计算出若干点的坐标见表 4 - 6，并绘出比例曲线。

表 4 - 6 比例曲线的若干点坐标

$q_V(\mathrm{m^3/h})$	0	25	50	75	100	125
$H(\mathrm{m})$	0	6.75	27	60.8	108	169

于是，得出 C 点坐标 $H_C = 75\text{m}$，$q_{VC} = 83\text{m}^3/\text{h}$。对 B、C 应用比例定律，求出

$$n_2 = n_1 \frac{q_{VB}}{q_{VC}} = 1450 \times \frac{75}{83} = 1310\text{r/min}$$

或

$$n_2 = n_1 \sqrt{\frac{H_B}{H_C}} = 1450 \times \sqrt{\frac{61}{75}} = 1308\text{r/min}$$

第四节　泵与风机的比转速与型式数

我们知道流量、扬程（或全压）、轴功率、转速、效率等性能参数只能反映泵或风机在某一个方面的性能，在理论研究和实际应用中，需要一个能反映泵与风机综合性能的参数。泵与风机的比转速与型式数就具有了这样的特点。

一、比转速的概念

对于一系列的彼此相似的泵与风机的性能参数，必然满足相似定律。由式（4 - 22）和式（4 - 23），一系列相似的泵应满足

$$\frac{q_V}{D_2^3 n} = \frac{q_{Vm}}{D_{2m}^3 n_m} = \cdots\cdots\cdots\cdots\text{①（常数）}$$

$$\frac{H}{D_2^2 n^2} = \frac{H_m}{D_{2m}^2 n_m^2} = \cdots\cdots\cdots\cdots\text{②（常数）}$$

将①的平方除以②的三次方得

$$\frac{q_V^2 n^4}{H^3} = \frac{q_{Vm}^2 n_m^4}{H_m^3} = \cdots\cdots\cdots\cdots\text{③（常数）}$$

而常数③与①、②不同，常数③不含有与泵的几何尺寸具体条件相关的量，它反映了一系列相似泵与风机的综合性能特征，是一个描述一系列相似泵与风机的特征数。在实际使用中将这一常数③开四次方，并用 n_s 来表示，得

$$n_s = \frac{n\sqrt{q_V}}{H^{\frac{3}{4}}} \qquad\qquad (4 - 34)$$

对于泵，比转速定义是：相似的泵在相似工况下，由性能参数的转速、流量和扬程所组成的一个相似特征数称为泵的比转速。实际上，比转速是根据相似定律推导出的一个新的性能参数。式（4 - 34）已符合比转速的概念特征，但是在不同的国家用来计算比转速的公式是不同的，美国、英国、德国、日本等国采用式（4 - 34）为比转速的定义式，我国及苏联等国，是将式（4 - 34）乘以 3.65 作为比转速的定义式，即

$$n_s = 3.65 \frac{n\sqrt{q_V}}{H^{\frac{3}{4}}} \qquad\qquad (4 - 35)$$

式中　n——转速，r/min；

$\quad\ q_V$——流量，一般是指通过泵叶轮单个吸入口的流量，对于双吸叶轮则用一半的总流量，即 $q_V/2$，m^3/s；

$\quad\ H$——扬程，一般是指泵的单个叶轮产生的扬程，多级泵为整个泵的扬程除以叶轮级数，即 H/i，i 为叶轮级数，m。

风机的比转速公式的推导和泵的类似，得出的公式有所不同，为

$$n_y = \frac{n\sqrt{q_V}}{p_{20}^{3/4}} \qquad\qquad (4-36)$$

式中 n——转速，r/min；

       q_V——流量，一般是指通过风机叶轮单个吸入口的流量，双吸风机用一半的流量，即 $q_V/2$，m^3/s；

       p_{20}——全压，下标 20 是指标准进气状态（温度为 20℃、压力为 101.3kPa），Pa。

掌握比转速的概念，还需注意以下几点：

（1）虽然同一台泵或风机的比转速随着运行的工况变化是变化的，但是作为表示性能特征的比转速，是指最佳工况的比转速。这就是说，一台泵或风机有唯一的比转速，或一系列几何相似的泵或风机具有同一个比转速，指的是最佳工况的比转速。

（2）几何相似的泵与风机的比转速相等，但是比转速相等的泵与风机却不一定是几何相似的。

（3）比转速是有因次量。我国规定泵的比转速计算式中流量的单位取 m^3/s、扬程的单位取 m、转速的单位取 r/min。在过去的工程单位中，风机的全风压的单位是 kgf/m^2（mmH_2O），相应的比转速就比国际单位制的大了 5.54 倍（$9.807^{3/4}$）。习惯上一般将工程单位制的比转速加括号注在国际单位比转速之后，在使用中应注意比转速的单位及新旧单位制的区别。

二、比转速的应用

因为比转速是从相似定律总结出的综合性能特征数，不同比转速的泵与风机就必然会有不同的几何特征和性能特点，所以，根据比转速可以对泵与风机进行归类。

在叶片式泵中，$n_s = 30 \sim 300$ 为离心泵，$n_s = 300 \sim 500$ 为混流泵，$n_s = 500 \sim 1000$ 为轴流泵。在离心泵中，$n_s = 30 \sim 80$ 为低比转速离心泵，$n_s = 80 \sim 150$ 为中比转速离心泵，$n_s = 180 \sim 300$ 为高比转速离心泵。表 4-7 所示为泵的比转速与叶轮形状和性能曲线的关系。

表 4-7   泵的比转速与叶轮形状和性能曲线的关系

泵的类型	离心泵			混流泵	轴流泵
	低比转速	中比转速	高比转速		
比转速 n_s	30～80	80～150	150～300	300～500	500～1000
叶轮形状					
尺寸比	$\dfrac{D_2}{D_0} \approx 3$	$\dfrac{D_2}{D_0} \approx 2.3$	$\dfrac{D_2}{D_0} \approx 1.8 \sim 1.4$	$\dfrac{D_2}{D_0} \approx 1.2 \sim 1.1$	$\dfrac{D_2}{D_0} \approx 1$
叶片形状	柱形叶片	入口处扭曲出口处柱形	扭曲叶片	扭曲叶片	轴流泵翼型
性能曲线的形状					

由表 4-7 可见，随着比转速增加，叶轮内流动方向由径向演变成轴向，叶轮的相对宽度（相对于 D_2）增加、相对吸入直径增大。高比转速泵的这种结构特点，使过流面积增加了，有利于较大的流量。从比转速计算公式也可看出，其他参数不变时，较大的比转速对应的流量较大。另外，比转速较小的泵，叶轮的相对宽度（相对于吸入直径 D_0）较小、相对外径 D_2 较大。所以，低比转速泵的这种结构特点，有利于较大的扬程。从比转速计算公式也可看出，其他参数不变时，较小的比转速对应的扬程较大。

从性能曲线的形状看，低比转速离心泵的 $H\text{-}q_V$ 曲线比较平坦，且部分泵的 $H\text{-}q_V$ 曲线有驼峰，$P\text{-}q_V$ 曲线比较陡，ηq_V 曲线比较平坦。因此，低比转速泵常有不稳定工作区。低比转速泵的最高效率一般不高，但是其高效率工作区较宽；高比转速离心泵的 $H\text{-}q_V$ 曲线比较陡，$P\text{-}q_V$ 曲线比较平坦，ηq_V 曲线的最高效率较低比转速离心泵的高，但是偏离设计工况时效率的下降较大。轴流式泵的 $H\text{-}q_V$ 曲线为有驼峰的马鞍形陡降曲线，有不稳定工作区，ηq_V 曲线陡且最佳工况的效率高。

从功率曲线上看，离心式泵的最小功率出现在流量为零时（关死点），而轴流式泵的最大功率出现在流量为零时，而在大流量下功率减小。所以，对于离心式泵来讲，为了减小对原动机的冲击，应在零流量下启动（空载启动），即在关闭阀门的情况下启动，待转速上升，电动机的冲击电流恢复后，再开启阀门调整至所需的流量。而轴流式泵则相反，应在阀门全开的情况下启动（负载启动），待转速上升、电动机电流下降后再关小阀门调整流量。

叶片式风机也可由比转速归类，其结构和性能上的特点与离心泵的情况基本相同。各类型风机比转速的范围是：当 $n_y = 2.7 \sim 14.4(15 \sim 80)$ 为离心式通风机；$n_y = 14.4 \sim 21.7(80 \sim 120)$ 为混流式通风机；$n_y = 18 \sim 90(100 \sim 500)$ 为轴流式通风机。括号内为工程单位制的比转速。

根据比转速的不同对泵与风机进行分类，对选择泵与风机具有重要意义。在选择泵与风机时，可根据设计流量、扬程等参数求出比转速，由比转速的数值确定泵与风机的类型或具体型号。在工程上，可以将一系列同类结构和性能的泵的性能曲线绘制在同一张图上，称为泵的系列型谱，图 4-22 所示为 IS 型单级离心泵系列型谱。系列型谱为选择泵提供了方便。

另外，比转速还是泵与风机设计计算的基础。常用的设计方法有相似设计和速度系数法设计，都需要利用比转速来选择优良的模型或速度系数。

三、叶片泵的型式数及其应用

由比转速计算公式可知，比转速是一个有因次量，这在实际应用中很不方便，采用不同的单位时需要相互换算。例如，虽然美国、英国、德国等国的比转速采用相同的公式，但是因各自使用不同的单位制，计算的比转速则不相同。因此国际化标准组织和我国有关标准要求采用型式数 K 取代现行的比转速。按国际标准，型式数的定义式为

$$K = \frac{2\pi n \sqrt{q_V}}{(gH)^{3/4}} \tag{4-37}$$

式中的转速 n 为国际标准的单位 s^{-1}，即 r/s，与比转速一样，式中的 q_V、H 均是指单吸、单级泵的流量和扬程，双吸泵流量用 $q_V/2$、多级泵扬程用 H/i。

与比转速相比，型式数具有如下优点：

(1) 比转速是有因次的量，而型式数是无因次的准则数，不同单位制求出的型式数都相同，不必进行换算，具有国际通用性。可以说型式数实质上是比转速的无因次表达式。

(2) 我国比转速计算公式中的系数 3.65 是以输送常温清水为前提的，这就意味着泵的

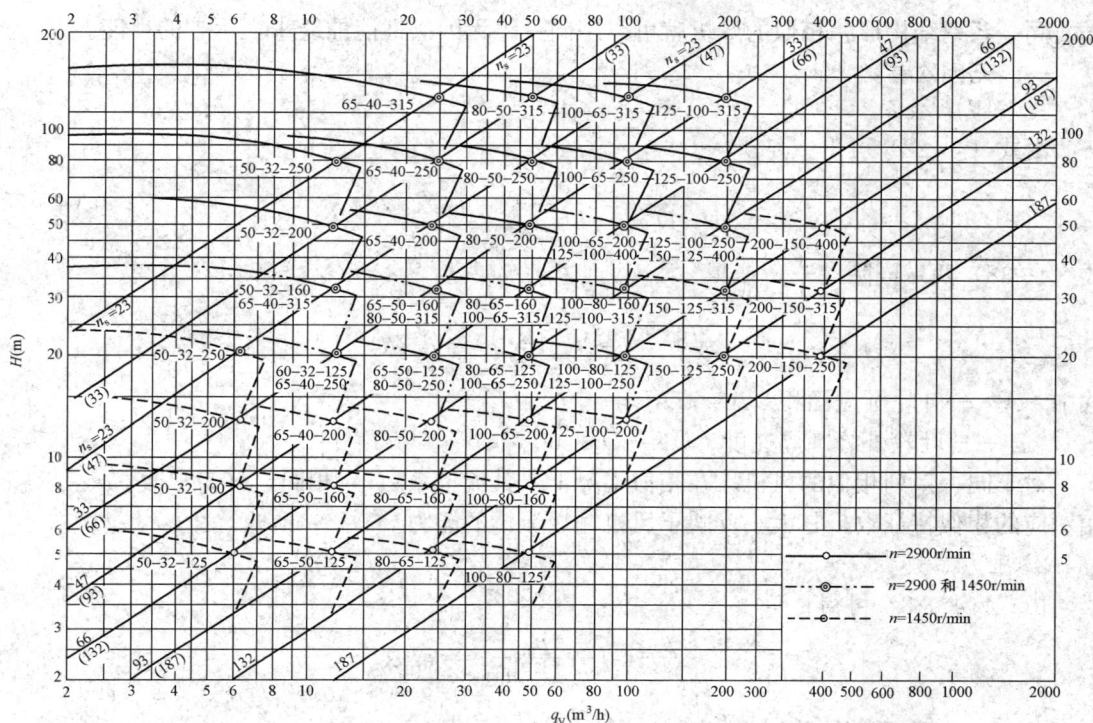

图 4 - 22 IS 型单级离心泵系列型谱

比转速会随着泵所输送的液体的密度而变化。而型式数则与泵输送液体的密度无关，这就是说，型式数 K 与叶轮几何形状的关系更为单一，用它作为叶轮分类标准较比转速 n_s 更好。

需指出的是，虽然型式数取代比转速具有合理性，但是目前比转速在国内制造厂和用户中仍在被广泛地使用。

【例 4 - 5】 某台双吸风机当转速为 960r/min，进口空气密度为 1kg/m³ 时，最佳工况参数为：风量为 40 000m³/h 时，风机全压为 4200Pa。试计算这台风机的比转速。

解 将风机全压修正到进口密度为 1.2kg/m³ 时的全压

$$p_{20} = \frac{\rho_{20}}{\rho} p = \frac{1.2}{1} \times 4200 = 5040 \text{(Pa)}$$

这台风机的比转速为

$$n_y = \frac{n \sqrt{q_V}}{(p_{20})^{3/4}} = \frac{960 \times \sqrt{40\,000/(2 \times 3600)}}{(5040)^{3/4}} = 3.78$$

第五节 风机的无因次性能曲线

泵与风机主要性能参数不仅与泵与风机的结构形状有关，而且与几何尺寸、转速以及流体密度等有关，这样就不便于不同形式之间的性能比较。在对风机性能的讨论中，应用相似定律，把性能参数中几何尺寸、转速和流体密度的影响消去，总结出与性能参数相对应的一组相似特征数，称为无因次性能参数。这样，相似的一系列风机在一个相似工况下对应着唯一的一组无因次性能参数。使用无因次性能参数绘制出的性能曲线称为无因次性能曲线，这样，同一系列结构形状相似的风机就可以用同一组无因次性能曲线来表示它的性能。

一、无因次参数

1. 流量系数 $\bar{q}_V$

由式（4-22）可得

$$\frac{q_V}{D_2^3 n} = \frac{q_{Vm}}{D_{2m}^3 n_m} = 常数 \tag{4-38}$$

式（4-38）两端同除以 $\frac{\pi}{4} \cdot \frac{\pi}{60}$ 得

$$\frac{q_V}{Au_2} = \frac{q_{Vm}}{A_m u_{2m}} = \bar{q}_V = 常数 \tag{4-39}$$

式中 A——叶轮圆盘面积，$A = \pi D_2^2/4$；

u_2——叶轮外缘圆周速度，$u_2 = \pi D_2 n/60$。

对于同一系列相似的风机，在相似工况下，其流量系数 $\bar{q}_V$ 相同，且为常数。$\bar{q}_V$ 是与 q_V 相对应的相似特征数，其大小反映了风机输送流量的能力。

2. 压力系数 $\bar{p}$

由式（4-23）可得

$$\frac{p}{\rho D_2^2 n^2} = \frac{p_m}{\rho_m D_{2m}^2 n_{m2}^2} = 常数 \tag{4-40}$$

式（4-40）两端同除以 $\left(\frac{\pi}{60}\right)^2$ 得

$$\frac{p}{\rho u_2^2} = \frac{p_m}{\rho_m u_{2m}^2} = \bar{p} = 常数 \tag{4-41}$$

对于同一系列相似的风机，在相似工况下，其压力系数 $\bar{p}$ 相同，且为常数。$\bar{p}$ 是与 p 相对应的相似特征数，其大小反映了风机提高全压的能力。

3. 功率系数 $\bar{P}$

由式（4-24）可得

$$\frac{P}{\rho D_2^5 n^3} = \frac{P_m}{\rho_m D_{2m}^5 n_{m2}^3} = 常数 \tag{4-42}$$

式（4-42）两端同除以 $\frac{\pi}{4}\left(\frac{\pi}{60}\right)^3$，再乘以 1000 得

$$\frac{1000P}{\rho Au_2^3} = \frac{1000P_m}{\rho_m A_m u_{2m}^3} = \bar{P} = 常数 \tag{4-43}$$

对于同一系列相似的风机，在相似工况下，其功率系数 $\bar{P}$ 都相等，且为常数。$\bar{P}$ 是与 P 相对应的相似特征数，其大小反映了风机消耗功率的水平。

4. 效率 η

风机的效率原本为无因次量。效率也可由无因次参数 $\bar{q}_V$、$\bar{p}$、$\bar{P}$ 求得

$$\eta = \frac{\bar{q}_V \bar{p}}{\bar{P}} = \frac{\dfrac{q_V}{Au_2} \dfrac{p}{\rho u_2^2}}{\dfrac{1000P}{\rho Au_2^3}} = \frac{q_V p}{1000P} \tag{4-44}$$

由式（4-44）可见，无因次参数求出的效率，实际上就是有因次参数求出的效率。当然，对于相似的风机，在相似工况下，风机的效率是相等的。

在上述诸无因次参数中，最重要的是流量系数和压力系数，尤其是压力系数。实际上，离心风机的系列型号就是由压力系数和比转速标明的。例如 4 - 13.2(4 - 73) 型离心风机，其型号的含义是：4 为最佳工况的压力系数乘以 10 后取的整数，13.2 为用国际单位制计算的比转速，73 为工程单位制计算的比转速。

二、无因次性能曲线

分析各个无因次性能参数可知，在不同的工况下，风机的各个无因次性能参数是不同的，若将同一系列相似风机的压力系数 $\bar{p}$、功率系数 $\bar{P}$、效率 η 分别与流量系数 $\bar{q}_V$ 的关系曲线绘制出来，就得到了用来描述这一系列风机工作性能的无因次性能曲线。图 4 - 23 所示为 4 - 13.2(4 - 73) 型离心风机的无因次性能曲线。

无因次性能曲线的绘制，可由个别风机的性能曲线经换算得出。从个别风机性能曲线上的若干个工况点查出有因次性能参数，再根据式（4 - 39）、式（4 - 41）和式（4 - 43）分别求出相应的无因次性能参数，进而可绘制出这个系列风机的无因次性能曲线。无因次性能曲线的另一种绘制方法是，用性能试验测出风机在特定转速下各个工况的性能参数，并算出相应的无因次性能参数，再绘制无因次性能曲线。

另外，也可根据无因次性能曲线换算出特定转速、特定尺寸风机在标准吸入状态下的性能曲线。由式（4 - 39）、式（4 - 41）和式（4 - 43），在 $\rho = 1.2 \text{kg/m}^3$ 时可得

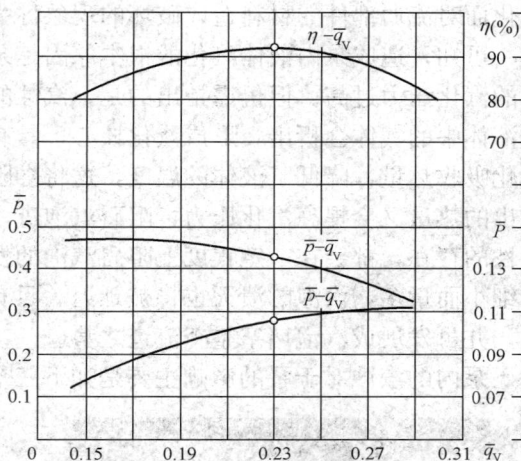

图 4 - 23 4 - 13.2(4 - 73) 型离心风机的无因次性能曲线

$$q_V = \frac{nD_2^3}{24.32}\bar{q}_V \qquad (4 - 45)$$

$$p = \frac{D_2^2 n^2}{304}\bar{p} \qquad (4 - 46)$$

$$P = \frac{D_2^5 n^3}{7.39 \times 10^6}\bar{P} \qquad (4 - 47)$$

在离心风机选型设计时，需要确定叶轮的直径，在确定了风机系列型号后，可由式（4 - 45）和式（4 - 46）算出。

需要指出的是，若同一个系列风机的几何尺寸大小相差悬殊，或转速相差过大时，无因次性能曲线并不完全相同。这是因为在风机的大小相差悬殊情况下，其壁面粗糙度、动静间隙等不可能保持几何相似，小尺寸的风机要大些，这就使得小尺寸风机的流动损失、泄漏损失大些，使无因次性能曲线不能对应地重合在一起。

第六节 泵 内 汽 蚀

一、汽蚀现象及其对泵运行的影响

在水泵运行时，叶轮入口处的叶片头部某一部位的压力为泵内的最低压力。如果吸入的

压力过低，低于液体的饱和压力时，液体就会汽化，形成大量汽泡，并随着液流高速流动。当汽泡进入压力较高的区域，压力高于汽泡内蒸汽的饱和压力时，蒸汽迅速凝结，使汽泡溃灭。周围的液体在压力的作用下，快速填补原汽泡的空间，造成液体质点的彼此撞击，形成了局部水击。水击可使压力瞬间升高几兆帕甚至上百兆帕，汽泡越大形成的水击压力越大，同时局部温度也随之急剧升高。如果溃灭的汽泡位于过流部件的表面，水击就会对金属表面形成力的冲击。由于汽化产生的汽泡数量很多，汽泡溃灭时对金属表面的冲击频率就会很高，每秒可达数百甚至数万次。这种高频冲击和局部温度的反复变化，使金属表面产生疲劳破坏，开始形成微观裂纹，长时间的作用会使金属被剥蚀。同时发生冲击时产生的局部高温会使液体中溶解的氧气等活性物质析出，借助高温对金属产生化学腐蚀。这种由于泵内产生汽化而对流通部件的材料造成破坏的现象称为泵内汽蚀（或称为空蚀）。

可知，造成泵内液体汽化的根本原因是泵的吸入压力过低，或者液体的温度过高而使液体的汽化压力过高。但仍需指出的是，汽蚀的影响因素很复杂，如液体的汽化过程中，溶解于液体中的气体会析出，形成汽化核心，具有加快汽化速度的作用。另外，形成汽泡时液体汽化吸收热量，降低了液体的温度，这将会阻碍进一步的汽化。而汽泡溃灭时蒸汽的凝结所放出的热量又会提高汽化压力，阻碍汽泡进一步溃灭。再有就是，由于表面张力、黏性和压缩性的存在，都会在一定程度上阻碍汽泡的发展和溃灭。这些作用使得汽化初始时产生的汽泡细小而量多，汽泡的溃灭也将被延迟。只有当泵的吸入压力有更大的下降时才会形成大汽泡，并可发展成汽泡堵塞整个流道之势。

泵内的汽蚀对于泵的影响主要是如下三个方面：

1. 缩短泵的使用寿命

汽蚀常发生于第一级叶轮流道内、导叶或涡壳等处，使泵的过流部分变得粗糙多孔，出现微观裂纹，严重时出现蜂窝状或海绵状侵蚀，从而缩短了泵的使用寿命。图 4 - 24 是一叶轮吸入口局部的照片，图中的叶片上有明显蜂窝状的损坏。

2. 产生噪声和振动

汽蚀发生时，汽泡溃灭产生的水击会形成各种频率的噪声，一般频率为 600～25 000Hz，也有更高频的超声波。由于汽蚀过程是一种反复冲击的过程，当这种冲击力的频率与泵组的固有频率满足共振条件时，则发生汽蚀共振。这是因为汽蚀造成了泵组振动，而振动会诱发更多的汽泡发生和溃灭，当两者互相激励、互相强化时便使振动加剧，于是产生了更具破坏力的汽蚀共振，使泵无法正常工作。

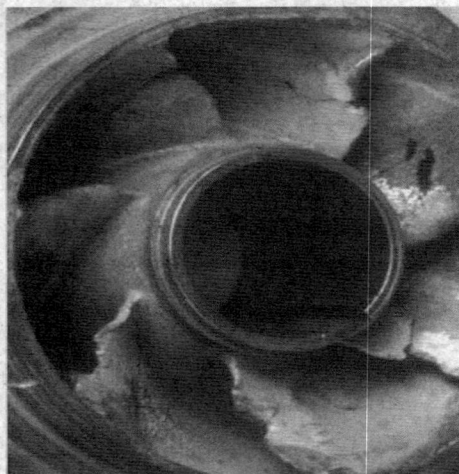

图 4 - 24　叶轮叶片被汽蚀破坏

3. 影响泵的运行性能

当泵内的液体汽化产生的汽泡较少时，不会使泵的性能有明显变化，此时的汽蚀称为初生汽蚀。这时的汽蚀不易被发现，对叶轮等过流部件的损害一般需要经过相当长时间运行后才能被发现。随着吸入压力的降低，到产生的汽泡大而多时，叶轮流道被汽泡所阻塞，叶轮对液体做功的能力下降，使泵的扬程、功率和效率显著降低，出现了断裂工况，即图 4 - 25

所示的性能曲线发生转折的工况，这是汽蚀的发达阶段。断裂工况对不同比转速的泵的影响是不同的，如图 4-25 所示，对于低比转速的离心泵，由于流道狭长，当吸入的压力降低到一定的程度时，大量的汽泡就会布满整个流道，使扬程、功率、效率急剧降低，甚至出现断流；对于比转速较高的离心泵，流道宽而短，且液体通过流道较快，汽泡发生后不易布满整个流道，因此扬程、功率、效率降低比较缓和，不易出现断流；对于比转速更高的轴流泵，性能曲线上没有断裂点，汽蚀仅表现为性能曲线的降低。

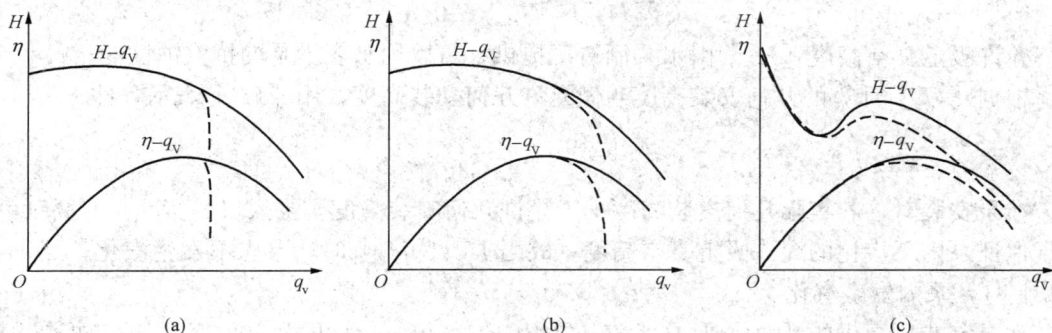

图 4-25　汽蚀造成的性能曲线变化
(a) 低比转速离心泵；(b) 高比转速离心泵；(c) 轴流泵

　　由前述的汽蚀机理可知，并不是汽蚀一旦发生就会出现断裂工况，更多的情况是产生初生汽蚀，但是初生汽蚀长期存在仍可对水泵造成严重破坏，所以仍应设法避免。

二、允许吸上真空高度

　　合理地确定泵的几何安装高度是保证泵在设计工况不发生汽蚀的重要条件。几何安装高度对泵的工作有很大影响，几何安装高度过大，会限制流量的增加，使泵的性能达不到设计要求，甚至使泵无法运行。

　　对于一般的卧式离心泵，几何安装高度是指泵的轴心线高出吸入液面的高度，或称几何吸上高度，用 H_g 表示。

　　如图 4-26 所示，水从吸水池被吸入高度为 H_g 的叶轮入口，泵进口截面 S-S 上的压力为 p_s，如果吸入液面上的压力为大气压力 p_a，对吸入液面和 S-S 截面应用伯努利方程，即

$$\frac{p_a}{\rho g} = \frac{p_s}{\rho g} + \frac{v_s^2}{2g} + H_g + h_w \qquad (4-48)$$

式中　v_s——泵的吸入口处液体的平均速度，m/s；
　　　h_w——由吸入液面到泵入口的阻力损失，m。
　　则几何安装高度可表示为

$$H_g = \frac{p_a - p_s}{\rho g} - \frac{v_s^2}{2g} - h_w$$

图 4-26　泵的几何安装高度

　　式中的 $\dfrac{p_a - p_s}{\rho g}$ 表示泵进口前 S-S 截面上的真空高度，用 H_s 表示，叫做吸上真空高度。显然地，当 H_g 增大时，泵的吸入压力 p_s 下降，当几何安装高度达到最大时，即 $H_g = H_{gmax}$

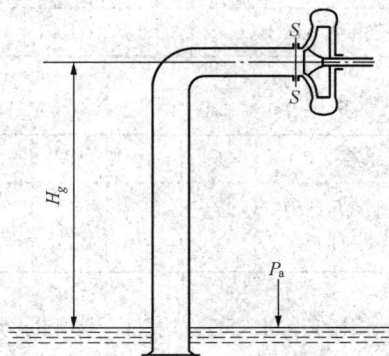

时，在泵内压力最低点发生汽化。泵内压力最低点发生汽化时所对应的吸上真空高度称为最大吸上真空高度，用 H_{smax} 表示。

H_{smax} 的大小与泵的结构、液体的性质、液面上压力等有关。当几何安装高度 $H_g < H_{gmax}$ 时，$H_s < H_{smax}$，泵内就不会汽化。为保证泵的运行安全，在实际使用中，需要将最大吸上真空高度 H_{smax} 减去一个规定的安全量，叫做允许吸上真空高度，用 $[H_s]$ 来表示。对于一般用途的清水泵，安全量取 0.3m，即

$$[H_s] = H_{smax} - 0.3 \tag{4-49}$$

允许吸上真空高度 $[H_s]$ 由水泵制造厂提供，可以用来表示泵的抗汽蚀性能。

根据 $[H_s]$ 计算的几何安装高度叫做允许几何安装高度，用 $[H_g]$ 表示，即

$$[H_g] = [H_s] - \frac{v_s^2}{2g} - h_w \tag{4-50}$$

在泵安装时，若实际几何安装高度小于允许几何安装高度，泵入口的实际真空高度就会小于保证泵内不汽化的允许吸上真空高度，故当 $H_g < [H_g]$ 时，泵内不发生汽化；当 $H_g > [H_g]$ 时，泵内发生汽化。

水泵制造厂提供的 $[H_s]$ 是在大气压力为 101.3kPa、水温为 20℃ 条件下实测得出的，如果使用中，实际大气压力、水温与规定的条件不符，则应该对提供的 $[H_s]$ 按式（4-51）进行修正，即

$$[H_s]' = [H_s] + (H_a - 10.33) + (0.24 - H_v) \tag{4-51}$$

式中 $[H_s]'$——修正后的允许吸上真空高度，m；

H_a——实际大气压力对应的水柱高度，一个标准大气压的压力高度为 10.33m；

H_v——实际温度下水的汽化压力对应的水柱高度，水温 20℃ 时汽化压力的高度为 0.24m。

H_a 和 H_v 可由表 4-8 和表 4-9 中查出。

表 4-8　　　　　　不同海拔高度的大气压力 H_a（20℃ 时）

海拔高度（m）	0	100	200	300	400	500	600	700	800	900	1000	2000	3000	4000
大气压力（mH₂O）	10.3	10.2	10.1	10.0	9.8	9.7	9.6	9.5	9.4	9.3	9.2	8.1	7.2	6.3

表 4-9　　　　　　不同温度下水的汽化压力 H_v

水温（℃）	5	10	20	30	40	50	60	70	80	90	100	110	120
水汽化压力（mH₂O）	0.09	0.12	0.24	0.43	0.75	1.26	2.06	3.25	4.97	7.40	10.74	15.36	21.46

由式（4-50）可知，影响泵允许安装高度的因素除了泵的允许吸上真空高度之外，还有泵的吸入流速和吸入阻力损失。需指出的是，水泵样本或铭牌给出的 $[H_s]$ 是指最佳工况流量下的。随着流量的增加，$[H_s]$ 一般要减小。为保证泵运行的可靠性，允许安装高度的计算应以泵运行中可能出现的最大流量进行。

另外，还需指出的是，对于大型泵的几何安装高度应考虑叶轮尺寸的影响，按图 4-27 所示的情况确定。

三、汽蚀余量

$[H_s]$ 不能直接反映任何条件下泵的抗汽蚀性能好坏，还需引入另一个表示泵抗汽蚀性能的参数，即汽蚀余量。汽蚀余量用 NPSH（Net Positive Suction Head，即净正吸入头）表示，其含义是：在泵的吸入口处，高出汽化压力能头的能头值。汽蚀余量分为有效汽蚀余量和必需汽蚀余量。

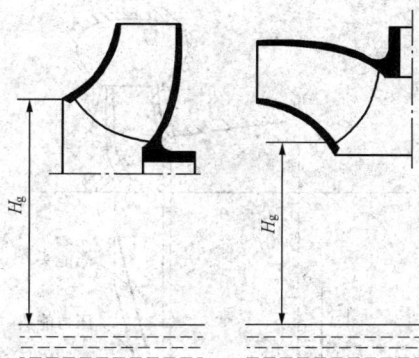

图 4-27 大型泵的几何安装高度

1. 有效汽蚀余量

有效汽蚀余量也称为装置汽蚀余量，用 $NPSH_a$ 表示（可利用的净正吸入头）。其含义是：吸入的液体流至泵的吸入口（泵进口法兰）处，单位重力作用下的液体所具有的超过汽化压力的富余能量，即

$$NPSH_a = \frac{p_s}{\rho g} + \frac{v_s^2}{2g} - \frac{p_v}{\rho g} \tag{4-52}$$

式（4-52）为有效汽蚀余量的定义式，p_v 为汽化压力。若吸入液面上压力为 p_0、泵的安装高度为 H_g、吸入管道阻力损失为 h_w，则有

$$\frac{p_0}{\rho g} = \frac{p_s}{\rho g} + \frac{v_s^2}{2g} + H_g + h_w \tag{4-53}$$

把式（4-53）代入式（4-52），则有

$$NPSH_a = \frac{p_0}{\rho g} - \frac{p_v}{\rho g} - H_g - h_w \tag{4-54}$$

式（4-54）为有效汽蚀余量的计算式。由此式可见，有效汽蚀余量 $NPSH_a$ 仅与吸入液面压力 p_0、吸入液体的温度 t_0（p_v 取决于 t_0）、几何安装高度 H_g 以及吸入管道的阻力损失 h_w 这些因素有关。这说明有效汽蚀余量的决定因素是泵的吸入管路系统及吸入的流量，与泵本身无关，因此又称为装置汽蚀余量。

显然，有效汽蚀余量越大，泵越不易汽蚀，但是泵内是否发生汽蚀，还与泵本身有关。

2. 必需汽蚀余量

有效汽蚀余量 $NPSH_a$ 反映了泵的吸入口处液体超过汽化压力的剩余能头，但是泵的吸入口并不是压力最低处。液体从泵的吸入口流至叶轮进口的过程中压力会继续下降，如图 4-28 所示。在叶片入口边非工作面一侧的 K 点处达到最低压力。故只有保证该处的压力大于液体的汽化压力，才可保证泵内不发生汽化。

必需汽蚀余量是指泵吸入部件的压力降，其含义是：为了保证泵内不发生汽蚀，要求泵进口处单位重力作用下的液体所具有的超过汽化压力能头的富余能量，用 $NPSH_r$ 表示（要求的净正吸入头）。也就是为保证在泵内压力最低点处不汽化，需要液体在泵吸入口截面 S-S 处具有的最小能头，如图 4-28 所示。

从含义上分析，$NPSH_r$ 数值上等于液流从 S-S 截面流至泵内压力最低点时，由于流动损失和流速增加而产生的压力能头降落量，即

$$NPSH_r = \frac{p_s}{\rho g} + \frac{v_s^2}{2g} - \frac{p_k}{\rho g} \tag{4-55}$$

式（4-55）仅表示泵的必需汽蚀余量概念的含义，$NPSH_r$ 的大小是由泵的结构决定

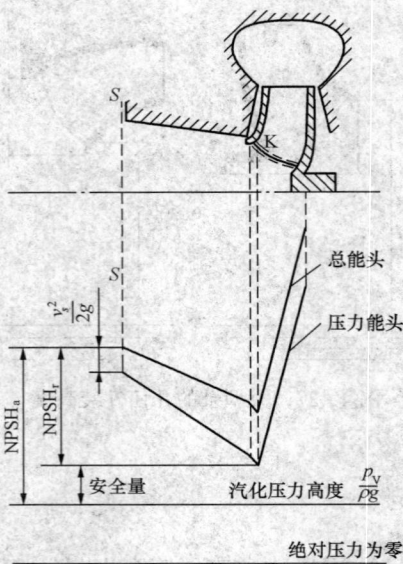

图 4 - 28 液体流入泵后能量的变化

的，与泵的吸入室、叶轮进口几何形状以及流速的大小有关，而与吸入管路的情况无关。故必需汽蚀余量又叫泵的汽蚀余量，是描述泵的抗汽蚀性能的重要参数之一。

3. 有效汽蚀余量与必需汽蚀余量的关系

由上述知，液体从泵的吸入口到泵内压力最低点的压力降低为多少决定了必需汽蚀余量，而有效汽蚀余量的大小必须满足这个压力降低的需要，才可保证泵内不发生汽蚀。分析可知，NPSH$_a$ 随流量的增加而减小，NPSH$_r$ 随流量的增加而增加，如图 4 - 29 所示。在 NPSH$_a$-q_V 和 NPSH$_r$-q_V 曲线交点上有 NPSH$_a$ = NPSH$_r$，此时，在泵内压力的最低点刚好发生汽化。将此时的汽蚀余量称为临界汽蚀余量，用 NPSH$_c$ 表示。NPSH$_c$ 可以通过泵的汽蚀实验测得。

从图 4 - 29 可知，流量 $q_{V蚀max}$ 是泵内不发生汽蚀的最大值。流量大于 $q_{V max}$ 时 NPSH$_a$＜NPSH$_r$，泵内发生汽化；流量小于 $q_{V max}$ 时 NPSH$_a$＞NPSH$_r$，泵内不发生汽化；流量为 $q_{V max}$ 时，NPSH$_a$ = NPSH$_r$ = NPSH$_c$，泵内处于临界状态。实际使用中，常在 NPSH$_c$ 的基础上加上一个安全余量作为允许汽蚀余量而载入泵的产品样本，并以 [NPSH] 表示。这个安全余量应视泵和管路系统的具体情况而定，一般为

$$[NPSH] = (1.1 \sim 1.3)NPSH_c \qquad (4 - 56)$$

或者

$$[NPSH] = NPSH_c + K \qquad (4 - 57)$$

式中的 K 应不小于 NPSH$_c$ 的 10%，且不低于 0.5m。

考虑了安全余量后，泵的允许最大流量 $[q_{V max}]$ 相应地减小，如图 4 - 29 所示。

如果吸入液面上的压力为饱和压力（$p_0 = p_V$），如火力发电厂中的凝结水泵和给水泵的情况，根据式（4 - 54），有

$$NPSH_a = -H_g - h_w$$

对于汽蚀临界状态的泵，则有

$$NPSH_a = NPSH_r = -H_g - h_w$$

所以

$$H_g = -(NPSH_r + h_w) \qquad (4 - 58)$$

式（4 - 58）说明了泵在吸取饱和状态的水时，几何安装高度必须为负值，就是说泵应该安装在吸入液面的下方，这个负的安装高度叫做倒灌高度。为保证泵内不发生汽蚀，倒灌高度必须大于泵的必需汽蚀余量和吸入管路阻力损失之和。出于满足系统安全的需要，火力发电厂凝结水泵和给水泵的倒灌高度应满足最不利情况的工况，常需比计算的结果要大得多。

类似于由 [H_s] 确定 [H_g]，用允许汽蚀余量亦可确定安装高度，方法是，用 [NPSH] 和 [H_g] 取代式（4 - 54）中的 NPSH$_a$ 和 H_g，就有

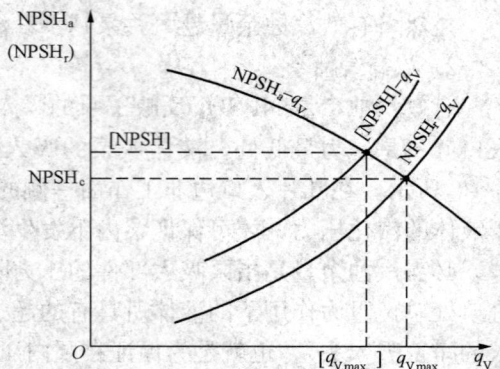

图 4 - 29 NPSH$_a$ 与 NPSH$_r$ 的关系

$$[H_g] = \frac{p_0}{\rho g} - \frac{p_V}{\rho g} - [\text{NPSH}] - h_w \tag{4-59}$$

4. 最小流量

在上述的分析中可知，为避免发生汽蚀，会有一个最大流量的限制。但是泵的流量减小到一定的程度，也会使泵内发生汽化。这是因为泵内存在的各种能量损失都会以热能型式散失在液流中，这些能量通常会被液流带走。但是当泵的流量减小到一定程度时，水流不能全部带走因各项损失而产生的热量。同时，在小流量下泵内的总能量损失也会增加，这就会造成热量积聚，使液体温度升高，并通过第一级叶轮密封环泄水和平衡盘泄水返回第一级叶轮入口，提高了压力最低处液体的汽化压力，使必需汽蚀余量增加，造成泵内汽蚀。对于小流量下工作的多级泵，平衡盘泄水温度常有明显的升高，如 DG-270-140 型给水泵在流量为 40t/h（约 1/7 额定流量）时，平衡盘泄水的温升可达 19.5℃，在流量为 75t/h（约 1/4 额定流量）时，平衡盘泄水温升达到 12℃。

在图 4-30 中所示的 NPSH_r-q_V 曲线，不考虑小流量导致的温升时为虚线部分所示，在流量很小时，实际的液体温度随流量减小而明显地增加，必需汽蚀余量也随之增加。因此，泵的不汽蚀工作范围就不仅有一个最大流量，还应有一个最小流量 $q_{V\min}$。泵的安全工作区域为介于最小流量和最大流量之间的范围。

发电厂中的凝结水泵和给水泵由于吸入的是饱和水，在小流量下温度的升高会威胁到泵的安全运行，为适应小流量工况的要求，这些水泵一般需设置再循环管路。图 4-31 所示为控制给水泵最小流量的再循环系统。给水泵正常运行时，再循环阀关闭，当锅炉需水量减小到允许的最小流量（对于定速泵一般为 1/4～1/3 的额定流量；对于变速泵一般为 1/7～1/5 的额定流量）以下时，开启再循环阀，再循环管路起到分流作用，以保证给水泵的流量始终保持在允许的最小流量以上。

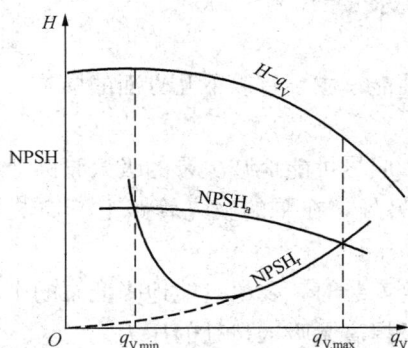

图 4-30　最小流量限制

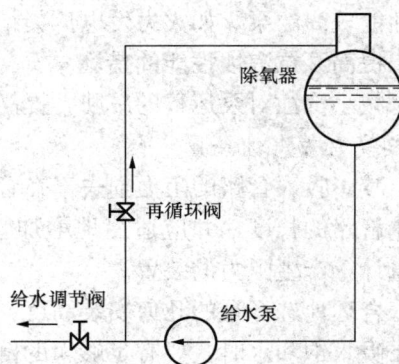

图 4-31　给水泵的再循环系统

四、汽蚀相似定律与汽蚀比转速

汽蚀余量虽然可反映某台泵的汽蚀性能，但却很难在不同类型的泵之间比较汽蚀性能的优劣。因此需要引入一个既能表示泵的抗汽蚀性能，又有与泵性能参数有联系的综合参数来作为比较泵汽蚀性能的依据。为此，利用相似原理，引入一个新的参数——汽蚀比转速。

1. 汽蚀相似定律

本章第四节讲述的相似定律，也可以应用在泵的汽蚀余量的换算上。即对于几何相似的

泵，在相似工况下除了满足式（4 - 22）～式（4 - 24）的关系外，还满足

$$\frac{NPSH_r}{NPSH_m} = \frac{(nD_1)^2}{(nD_1)_m^2} \tag{4 - 60}$$

式（4 - 60）即为汽蚀相似定律，它反映了相似的泵在相似工况下，原型泵与模型泵的必需汽蚀余量之比等于转速的平方之比和叶轮进口直径平方之比的乘积。

对于同一台泵，在不同转速下的必需汽蚀余量可由式（4 - 60）得出

$$\frac{NPSH_{r1}}{NPSH_{r2}} = \left(\frac{n_1}{n_2}\right)^2 \tag{4 - 61}$$

式（4 - 60）说明，当泵的转速升高时，必需汽蚀余量随转速的平方增加，泵的汽蚀性能变差。实际上，汽蚀相似定律只有在几何尺寸以及转速相差不大时才视为成立，否则会有较大的误差。

2. 汽蚀比转速

与泵的比转速推导过程类似，由汽蚀相似定律和流量相似定律得出汽蚀比转速 c。我国习惯上采用的汽蚀比转速公式为

$$c = 5.62 \frac{n\sqrt{q_V}}{NPSH_r^{3/4}} \tag{4 - 62}$$

式中　$NPSH_r$——必需汽蚀余量，m；

　　　　q_V——泵的流量，m³/s；

　　　　n——泵的转速，r/min。

和比转速一样，汽蚀比转速也是指设计工况的，因此式（4 - 62）中的各个参数都是指泵的设计参数。泵的转速越高，流量越大，而且必需汽蚀余量越小，汽蚀比转速 c 就越大。汽蚀比转速越大说明此类泵的抗汽蚀性能越好。一般清水泵 $c = 800 \sim 1000$，对于一些要求抗汽蚀性能较高的泵，如火力发电厂凝结水泵等，要求 $c = 1500 \sim 3000$。

五、提高泵抗汽蚀性能的措施

为了减小汽蚀对泵运行的威胁，提高泵抗汽蚀性能，主要有以下几方面的措施：

1. 提高有效汽蚀余量

（1）减少吸入管路的阻力损失。在管路设计时，应尽可能地减少泵的吸入管路上各种管件，减小管路的长度，并应适当地增加管道直径。另外，在泵的吸入管路上不应装设调节阀、流量计等产生阻力的装置。

（2）合理地选择泵的几何安装高度。在确定泵的安装时，要尽可能地降低泵的中心线高度。在泵吸入饱和水时，要有足够大的倒灌高度，以提高泵吸入口处的压力。

（3）设置前置泵。随着单机容量的加大，锅炉给水泵多采用高速泵，加上吸入的水温较高，这就需要更大的有效汽蚀余量，仅用提高除氧器高度的方法难以解决这一问题。加装前置泵的方法是在给水吸入主给水泵之前，先进入一台抗汽蚀性能更好的低速泵——前置泵，经过加压后，再进入主给水泵。这样就提高了主给水泵的吸入压力，从而避免了给水泵的汽蚀。同时，对于使用了前置泵的主给水泵，由于降低了汽蚀威胁，结构上也可以造得更合理、更高效。

2. 降低必需汽蚀余量

（1）首级叶轮采用双吸叶轮。因为双吸叶轮吸入流速为单吸叶轮的一半，减小了液流在

叶轮前的压降，故多级泵的首级叶轮采用双吸式叶轮可减小泵的必需汽蚀余量。单级的双吸泵也会比同样参数的单吸泵有更好的抗汽蚀性能。

（2）加大首级叶轮吸入口直径和叶片的入口宽度。这样可使液体在叶轮入口处的流速降低，可减小泵的必需汽蚀余量。但是，加大吸入口直径和叶片的入口宽度会影响叶轮的最佳吸入工况，并可增加密封环的泄漏，降低叶轮的效率，故多级泵中，除了首级叶轮外，其他各级叶轮是不需要这样做的。

（3）选择适当的叶片数和冲角。选用适当的正冲角可以减小损失，并使产生的旋涡区不扩散，有利于泵的汽蚀性能。

（4）适当放大叶轮入口处前盖板的转弯半径。液流经过叶轮入口前盖板转弯处时，由于液体的惯性，易导致流动与前盖板分离，形成旋涡区，增大了这一局部的流动阻力，并且加大了扰动，使液体汽化更容易产生。增大叶轮入口处前盖板的转弯半径，可以减小流动与前盖板分离的趋势，减小汽蚀的可能。

（5）首级叶轮吸入口前加装诱导轮。诱导轮装在离心泵吸入口前端，类似于一个轴流叶轮，叶片是螺旋形的，叶片安装角小（10°～20°），叶片数少（2～3 片），如图 4 - 32 所示。诱导轮的作用，一方面是使液体升压，并在离心叶轮吸入口前造成强制预旋，从而减小离心泵叶轮吸入的相对速度，减小必需汽蚀余量；另一方面，诱导轮的流道宽而长，而且是轴向的，一旦流道中产生了汽泡，会在流道内随着压力的升高而溃灭，从而抑制汽泡的发展，不易阻塞整个流道，减小必需汽蚀余量。因此，采用诱导轮可以提高离心泵的抗汽蚀性能。一般离心泵的汽蚀比转速 $c=800～1000$，在安装了诱导轮以后，其汽蚀比转速的值可达 3000以上。目前，国产大型凝结水泵多装有诱导轮。

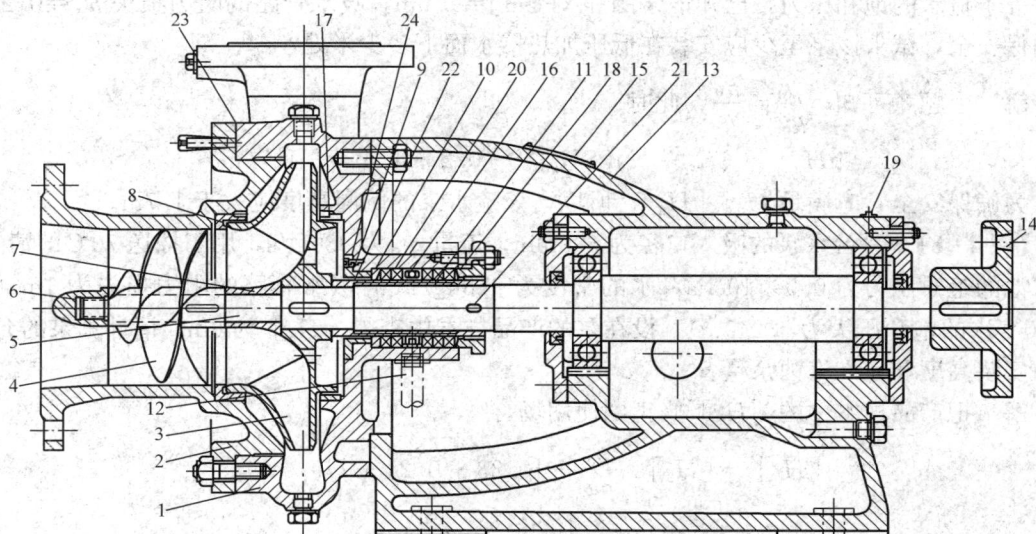

图 4 - 32　NB 型凝结水泵结构图

1—泵壳；2—泵盖；3—叶轮；4—诱导轮；5—轴；6—叶轮螺母；7—叶轮挡套；8—泵盖密封环；9—辅助轴承；
10—填料垫环；11—轴套；12—水封管；13—托架部件；14—弹性联轴器；15—铭牌；16—水封环；17—密封环；
18—填料压盖；19—转向标牌；20—填料；21—平键；22—垫；23—油浸石棉垫；24—沉头螺钉

此外，还可以采用和诱导轮相似的双重翼、超汽蚀叶片等方法增加泵的抗汽蚀性能。

3. 采用抗汽蚀性能好的材质

选择抗汽蚀性能好的材料制造泵的叶轮等过流部件，或喷涂于叶轮流道和泵壳的过流部分，可以大大地提高泵的使用寿命。所谓抗汽蚀性能好的材料是指强度高、韧性好、硬度大、化学性能稳定的材料。常用的有不锈钢、磷青铜等，如高压给水泵叶轮常采用含铬17%、镍4%的马氏体沉淀硬化不锈钢，具有很好的抗汽蚀性能。

【例4-6】 在高原大气压力为 90 636Pa 的地方，用泵输送温度为 45℃温水。吸入管路阻力损失 $h_w=0.8$m，在等直径吸入管路内水流速度 $v=4$m/s。若泵的允许吸上真空高度 $[H_s]=7.5$m，则泵允许几何安装高度为多少？

解 此时的大气压力换算为水柱高度为

$$H_a = \frac{90\ 636}{990.2 \times 9.81} = 9.33(\text{m})$$

45℃温水的汽化压力可由表 4-9 查出 $H_v=1.0$ （m）

则，修正后的允许吸上真空高度为

$$[H_s]' = [H_s] + (H_a - 10.33) + (0.24 - H_v)$$
$$= 7.5 + 9.33 - 10.33 + 0.24 - 1.0$$
$$= 5.74(\text{m})$$

所以允许几何安装高度为

$$[H_g] = [H_s]' - \frac{v_s^2}{2g} - h_w = 5.74 - \frac{4^2}{2 \times 9.81} - 0.8 = 4.13(\text{m})$$

【例4-7】 某电厂有一台低压加热器疏水泵从低压加热器内抽水，低压加热器内液面上压力等于疏水的饱和压力，已知该泵的 $[NPSH]=1.5$m，吸水管路的阻力损失 $h_w=0.2$m，为确保安全，试求该泵至少应安装在低压加热器水面下多少米处？

解 由题意可知，$\dfrac{p_0}{\rho g} = \dfrac{p_V}{\rho g}$，此时

$$[H_g] = -h_w - [NPSH] = -0.2 - 1.5 = -1.7(\text{m})$$

为确保安全，应满足 $H_g < [H_g]$，所以，该疏水泵的倒灌高度应大于1.7m。

【例4-8】 一台水泵的吸入口径为 600mm，流量 q_V 为 880L/s，用于抽送 70℃的清水，吸水池的绝对压力为 0.5×10^5Pa，水的密度为 978kg/m³，吸水管路的阻力损失为 1m （已知 70℃水的饱和压头为 3.249m）。设在泵的产品样本中查得 $[H_s]$ 为 6m，请计算泵的允许几何安装高度和允许汽蚀余量。

解 把产品样本中的 $[H_s]$ 修正到使用场合

$$[H_s]' = [H_s] + \frac{p_0}{\rho g} - 10.33 + 0.24 - H_v$$
$$= 6 + \frac{0.5 \times 10^5}{978 \times 9.81} - 10.33 + 0.24 - 3.249$$
$$= -2.13(\text{m})$$

$$v_s = \frac{q_V}{A_s} = \frac{4q_V}{\pi D_s^2} = \frac{4 \times 880}{1000 \times \pi \times 0.6^2} = \frac{3520}{1131} = 3.1(\text{m/s})$$

$$[H_g] = [H_s]' - \frac{V_s^2}{2g} - h_w = -2.13 - \frac{3.1^2}{2 \times 9.81} - 1 = -3.62(\text{m})$$

$$[NPSH] = \frac{p_0}{\rho g} - H_V - [H_g] - h_w = \frac{0.5 \times 10^5}{978 \times 9.81} - 3.249 - (-3.62) - 1 = 4.58(m)$$

思 考 题

4-1 泵与风机内有哪些损失？如何减小这些损失？

4-2 泵与风机有哪几种性能曲线？制造厂提供的性能曲线是怎样绘制出的？

4-3 何谓泵与风机的工况？何谓工况点？何谓工作点？如何确定工作点？

4-4 何谓泵与风机的经济工作区？它对泵与风机的选择及运行有何意义？

4-5 泵与风机的扬程（全压）曲线有哪几种类型？各适用于什么场合？

4-6 何谓泵与风机的相似定律？何谓相似条件？为什么几何相似的泵就可以称为相似泵？

4-7 如何根据原转速下的性能曲线绘制出转速改变后的性能曲线？怎样确定相似工况点？

4-8 何谓比转速？比转速有哪些应用？比转速的单位是什么？

4-9 为什么有"离心泵应闭阀启动，轴流泵应开阀启动"这样的说法？

4-10 何谓风机的无因次性能曲线？它与风机的性能曲线有怎样的对应关系？

4-11 何谓泵的汽蚀？汽蚀是如何发生的？有哪些危害？如何提高泵抗汽蚀性能？

4-12 为什么说泵从产生初生汽蚀到发展为汽蚀断裂工况对应的吸入压力变化有一个很大范围？

4-13 何谓有效汽蚀余量？何谓必需汽蚀余量？何谓允许汽蚀余量？允许汽蚀余量与允许吸上真空高度之间是什么关系？

4-14 在火力发电厂中的给水泵和凝结水泵对防止汽蚀各采取了哪些措施？

习 题

4-1 某型泵作模型试验时，在转速 $n=1460r/min$ 的情况下，测得的试验数据见表 4-10。

表 4-10   模型试验的试验数据

测点编号	1	2	3	4	5	6	7	8	9	10
压力表读数（mH_2O）	8.7	15.2	17.8	21.25	25.0	27.9	29.0	30.0	31.0	32.3
真空表读数（mmHg）	280	260	250	238	218	193	185	178	165	155
流量（L/s）	289.4	270.5	255.5	240.2	219.9	190.4	179.5	170.3	152.9	126.9
轴功率（kW）	69.8	70.4	70.5	71.5	72.0	69.4	69.2	68.5	67.0	63.9

模型泵吸入管直径 $d_1 = 300mm$，压出管接头直径 $d_2 = 250mm$。试绘出该模型泵的 $H\text{-}q_V$、$P\text{-}q_V$ 及 $\eta\text{-}q_V$ 性能曲线。

4-2 某灰渣泵的性能曲线绘于图 4-33 中。试求灰渣泵将灰水混合物输送到 20m 高处的灰水池的流量及轴功率。设灰水管直径 $d=200mm$，管长 $L=200m$，局部阻力的当量长度 $L_e=87m$。沿程阻力系数 $\lambda=0.035$。

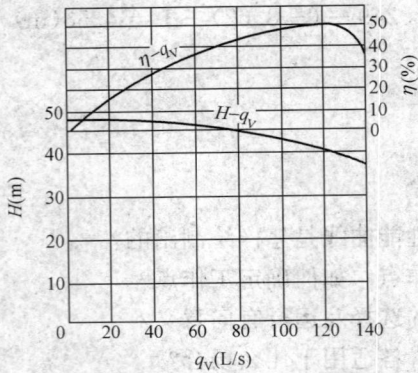

图 4-33 习题 4-2 图

4-3 模型离心泵叶轮外径 $D_{2m}=128\text{mm}$，转速 $n_m=1450\text{r/min}$，扬程为 $H_m=20\text{m}$，流量 $q_{Vm}=20\text{L/s}$。确定与模型泵相似的原型泵的转速 n 及叶轮外径 D_2，使其在相似的工况下，产生的扬程 $H=30\text{m}$，流量 $q_V=40\text{L/s}$。

4-4 模型泵尺寸为原型泵的 1/4。在实验室测得转速 $n_m=730\text{r/min}$ 时的输水流量 $q_{Vm}=45\text{m}^3/\text{h}$，扬程 $H_m=12.5\text{m}$，轴功率 $P_m=5.5\text{kW}$。若模型泵与原型泵的各个相应效率及系数均相同，试求原型泵在转速 $n=960\text{r/min}$ 时输送燃油所产生的流量 q_V 及扬程 H 为若干？

4-5 离心泵在 $n_1=950\text{r/min}$ 时的性能曲线绘于图 4-34 中。管道特性曲线方程式为 $H=40+25\,000q_V^2$。当转速由 $n_1=950\text{r/min}$ 升高到 $n_2=1450\text{r/min}$ 时，离心泵的工作流量将怎样变化？

4-6 管道特性曲线为 $H=40+1210q_V^2$ 表示。离心泵的转速 $n_1=1450\text{r/min}$ 时的性能曲线绘于图 4-35 中。问转速为多少时，离心泵向管路系统输送的流量 $q_V=240\text{L/s}$？

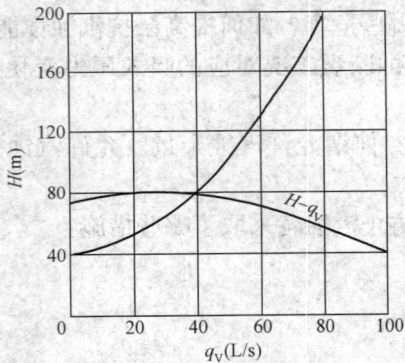

图 4-34 习题 4-5 图

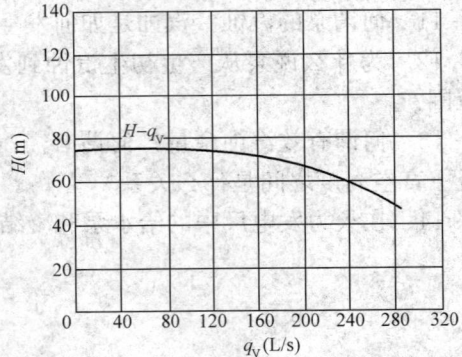

图 4-35 习题 4-6 图

4-7 干燥室的通风需要在温度为 70℃ 时排除空气。问如果采用向干燥室供给温度为 20℃ 的冷空气的办法以达到通风的目的，则可节省百分之几的能量？设两种情况下总阻力损失相同。

4-8 G4-13.2(4-73) No18 锅炉送风机的转速 $n_1=960\text{r/min}$ 时送风量 $q_{V1}=190\,000\text{m}^3/\text{h}$，全风压 $p_1=4276\text{Pa}$。同一类型的 No8 风机在转速 $n_2=1450\text{r/min}$ 时的送风量 $q_{V2}=25\,200\text{m}^3/\text{h}$，全风压 $p_2=1922\text{Pa}$。试证明这两台风机只有相同的比转速。

4-9 火力发电厂用 DG520-230 型锅炉给水泵共有八级叶轮。当转速 $n=5050\text{r/min}$ 时，扬程 $H=2523\text{m}$，流量 $q_V=160\text{L/s}$。试计算比转速，并确定叶轮的类型。

4-10 50CHTA/6 型高压锅炉给水泵为单吸泵，共六级叶轮，最高效率点的流量 $q_V=675\text{m}^3/\text{h}$，扬程 $H=2370\text{m}$，转速 $n=5900\text{r/min}$，试计算比转速 n_s 及型式数 K。

4-11 某一离心泵转速 $n=1450\text{r/min}$ 时的流量 $q_V=130\text{L/s}$，相应的允许吸上真空高度

$[H_s] = 6$m。吸入管道直径 $d_1 = 250$mm，吸入管的总阻力损失 $h_w = 1.8$m。当输水温度由 20℃升高到80℃时，其最大安装高度将如何变化？

4-12 某电厂装有一台循环水泵，从铭牌上查得该泵的流量为5400m³/h，吸入管道直径为900mm，允许吸上真空高度为3m。安装在海拔为500m的地方，最高吸水温度为35℃。已知吸入管的阻力损失为0.42m，试计算该泵的最大安装高度。

4-13 40ZLB-50 型立式轴流泵，在转速 $n = 585$r/min 时的流量 $q_V = 1116$m³/h，扬程 $H = 14.6$m，相应的必需汽蚀余量 $NPSH_r = 12$m。若水温为40℃，求泵的汽蚀比转数 c 及泵的安装高度。设当地大气压力为740mmHg。吸入管的阻力损失为0.5m。

4-14 有一供水系统，泵的几何安装高度为3.7m，吸水面上的绝对压力为98 100Pa，水温为20℃，水的密度为1000kg/m³，20℃水的饱和压头为0.24m。图4-36给出了该泵的汽蚀性能曲线 $NPSH_r$-q_V 和吸水管的流道阻力特性曲线 h_w-q_V。试查图计算当流量大约为多少时泵正好开始发生汽蚀？

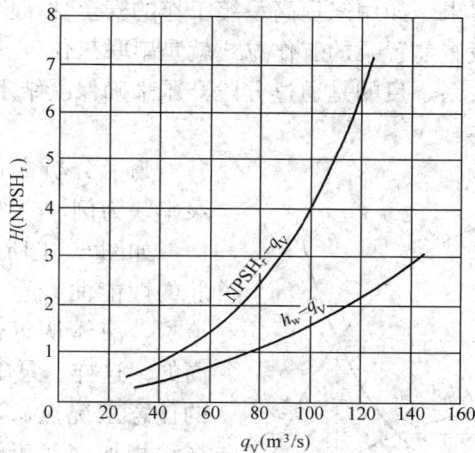

图4-36 习题4-14图

第五章　泵与风机的调节与运行

第一节　泵与风机的联合工作

在实际应用中，连接在管路系统中的泵与风机，多数情况下并不是单独工作的。由两台或两台以上的泵与风机在同一个管路系统中，共同完成输送流体的工作方式叫做泵与风机的联合工作。联合工作有串联和并联两种方式。

一、串联工作

当流体依次通过两台或两台以上泵与风机向管路系统输送时，这种联合工作方式叫做串联工作。采用串联工作方式在客观上提高了泵与风机的扬程或全压，但是在实际使用中，往往是为了满足系统的特殊要求，如用来提高系统工作的安全性。例如，火电厂中锅炉给水泵为了避免汽蚀而在进口前设置前置泵的工作方式就是串联工作，又如，凝结水系统的升压泵和凝结水泵也是串联工作关系，目的是通过分段升压来确保凝结水除盐装置的工作安全，并降低设备的制造和使用成本。

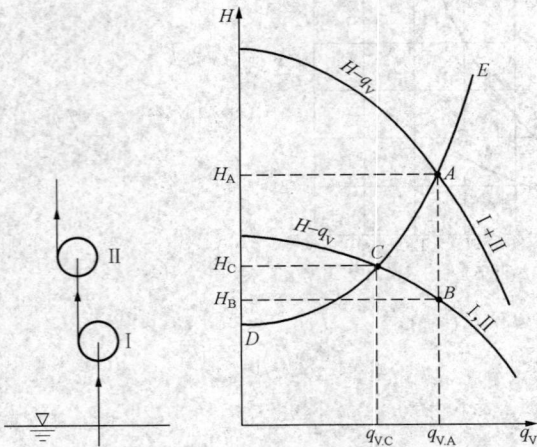

图 5-1　同性能的泵串联运行

为了分析方便，现以性能相同的两台泵串联为例，介绍串联工作的特点。

如图 5-1 所示，性能相同的泵 I 和泵 II 的性能曲线重合，两泵的流量为同一个流量，液体从每台泵流出的压力是依次提高的。这样，泵串联的总性能曲线 H-q_V 上的任意工况点，可在流量不变的前提下将扬程相加（对于性能相同的泵即为 2 倍扬程）得出，从而得出串联工作的总性能曲线，如图 5-1 中的 I ＋ II 曲线所示。串联工作的工作点是由总性能曲线和管路特性曲线共同确定的，即图 5-1 中的 A 点，此时串联工作的每一台泵都工作在 B 点。与之相比，单独一台泵工作时的工作点为 C 点，串联使最终的流量和扬程都有所增加（A 点与 C 点相比）。

若有 n 台泵或风机串联工作，则有

总扬程　　　　　　　　　$H = H_1 + H_2 + \cdots + H_n$

总全压　　　　　　　　　$p = p_1 + p_2 + \cdots + p_n$

总流量　　　　　　　　　$q_V = q_{V1} = q_{V2} = \cdots = q_{Vn}$

总结上述情况，需强调以下几点：

(1) 同一管路系统下，两台泵串联运行时，流量和扬程都比单独一台泵工作时有所增大，即 $q_{VA} > q_{VC}$，$H_A > H_C$。两台泵串联运行时扬程的增加，并不是每台泵扬程的简单相加。

（2）两台性能相同的泵，在串联运行中的总流量等于其中任意一台泵的流量，总扬程等于两台泵扬程之和，即 $q_{VA} = q_{VB}$，$H_A = 2H_B$。

（3）串联工作方式，各级泵的出口压力是递增的，从工作安全考虑就要求后一级泵有较高的承压能力。

对于不同性能的泵串联，总性能曲线 $H\text{-}q_V$ 的绘制和上述方法类似，即在流量不变的前提下将扬程相加，如图 5-2 中的 Ⅰ+Ⅱ 曲线。此时两台串联的泵流量相同，总扬程是这两台泵的扬程之和。如果串联工作点为 A，其中泵 Ⅰ 的工作点 B_1、泵 Ⅱ 的工作点 B_2，即 $H_A = H_{B1} + H_{B2}$。泵 Ⅰ 单独工作的工作点 C_1，泵 Ⅱ 单独工作的工作点 C_2，相比而言，串联的总扬程小于单独工作的扬程之和，即 $H_A < H_{C1} + H_{C2}$。

性能不同的泵串联工作时，若流量大于图 5-2 中的 A' 点的流量时，泵 Ⅱ 的工作扬程为负值，此时的泵 Ⅱ 不但不会给流体提供能量，反而会成为流动的阻力（泵吸收流体的能量）。所以，性能不同的泵串联工作时，应注意彼此的配合和工作范围的限制。

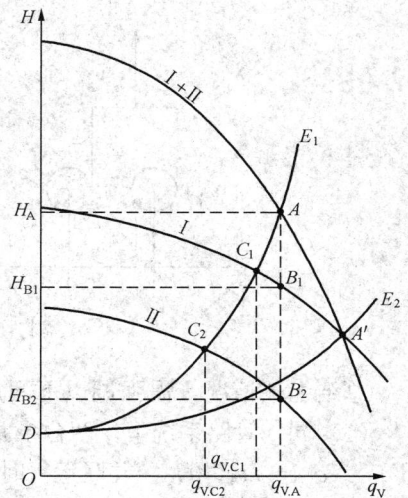

图 5-2　不同性能的泵串联

对于风机来讲，串联工作的特点与泵的相同，这里不再赘述。

二、并联工作

当两台或两台以上的泵或风机同时向一条管路系统输送流体时，这种泵与风机的联合工作方式叫做并联。采用并联工作方式在客观上提高了泵与风机的流量，但是在实际使用中，主要目的是用来提高系统调节的灵活性和工作的安全性。具体讲，采用并联方式，一方面是用在管路系统的流量经常需要在较大的范围内调节时，通过启停泵与风机台数的调整，可以来很经济灵活地调节流量；另一方面，某些系统对泵的可靠性要求较高，如火电厂的给水泵、凝结水泵，通常都需要一定容量的备用泵，运行泵和备用泵就应采用并联方式，这是运行安全的要求。实际上，发电厂中的泵或风机很少有单独设置的，绝大多数的场合都是采用并联工作方式。

为了便于分析，现以两台性能相同的泵来说明并联运行的特点。

如图 5-3 所示，由于泵的出水汇合于同一条管道，所以泵 Ⅰ 与泵 Ⅱ 的扬程始终相等，而这两台泵的流量之和为并联的总流量。这样，这两台泵并联的总性能曲线上任意工况点就可在相同扬程的前提下，由流量相加（对于性能相同的泵即为 2 倍流量）而得出，从而得出并联工作的总性能曲线，如图 5-3 中 Ⅰ+Ⅱ 所示。并联工作的工作点是由总性能曲线和管路特性曲线共同确定的，即 A 点，此时并联工作的两台中的一台泵的工作点在 B。与之相比，单独一台泵工作时的工作点则为 C 点，可见，并联使流量和扬程均有所增加。

若有 n 台泵或风机并联工作，则有

总扬程　　　　　　　　　　　$H = H_1 = H_2 = \cdots = H_n$

总全压　　　　　　　　　　　$p = p_1 = p_2 = \cdots = p_n$

总流量　　　　　　　　　　　$q_V = q_{V1} + q_{V2} + \cdots + q_{Vn}$

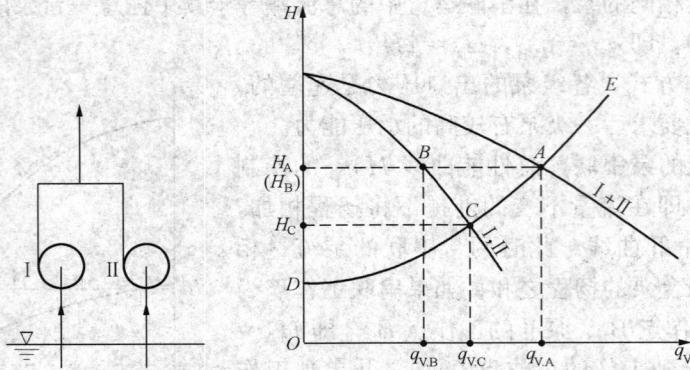

图 5-3 性能相同的两台泵并联

总结上述情况，需强调以下两点：

（1）同一管路系统下，两台泵并联运行时，流量和扬程都比单独一台泵工作时有所增大，即 $q_{VA} > q_{VC}$，$H_A > H_C$。并联运行时流量的增加，并不是每台泵单独运行流量的简单相加，实际上 $q_{VA} < 2q_{VC}$，并且随着并联泵台数的增加，每增加一台泵所增加的流量会越来越少。

（2）两台性能相同的泵，在并联运行中的总扬程等于任意一台泵的扬程；总流量为两台泵流量相加，即 $H_A = H_B$，$q_{VA} = 2q_{VB}$。

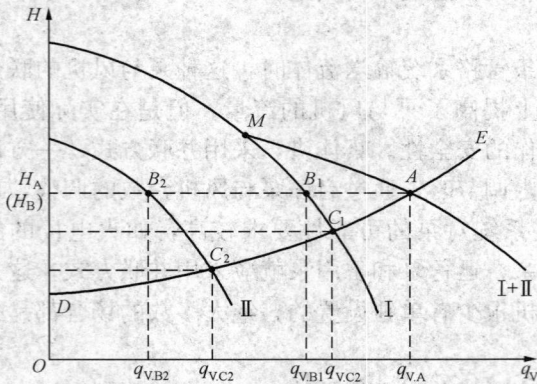

图 5-4 不同性能的两台泵并联

对于性能不同的两台泵的并联工作，总性能曲线 $H\text{-}q_V$ 的绘制和上述方法类似，即在扬程不变的前提下将流量相加，如图 5-4 中的 I+II 曲线。此时这两台泵并联运行的扬程相同，总流量是这两台泵的流量之和，对于并联的工作点 A，泵 I 的工作点 B_1、泵 II 的工作点 B_2，即 $q_{VA} = q_{VB1} + q_{VB2}$。图5-4中，泵 I 和泵 II 单独工作的工作点分别为 C_1 和 C_2，且并联的总流量小于这两台泵单独工作的流量之和，即 $q_{VA} < q_{VC1} + q_{VC2}$。

由图 5-4 可看出，不同性能的泵并联时同样会使工作范围受到限制，即总流量不能小于 M 点的流量，否则泵 II 的流量为零（一般泵的出口侧有止回阀，否则流量为负值）。这样会造成流量过低的泵效率严重下降并会发生汽蚀。为避免并联时的个别泵工作的恶化，在选择并联工作方式时，应尽量选择性能相同的泵。

三、并联工作和串联工作的比较

从上述分析可知，串联和并联的工作方式都可以提高流量和扬程，那么在需要提高流量或扬程的场合，选择哪种工作方式更为有效呢？为比较方便，现以性能相同的两台泵为例进行分析。如图 5-5 所示，两台性能曲线都为曲线 I 的泵，并联的总性能曲线为 II，串联的总性能曲线为 III。由图可见，当管道特性曲线较平坦时（如图 5-5 中的 DE_1），并联运行（工作点为 A_1）所提高的流量和扬程都大于串联运行（工作点为 A_1'）所提高流量和扬程。

若管路特性曲线较陡时（如图 5-5 中的 DE_2），串联运行（工作点为 A_2）所提高的流量和扬程均大于并联运行（工作点为 A_2'）所提高流量和扬程。

图 5-5 中的曲线 DE 经过并联和串联性能曲线的交点 A，所以，管路特性曲线处于 DE 这一特殊位置时，选择串联工作方式和并联工作方式对提高流量和扬程的效果是一样的。

管路的阻力小时，管道特性曲线较平坦；管路的阻力大时，管路特性曲线较陡。因此，当管路系统阻力大时，泵与风机选择串联方式较适宜；而管路系统阻力较小时，泵与风机选择并联方式较为适宜。

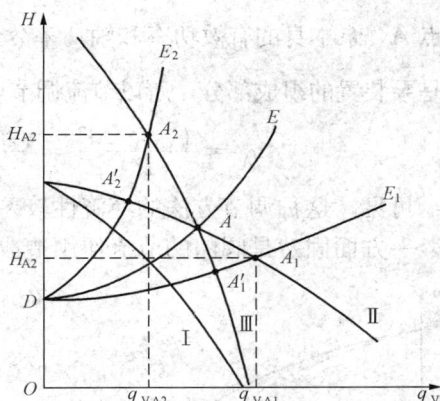

图 5-5　并联和串联工作的比较

第二节　泵与风机的工况调节

由前述已知，处在管路系统中的泵或风机需要在能量供需平衡的条件下工作，这样，泵或风机就有了固定的工作点。但是，实际中运行的泵与风机常需要调整其输出的流量，改变工作点，实时地适应系统的要求。所谓调节，就是通过人为改变泵与风机工作点的位置，从而改变输送流体的参数，以适应实际要求的行为。改变泵与风机工作点的方法总的来讲有两种，一种是改变泵与风机的性能曲线；另一种是改变管路特性曲线。具体来讲，泵与风机常见的调节方法有如下几种。

一、节流调节

节流调节是最简单，也是泵与风机应用最广泛的调节方法。它是通过改变管路系统中的调节阀（或挡板）的开度，以改变管路特性曲线，使工作点位置发生变化，从而实现调节的目的。节流调节分为出口端节流调节和入口端节流调节两种情况。

1. 出口端节流调节

将调节阀置于泵或风机压出管路上的调节方法叫做出口端节流调节。如图 5-6 所示，曲线 I 表示阀门全开的管路特性曲线，可从图中看出，阀门全开时泵的工作点为 M，如果此时需要的流量为 q_{VA}，则可通过关小调节阀来增加整个管路的特性系数 S，使管路特性曲线变陡至曲线 II。在这个阀门开度下，泵的工作点为 A，流量为 q_{VA}。此时除了调节阀外的管路系统需求的能头（调节阀全开时所需的能头）仅为 H_B，实际消耗的能头则为 H_A，二者之差即图中的 ΔH。ΔH 为阀门上能头的降落量，叫做节流损失，损失的功率为 $\Delta P = \dfrac{\rho g q_{VA} \Delta H}{1000}$。在工

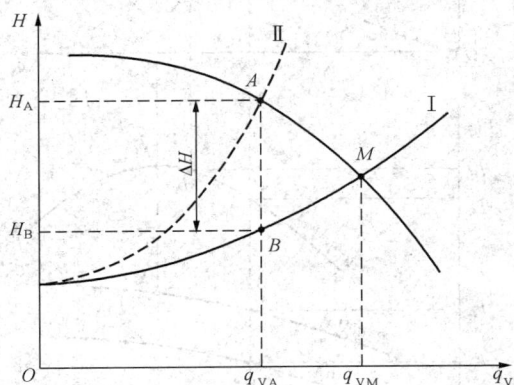

图 5-6　出口端节流调节

作点 A，泵本身的有效功率和轴功率分别为 $P_e=\dfrac{\rho g q_{vA} H_A}{1000}$ 和 $P=\dfrac{\rho g q_{vA} H_A}{1000\eta_A}$。由于泵的调节阀也是泵装置的组成部分，所以节流调节后，泵装置的实际运行效率为

$$\eta_A=\frac{P_{eA}-\Delta P}{P_A}=\frac{\rho g q_{vA}(H_A-\Delta H)\eta_A}{\rho g q_{vA} H_A}=\frac{(H_A-\Delta H)}{H_A}\eta_A \qquad (5-1)$$

可见，这种调节方法的经济性较差，工作在小流量下更为突出。节流调节导致的效率降低，一方面固然是阀门的节流作用造成，另一方面则是由于偏离了最佳工况而使泵与风机的自身效率降低。尽管这种调节方法的经济性较差，但不需要复杂的调节设备，且简单、可靠、易行，因此，被广泛地用于中小型离心泵系统中。对于轴流式泵与风机，由于其效率曲线陡，采用节流调节会使其效率降低过多，而且还有不稳定工作的问题，故一般不适宜。

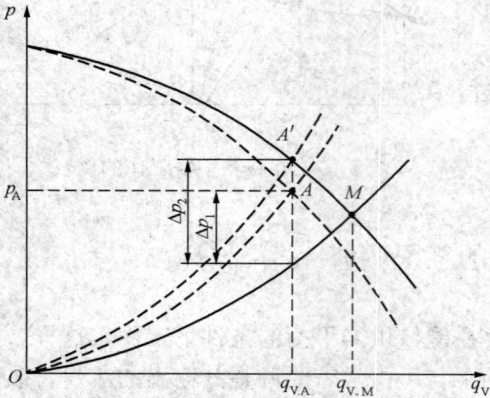

图 5-7　入口端调节

2. 入口端节流调节

入口端节流调节常用于风机的调节，它是通过改变置于入口端的挡板开度来调节流量的。与出口端节流调节相比较，当风机入口挡板关小时，不仅管路特性曲线因节流改变，而且风机的性能曲线也会变陡，如图 5-7 所示。图中 M 点为挡板全开时风机的工作点，关小入口挡板，使风机的工作点移至 A 点，此时发生于入口挡板上的节流压降（节流损失）为 Δp_1。与此相比，若用出口端节流调节，该流量下的工作点为 A'，相应的入口挡板上节流压降为 Δp_2。显然，入口端节流调节的节流损失小于出口端节流调节。

尽管入口端节流调节的经济性好于出口端节流调节，但是泵存在汽蚀问题，所以入口端节流调节不能用于水泵。

二、变速调节

根据比例定律可知，当泵与风机的转速改变时，其性能曲线的位置发生变化，使工作点改变。这种通过改变泵与风机转速来调节流量的方法叫做变速调节。和其他调节方法相比较，变速调节具有更高的经济性，其节能原理简述如下：

同节流调节相比，变速调节的工况点沿着管路特性曲线变化，没有节流损失，而且泵与风机调节之后的自身效率降低也少，所以，这种调节方式的效率高。如图 5-8 所示，该水泵在转速 n_1 时的工况点为 M，相应的流量为 q_{Vm}，

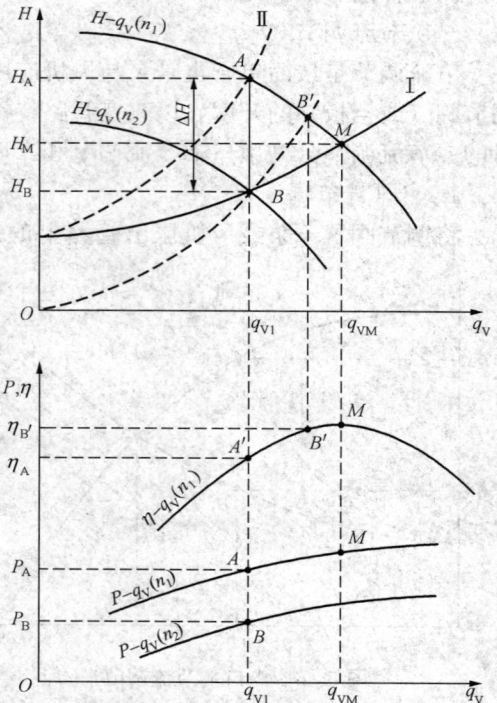

图 5-8　变速调节的节能原理

欲将流量调节至 q_{V1}，采用变速调节时，随着泵的转速降低，工作点沿着管路特性曲线移动。当转速降至 n_2 时，流量变为 q_{V1}，此时的工况点为 B，效率可近似地按转速 n_1 的性能曲线上与工作点 B 相似的工况点 B' 的效率计算，则变速调节之后的轴功率为

$$P_B = \frac{\rho g q_{V1} H_B}{1000 \eta_B} \qquad (5-2)$$

而为达到同样的调节结果（流量为 q_{V1}），如果采用节流调节，随着泵出口调节阀关小，管路总阻力增加，管路特性曲线变陡至位置 Ⅱ 时，泵的工作点沿着泵的性能曲线移至 A 点，效率为 η_A，此时泵的轴功率为

$$P_A = \frac{\rho g q_{V1} H_A}{1000 \eta_A} \qquad (5-3)$$

因为 $H_A > H_B$，$\eta_A < \eta_B$，所以，节流调节后的轴功率 P_A 高于变速调节后的轴功率 P_B。造成这种结果的原因，一是有部分功率消耗在阀门的节流损失上；二是泵自身的效率也较同流量下变速调节时的低。两者之差就是采用变速调节比采用节流调节所节约的功率。由此可见，相对于节流调节，变速调节在低于最大流量下工作时可以节约轴功率，而且流量越低（调节深度越大），所节约的轴功率越多。

需要注意的是，泵与风机变速调节前后工作点流量、扬程（全压）及功率的变化，不一定可以直接使用比例定律计算获得，而只有在变速前后的工况相似时（如一般情况下的通风机、或没有位差和压差的封闭循环系统中的水泵变速运行时），由于其管路特性曲线与比例曲线重合，其参数的变化才能满足比例定律的使用条件。分析变速调节时，一般需要采用图解法来找出变速前后的工作点。

变速调节是泵与风机运行经济性很高的一种调节方法，是泵与风机节能改造的一个重要方向。

三、入口导流器调节

入口导流器调节是离心风机广泛采用的一种调节方法。它安装在风机入口前，通过改变风机入口导流器的装置角来改变气流进入叶轮的方向，使风机性能曲线的形状改变。常用的型式有轴向导流器和径向导流器两种。图 5-9（a）所示为轴向导流器。该导流器由若干个扇形叶片构成，叶片上装有转轴，使叶片可沿自身轴线转动。在工作时所有的叶片角度一致，在连杆机构作用下同步转动，以改变扇形叶片的装置角，进而控制进入叶轮的气流方向。入口导流器

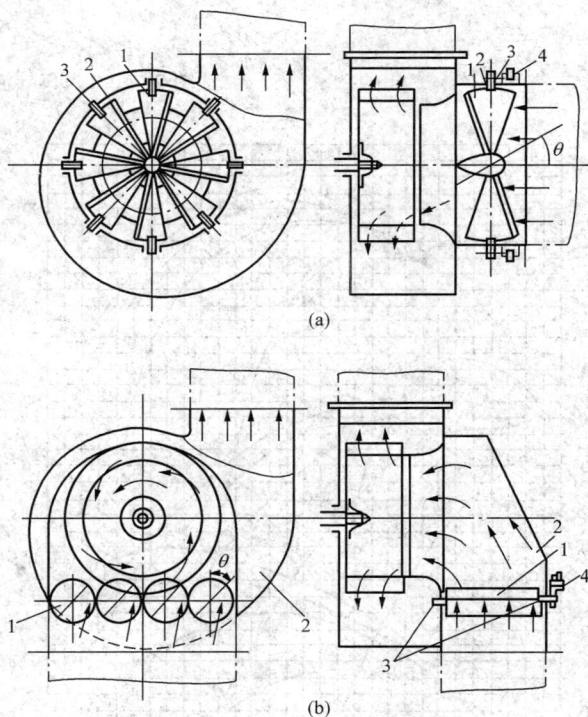

图 5-9 离心风机的入口导流器
（a）轴向导流器示意；（b）径向导流器示意
1—入口叶片；2—叶轮进口风筒；
3—入口导叶转轴；4—导叶操作机构

的另一种形式为图 5‑9（b）所示的径向导流器（也叫简易导流器），它是一个由若干个叶片组成的一个叶栅，置于风机的进气箱前。调节时，在连杆机构的作用下，每个叶片可绕自身轴同步转动，来控制风机叶轮入口前气流的旋转。

　　进入叶轮的气流方向改变，使风机的性能曲线的变化情况，可以通过对叶轮入口速度三角形的分析及泵与风机的基本方程式来说明。如图 5‑10（a）所示，当导流器全开时气流径向进入叶片，$\alpha_1 = 90°$；当导流器开度减小时，气流进入叶轮前发生旋转，$\alpha_1 < 90°$，从而使风机的全压下降，全压曲线的位置随之发生变化。随着导流器叶片装置角的增大（导流器开度关小），进入叶轮的气流旋转增强，α_1 进一步减小，风机全压曲线的位置也将随之降低，如图 5‑10（b）所示。同时，功率、效率等性能曲线也发生相应的变化，如图 5‑11 所示。

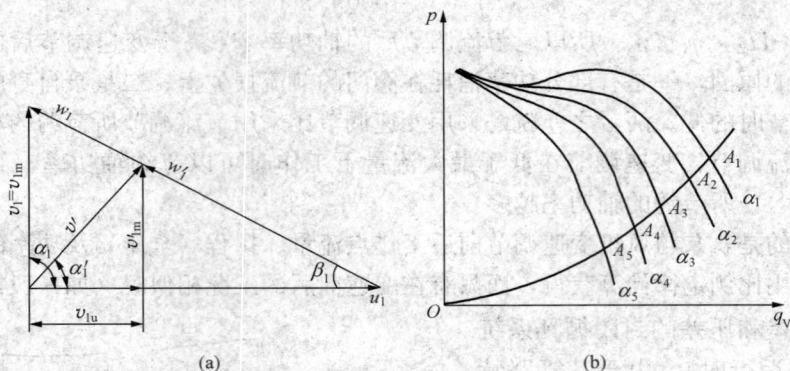

图 5‑10　入口导流器调节

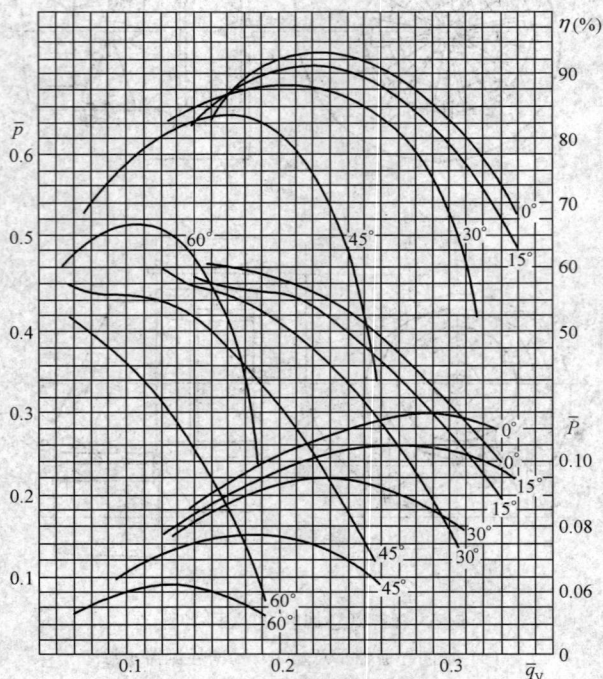

图 5‑11　轴向导流器不同开度时
4‑13.2（4‑73）型风机的性能曲线

　　同节流调节相比，风机采用导流器调节的优势主要体现在以下几个方面：一是在关小导流器的角度较小时，几乎没有节流损失，这将使风机实际工作效率提高；二是在风机偏离设计工况时自身效率的下降较少，这是因为随着轴向导流器叶片关小，风机效率曲线的峰值也向小流量方向偏移，这将使风机在小流量工作时的效率相对更高，如图 5‑11 所示；三是在导流器调节过程中，工作点始终在性能曲线下降段，这就对 $p\,q_V$ 曲线有驼峰的风机非常有利，避开了性能曲线的不稳定区域。

　　需要注意的是，对于水泵来讲，由于汽蚀性能的要求，入口导流器不适用于泵的调节。另外，轴流风机常采用的静叶调节原理与本调节方法的原理相似。

四、旁通调节

旁通调节又称为回流调节，其方法是在泵与风机的出口管路上安装一个带调节阀门的回流管路，如图 5-12 所示。当需要调节泵或风机输出的流量时，通过改变回流管路上调节阀开度，把部分输出的流量引出并返回至吸入管路或吸入容器，这样，在泵或风机自身流量不小于所要求的最小流量的情况下改变了输送到管路系统的流量，达到了调节流量的目的。

旁通调节的经济性差，调节效率仅比轴流式泵与风机采用节流调节时略高，低于离心式泵与风机节流调节的效率。这种调节方式仅在一些需要设置再循环的场合下应用，例如，锅炉给水泵为了避免小流量下的汽蚀问题而设置的再循环，就属于旁通调节。

图 5-12 旁通调节

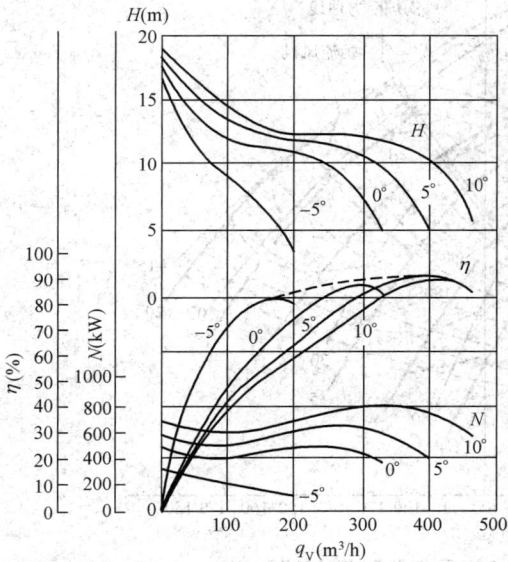

五、动叶调节

轴流式和混流式的泵与风机具有较大的轮毂，在轮毂内装设动叶调节机构，可以在运转中转速不变的前提下，调节动叶片的安装角。泵与风机的动叶调节机构精密而且复杂，在第二章第五节已叙述，这里不再重复。

根据轴流式和混流式泵与风机叶轮理论，动叶安装角的变化会改变 H_T 或 p_T，从而改变性能曲线，达到工况调节的目的。动叶调节性能曲线的变化类似于上述的入口导流器调节，如图 5-13 和图 5-14 所示，从图中可以看出动叶调节的特点：

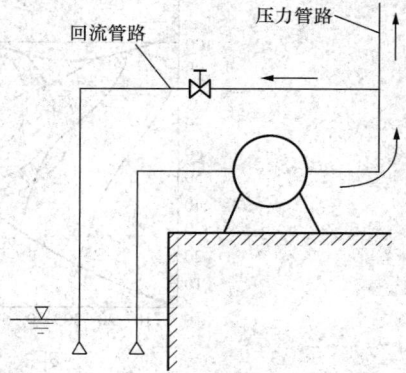

图 5-13 立式混流泵动叶调节性能曲线

（1）采用动叶调节的泵与风机具有较宽的高效区。轴流式或混流式泵与风机具有高比转速泵与风机的特点，即最佳工况点的效率较高，但偏离最佳工况点时效率的降低较大，这就使固定动叶的高效区较窄。但是，采用动叶调节时，泵与风机效率曲线随着动叶开度的减小而向左移动，如图 5-13 所示，这将使得泵与风机工作点保持在效率曲线的最高点附近，使实际运行的效率较高，因此泵与风机采用动叶调节时具有较宽的高效区。

（2）动叶调节不但可以从安装角为零向减小流量的方向调节，也可向增大流量的方向调节，如图 5-14 所示。因此，在选择动叶调节的风机时，可以把 100% 机组额定负荷流量工况点（MCR 点）选在性能曲线的最高效率点，而把包括安全裕量在内的最大流量工况点（T.B 点）选择在性能曲线上最高效率工况点的大流量一侧，如图 5-15 所示。这样，和离心风机采用入口导流器调节相比，动叶调节具有更高的运行效率。这是因为采用入口导流器调节时只能将导流器安装角从零往小流量方向调节，一般而言，入口导流器全开时（$\theta = 0°$）风机工作在最佳工况，这个工况点必须用来满足最大流量工况点（T.B 点），而风机实际工

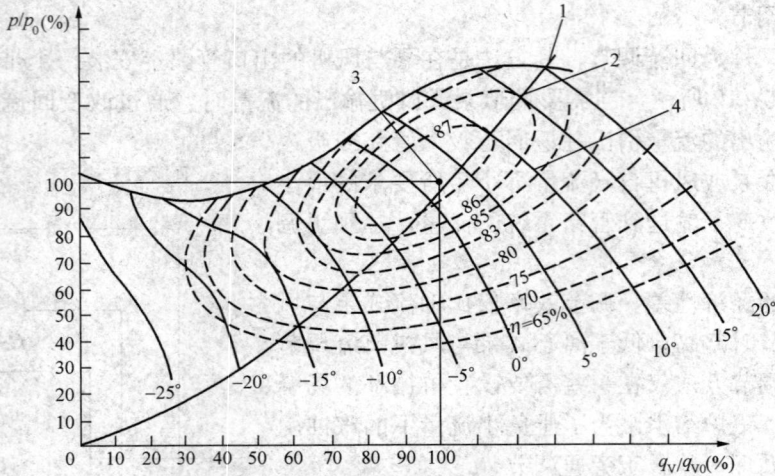

图 5-14 轴流风机动叶调节性能曲线
1—管路特性曲线；2—最大流量点；3—机组额定负荷时的工况点；4—等效率曲线（虚线）

作概率最大的 100％额定负荷流量工况点（MCR 点）只能错过效率最高的工况点。在图 5-15 中，轴流风机采用动叶调节，在 100％机组额定负荷流量工况点（MCR 点）工作效率约为 88％；而采用入口导流器调节的风机在 MCR 点的效率仅为 70％左右。

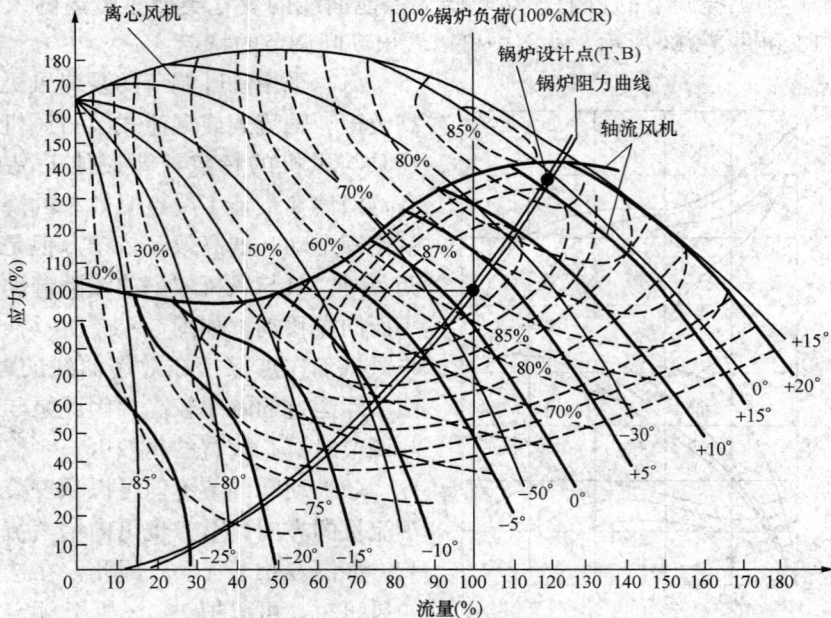

图 5-15 风机的动叶调节与入口导流器调节的比较

轴流式和混流式泵与风机的动叶调节在各种非变速调节中运行效率最高的调节方式，但是与其他非变速调节方式相比，具有初投资高、装置复杂的特点，因此，动叶调节主要应用在容量大、调节范围宽的场合。对于火力发电厂来说，大型机组的锅炉送、引风机及一次风机、循环水泵常采用动叶可调的轴流式泵与风机。在发电厂锅炉送、引风机中，常见的还有静叶可调的子午加速轴流风机，其静叶调节的效率也高于离心风机入口导流器调节的效率，由于其调节特性和动叶调节有较多的相似之处，本书不作详细论述。

六、汽蚀调节

当水泵因系统吸水箱的液位降低而使吸入压力下降时，就会在泵内形成汽蚀，其结果是导致泵的流量下降，此时水泵的流量的大小与泵内汽蚀的程度相关。有时，在电厂凝结水泵上应用这一原理进行调节流量，这就是汽蚀调节。

如图 5-16 所示，凝结水泵输送的是饱和水，为使泵不发生汽蚀，必须有一定的倒灌高度。汽轮机负荷正常时热水井水位固定，为 H，此时水泵内不发生汽蚀，泵的工作点为 M。当汽轮机负荷减小，凝结水量小于泵的输水量时，热水井的水位就会下降，致使凝结水泵入口压力降低，发生汽蚀，使性能曲线急剧降落，随着液位的降低，泵的工作点分别为 M_1、M_2、M_3…，相应的流量也减小至 q_{V1}、q_{V2}、q_{V3}。流量减小后，和凝结水量达到平衡时，水位重新稳定于新的平衡位置。这种调节方法可以自动地调整水泵的实际流量以适应输水量的变化，在火力发电厂中常见于凝结水泵和部分疏水泵的调节。

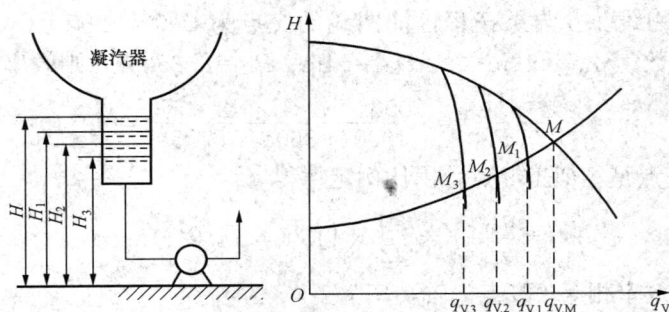

图 5-16　凝结水泵的液位调节

可见，汽蚀调节的明显特点是无需调节设备能自动调节流量，系统简单、不需要人员操作。另外，汽蚀调节没有增加节流损失，尽管发生汽蚀时，泵的效率也会有所降低，但在偏离最大流量较多时，水泵轴功率比采用节流调节要低。汽蚀调节较出口节流调节有一定的经济性，如果管路特性曲线与泵的性能曲线匹配得当，其节电效果也比较显著，如一些中小型机组，凝泵采用汽蚀调节比采用节流调节可节电 30%～40%。

汽蚀调节要求水泵的性能曲线 H-q_V 和管路特性曲线都要比较平坦。另外，泵内的汽蚀对泵的使用寿命是不利的，水泵的叶轮需要采用耐汽蚀材料。如果汽轮机负荷经常变动，尤其是长期在低负荷运行时，凝结水泵应设有再循环管，在长期低负荷运行时，打开再循环门，提高热井水位，以减轻泵的汽蚀。

【例 5-1】 某额定转速为 2900r/min 水泵，降速至 1450r/min 运行时的性能曲线 H-q_V 和 P-q_V 如图 5-17 所示。此时泵的流量 $q_V=35\text{m}^3/\text{h}$、扬程 $H=$

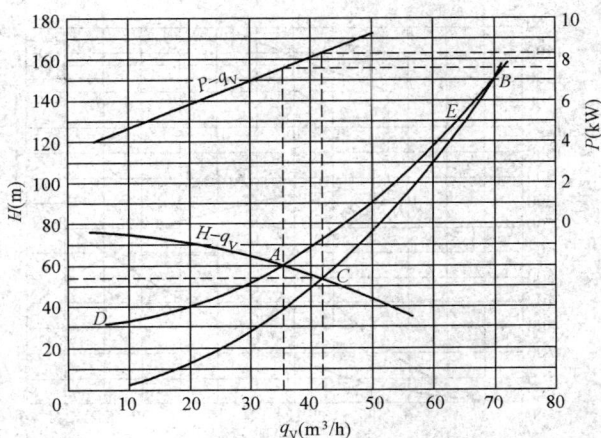

图 5-17　[例 5-1] 图

60m、轴功率 $P=7.5$kW。已知水的密度为 1000kg/m³，管路特性曲线 DE 不变。试问：当转速提高到多少时，泵的流量为 70m³/h？此时相应的扬程和轴功率各为多少？

解 根据题意，如图 5-17 所示，在横坐标为 70m³/h 处作垂直线，它与管路特性曲线的交点 B 点，它就是转速提高后泵的工作点。查出该点的扬程为 150m。

过 B 点和原点绘制二次曲线（比例曲线）$H=K_B q_V^2$，由 B 点坐标求出 K_B

$$K_B = \frac{H_B}{q_{VA}^2} = \frac{150}{70^2} = 0.0306$$

取若干个 q_V 计算出相应的 H，见表 5-1。

表 5-1 q_V 及对应的 H 值

q_V(m³/h)	10	30	50	70
H(m)	3.1	27.9	77.5	150

绘制该二次抛物线，并与泵扬程性能曲线的交点为 C 点。C 点是 B 点的相似工况点。查出 C 点的性能参数为 $q_{VC}=42$m³/h、$H_C=54$m、$P_C=8.25$kW，则效率为

$$\eta_C = \frac{\rho g q_{VC} H_C}{1000 P_C} = \frac{1000 \times 9.81 \times 42 \times 54}{1000 \times 3600 \times 8.25} = 0.7491$$

由于 B 点与 C 点是相似工况点，由比例定律得

$$n_2 = \frac{q_{VB}}{q_{VC}} n_1 = \frac{70}{42} \times 1450 = 2417(\text{r/min})$$

B 点与 C 点的效率相等，B 点的轴功率为

$$P_B = \frac{\rho g q_{VB} H_B}{1000 \eta_C} = \frac{1000 \times 9.81 \times 70 \times 150}{1000 \times 3600 \times 0.7491} = 38.2(\text{kW})$$

即泵转速提高到 2417r/min 时，泵的流量为 70m³/h，相应的扬程为 150m，轴功率为 38.2kW。此题也可通过转速比用比例定律的轴功率关系式直接求出 B 点的轴功率。

【例 5-2】 某风机的性能曲线如图 5-18 中所示。管路中风门全开时的管路特性曲线为图中的曲线 OE。

试问：（1）当用两台这种型号的风机并联运行时，最大的送风量为多少？两台风机共耗多少轴功率？

（2）当所需送风量下降到多少时一台风机单独运行就能满足？若此时仍采用两台风机并联运行，用出口风门节流调节，则多消耗的轴功率为多少？

解 （1）画出两台风机并联运行时的全压性能曲线，它与风门全开时的管路特性曲线 OE 的交点为 M，则 M 点是并联运行的最大流量工作点，可查得此时的最大送风量为 21 700m³/h。并联时

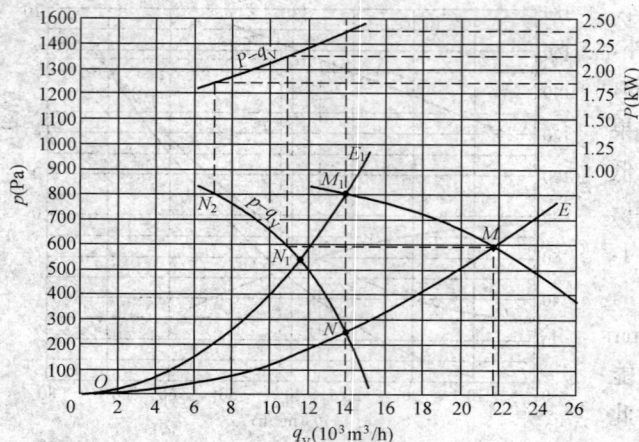

图 5-18 ［例 5-2］图

每台风机都是在图中 N_1 点工作，流量为10 850 m^3/h，按此流量在轴功率曲线 P-q_V 上可查得每台风机的轴功率为 2.125kW，两台风机共耗轴功率为 $2 \times 2.125kW=4.25kW$。

（2）一台风机单独运行的最大流量工作点，是一台风机性能曲线 p-q_V 与风门全开时的管路特性曲线 OE 的交点，即图 5-18 中的 N 点，N 点的送风量为 14 000m^3/h。所以，当所需送风量下降到 14 000m^3/h 时，一台风机单独运行就刚好满足，由轴功率曲线 P-q_V 查得此时风机的轴功率约为 2.375kW。

如果此时仍采用两台风机并联运行，并且用出口风门节流调节，则并联运行的总工作点为 M_1 点，此时两台风机都在 N_2 点工作，由 N_2 点流量 7000m^3/h 查轴功率曲线 P-q_V，可得每台风机的轴功率为 1.875kW，两台风机总的轴功率为 $2 \times 1.875kW=3.75kW$。

所以，当送风量下降到 14 000m^3/h 时，两台并联运行比一台风机单独运行多耗的轴功率为 $\Delta P=3.75-2.375=1.375kW$。

【例 5-3】 有两台泵并联运行，其中一台泵是定速泵，额定转速为 3000r/min，另一台是变速泵，最高转速为 3000r/min，两台泵在转速为 3000r/min 时的扬程性能曲线相同，如图 5-19 中的曲线 I 所示，阀门全开时的管路特性曲线如图中的曲线 DE 所示。

试问：（1）这两台泵并联运行时最大的输送流量 q_{Vmax} 为多少？此时两台泵的流量各为多少？

（2）当所需要的流量为 80% q_{Vmax} 时，两台泵仍并联运行，只降低变速泵的转速，此时两台泵的流量各为多少？

解 （1）按照扬程相等、流量叠加的原则，绘制出变速泵为最高转速时与定速泵并联运行的总性能曲线，即曲线 II。曲线 II 与阀门全开时的管路特性曲线 DE 的交点 M，就是两台泵并联运行的最大流量工作点，查图 5-19 得总流量 q_{Vmax} 为 350m^3/h。这时两台泵的扬程性能曲线相同，所以，这两台泵的流量都是总流量的一半，即 175m^3/h。

（2）根据题意，此时并联运行的总工作点流量为

$$q_{VN} = 0.8 q_{Vmax} = 0.8 \times 350 = 280(m^3/h)$$

总工作点为 N 点，由于两台泵并联

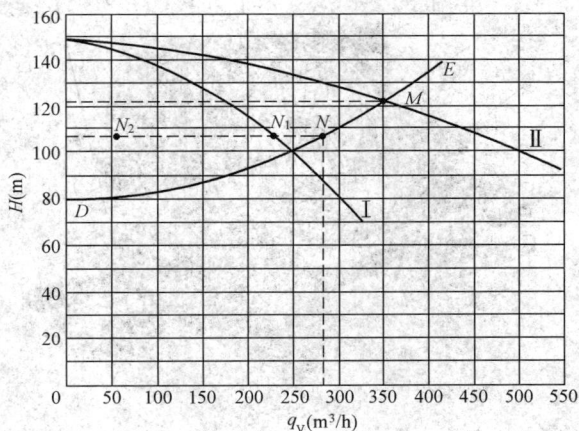

图 5-19 ［例 5-3］图

运行时，扬程相等、流量叠加，所以，过 N 点作水平线交定速泵的扬程曲线于 N_1 点，N_1 点就是此时定速泵的工作点，该点对应的流量就是此时定速泵流量，查图得225m^3/h，所以，此时变速泵流量为 $280-225=55m^3/h$，此时变速泵的工作点为图中的 N_2 点。

第三节 泵与风机变速运行的措施

实现泵与风机变速的方式主要有三种类型：一是采用固定转速的电动机加无级变速装置；二是采用电动机变速运行；三是采用可变速汽轮机作为泵与风机的原动机。在发电厂大

型泵与风机中常用变速调节的方法主要有液力耦合器变速调节、采用双速电动机辅以进口导流器或出口节流阀调节、可变速汽轮机变速调节和高压变频器变速调节。

一、液力耦合器

液力耦合器又称为液力联轴器，是一种以液体为工作介质，利用液体动能传递能量的一种叶片式传动机械。按应用场合的不同可分为普通型（离合型）、限矩型（安全型）、牵引型和调速型。应用于泵与风机变速的是调速型液力耦合器，本书所讨论的仅限于调速型液力耦合器（以下均简称液力耦合器）。

1. 液力耦合器工作原理

图 5 - 20 所示为调速型液力耦合器结构，其结构的主要部件是泵轮、涡轮、旋转内套及勺管等。旋转内套连接在泵轮上，同泵轮一同旋转。由泵轮、涡轮、旋转内套构成了两个圆环形腔室，即涡轮和泵轮之间的工作腔和涡轮与旋转内套之间的勺管室，如图5-21所示。泵轮和涡轮均有一个半环形腔室，腔室内有 20～40 片径向叶片。为避免共振涡轮的叶片一般比泵轮的少1～4 片。泵轮和涡轮的间隙很小，只有几毫米，工作腔内充有工作介质油。在工作时，与主动轮相连接的泵轮带动着工作腔中的工作油旋转，在离心力作用下，工作油产生如图 5 - 21 中箭头所示的圆周运动（称为循环圆），泵轮的出油有很大的圆周速度，因而具有较大的动量矩。工作油进入涡轮后，沿着由径向叶片组成的流道作向心运动，将动能传递给涡轮，使涡轮转动，带动连接在涡轮上的从动轴转动，但是涡轮的转动速度低于泵轮转动速度。工作油从涡轮流出时的动量矩较小，进入泵轮后，在泵轮流道中流动以重新获得能量。如此周而复始，将主动轴的转矩由泵轮和涡轮传递到从动轴上。

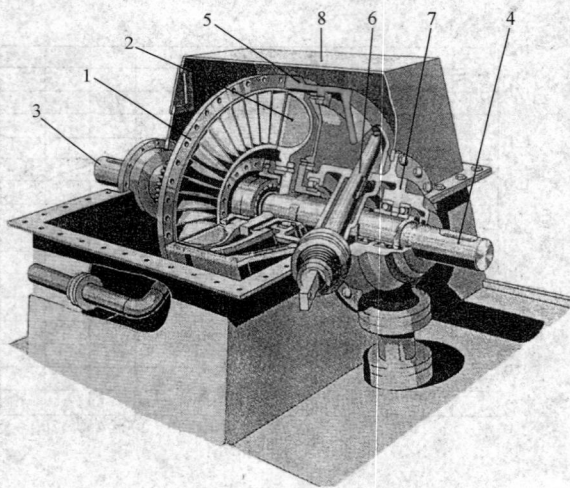

图 5 - 20　调速型液力耦合器结构

1—泵轮；2—涡轮；3—输入轴；4—输出轴；5—旋转内套；

6—勺管；7—回油箱；8—机壳

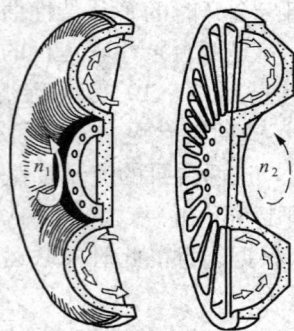

图 5 - 21　工作腔内介质油的流动

液力耦合器正常工作时工作油由于剧烈的冲击和摩擦而产生热量，使油温升高，这就需要不断地进油、出油形成循环，以带走热量。耦合器外部设有热交换器和油泵。

工作腔内的油量决定了泵轮、涡轮间传递转矩的大小，因而，改变耦合器工作腔内的充油量就可以改变涡轮和泵轮的速度比，达到调速的目的。调节工作油量的方法有两种：

一种方法叫做出油调节或称为勺管调节，如图 5 - 22 （a） 所示，这种液力耦合器设置可伸缩的勺管，由电动执行机构及连杆控制其行程。在勺管室中的工作油靠自身的动能冲入勺管口，于是勺管将这部分工作油导流出勺管室。在固定转速下，耦合器的进油量、泵轮和涡轮的径向间隙泄油量及勺管出油量保持平衡，使工作室内的油量保持恒定。当需要减负荷时，由伺服机构带动提高勺管的径向位置（图 5-24 中的 h 增大），使勺管口没于油环的液面以下，使出油量增大，直至液位降至勺管口的位置，进出油量重新达成平衡，此时工作室内的充油量减少，从而使泵轮、涡轮间传递的转矩减小，涡轮的转速下降。增负荷时则相反，通过降低勺管径向

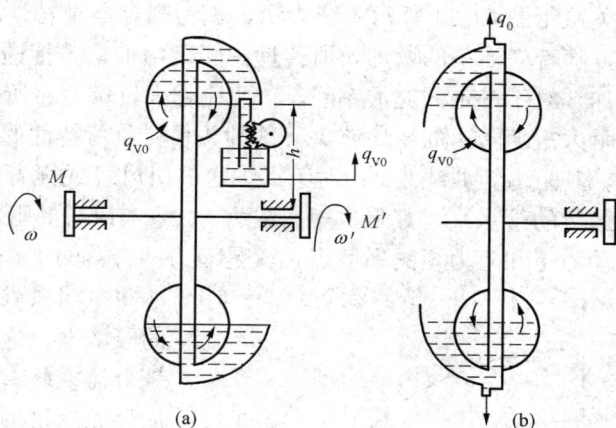

图 5-22　勺管和喷嘴的工作原理

(a) 勺管调节；(b) 进油调节

位置来增加工作室内的充油量，使涡轮转速提高。但是此方法的不足是进油速度不能快速增加，难以适应泵或风机的快速升负荷或升速的要求。

　　另一种方法叫做进油调节，如同 5-22（b）所示。来自工作油泵的进油先经过一个调节阀再进入耦合器，调节阀由电动伺服机构控制而改变进油量，出油经固定在旋转内套上的喷嘴喷出，经回油系统流出液力耦合器。喷嘴的流量大小需要精确设计，流量过大，能量损失大；流量过小则无法控制油温的升高。此方法，由于出油量的限制，也不能适应系统对泵或风机紧急变速的要求。

　　上述两种调节方法各有其优缺点，可根据实际需要的不同选择。在负荷和转速需要快速调节的场合，则更多地采用进油、出油相结合的勺管进油阀联合调节（见图 5-23）来适应快速调节的要求。

　　2. 液力耦合器性能

　　表示液力耦合器性能的参数主要有转矩 M、转速比 i 表示、转差率 s 和调速效率 η 等。

　　在忽略耦合器内轴承、密封处的机械损失及容积损失的情况下，输入转矩即为作用在泵轮上的转矩 M_P，等于输出转矩即作用在涡轮上的转矩 M_T。经泵轮和涡轮传递的功率分别为 $M_P\omega_P$ 和 $M_T\omega_T$，则耦合器工作的效率就为

$$\eta = \frac{M_T\omega_T}{M_P\omega_P} = \frac{\omega_T}{\omega_P} = \frac{n_T}{n_P} = i \qquad (5-4)$$

　　由此可见，耦合器传递效率与涡轮和泵轮的转速比相等。传递损失率 $1-\eta=1-i=s$，即泵轮和涡轮的传递损失率总与其转差率相等。

　　假设泵轮的转速不变，对于不同的工作室充油率 C，涡轮、泵轮转速比 i 和所传递转矩

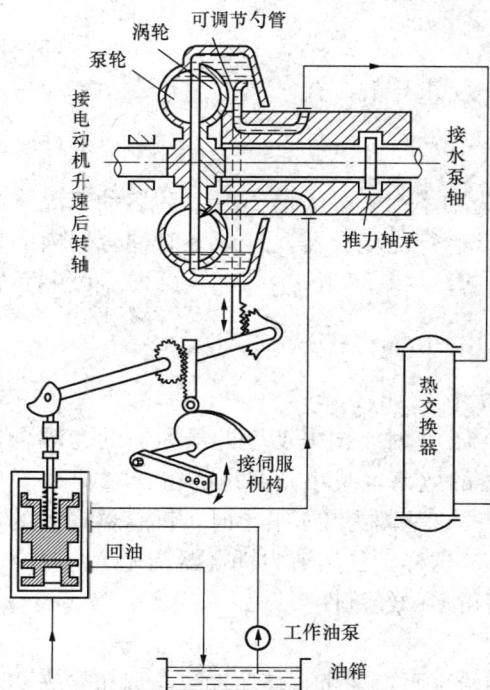

图 5-23　勺管和进油阀联合调节示意

的关系用图 5 - 24 所示曲线表示，称为耦合器外特性曲线。图 5 - 24 中可看出，若转速比不变，随着充油率的增加，所传递的转矩增加；若传递固定转矩，则随着充油率的增加转速比增加。对于一定的充油率 C，转速比越大，耦合器所传递的力矩越小。实际上泵与风机运行的阻力矩随转速的变化有关，这种关系受负荷特性的影响而情况不同。对于滑压运行的给水泵，其阻力矩曲线为 1；对于锅炉送、引风机或无背压的水泵，其阻力矩曲线为 2；对于定压运行的给水泵，其阻力矩曲线为 3。泵与风机的阻力曲线与耦合器外特性曲线的交点即为驱动力矩和阻力矩的平衡点，就是液力耦合器的工作点。

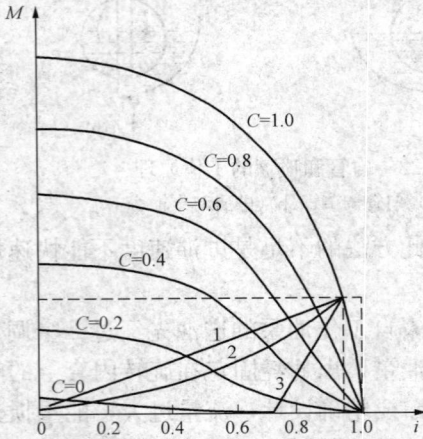

图 5 - 24　耦合器外特性和工作点

泵与风机应用液力耦合器的目的是实现变速调节的经济性，这一点在低负荷运行时尤为重要。但是，耦合器在转差率较大时，其效率（$\eta = i$）也会降低。如果原动机输入至泵轮的有效功率为 P_p、传递至涡轮的有效功率为 P_T，则

$$P_\mathrm{p} = \frac{P_\mathrm{T}}{\eta} = \frac{P_\mathrm{T}}{i} \tag{5 - 5}$$

而涡轮上的有效功率 P_T 与所带的负载（泵或风机）的轴功率相同，据泵与风机的相似定律，P_T 与转速 n_T^3 成正比，在泵轮转速不变的情况下，则 P_T 与转速比 i^3 成正比，用 Ki^3 表示 P_T，则原动机输入至泵轮的有效功率为

$$P_\mathrm{p} = \frac{Ki^3}{i} = Ki^2 \tag{5 - 6}$$

故，耦合器损失的功率

$$\Delta P = P_\mathrm{p} - P_\mathrm{T} = K(i^2 - i^3) \tag{5 - 7}$$

为求 i 为多少时损失功率的最大值，现将 ΔP 对 i 求导数，有

$$\frac{\mathrm{d}(\Delta P)}{\mathrm{d}i} = K(2i - 3i^2) \tag{5 - 8}$$

$i = 0$ 或 $i = 2/3$ 时，式（5 - 8）为零，即此时为功率损失最大值。$i = 0$ 为启动工况（涡轮未转动），耦合器输入功率全部为损失功率。正常运行的耦合器，$i = 2/3$ 时耦合器内的损失为最大值。常数 K 可由耦合器最高效率工况求得，一般可取 $\eta_{\max} = i_0 = 0.97 \sim 0.98$，则 $K = \frac{P_0}{i_0^2} \approx P_0$（$P_0$ 为耦合器的额定功率），从而可求出

$$\Delta P_{\max} = K(2i - 3i^2) \approx 0.15 P_0 \tag{5 - 9}$$

上述分析的结论是：当液力耦合器的转速比 $i = 2/3$ 时，损失功率的最大值约为耦合器额定功率的 15% 左右。虽然随着转速比减小耦合器的效率也减小，但是，在 $i < 2/3$ 时，耦合器的损失不再升高，而是随着转速比降低而减少。这是因为在 i 很小时，耦合器输入的功率，即泵轮上的功率很小，此时的损失当然也很小。这样，虽然液力耦合器调速运行时效率要下降，但是与泵与风机的节流调节相比，具有高得多的经济性。

二、给水泵汽轮机

由于汽轮机变速运行很容易实现，故可以采用给水泵汽轮机直接驱动泵与风机，来实现泵与风机的变速运行。诸多方面的原因，采用给水泵汽轮机驱动方式主要应用在大型火力发

电机组的锅炉给水泵上。给水泵汽轮机的汽源可以采用主机的抽汽或高压缸排汽。

对于单机容量较小的机组而言，由于驱动给水泵的给水泵汽轮机容量相对较小，其内效率不高，使其变速运行的经济性受到一定的限制。目前，根据技术经济比较的结果，一般认为单元机组的容量在 200MW 以上时，采用给水泵汽轮机驱动给水泵才是最佳方案。

采用给水泵汽轮机变速驱动给水泵的优点主要有：

（1）降低了厂用电率，增大机组的输出电量，大约可使输出电量提高 3%～4%。

（2）提高了给水泵变速运行的效率。对于 250MW 以上的单元机组，在额定工况下可比应用液力耦合器提高运行效率达 4%，在低于额定工况时提高得更多。

（3）减少了厂用电变压器及电器设备的投资。

（4）汽动泵不受电网频率变化的影响，具有比电动泵更好的运行稳定性。

采用给水泵汽轮机变速驱动给水泵的一个显然的缺点就是无法满足单元制机组的启动要求，常需配置电动泵作为锅炉上水、点火和低负荷时之用。因此采用汽动给水泵的机组经常采用的配置形式为两台 50%容量的汽动调速泵和一台 25%～40%容量的电动备用泵，且电动泵一般都使用液力耦合器来实现变速。

ND（G）83/83/07-6 型给水泵汽轮机是 300MW 机组配套的给水泵驱动用变速凝汽式汽轮机。按单元制机组给水要求，每台主机需配置两台 50%容量的给水泵。给水泵汽轮机采用高压和低压两种汽源单独或同时供汽。在机组高负荷运行时，利用主机的第四段抽汽（中压缸排汽，$t=335.5℃$，$p=0.762MPa$）为给水泵汽轮机的汽源，称为主蒸汽源或低压汽源。当机组在低负荷运行时，该段蒸汽参数低于给水泵汽轮机的要求，汽源需切换至来自锅炉的新蒸汽，即锅炉的新蒸汽作为给水泵汽轮机的辅助汽源或高压汽源。该型给水泵汽轮机在进汽结构上采用相互独立的高、低压进汽室和喷嘴组，以及独立的主汽门和调节机构，高低压汽源切换时允许两种汽源同时进汽。在高于 40%额定负荷时，全程由低压主汽源供汽，由低压调节阀调节进汽量来控制转速。当机组负荷低于 40%时，高压调节阀自动开启，两种不同参数的蒸汽同时进入，随着负荷降低低压蒸汽逐渐减少。该型给水泵汽轮机可设有专用的凝汽器，凝结水由专用的凝泵并入凝结水系统，也可不设专用凝汽器，将给水泵汽轮机排汽引入主机凝汽器。

三、电动机变速运行

火力发电厂泵与风机的电动机变速运行主要是应用交流电动机变速运行的方法，其变速途径可以分为：改变交流电机的磁极对数的调速方法，即变极调节；改变电源频率的调速方法，即变频调节；改变异步电动机的转差率的调速方法。较常见的具体方法如下：

1. 双速电动机

我们知道，改变异步电动机定子磁极对数可以改变磁场的旋转速度，进而可以改变电动机的转速，这种方法被称为变极调速。变极调速为有级变速，由于电动机结构的限制，一般限于 2～3 个速度级。发电厂的泵与风机常采用双速电动机，它改变磁极对数的方法有两种：一是在电动机定子槽内嵌置两套不同的绕组，叫做双绕组或分离绕组电动机；二是在电动机定子槽内仅嵌置一套绕组，通过改变定子绕组的接线方式变极，叫做单绕组电动机。双速电动机的磁极对数可以成整数倍改变，如 4/2、8/4 极，也可以成非整数倍改变，如 6/4、8/6、10/8 等，用于泵与风机变速运行的双速电动机一般宜采用非整数倍的变极方式。

双速电动机有高、低两个转速挡，高负荷时采用较少磁极对数的高速挡运行；低负荷时采用较多磁极对数的低速挡运行，实现有极变速运行，再辅以其他的调节方式以适应负荷的需求。实际使用中，双速电动机的变速运行常见于离心风机，并配合入口导流器调节，如国产 200MW 机组的送风机和引风机上常有这种变速运行方式的应用。

双速电动机具有在变速运行时效率高、设备维护方便、投资省等优点，但是该方法也具有不能连续变速、变速时有较大的冲击电流、甚至有些双速电动机不能运转中切换转速的缺点，这些缺点，很大程度上限制了双速电动机的应用。

2. 变频调速

改变电源的频率即采用变频器的方法可改变异步电动机转速。变频器的基本组成如图 5-25 所示，由整流器、中间滤波环节、逆变器及控制电路组成。整流器由大功率二极管或晶闸管组成的三相桥式电路，它的作用是将恒压、恒频的交流电变为直流电，作为逆变器的直流供电电源。逆变器一般由大功率晶闸管或电力晶体管等半导体器件组成三相桥式电路，其作用与整流器相反，是将直流电转变为可调频率的交流电。中间滤波环节由电容器或电抗器组成，它的作用是对整流器输出的直流电压和电流进行滤波。控制电路的作用是控制可调频率的变化。根据中间滤波环节的滤波方式的不同，变频器可分为电压型和电流型。在泵与风机变速运行中常用的是电流型变频器。

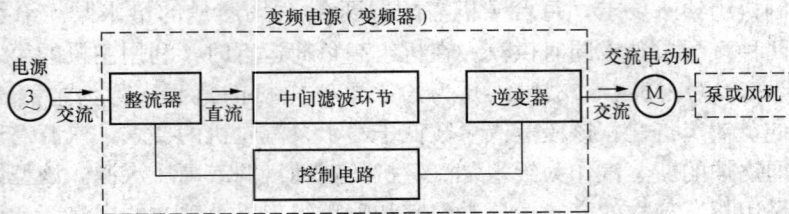

图 5-25　变频器的基本组成

变频调速器以其调速效率高、调速范围宽、功率因数高和调速精度高等优势，并且可以实现真正的软启动，减少对电网的电流冲击和对设备的机械冲击，可有效地延长设备的使用寿命，对于大部分采用鼠笼型异步电动机拖动的泵与风机，不失为理想的调速设备。但是，由于高电压、大电流的变频器价格尚且昂贵，运行和维护的要求较高等原因，目前在火力发电厂泵与风机上的应用并不广泛。随着变频器技术的发展和制造成本的下降，变频调速无疑是一种很有发展前途的调速方式。

第四节　泵与风机运行的稳定性

泵与风机在工作点运行时，流体能量得失是平衡的。但是这种平衡有稳定的和不稳定的两种，稳定运行是指当泵与风机工作条件发生小的波动（如电动机的电压波动、转速波动、风门角度波动、水面压力波动、炉膛负压波动等）时，工作点只是发生小的波动，当外界条件恢复到原来状况时，工作点也随之恢复到原来工作点；不稳定运行是指当泵与风机工作条件发生小的波动时，工作点变动很大，当外界条件恢复到原来状况时，工作点不能恢复到原来工作点。

一、泵与风机稳定工作区域

若泵的性能曲线有驼峰，如图 5-26 所示，则其性能曲线与管路特性曲线的就可能有

A、B 两个交点。该泵在这两点工作时，似乎都符合能量的供求平衡关系，但是 A、B 两点情况却不相同。B 点和前面讲的工作点完全相同，泵可以稳定地运行，而 A 点的情况却不同。虽然在 A 点的能量供求关系是平衡的，但是这种平衡不能维持。当流量波动使 $q_V < q_{VA}$ 时，管路系统需要的能量大于泵所提供的能量，即流量会进一步减小；反之，当 $q_V > q_{VA}$ 时，管路系统需要的能量小于泵所提供的能量，即流量会进一步增大，故 A 点不会成为泵的实际工作点。实际上，泵与风机稳定工作的工作点区域只能在性能曲线最高点（C 点）的大流量一侧，而 C 点的小流量侧为不稳定工作区，即泵与风机稳定工作的流量应满足 $q_V > q_{Vmin}$。

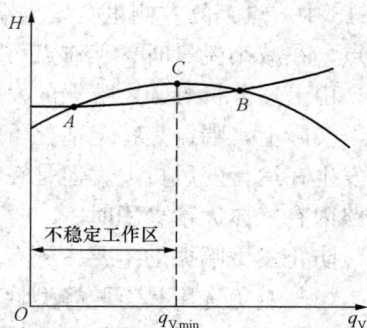

图 5-26　稳定工作区域

二、风机的喘振

喘振是一种发生在风机上的典型不稳定工作。在大容积管路系统中工作的风机，由于气体具有易压缩的性质，使风机处于不稳定工作区运行时，流量会出现周期性地反复在很大范围内变化，引起风机强烈振动和噪声，这种现象称为喘振或飞动。

图 5-27 所示为离心风机的驼峰型性能曲线，在其驼峰顶点 K 的右侧为正常工作区域。若工作点向流量减小的方向移动，移至 K 点时，处于临界状态。如果工作点由 K 点移至 K 点左侧的 B 点，此时的风机出口压力较 K 点的压力减小，但是，由于管路系统容积大，且气体的压缩性较大，管路系统内的压力不会瞬间随之改变，而是保持在 K 点时的压力。此时管路系统中的压力大于风机出口的压力。为保持风机和管路系统的压力平衡，实际运行的工况点则会迅速地移至图 5-27 中第二象限的 C 点。此时风机处于倒灌状态，且管路系统输出的流量还会在管路内压力的作用下保持在 q_{VK}，于是管路内的压力因气体总质量的减少而逐渐降低，与之相配合的风机出口压力也随之降低，使得运行工况点在风机和管路压力平衡的情况下移至 L 点。由于管路内的气体继续减少，风机在工况点 L 并不能稳定下来，而是继续向流量增大的方向移动。当流量大于零流量（L 点）时，风机出口的压力增大，而管路系统中的压力不会立刻随之变化，仍保持在 L 点相应的压力，此时风机出口的压力大于管路系统内压力，致使流量迅速增大，使实际运行的工况点迅速地移至 A 点。风机在工况点 A 也不能稳定下来，这是由于从 L 点到 A 点的过程很快，管路系统输出的流量小于风机输送至管路系统中的流量，于是管路内的压力会因气体的质量增加而逐渐升高，与之相配合的风机出口压力也随之升高，使得运行工况点在风机和管路压力平衡的情况下逐渐移至 K 点。接下来会重复一开始时的情况，就是说风机此时的工况点自 K 至 C 至 L 至 A 至 K 周而复始，于是就形成了风机的喘振现象。如果由喘振造成的系统中压力的波动与系统的固有频率相同或成整数倍，管路系统就会发生共振现象，造成更大的损害。

同离心风机产生喘振的原因一样，轴流风机的工作点进入其马鞍形性能曲线的驼峰顶点（图

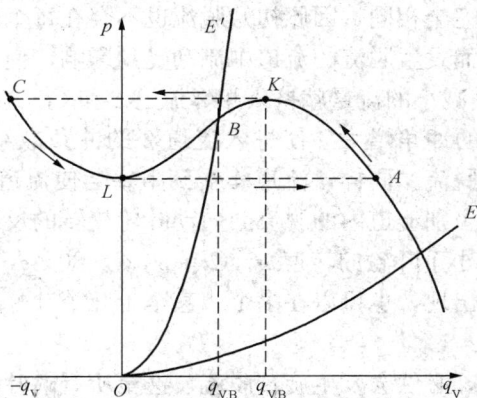

图 5-27　风机的喘振过程

4-15中c点）的左侧也会发生喘振。但是，轴流风机一般都是采用动叶调节的方法改变工作点，在减小流量时，工作点可以避开不稳定工作区域。

由上述分析可知，喘振的发生除了和风机特性有关之外，和管路系统某些特性有密切关系，实际上，喘振是特定情况下的风机特性和管路系统耦合造成的一种特殊现象。虽然喘振常发生在运行的风机上，但是在特定的情况下，也有可能发生在水泵系统中，如在泵的压出管路内有气体大量聚积时。

防止发生喘振的主要措施有：

（1）避免选用具有驼峰型性能曲线的风机。

（2）如果已选用了具有驼峰型性能曲线的风机，可以采用下列防范措施：

1）采用合适的调节方法。轴流式风机一般都有不稳定工作区，如采用动叶或入口静叶调节，可以避免小流量时的不稳定运行。对于离心风机，采用入口导流器调节也可以减少风机不稳定工作的发生。

2）采用再循环系统。当系统所需的流量减小到不稳定区段时，开启再循环门，使通过叶轮的流量保持在较大值。

3）装设放气阀。当系统所需的风量小到不稳定区段时，开启风机出口管路上的放气阀，使风机一直在较大流量下工作。

4）采用适当的管路布置。对于风机，应避免风机出口管路上有很大的储气空间，调节风门应靠近风机出口；对于泵，应尽可能避免出口管路上有气体大量聚积，调节阀门应靠近泵的出口。

除了喘振之外，工程上还有其他不稳定运行的现象，如泵的汽蚀引起的不稳定、大型风机进口处旋转涡流引起的不稳定等、轴流风机旋转失速等。

三、旋转脱流

轴流风机运行中产生的全风压与流体绕叶片流动的冲角有关。在零冲角下，流体仅受到叶片表面的摩擦阻力。随着冲角增大，动叶片前后的压力差增大，同时在叶片的后缘附近会产生边界层分离，且分离点随着冲角的增加而渐向前移，如图5-28（a）、（b）所示，叶片前后绕流的压差阻力增加。当冲角增大到某一临界值时，动叶片凸面上的边界层分离严重，如图5-28（c）所示，使叶片的阻力大大增加，升力大大减小，叶片产生的压差急剧下降，这种现象称为叶片脱流或失速。

在动叶栅中，流体对每个叶片的绕流情况不会完全相同，因此初始脱流也不会在每个叶片上同时产生。一旦在某个叶片上首先发生脱流，而发生脱流的流道中流动受到影响，使流量减少，流道受到阻塞，如图5-29中的流道3。其减小的流量就挤入相邻流道2和4，这就改变了进入2、4流道的速度方向，使进入流道4的冲角增大，使进入流道2的冲角减小。于是，接下来流道4中发生脱流，而2则不会产生脱流。同样，流道4受到阻塞会使流道3的脱流恢复正常，并使流道5内发生脱流。所以，个别流道内的脱流会向动叶轮旋转的反方向传播，形成了旋转脱流。旋转脱流的传播速度ω小于叶轮的转速ω_0。（$\omega = 30\% \sim 80\%\omega_0$）。轴流风机环形叶栅上的旋转脱流可以在单个叶片上出现，也可以在多个，甚至十几个叶片上同时出现。

轴流风机的运行时的工作点进入不稳定工作区，必然会发生旋转脱流，甚至所有的叶片均发生脱流现象，图4-15中，在$p-q_V$曲线上C点的左侧，即为脱流发生的不稳定工作区域。在运行中，避免脱流或旋转脱流，实际上就是保持工作点不进入不稳定工作区域。

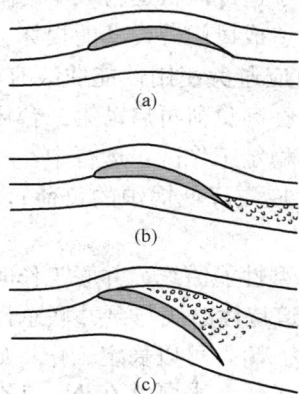

图 5 - 28 流体绕叶型流动和脱流

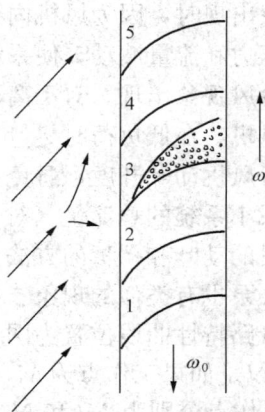

图 5 - 29 叶栅中旋转脱流的形成

旋转脱流会造成叶片前后压力变化，使叶片受到交变力的作用，进而使叶片产生疲劳，乃至于损坏。如果作用在叶片上的交变力的频率和叶片的固有频率形成共振关系，将使叶片产生共振，可导致叶片断裂。

喘振现象和旋转失速都是风机不稳定工况的结果，但不同的是，旋转失速引起的工作不稳定，是由于风机叶轮内流体绕叶片流动出现失速造成的。这种不稳定与风机的管路系统无关，也就是说，不论管路特性曲线如何，只要泵与风机叶轮进口冲角大于发生失速的临界值，旋转失速就会产生。而喘振的发生是由于风机的性能与管路特性共同作用的结果。

四、并联运行时的抢风和抢水问题

抢风现象是风机的不稳定工作在并联运行时的表现，发生时会出现一台风机的流量增加到很大，另一台却减至很小甚至出现倒流。此时若稍加调节，会出现相反的情况，原来大流量的风机变为小流量，而原来小流量的则变为大流量。下面以两台性能相同的轴流风机并联为例，分析发生抢风现象的过程。

如图 5 - 30 所示，如果风机并联工作的工作点在 B 点的右侧，如图中的 A 点，并不会发生抢风现象，其中的每台风机工作点为 A_1。当风机的工作点由 A 点移至 B 点，两台风机的工作点均为 B_1 点，但风机在 B_1 点不能稳定工作。因为只要系统压力及流量稍有波动，流量稍小的一台风机随流量减小输出的风压下降，这会导致这台风机的流量进一步减小，而另一台风机的流量加大，之后管路系统的风压也随之下降，直至联合运行的工作点移至 C 点才可获得暂时的平衡。此时一台风机的工况点位于 C_1，而另一台风机的工况点位于 C_2，形成了流量一大一小的情况。工况点 C_2 处于严重脱流的工况。这时，如果人为干预，增加小流量风机的流量，使工况点越过鞍形性能曲线底部时，该风机出口风压将随

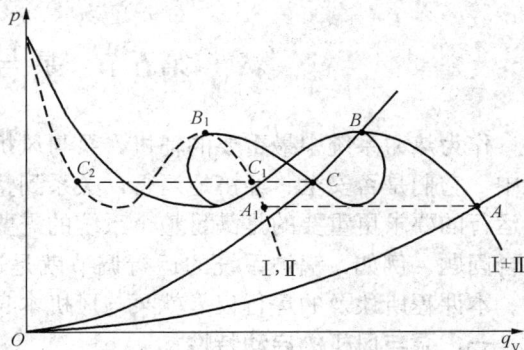

图 5 - 30 轴流风机的抢风分析

流量的增加而上升，这将排挤另一台风机的流量，使两台风机的工况交换。

抢风现象出现时，因为风机内存在严重的脱流，除了造成风机运行效率的降低之外，还会使系统的压力和流量波动，使系统运行不稳，甚至可造成风门等设备的损坏。所以，在运行中应防止抢风现象出现。对于离心式风机，在选型时应避免使用性能曲线有驼峰的产品；对于轴流式风机，在低负荷时尽量使用单台风机运行，在高负荷再启动第二台风机，启动时应先关小运行风机动叶开度，避免并联后工作点进入不稳定工作区。运行中，一旦抢风现象出现，应先减小系统的总流量（对于锅炉送、引风机，应先降低锅炉的负荷），不可采用开大小流量风机的动叶和挡板的方法。

对于离心泵也有类似的现象。如果离心泵具有驼峰型性能曲线，并联工作时会出现的抢水现象。当管路特性曲线位置为图 5-31 中 DE 时，管道特性曲线与泵并联总性能曲线有两个交点 M 和 N。如果工作点为 M，则每台泵工作点均为 M_1，可以稳定工作；如果工作点为 N，则两泵工作点分别为 N_1 和 N_2，水泵 I 在 N_1 可以工作，水泵 II 在 N_2 点不能工作。实际上如果在 M 点工作，常常会因外界的各种扰动造成流量波动而使工作点不可逆地跳至 N 点，即发生抢水现象。

另外，实际中有时会遇到一台泵已经在管路上工作时，启动其他水泵发现不打水的现象，可能的原因如图 5-32 所示，当有不稳定区的离心泵并联运行，如果已有一台泵工作，管路系统内的水压与工作点 M 的扬程接近，此时启动另一台泵并开启其出口阀，则管路的压力可能会大于后启泵出口阀前的压力（接近 H_1），止回阀不能打开。实际上当泵的性能曲线过于平坦时，后启泵就有可能打不开出口止回阀，因为止回阀开启还需要一定的压差。

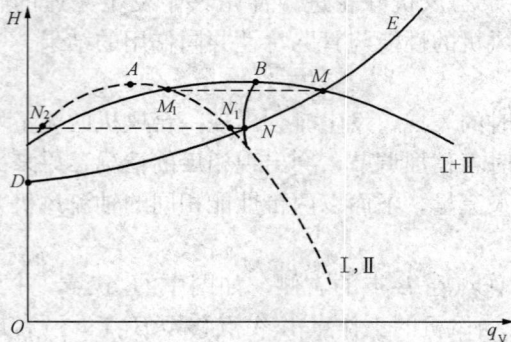

图 5-31　离心泵抢水的分析　　　　　　　图 5-32　抢水的一个极端例子

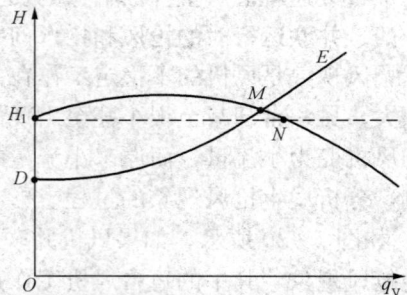

第五节　泵与风机的运行

作为热力系统中最重要的辅机，泵与风机实际工作在各种具有不同结构和功能的管路系统中，它们是否安全、经济地运行，关系到整个机组的安全性和经济性。实际上，对泵与风机运行的要求更重要的是满足整个系统的需要，所以说，泵与风机的运行问题是一个系统的综合问题，例如，锅炉系统的运行调节就是通过各种泵、风机、阀门和风门的操作来实现的。本课程所谈及的运行仅是就泵与风机本身而言的，因此具有一定的局限性。

一、泵与风机的启动特性

泵与风机的启动过程是转子从静止到额定转速的加速过程，所谓启动特性是指将泵与风机的转速由零增加至额定转速所需的旋转力矩随转速的变化关系。在泵与风机转子加速过程中，阻力矩是由加速力矩、各种机械摩擦阻力矩以及流体对转子摩擦阻力矩构成，这些力矩随转速的增加而增加。

图 5-33 所示为离心泵启动特性曲线。A 点的力矩为转速 $n=0$ 时水泵轴承和轴封处的静摩擦力矩，随着转动开始和转速升高，很快转入动摩擦，摩擦阻力矩减小，即 B 点的力矩。随后的启动过程与水泵阀门的开闭有关，如果水泵在阀门关闭时启动，启动后水泵的旋转力矩随着转速的升高将沿着曲线 BC 变化，直至额定转速 n_0。之后，随着阀门开启叶轮对流体做功使力矩增加至 M_0，即此时的启动过程是沿着 $ABCD$ 变化。如果水泵启动时阀门开启，随转速增加而增加的力矩不但包括前述的各种力矩，还有叶轮对流体做功所需的力矩，即力矩增加的更快，沿着曲线 BD 变化至额定转速 n_0，力矩为 M_0，即此时的启动过程是沿着曲线 ABD 变化。比较开阀启动和关阀启动的过程可知，关阀启动是在更低的力矩下转速由零增加至 n_0 的，其转速的上升速度就更快。

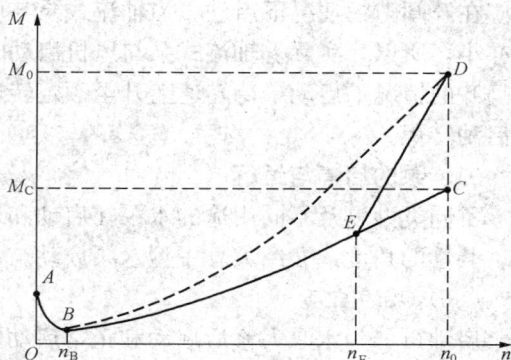

图 5-33　离心泵的启动特性

启动过程中泵与风机转速上升的速度与电动机的特性有关，并且对电动机运行有很大的影响。驱动泵与风机最常使用的异步电动机合闸启动的瞬间产生很大的启动电流（一般为 5～8 倍，甚至可高达十几倍的额定电流），启动电流随着转速的上升逐渐恢复到正常工作电流。电动机工作电流降低的过程就是其转速升高的过程。由于电动机在过大电流时允许工作时间很短，为缓解启动电流的冲击，实际上的做法是：一方面对电动机可采用星—三角启动器、启动补偿器等措施降低启动电流；另一方面尽量降低泵与风机启动时的力矩，以使其转速的升高加快。由上述分析可知，离心式泵与风机在关阀时启动转速上升得快，对电动机的冲击小，所以离心式泵与风机应该在阀门全关的情况下启动，待转速上升至额定转速 n_0 后再开启阀门至需要的开度。

上述分析是在泵与风机出口无背压情况下的，若水泵出水母管存在压力时，只有转速升高到一定程度，水泵出口压力才可以使止回阀打开。如图 5-33 所示，当转速增加到 n_E（E 点），水泵出口止回阀打开，水泵旋转力矩随转速沿着 ED 变化，即此时的启动过程是沿着 $ABED$ 变化，此时的启动力矩仍低于开阀门启动力矩，为降低电动机启动电流也应全关出口阀门启动。

虽然从降低启动电流的角度要求关闭出口阀启动离心式泵与风机，但是对于离心泵而言，长时间关闭阀门运转是不允许的，因为泵内的各种能量损失最终将转化为热量使水泵过热，面临汽蚀的危险。所以，对于离心泵启动后，待转速升高且启动电流回复至额定电流后，应尽快开启出口阀，并保持流量在允许的最小流量以上，或开启再循环阀门。

对于大型离心式泵与风机，由于其转动惯量较大，所需电动机的启动力矩也较大，启动过程中，电动机会产生很大的冲击电流，冲击电网的正常运行。因此，常采用变速调节的方法，以改善泵与风机的启动条件。

对于轴流式泵与风机的情况与上述分析有很大不同，在流量为零的关死点的功率为最大值，此时的阻力矩最大，即图 5-33 中关阀门启动时的 C 点位置要高于 D 点，曲线 ABC 非常陡，关阀门启动时的转速增加缓慢，电动机的冲击电流持续时间长。所以，轴流式泵与风机应在开阀门的情况下启动。当轴流式泵与风机采用动叶或静叶调节时，小开度下关死点功率亦小，所以，实际上轴流式泵与风机启动时是在全开管道上节流阀（或挡板）、关闭动叶或静叶的情况下启动，待转速上升至额定转速后再开大动叶或静叶的开度，以减小泵与风机的启动转矩。

二、泵的启停与运行

不同类型以及不同用途的水泵在启动和运行方面的具体要求是不同的，下面仅就一般性的、共性的角度，介绍大、中型水泵启动与运行的一般要求。

（一）泵的启动

启动可分为水泵大修后启动和正常启动两种。现以水泵大修后启动为例介绍如下：

1. 启动前的检查

水泵在检修后，均应经过启动前的全面检查，以确保水泵能安全启动和运行。

（1）清理检修现场，确保无安全隐患。

（2）对于电动泵，检查电气设备、控制开关按钮是否正常，连锁保护位置是否正确，检查完毕后联系恢复送电，验证电动机转向。如有问题及时纠正。

（3）检查泵体各紧固件确保没有松动情况。联轴器传动正常，保护罩完好。投入盘车或手动盘车无卡涩、无异常响声，转动灵活。

（4）轴封工作良好，冷却水、密封水投入且流量、压力符合要求。

（5）轴承和润滑油系统工作正常，润滑油温、油压、位油正常，油质合格。冷却系统水量、水压符合要求。润滑油泵连锁试验正常。

（6）就地和远程表计和信号显示正常，连锁保护试验正常。

（7）进出口阀门严密无泄漏、手动与电动调节均灵活。电动机转速调节正常、液力耦合器等调节灵活可靠、准备就绪。汽动泵经全面检查准备就绪。轴（混）流泵调节手动电动调节动作正确、灵活可靠。轴流泵润滑系统正常。

（8）阀门位置正确。原则上离心泵出口阀应关闭，轴流泵出口阀应开启且动叶处于关闭位置。应用液力耦合器的水泵启动时关小勺管开度到规定值。

2. 充水

叶片式泵必须在对泵壳和吸水管注满水，直至完全浸没叶轮的条件下才可以启动，否则泵内存有空气的情况下，水泵吸入口不能形成和保持足够的真空。对于倒灌进水的情况下（如给水泵和前置泵），水泵充水是将泵壳顶部或出口管道上的排气阀打开，再开启水泵进口阀进行充水，当排气阀连续出水时，说明泵内已住满水，之后将排气阀关严，等待启动。对于负压吸水的泵，一种方法是在进出口阀门关闭的情况下，开排气阀，由专设的注水管将泵内注满水，再关排气阀，待启动并在泵的入口建立起负压后再关注水阀、开进口阀；另一种方法是将泵壳顶部的排气管连接真空系统，排气阀（即水泵抽真空阀）开启后，随着泵壳内负压的升高而使水泵进水（如某些中小型机组的循环水泵利用汽机的真空系统）。

对于大型立式轴流泵和混流泵（300MW 及以上机组的循环水泵均采用这种类型的泵），一般常采用湿坑布置，泵体中的叶轮浸没在水中，这种布置方式的泵启动时不需要充水。

3. 启动

（1）水泵满足前述启动前启动条件，输送高温介质的泵要充分暖泵。

（2）水泵启动后升速过程中应注意所有测压表、电流表等表计的读数。特别要注意电流表指示突增后返回的时间和空负荷时电流表的读数，做好记录备查。若发现电流返回较正常情况缓慢，查找原因，及时处理。

（3）检查水泵内部是否有不正常的声音或振动，盘根情况、轴向位移指示是否严常和符合规定等，然后停泵，注意惰走时间并核对是否和前一次大修后惰走时间一样，并做好记录以便查核分析。待该泵静止后，再次启动，一切正常后，开启出口阀门直至流量和压力达到正常情况。水泵启动完全正常时，也可不停泵和第二次启动。

（4）对于强制润滑的水泵，启动前必须先启动油泵向各轴承供油。油系统运行 10min 之后再启动水泵，以便排除油系统中的空气和杂质，在轴承内建立起稳定的润滑油流。运行后视油温升高情况及时投入冷油器。

（5）检查确认密封水、冷却水的工作情况正常，密封泄水量正常。对于新安装的填料密封需要一定的磨合时间，通过调整密封水压力保证一个较大的泄漏量，待磨合后再调整盘根压盖直至泄漏量合适。

（6）离心泵和轴流泵的启动按不同要求，即离心泵关闭出口阀启动，启动后再开大出口阀；轴流泵全开进出口阀启动，启动后再开大动叶。对于可动叶调节的混流泵采用关闭动叶，开启进出口阀门启动。对于动叶不可调的混流泵采用关出口阀启动，启动后迅速开启出口阀，以防电动机过载。

离心泵启动时不允许长时间关闭出口阀门运行，以防止泵内液体发生汽化，故启动后尽快开启出口阀。

（7）启动完毕并运行正常，投入连锁保护。

（二）泵的运行及维护

火力发电厂中的一些大型水泵，由于其在工质循环等环节中的特殊地位，其运行的可靠性和经济性直接关系到整个机组的运行可靠性和经济性。在水泵运行中需要定期的巡回检查，对其状态进行全面而准确的监控，包括定时观察并记录泵的进出口压强、电动机电流、电压及轴承温度等数据，经常检查轴承润滑情况、水泵各级泵室和密封处等主要部位内部声音，发现异常应立即采取相应措施或停机检查处理。

在水泵运行维护中重点检查的内容主要有：

（1）轴承和润滑油。轴承的工作允许温度因轴承的种类和润滑油选用的种类而异，运行中必须控制轴承和润滑油的温度在允许的区间内；保证润滑油位正常、油质良好，不能有进水乳化或变黑等现象，应按要求定期更换或添加润滑油和润滑脂。

（2）监视水泵的运行参数。这些参数包括压力表和真空表读数、泵输出流量、电动机的电流及电压、轴承润滑油进出温度、冷却水和密封水进出温度、油位指示、轴向位移和热膨胀指示、平衡室压力等，还应注意振动和噪声的变化，及早发现异常。

（3）检查轴封工作情况。轴封部位没有明显发热，轴封冷却水和密封水的压力和流量符合要求，填料密封的滴水应符合要求（一般以 30～60 滴/min 为宜）。对立式轴（混）流泵，应检查润滑水的供应情况，防止因润滑水中断烧毁轴和轴承。

（4）检查泵体、电动机的振动情况。保证水泵本体和电动机的所有轴承处的振动小于该转速下振幅的允许值。

（三）泵的停止与备用

一般停泵的操作内容与启动类似，顺序相反。停泵需注意的事项如下：

（1）断开连锁开关，开启再循环阀门，启动辅助油泵，然后，按泵的停止按钮。对于变速泵或动叶调节的轴（混）流泵则应先降低转速或关小动叶至最小流量状态，再进行停泵操作。对于自供冷却水的轴（混）流泵应按要求切换冷却水源。

（2）断开电源后注意观察并记录转子的惰走情况，如果惰走时间过短，则需检查泵内、轴封、轴承等处有无摩擦和卡涩。

（3）对于需要投备用的泵，则需将连锁开关打到备用位置投入辅助油泵或保持润滑油系统工作，进出口阀门保持开启（由止回阀阻止水倒流），保持密封冷却水流量。如果是给水泵还需投入暖泵系统。

（4）对于长期停用或检修的泵，应切断电源和水源，放尽泵内存水，并挂标示牌。

（四）定期试验和切换

此项操作是为了保证泵组的可靠性，内容包括各种保护试验（如润滑油压力低保护、水压低保护、密封水压力低保护等，其动作是声光报警、切换备用系统和跳闸）和故障联动试验（其动作是运行泵故障跳闸时自动启动备用泵）。定期试验就是定期人为地触发这些保护，以验证这些保护的定值和结果的准确性。

泵定期切换是指对运行泵和备用泵之间定期进行轮换，目的是消除水泵及其附件在长期备用条件下的某种隐患。具体操作可参见上述的正常启停过程，顺序是先启备用泵，再停止相应的运行泵，然后再操作阀门进行切换。在切换过程中，阀门的操作要缓慢，不能使母管压力的波动过大，否则应停止切换并恢复原状态。

（五）暖泵

随着机组容量的增加，锅炉给水泵启动前暖泵已成为最重要的启动程序之一。高压给水泵无论是冷态或热态下启动，在启动前都有必要进行暖泵。如果暖泵不充分，将由于热膨胀不均，会使上下壳体出现温差而产生拱背变形。在这种情况下一旦启动给水泵，就可能造成动静部分的严重磨损，使转子的动平衡精度受到破坏，结果必然导致泵的振动，并缩短轴封的使用寿命。采用正确的暖泵方式，合理的控制金属升温和温差，是保证给水泵平稳启动的重要条件。

暖泵方式分为正暖（低压暖泵）和倒暖（高压暖泵）两种形式。在机组试启动或给水泵检修后启动时，一般采用正暖，即顺水流方向暖泵，水由除氧器引来，经吸入管进泵，由进水段及出水段下部两个放水阀放水至低位水箱（而高压连通管水阀关闭）。如给水泵处于热备用状态下启动，则采用倒暖，即逆原水流方向暖泵，从止回阀出口的水经高压连通管（带节流孔板，节流后压力为 0.98MPa），由出水段下部暖泵管引入泵体内，再从吸入管返回除氧器，也可打开进水段下部的暖泵管阀排至低位水箱（而出水段下部放水阀须关闭）。这两种暖泵方式均可避免泵体下部产生死区，以达到泵体受热均匀的目的。

泵体温度在 55℃以下为冷态，暖泵时间为 1.5～2h。泵体温度在 90℃以上（如临时故障处理后）为热态，暖泵时间为 1～1.5h。暖泵结束时，泵的吸入口水温与泵体上任一测点的最大温差应小于 25℃。

暖泵时应特别注意：不论是哪种形式暖泵，泵在升温过程中严禁盘车，以防转子咬合。

在正暖结束时，关闭暖泵放水阀后，如果其他条件具备即可启动。而倒暖时，启动后关闭暖泵放水阀及高压连通管水阀。泵启动后，泵的温升速度应小于 1.5℃/min。如泵的温升过快，泵的各部热膨胀可能不均，会造成动静部分磨损。

三、风机的启停与运行

尽管风机的工作条件和在系统中的角色和水泵不同，但是在启停和运行操作原理上还是有相当多相似之处的。下面仅就火力发电厂常用的一些大型风机一般性的问题介绍如下。

（一）启停操作

风机的启停操作应注意的问题一般有：

（1）轴承冷却水是否畅通无阻，润滑油系统工作正常，油位和油质符合要求，相关的保护系统工作正常。联轴器及防护装置、地脚螺栓等部件完备无松动，盘动转子应无摩擦和异响。调节装置能正常工作且位置正确。

（2）风机每次大、小修后，要进行试运，启动风机后应先检查叶轮的转向是否正确、有无摩擦或碰撞，振动是否在允许范围内。无异常现象，连续试运行 2～3h，检查轴承发热程度，当一切正常后，便可正式投入运行。

（3）风机吸入侧和压出侧挡板（或导流器）以及动叶的位置符合启动要求。离心式风机启动时，入口挡板与导流器应全部关闭，待启动达到额定转速后开启挡板并调节至所需的位置，防止电动机因启动负荷过大而被烧毁；轴流风机启动时同样也需将挡板与动叶关闭，启动后先开启挡板再开启动叶。停止风机时，先关闭导流器或动叶，再关闭挡板。

（4）对于锅炉引风机等高温介质的风机，一般是按输送气体介质的温度（排烟温度）所需功率来选配电动机的，和常温下同容量的风机相比其功率小很多。这类风机在常温下启动时，吸入介质的温度很低，为避免电动机的超载，启动后加负荷时其挡板或动叶开度不可过大。

（5）对于轴流风机，出于预防喘振（抢风）的要求，当一台风机已经运行，启动第二台风机进行并联时，一定要将运行风机的工况点（风压）向下调至风机喘振线最低点以下（见风机特性曲线），第二台风机启动后，逐渐开大挡板和动叶，使两台风机风压相同，之后才可并联工作。从并联运行的两台风机中停运一台风机，需将两台风机的工况点同时调低到喘振线的最低点以下，才能关闭准备停运风机的叶片和排气侧挡板（当叶片全部关闭流量为零时，挡板才可以全部关闭），然后开大要继续运行的风机叶片，直至所需的工况点。

（二）运行

在正常运行中，主要是监视风机的电流，这是因为电流是风机负荷及一些异常情况的标志，是一些事故预警的依据；要经常检查轴承润滑油、冷却水是否畅通、油质油量是否符合要求，轴瓦和润滑油温度、轴承振动是否正常以及有无摩擦的声音等。一般风机正常运行 3～6 个月，应对滚动轴承进行维护一次，包括轴承的检查和更换润滑脂。

四、并联运行时不同泵与风机的负荷分配问题

火力发电厂主要的泵和风机多是以相同型号并联方式运行的，随着机组负荷的变化，需要进行工况调节。原则上，并联的两台或多台泵或风机应同步调节，但是也有例外的情况。如大容量机组的给水泵出于启动和安全运行的需要，常配置汽动变速泵为主泵、电动定速泵为备用泵。电动泵主要是在启动和事故状态下投入。这就有了变速泵和定速泵并联运行的机

会。变速泵和定速泵并联运行的情况如图 5-34 所示，当变速泵在额定转速 n 时，两台泵并联运行的工作点在 A，此时的定速泵工作点为 A_1；当变速泵的转速下降，如降至 n_3 时，并

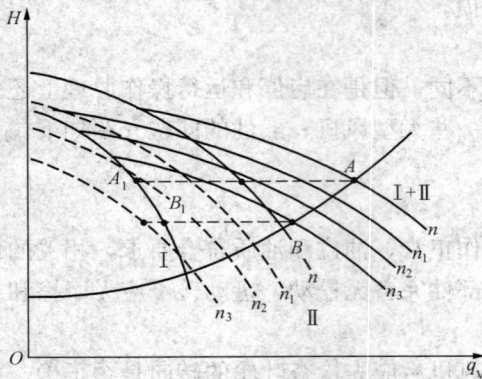

图 5-34　变速泵与定速泵并联运行

联工作点降至 B，而定速泵的工作点移至 B_1。由此可见，当总流量减小时，定速泵的流量是增加的，这就会造成变速泵转速减至一定程度时，定速泵出现过载，并有汽蚀的可能。实际上为了防止定速泵上可能出现的过载和汽蚀，常在定速泵出口设置调节阀以控制其流量不至于过大。

实际上，使用任何方法调低并联中的一台泵与风机负荷的同时，另一台的负荷会自动增加，这是一种普遍现象。因此，在泵与风机的停运和切换时，会有运行的泵与风机过载和汽蚀的问题，在运行中应注意控制。

五、泵与风机的常见故障

叶片式泵与风机设备本体在运行中出现的故障有性能方面的和机械方面的两种情况。表 5-2 和表 5-3 分别对泵和风机的故障现象、原因和消除方法进行了说明。

表 5-2　　　　　　　　　　　　　叶片式泵常见的性能故障及消除方法

故障现象	故 障 原 因	消 除 方 法
水泵启动后不输水	(1)泵内未充满水； (2)吸水管路或表计密封不严,轴封漏气； (3)吸水池水位低,吸水管入口进气； (4)水泵转向反转或叶轮装反； (5)水泵出口阀体脱落； (6)吸水管、底阀或叶轮堵塞； (7)吸水管阻力或吸水高度过大造成泵内汽蚀； (8)轴流泵动叶调整机构损坏或叶片松动	(1)重新注水,排净泵内空气； (2)检查吸水管、表计,密封水供应情况； (3)提高吸入水位； (4)重新确认电动机转向,修改电动机接线； (5)修理或更换出口阀； (6)检查并清理滤网、底阀,清除杂物； (7)改造吸水管路,降低安装高度； (8)修理动叶调整机构、固定动叶片
水泵不能启动或启动负荷过大	(1)轴封填料压得过紧； (2)未通入密封水； (3)启动时阀门位置不对	(1)调整填料压盖紧力； (2)检查水封管,通入密封水； (3)轴流泵开阀门；离心泵关阀门
运行中电流过大	(1)泵内动静部件摩擦； (2)泵内堵塞； (3)轴承磨损或润滑不良； (4)流量过大或转速过高； (5)填料过紧或密封水量不足； (6)电源电压过高； (7)轴弯曲	(1)停机检修,查找摩擦部件并处理； (2)拆卸清洗； (3)修复轴承,更换润滑油； (4)关小阀门,降低转速； (5)调整填料压盖紧力,开大密封水量； (6)处理电源事故； (7)检修并校轴

故障现象	故 障 原 因	消 除 方 法
运行中流量或扬程减小	(1)底阀、滤网或叶轮堵塞； (2)密封环磨损； (3)转速低于额定值； (4)阀门或动叶开度不够； (5)动叶片损坏或动叶调节失灵； (6)吸水管浸没深度不够； (7)吸水管阻力或吸水高度过大造成泵内汽蚀	(1)清理杂物,拆卸清洗叶轮； (2)更换密封环； (3)查找电动机故障； (4)开大阀门或动叶开度； (5)更换叶片,修理动叶调节机构； (6)延长吸水管长度或提高吸水池水位； (7)改造吸水管路,降低安装高度
轴承过热	(1)轴承安装不正确或间隙不适当； (2)轴承磨损或松动； (3)润滑油质不良或油量不足； (4)润滑油在轴承中循环不良； (5)油系统故障	(1)重新安装轴承并按要求调整间隙； (2)修理或更换轴承； (3)更换、按要求添加润滑油； (4)修理轴承； (5)检查冷却水系统,清洗滤网或换热器
振动和异响	(1)振动问题参见本章第六节； (2)轴承磨损； (3)转动部件松动； (4)动静部件摩擦	(1)参见本章第六节； (2)修理或更换轴承； (3)紧固松动部件； (4)查找原因,调整动静间隙
填料箱过热或冒烟	(1)填料过紧； (2)密封冷却水中断； (3)水封环位置偏移； (4)轴或轴套表面损伤	(1)调整填料压盖紧力； (2)疏通密封水管路,检查阀门有无损坏； (3)重新安装水封环并找准位置； (4)修复轴颈表面,更换轴套
填料密封漏水过大	(1)填料磨损严重； (2)压盖紧力不足或紧力不均； (3)填料选择和安装不当； (4)冷却水质不良导致轴颈磨损	(1)更换填料； (2)均匀拧紧压盖螺栓； (3)更换填料并正确安装； (4)修复损坏的轴颈,更换密封水源
机械密封泄水量大	(1)转子轴向窜动过大； (2)转子振动过大； (3)机封安装质量不合格或走合不良； (4)摩擦副不正常磨损； (5)泵停用时间过长； (6)机封内部损坏	(1)解体,重新调整转子轴向间隙； (2)查找原因并消除振动； (3)重新安装或更换机封,注意排除密封圈缺陷、弹簧力不均、动(静)环滑动受阻； (4)保证机封冲洗水质、水量,安装时保证清洁内部构件,调整弹簧压力； (5)缩短运行备用轮换周期,保证机封冲洗水质、水量； (6)更换机封

表 5 - 3　　　　　　　　　　　　叶片式风机常见的性能故障及消除方法

故障现象	故 障 原 因	消 除 方 法
风压偏高，风量减少	(1)气体成分变化、气温降低或含尘量增加； (2)风道、风门、滤网脏污或被杂物堵塞； (3)风道或法兰不严密； (4)叶轮入口间隙过大； (5)叶轮损坏	(1)消除气体密度增大原因； (2)清扫风道、风门，开大风门开度； (3)焊补裂口，更换法兰垫片； (4)加装密封圈，焊补或更换叶轮； (5)修理或更换叶轮
风压偏低，风量增大	(1)气体成分改变、气温升高导致密度减小； (2)进风管破裂或法兰、风门处泄漏	(1)消除气体密度减小的原因； (2)焊补裂口，更换法兰垫片
与气动特性曲线相比压力降低	(1)导流器叶片或入口静叶不匹配； (2)风机转速降低； (3)导流器或动叶、静叶调节装置偏差	(1)调整叶片安装角，紧固叶片； (2)查找电动机故障； (3)维修调节叶片调节机构
轴流风机不能调节	(1)控制油压过低或控制油系统泄漏； (2)调节连接杆或电动执行器损坏或卡涩； (3)叶片叶柄轴承卡涩； (4)指令信号传输、处理故障	(1)检查油压，消除滤油器阻力大或油系统泄漏故障； (2)修复调节连接杆或电动执行器； (3)修理叶片叶柄卡涩摩擦处，修理或更换叶柄轴承； (4)处理信号传输、处理故障
风机内有金属碰撞或摩擦声音	(1)转动部件松动； (2)推力轴承安装不当； (3)导流器叶片松动或焊接处部分开裂； (4)导流器装反； (5)集流器与叶轮碰撞； (6)滚动轴承损坏； (7)润滑油不足	(1)紧固松动的部件； (2)重新安装推力轴承并检查端面的接触情况； (3)查找缺陷叶片并进行修复； (4)重新安装，确保气流旋转方向与叶轮一致； (5)用进风口法兰位置佳垫片调整与叶轮轴向间隙，纠正叶轮的瓢偏情况； (6)更换轴承； (7)按规定添加润滑油

第六节　泵与风机的振动、磨损与噪声

　　泵与风机在运行中的故障是多方面的，前述已经有所涉及，此外，泵与风机在运行中还有一些其他问题。

一、泵与风机的振动问题

　　泵与风机的振动是运行中的常见问题，严重时危及泵与风机甚至整个机组的安全。然而，泵与风机的振动问题非常复杂，往往是由多种因素共同作用的结果。所以，对于振动问题，必须深入分析原因，以便于找出相应的对策。大体上，造成振动的原因可以归纳为机械方面的和流体流动方面的两种情况，下面将分别讨论。

（一）机械原因引起的振动

1. 转子质量不平衡引起的振动

在造成泵或风机振动的诸多原因中，转子质量不平衡占多数情况。这种原因造成振动的特征是振幅不随泵与风机的负荷大小或吸水压头的高低而变化，而是与转速的高低有关，振动频率和转速一致。

造成转子质量不平衡的原因很多，如运行中叶轮叶片的局部腐蚀或磨损；叶片表面不均匀积灰或附着物（如铁锈）；由于翼型风机叶片局部磨穿致使叶片内进入飞灰；轴与密封圈发生强烈的摩擦，产生局部高温导致的轴弯曲；叶轮上的平衡块重量与位置不对，或位置移动；转子在检修后未找平衡等，这些情况均会造成泵与风机剧烈振动。对此，可采取针对措施消除，尤其是对于高转速泵或风机，检修时需做静、动平衡试验以寻找不平衡点和量。

2. 转子中心不正引起的振动

如果泵或风机和电动机的轴不同心，或联轴器接合面不平行度达不到安装要求时，就会发生和质量不平衡一样的周期性强迫振动。其频率和转速呈倍数关系，振幅随泵或风机轴与电动机轴的偏心距及偏差角度的大小而变。造成转子中心不正的主要原因是：泵或风机安装或检修后找中心不正；暖泵不充分造成温差使泵体变形；设计或布置管路不合理，其管路本身质量或膨胀推力使轴心错位；轴承架刚性不好或轴承磨损等原因导致的轴心位移。

3. 转子的临界转速引起的振动

当转子的转速逐渐增加并接近泵或风机转子的固有振动频率时，泵或风机的振动振幅就会突然增大，转速低于或高于这一转速，振动明显减弱，泵或风机可平稳地工作。通常把泵与风机发生这种振动时的转速称为临界转速（用 n_c 表示）。泵或风机的工作转速不能与临界转速重合、接近或成倍数，否则将发生共振现象而使泵或风机遭到损坏。

泵或风机的临界转速与转轴的刚度、动静间隙、轴封和轴承形式等因素有关，而且随着转速增高，会出现多个临界转速。随着流速的增高，最先出现的临界转速叫做第一临界转速。泵或风机的工作转速低于第一临界转速的轴称为刚性轴，而工作转速高于第一临界转速的轴称为柔性轴。一般的泵与风机多采用刚性轴，以利于扩大调速范围；对于多级泵，由于其转速高，且轴的长度大，有时采用柔性轴。

4. 油膜振荡引起的振动

滑动轴承中的润滑油膜在一定的条件下迫使转轴作自激振动，称为油膜振荡。对于高速泵的滑动轴承，在运行中轴颈和轴瓦间存在一定的偏心度。当轴颈在运转中失去稳定后，轴颈不仅存在自身的旋转，而且轴颈中心还将绕着一个平衡点转动，称为涡动。涡动的方向与转子的旋转方向相同。轴颈中心的涡动频率约等于转子转速的一半，所以称为半速涡动。如果在运行中半速涡动的频率恰好等于转子的临界转速，则半速涡动的振幅因共振而急剧增大。这时转子除半速涡动外，还发生忽大忽小的频发性抖动，这种现象就是油膜振荡。显然，柔性转子在运行时才可能产生油膜振荡。消除的方法是使泵轴的临界转速大于工作转速的一半。常用方法有选择适当的轴承长径比、选择合理的油楔形状和降低润滑油黏度等。

5. 动、静部件之间的摩擦引起的振动

若由热应力而造成泵体变形过大或泵轴弯曲，及其他原因使转动部分与静止部分接触，发生摩擦。这种摩擦力作用方向与轴的旋转方向相反，对转轴有阻碍作用，有时使轴剧烈偏转而产生振动。这种振动是自激振动，其频率与转速无关，等于转子的自振频率。

6. 基础不良或地脚螺钉松动

基础下沉，基础或机座的刚度不够或安装不牢固等均会引起振动。如泵或风机基础混凝土底座打得不够坚实，泵或风机地脚螺钉安装不牢固，则其基础的固有频率与某些不平衡激振力频率相重合时，就有可能产生共振。这种振动往往在泵与风机高负荷时加剧。

7. 平衡盘设计不良引起的振动

如平衡盘本身的稳定性差，当工况变动时，出现窜梭现象，造成泵的低频振动，同时平衡盘与平衡座之间发生碰磨。为增加平衡盘工作的稳定性，可调整轴向间隙和径向间隙的数值、在平衡座上开螺纹槽、调整平衡盘的尺寸等。

（二）水力振动

水力振动主要是由于泵内或管路系统中流体的不正常流动引起的，它与泵及管路系统的设计、制造方面的因素有关，也与运行工况有关。产生水力振动的原因如下。

1. 水力冲击引起水泵振动

由于离心泵叶片后的尾迹涡流要持续很长一段的距离，当水流由叶轮叶片外端经过导叶和蜗壳舌部时，就要产生水力冲击，形成有一定频率的周期性压力脉动。这种压力脉动传给泵体、管路和基础，引起振动和噪声。若各级动叶和导叶组装位置均在同一方向，则各级叶轮叶片通过导叶头部时的水力冲击将叠加起来，引起振动。这种振动的频率为

$$f = \frac{zn}{60} \qquad\qquad (5-10)$$

式中　　z——叶片数；

　　　　n——转速，r/min。

如果这个频率与泵本身或管路的固有频率相重合，将产生共振，问题就会更加严重。防止水力冲击措施是：适当增加叶轮外直径与导叶或泵壳与舌之间的距离，或者变更流道的型线，以减缓冲击和减小振幅；组装时将各级的动叶出口边相对于导叶头部按一定节距错开，不要互相重叠，以免水力冲击的叠加，减小压力的脉动。

2. 汽蚀引起的振动

泵在发生汽蚀时，汽蚀的冲击力与泵组的固有频率满足共振条件时，则发生共振，产生剧烈地振动；同时，振动会诱发更多的汽泡发生和溃灭，两者互相激励、互相强化使振动加剧，形成汽蚀共振。对于大容量高速给水泵在设计和运行上注意防止汽蚀的发生尤为重要。

3. 风机进口处旋转涡流引起的振动

一些大型离心风机在某一工况下，气流在轴向导流器后、叶轮进口前的局部空间内，存在一定程度的涡动现象，致使气流进入风机叶轮时的速度在圆周方向不对称，造成风机低频振动。有些离心泵在小流量时也出现这种振动。

（三）原动机引起的振动

驱动泵与风机的各种原动机也会产生振动。如泵或风机由给水泵汽轮机驱动时，给水泵汽轮机会有各种振动问题，在此不多叙述。若泵或风机由电动机驱动，则电动机也会因电磁力引起振动，具体可归纳为：

1. 磁场不平衡引起的振动

泵或风机运行中，当电动机的一相绕组发生断路时，则电动机内的电源磁场不平衡，定子受到变化的电磁力的作用而振动。此时电动机如继续工作，其他两相电流增大，电动机会

振动并发出噪声，其振动频率为转速乘以极数，若这种振动与定子机架固有频率相同，则会产生强烈的振动。

此外，电源电压不稳、转子与定子偏心和气隙不均匀等原因也会导致由于磁场不平衡而引起的振动。

2. 鼠笼式电动机转子笼条断裂引起的振动

在鼠笼式电动机转子的笼条或端环断裂时，如果断裂的笼条超过整个转子槽数的 1/7，电动机会发出嗡嗡声，机身会剧烈振动。此时若带有负荷，电动机转速会降低，转子发热，断裂处可能产生火花，电动机不能安全运转，甚至会突然停下来。

3. 电动机铁芯硅钢片过松而引起的振动

电动机铁芯硅钢片叠合过松会引起电动机振动，同时产生噪声。

（四）不稳定工作引起的振动

泵与风机在不稳工作的情况下，常伴随着振动。旋转脱流、喘振和抢风的现象都会有叶轮中流体的流动在圆周方向上分布不均的现象，从而发生振动。要避免这种振动，就必须避免不稳定工作的发生。

不同振动频率时产生振动的可能原因汇总于表 5-4，以便查找分析。

表 5-4　　　　　　　　　　　　泵与风机常见的振动类型及原因

振动频率	振 动 原 因	原因归类
0~40% 工作转速	油膜共振，摩擦引起的涡动，轴承松动，密封松动，轴承损坏，轴承支承共振，壳体变形，不良的收缩配合，扭转临界振动	①
40%~60% 工作转速	1/2 转速的涡动，油膜共振，轴承磨损，支承共振，联轴器损坏，不良的收缩配合，轴承支承共振，转子摩擦，密封处摩擦，扭转临界振动	①
60%~100% 工作转速	轴承松动，密封松动，轴承损坏，不良的收缩配合，扭转临界振动	①，②
工作转速	转子不平衡，横向临界振动，扭转临界振动，瞬时扭转振动，基础共振，轴承支承共振，轴弯曲，轴承损坏，推力轴承损坏，轴承偏心，密封摩擦，叶轮松动，联轴器松动，壳体变形，轴不圆，壳体振动	③
2 倍工作转速	不对中心，联轴器松动，密封装置摩擦，壳体变形，轴承损坏，支承共振，推力轴承损坏	①，②，③
n 倍 工作转速	叶轮叶片或导叶叶片共振，压力脉动，不对中心，壳体变形，密封摩擦，齿轮装置不精密	③，④
频率非常高	轴摩擦，密封、轴承、齿轮不精密，轴承抖动，不良的收缩配合	③，④
非同步频率	管路振动，基础共振，壳体共振，压力脉动，阀振动，噪声，轴摩擦，汽蚀	⑤

① 有关轴承的振动问题：低稳定型轴承，过大的轴承间隙，轴瓦松动，润滑油内有杂质，润滑油性质（黏度，温度）不良，因空气或流程使润滑油起泡，润滑不良，轴承损坏。

② 有关密封装置问题：间隙过大，护圈松动，间隙太紧，密封磨损。

③ 有关机组设计问题：临界转速，连接套松动，温差过大，轴不同心，支承刚度不够，支座或支承共振，壳体变形，推力轴承或平衡盘缺陷，不平衡，联轴器不平衡，轴弯曲，不良的收缩配合。

④ 有关系统的问题：扭转临界振动，支座共振，基础共振，不对中心，管路载荷过大，齿轮啮合不精确或磨损，管路机械共振。

⑤ 有关系统流动问题：脉动，涡流，管壳共振，流动面积不足，NPSH$_r$ 不足，汽蚀。

在运行中，必须注意监测泵与风机的振动，当发现振动严重时，要及时分析原因，及时

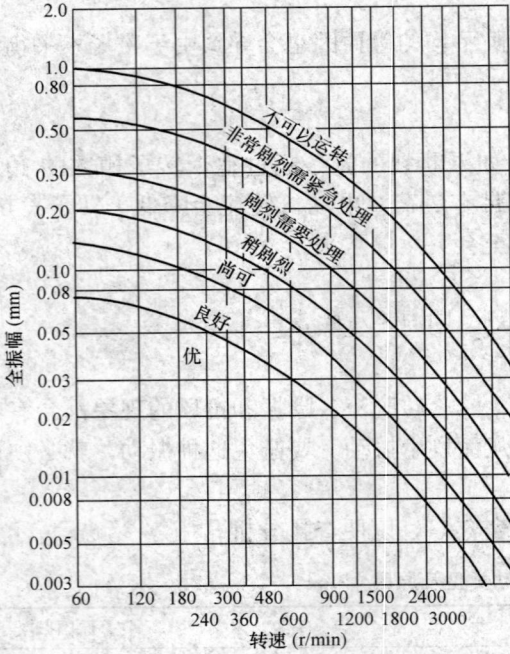

图 5-35　转动机械振动严重程度的大致标准

处理。当振幅超过允许的极限时，必须停止泵或风机的运行，防止造成更严重的后果。判别转动机械振动严重程度的大致标准可参见图 5-35，曲线自下至上表示由优到劣的不同振动等级，由此可对泵与风机振动的程度进行评估。

二、输送含尘气体风机的磨损问题

燃煤电厂的引风机、排粉机等的工作条件较差，气流中含有的煤粉颗粒、飞灰颗粒或未燃尽的碳颗粒等固体颗粒会对风机的叶片和机壳表面产生冲击，使叶片和机壳磨损。同时，这些固体颗粒也会沉积在风机叶片上。由于固体颗粒造成的磨损和沉积是不均匀的，从而破坏了风机的平衡，引起振动。尤其是制粉系统中的排粉风机，由于煤粉浓度较大，风机的磨损情况会更加严重。

（一）风机的磨损部位及影响因素

风机叶片形式对磨损的程度、部位有直接影响。叶片形式与叶片耐磨程度的关系见表 5-5，从耐磨角度考虑，输送含有较多粉尘的风机以采用径向直板叶片为宜。图 5-36 所示为后向式机翼型叶片风机的磨损情况，磨损严重的部位在靠近后盘一侧的出口端和叶片头部。这种叶片头部磨损后，叶片的空腔易进灰尘，造成转子平衡被破坏而引起振动。风机进风口的型式对叶轮磨损部位有明显的影响，如 7-5.23（29）型排粉风机，装有普通圆柱形进风口时，磨损部位如图 5-37 所示；当改装喇叭型进风口以后，叶片进口磨损变为均匀，如图 5-38 所示。

表 5-5　　　　　　　　　　　　　叶片形式与磨损的关系

叶片形式	径向直板叶片	径向出口叶片	平板加厚叶片	空心翼型叶片
耐磨程度	高	偏高	中等	偏低

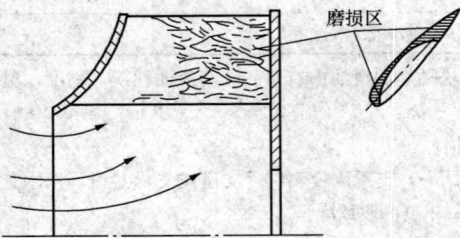

图 5-36　后向机翼型叶片磨损部位

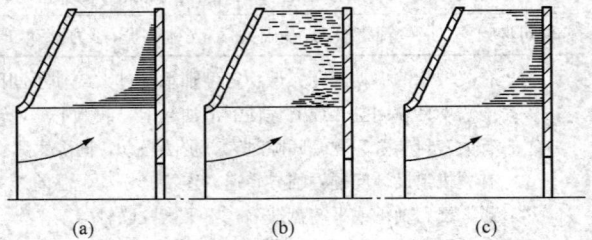

图 5-37　叶片磨损部位
（a）进口磨损；（b）出口磨损；（c）根部磨损

气体中所含微粒的硬度、形状和大小对风机磨损的程度有直接影响。微粒硬度越高，风机中的流道壁面就被磨损得越快；具有尖锐棱角表面的颗粒，比具有光滑表面的颗粒对金属的磨损严重；尺寸较大的颗粒对流通部件的磨损也较大。另外，风机磨损与流通部件材料的硬度有关，硬度越大耐磨性越好；而且还与材料的成分有关，如碳钢通过淬火提高硬度，对耐磨性也有所提高，但是不成正比。所以，要提高材料的耐磨性，既要提高材料硬度，也要选用耐磨材料。

图 5-38　装有喇叭型进风口的风机叶片磨损情况

风机的磨损与输送气体中含微粒的浓度成正比、与圆周速度的三次方成正比。据有关资料，排粉风机径向直板式叶片的使用寿命为

$$T \propto \frac{\delta g}{cu^3} \qquad (5-11)$$

式中　T——排粉风机实际使用寿命，d；

　　　δ——叶片厚度，m；

　　　g——重力加速度，m/s^2；

　　　c——含尘浓度，g/m^3；

　　　u——叶片平均圆周速度，m/s。

一般可认为，随颗粒平均尺寸的增大，其惯性对金属壁面的冲撞效果大，金属材料的磨损量也会而增加，但是，有关研究表明，当颗粒的粒度超过 $50\sim100\mu m$，磨损量不再增加而趋于一个定值。在锅炉的排粉风机和引风机中，磨粒的粒度小于上述值，所以磨损量是随着煤粉或煤灰颗粒的尺寸增大而增加的。

（二）防磨措施

发电厂的有些风机是工作在严重磨损的条件下的。如排粉机的叶轮，运行中受到含有 8%～15% 的煤粉颗粒高速冲击，因局部磨损而使其检修周期很短。对于这些面临严重磨损的风机，需要在风机设计、制造和使用中应采取防磨措施，以提高其使用寿命。可采用的措施主要有如下几种：

（1）在风机叶片容易磨损部位，用等离子喷镀一定厚度的硬质合金层，或堆焊硬质合金（如高碳铬锰钢等硬质合金）。

（2）在风机叶片表面进行渗碳处理，使金属表面形成硬而耐磨的碳化铁层，同时保持钢材内部柔韧性。如某电厂对引风机叶片进行渗碳处理后，叶片表面硬度可达到洛氏硬度 50 以上，磨损速度由过去每月 1mm 减小到 0.1mm，使用寿命延长 10 倍。

（3）选择合理的叶型以减少积灰和振动。使用机翼型叶片的风机效率固然高，但是这种叶片形式应用在引风机上，存在因叶片磨穿使叶片腔内积灰造成叶轮失去平衡的情况，所以，应尽量避免在引风机等输送含尘气体的风机上使用机翼型叶片。

（4）风机机壳可采用铸石作为防磨衬板，其耐磨性比金属衬板高几倍，甚至几十倍。

对于引风机，除上述方法外，加强除尘器日常维护和管理以提高除尘效率，对锅炉加强燃烧调整，改善煤粉细度，降低飞灰可燃物以及降低风机转速等，都会延长风机的使用寿命。

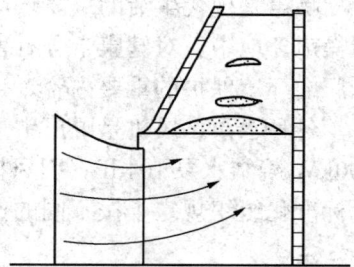

三、泵与风机的噪声问题

噪声是现代生活的重要环境污染。在电力生产过程中存在比较严重的噪声，人们长期处在噪声环境中，对健康十分有害。另外，噪声还对某些仪器设备有影响。治理噪声是火力发电厂内环境保护的重要内容。

各种水泵、风机是电厂中重要的噪声源，据有关部门的测试，电动给水泵 96～97dB，100kW 凝结水泵 104dB；引风机 88～106dB；排粉机 95～110dB 等。为保护人员的健康，国际标准化组织规定了按不同的作用时间允许的噪声级，见表 5-6。

表 5-6 不同的作用时间允许的噪声级

作用时间	8h	4h	2h	1h	30min	15min	8min	1min	30s
允许噪声级(dB)	90	93	96	99	102	105	108	117	120

在风机内，噪声的来源有因叶轮旋转所致气流压力脉动产生的旋转噪声、因边界层分离形成的旋涡噪声，还有轴系的机械振动产生的噪声，噪声源通过轴系、机壳、管系形成复杂的共振关系并向四周传播。在泵内，噪声的来源与上述风机内的情况类似，分为液体噪声源和机械噪声源，液体噪声源造成的压力脉动通过轴系、机壳、管系向环境传播。

对泵与风机噪声的控制，一方面要改进噪声源；另一方面是阻断噪声的传播。改进噪声源就是要提高泵与风机的制造工艺和设计水平，使泵与风机过流部件尤其是叶轮具有更好的流体动力学特性和使转动部件具有更好的机械特性。阻断噪声源可采用吸声、隔声、隔振和消声等方法。图 5-39 所示为隔绝泵体振动的产生，降低噪声向外传播的措施。对于风机除了可采用各种隔绝振动的措施外，还以在风机的进口或出口使用消声器来减低噪声。图 5-40 所示为各种消声器原理示意。

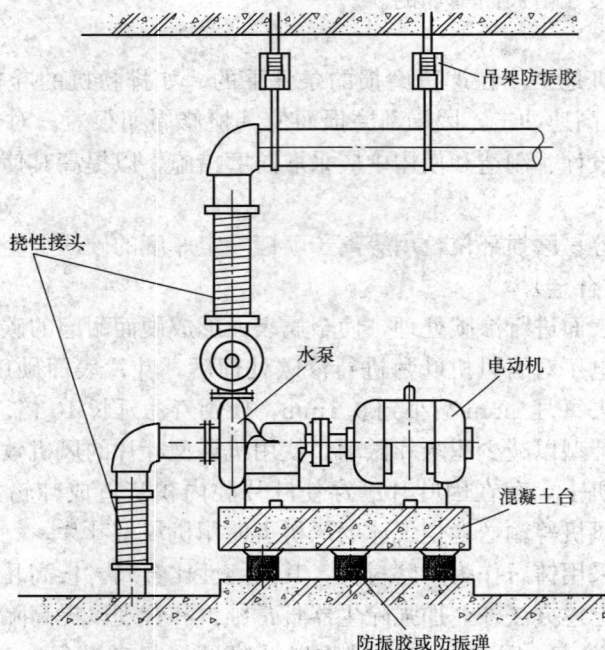

图 5-39 离心泵隔离振动的措施

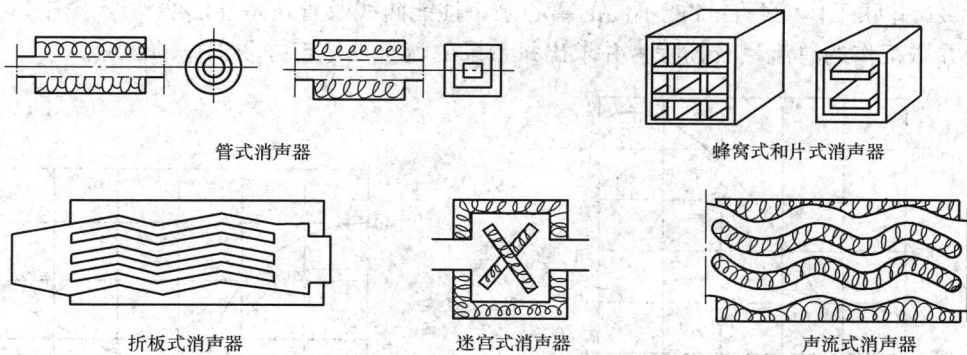

管式消声器　　　　　　　　　　　　　　蜂窝式和片式消声器

折板式消声器　　　　迷宫式消声器　　　　声流式消声器

图 5-40　消声器原理示意

思 考 题

5-1　何谓泵与风机的并联、串联工作？在泵与风机并联或串联工作时的性能参数如何变化？为什么在选用并联工作方式时一般选性能相同的泵或风机？

5-2　一台离心泵工作流量为 $100m^3/s$，如果在管道系统中并联相同型号的两台离心泵运行，总流量会变为 $200m^3/s$ 吗？为什么？

5-3　何谓泵与风机的调节？泵与风机常用的调节方法有哪些？各适用于哪种场合？

5-4　实现泵与风机变速运行的方法有哪些？各有何特点？

5-5　简述液力耦合器的工作原理和性能特点。在什么情况下液力耦合器的损失功率最大？

5-6　泵与风机工作的不稳定是指什么？不稳定工作有哪些现象？如何避免？

5-7　离心风机产生喘振的原因是什么？防止风机喘振的主要措施有哪些？

5-8　如何理解泵与风机的抢风、抢水现象。

5-9　泵与风机在启动时常采取怎样的措施来降低启动电流？

5-10　轴流式送风机或引风机启动过程中如何避免抢风？应如何启动第二台风机？

5-11　水泵并联运行时，关小其中一台泵的调节阀，另一台泵的流量和功率如何变化？

5-12　水泵并联运行时，启动第二台泵有时会不打水，为什么？

5-13　高压给水泵在启动前为何需要进行暖泵？怎样暖泵？

5-14　泵与风机运行中发生振动的原因是什么？如何减轻振动？

5-15　泵与风机的磨损有哪些影响因素？如何减轻磨损？

5-16　离心式送风机采用变频器调节的效率最高，但实际上却很少采用，为什么？

习 题

5-1　两台相同型号的风机串联在一起工作。单台风机的性能曲线如图 5-41 所示。一台风机在管道系统中工作时的全压 $p=2400Pa$。试确定串联工作时每台风机的全压、流量及效率各是多少？

5-2　并联工作的两台性能不同的离心泵，性能曲线及管道特性曲线均绘于图5-42中。试确定并联工作的总流量及扬程，并求出每台泵的流量及稳定并联工作的区域。

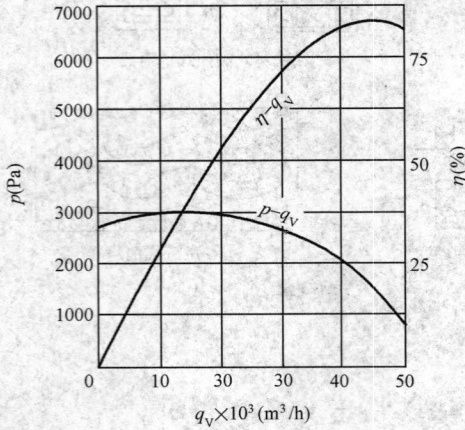

图5-41　习题5-1图

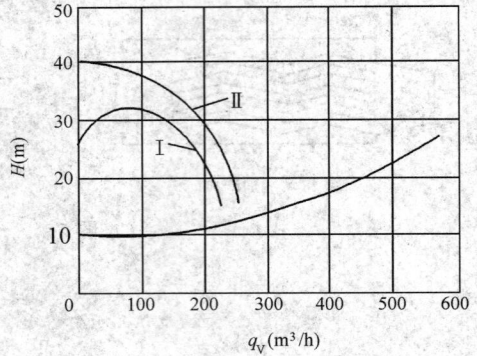

图5-42　习题5-2图

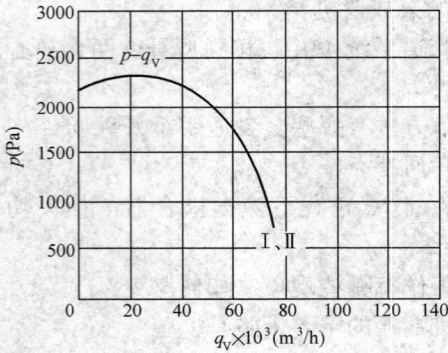

图5-43　习题5-3图

5-3　两台性能完全相同的离心风机按并联方式向锅炉输送燃烧所需的空气，其中一台的性能曲线绘于图5-43中。送风管道的特性曲线方程式为 $p=2.6q_V^2$。问当一台送风机停止工作后，送风量为并联工作时送风量的百分之几？

5-4　某台通风机的 p-q_V 性能曲线如图5-44所示，它在一管路中工作时，流量为14 000m³/h。由于在风机选型时考虑不周，风机容量选得过小，系统实际所需的流量为20 000m³/h，现考虑再并联一台风机来满足需要。

（1）绘制出该管路的管路特性曲线；

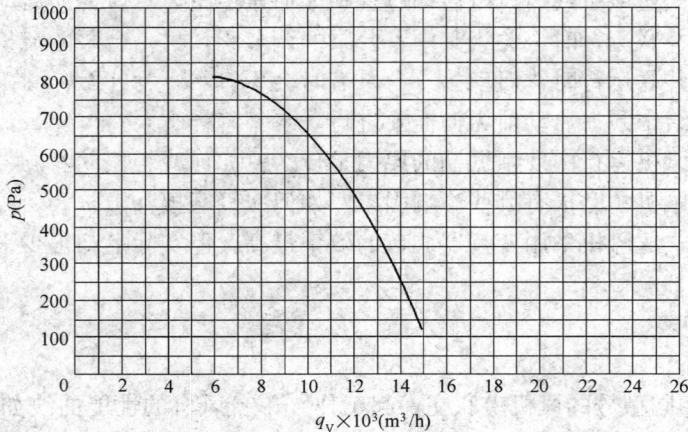

图5-44　习题5-4图

（2）该选用多大流量和静压的风机来并联？假设不考虑选型时风机流量和静压的富裕量。

5-5　锅炉燃烧所需要的空气由一台离心风机供给，其风量 $q_{V1}=120\,000\text{m}^3/\text{h}$，转数 $n=960\text{r}/\text{min}$，风机的性能曲线绘于图 5-45 中。试比较利用节流调节和变速调节两种方法使风量降低到 $q_{V2}=80\,000\text{m}^3/\text{h}$ 的轴功率为多少？并求出节流调节的实际运行效率及变速调节的转数 n_2 为多少？

5-6　离心泵在已知转数下的性能曲线如图 5-46 所示。在转速 $n=1450\text{r}/\text{min}$ 时的流量 $q_V=1\text{m}^3/\text{s}$，此时由压力表读得出口压力 $p_g=215\text{kPa}$，由真空表读得进口真空 $H_V=367\text{mmHg}$。吸水池水面与管道出口的压力都为大气压力且位置高差为 10m。若泵的进、出口直径相等，当采用变速调节时，问转速升高到多少时其流量为 $1.5\text{m}^3/\text{s}$？

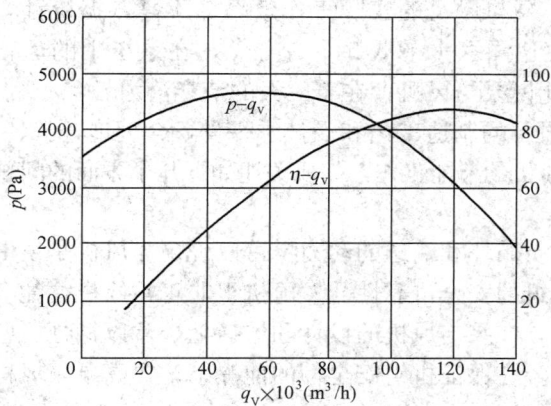

图 5-45　习题 5-5 图

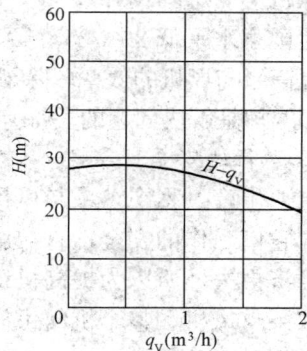

图 5-46　习题 5-6 图

5-7　图 5-47 所示为 DG500-200 型锅炉给水泵在转速 $n=2970\text{r}/\text{min}$ 时的性能曲线。若给水管道系统的特性曲线方程式为 $H=1700+19\,400q_V^2$。水泵年运行时间为 8000h，给水系统需要的流量 $q_V=100\text{L}/\text{s}$。试问采用节流调节比变速调节的方法每年要多消耗的电能为若干？

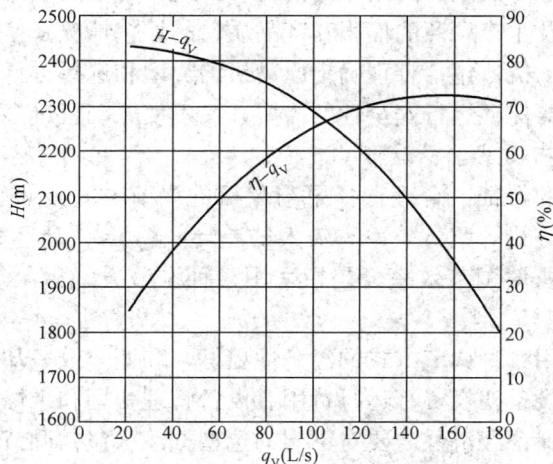

图 5-47　习题 5-7 图

第六章 泵与风机的节能与选型

第一节 泵与风机的节能概述

近年来，随着经济的发展，我国电力生产规模剧增，但是，电能的使用效率和发达国家尚有较大的差距，这对经济的可持续发展形成了羁绊。节能问题日益受到社会的重视，已成为我国现代化建设的一项基本国策。由于泵与风机应用广泛，是最重要的用电设备之一，其电耗总量非常大，例如在国内火力发电厂的厂用电占总发电量的 7%～10%，而各种水泵和风机的电耗占厂用电的 75% 左右。另外，泵与风机的实际工作效率却不高，据统计，我国泵与风机类的平均设计效率仅 75%，比发达国家水平低 5 个百分点，在系统中的运行效率比发达国家水平低 20～25 个百分点，因此说泵与风机存在着巨大的节能潜力。

提高泵与风机的效率，除了需要提高设备的制造工艺和设计水平外，合理地选择、安装、使用和维护是解决问题的关键。做好泵与风机的节能工作，需要关注如下几个方面的问题。

1. 运行的安全可靠性

电力生产过程中，泵与风机是各种介质循环和输送的动力，可以说泵与风机是发电厂的心脏，它们工作的安全性直接影响整个机组的安全可靠性。发电机组非正常停机往往会造成重大经济损失，所以为提高机组的可靠性，在泵与风机的设计和选择上，常以牺牲一些效率来换取泵与风机和整个机组可靠性的提高。在保证机组安全性的前提下，提高泵与风机的经济性是最重要的任务。

2. 合理选型

泵与风机合理选型就是要兼顾安全性和经济性，包括如下三点：

(1) 正确地选择泵与风机的工作参数和裕量，即要保证工作参数有足够的裕量又必须防止参数过高而造成运行效率的过多降低。

(2) 选择高效节能型产品是提高效率的前提。因此，合理选型需要了解泵与风机的产品系列的性能、规格，以及生产厂商的信用和产品质量的评估情况。

(3) 选择合适的原动机。包括合理确定原动机的类型和选择运行效率高的原动机，同时在确定原动机裕量时既要保证运行安全性的需要，又不使原动机过多地偏离设计工况。

3. 选择最合适的调节方式

根据机组负荷变动的特征，合理选择泵与风机的调节方式是泵与风机节能的另一个关键。泵与风机不同调节方式的调节效率有较大的差异，图 6-1 所示为离心风机采用不同调节方式时的调节效率。所谓调节效率，是指采用某种调节方式后泵与风机装置的实际运行效率。

但是，泵与风机采用哪种调节方式的经济性更好，和调节效率却不是同一个概念。因为影响经济性的因素包括设备初投资、运行费用、设备管理费用和维修费用，调节效率仅决定了运行费用这一项。要保证经济性需要对不同的选型方案（包括调节方式）进行经济性分析比较才能得出正确的结论。图 6-1 显示离心式送风机采用简易导流器效率最低、采用变频调速为最高，而经济性分析的结果却是：机组带基本负荷时采用轴向导流器的经济性最好，采用轴向导流器加双速电机的经济性次之，采用变频调速的经济性最差；机组带调峰负荷时采用轴向导流器加双速电机的经济性最好，采用晶闸管串级调速的经济性次之，采用简易导流器的经济性最差。

因为设备初投资和维护等费用会随着技术的发展进步而降低，所以经济性分析的结果会随着时代而不同，即经济性分析具有时效性。例如，当大容量高电压的变频器实现国产化后，泵与风机使用变频调速的经济性会大幅度提高。

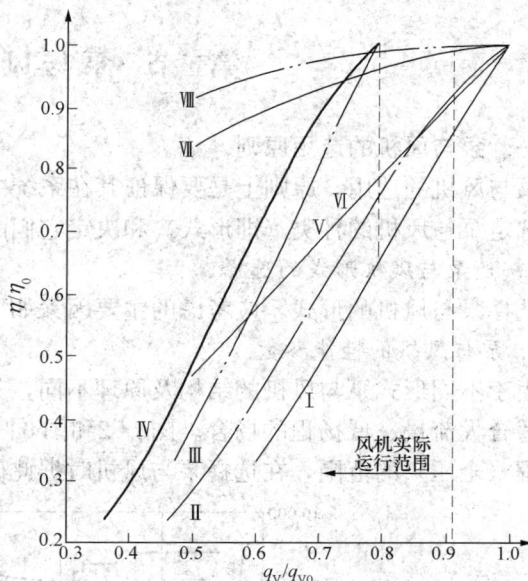

图 6-1　离心送风机不同调节方式的调节效率

I—简易导流器；II—轴向导流器；III—简易导流器加双速电动机；IV—轴向导流器加双速电动机；V—液力耦合器；VI—油膜滑差离合器；VII—晶闸管串级调速；VIII—变频调速

4. 改进或改造原有的泵与风机

为使原有泵与风机达到节能的目的，需要在经济性分析的基础上对造成其效率低的各个方面进行改进或改造。这一工作主要包括以下几个方面：

（1）选择产品质量可靠、效率高的新产品，淘汰、更换掉那些技术落后、性能和效率低下的泵或风机。

（2）为泵与风机的运行选择更高效的调节方式和运行方式。

（3）对泵与风机进行改造，以消除其与系统不匹配的情况。包括经测算后重新设计叶轮、拆除一级叶轮、对叶片进行切割或加长等手段，来改变原来的参数，以达到泵与风机的扬程（全压）和流量更好地适应系统需求之目的。

（4）改造管路系统。包括根治管道内的积灰垢堵塞、泄漏等问题，尽可能减小管路的阻力，使进入泵与风机入口的流速分布均匀等。

5. 保证泵与风机的安装、检修质量

提高泵与风机的安装、检修质量对其运行的经济性有明显的影响。一方面，合理地控制影响泵与风机效率的因素，包括：合理确定动静间隙，既要减小泄漏量，又不能让动静部件摩擦；及时修复因磨损或汽蚀等原因破坏的流通部件的型线，并保持叶轮盘面和流道内的光滑等。另一方面，合理确定检修周期，提高检修质量，这样既可以延长设备的使用寿命，又能保证泵与风机运行的经济性。

6. 采用经济的运行方式

使泵与风机的运行工况保持在高效区是经济运行的关键所在。需要说明的是以下三个方面：第一，运行人员应掌握不同类型泵与风机的特性和现状，尽可能多地使用经济性好的设备和调节方法；第二，运行人员应牢记各种类型泵与风机高效工况参数，在多台并联运行的情况下能够及时调整泵与风机的运行和备用台数；第三，就是根据使用条件，通过对系统进行经济性分析确定泵与风机的运行台数，其目的是使整个系统的经济性为最好，这方面典型的例子就是循环水泵。

第二节　泵与风机的选型

一、泵与风机的选用原则

泵与风机的选用，原则上是要保证其在系统中运行的安全性和经济性。具体的选型工作包括选定泵与风机的种类（即形式）和决定它们的规格。

（一）泵与风机形式的选择

选择泵与风机的形式，应考虑的主要因素如下：

1. 泵与风机的性能参数

由于不同形式泵与风机的结构及原理不同，其参数的特征也有所不同，如轴流泵比离心泵更适合大流量、低扬程的场合。图6-2和图6-3表示了不同类型的泵和风机所对应的流量和扬程（全压）的范围，在选择泵与风机时据此确定形式。

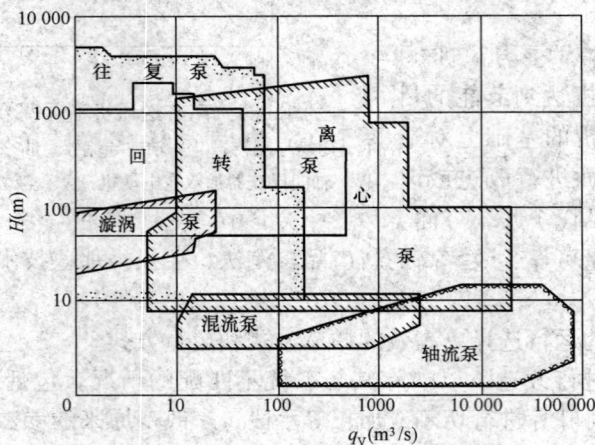

图 6-2　泵的参数与形式

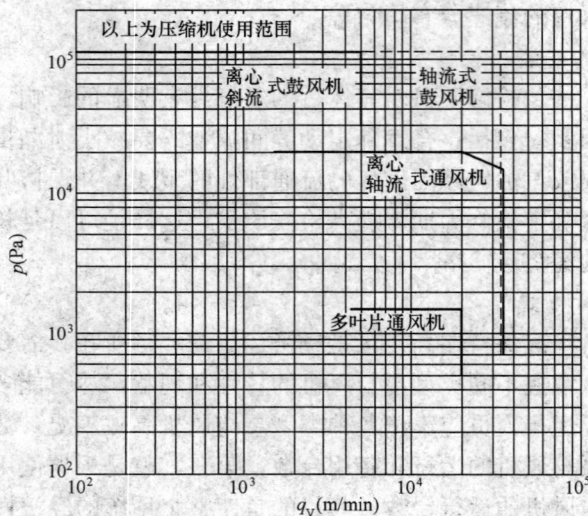

图 6-3　风机的参数与形式

2. 泵与风机所输送流体的性质

（1）对于有毒、易燃、易爆、贵重的介质，在输送过程中一般应符合不允许泄漏的原则，要求泵的密封部分安全可靠，符合这些要求的有屏蔽泵、磁力泵、隔膜泵等。

（2）对于输送腐蚀性流体，需要对过流部件和轴封等采用耐腐蚀材料制造，符合这些要求的有各种形式的耐腐蚀泵。

（3）对于输送含有杂质的，尤其是含有固体颗粒的液、气态介质，设计上应考虑防止流道的堵塞和磨损，过流部件应选用既耐腐蚀又耐磨损的金属材料制造，适应这种要求的如灰渣泵、排粉风机。

（4）对于输送高温介质，结构设计上需考虑高温金属机械强度和热膨胀的影响，采用耐高温、高压材质制造的过流部件，和耐高温、高压的轴封及冷却装置，如给水泵等。

（5）对于输送高黏性液体，可选用转子泵，如往复泵、螺杆泵、齿轮泵等。

3. 泵与风机的安装位置与环境条件

（1）泵与风机安装条件。如需要安装在室内还是室外、在地面上还是在液面下、在液面下的是单泵头部分还是连同电动机一起等，决定了水泵的结构特征。对应的就是特定型式的泵，如液下泵、潜水泵等。泵的安装位置也决定了选择卧式还是立式。

（2）泵与风机的使用温度。如在高温和低温下使用，要考虑材料在高温和低温下的性能，如输送液体氧的低温泵，需考虑金属和非金属部件冷脆现象，又如锅炉再循环风机则需要金属的耐高温特性和轴承的散热问题。

（3）电网条件。包括电网频率（我国的电网频率 50Hz，有些国家为 60Hz）和电压等级，对泵与风机的选型参数有重要影响。

此外，影响泵与风机形式选择的因素还有对噪声的要求、对适应环境空气湿度的要求等。

（二）泵与风机规格的确定

确定泵与风机的规格，应考虑的主要因素如下：

（1）在选择泵与风机之前，应该广泛地了解泵与风机的生产商和产品情况，如泵与风机的品种、规格、质量、性能的总体评价以及生产商的信用等，以便做出选择的初步方案。

（2）所选择的泵与风机必须满足运行中可能的最大负荷，（主要是 q_{Vmax} 和 H_{max}），其正常工作点应尽可能靠近设计工况点，使泵与风机能长期在高效区运行。

（3）合理确定流量及扬程（全压）的裕量。裕量取得过小满足不了安全工作的需要，裕量取得过大会使工作点偏离高效率区，一般流量裕量为 5%～10%q_{Vmax}；扬程（全压）裕量为 10%～15%H_{max}。当比转速较大时流量裕量取小值，扬程（全压）裕量取大值；比转速较小时则相反。一些特殊用途的泵与风机，对于裕量的大小有具体的规定，如我国《火力发电厂设计技术规程》（DL 5000—2000）中规定，锅炉吸风机风量的裕量不低于 10%，压头的裕量不低于 20%，汽包炉和直流炉的给水泵流量裕量分别为锅炉最大连续蒸发量的 10% 和 5%，扬程的裕量为 20% 和 10%。系统需要的最大流量和最大扬程（全压）加上相应的裕量称为计算流量和计算扬程（全压），即为选择泵与风机时使用的参数。

（4）如果有两种及以上的泵与风机可供选择时，在综合考虑各种因素的基础上，应优先选择效率比较高、结构简单、体积小、质量小、设备投资少、调节范围比较大的那种。

（5）选择的泵与风机性能曲线形状合适，保证在工作区无汽蚀、喘振等不稳定现象。

（6）在选择泵与风机时，应尽量避免采用串联或并联工作。当无法避免时，应尽量选择同型号、同性能的泵或风机进行联合工作。

泵和风机在具体选型的方法上有所不同，故需分别介绍。

二、泵的选型方法与步骤

在确定了泵的形式和规格之后，选型的主要任务就是在众多的产品中筛选出符合需要的泵，进而形成选泵的最佳方案。

（一）泵的选型方法

1. 利用泵的性能表选择

首先初步确定计算流量、计算扬程和泵的类型，然后在该形式泵的性能规格表（由制造厂提供）中查找与所需要的计算流量和计算扬程相一致或接近的一种或几种型号的水泵。若有两种或两种以上的型号都能基本满足要求，则优先选用比转速高、结构尺寸小、质量小的泵，并根据经济性分析的结果来决定取舍。如果在这种形式泵的系列中找不到合适的型号，则可换一种泵系列或暂选一种型号接近要求的泵，通过改变叶轮直径、转速等措施，使之满足要求。

表 6-1 给出了 S 系列双吸式单级离心泵部分型号性能参数，以供学习时参考，表中每一个型号的性能参数都有三行数据，一般的规律是：中间一行的数值表示最佳工况，上下两行数据之间的范围表示高效率区域或厂家推荐的工作区域，型号中的 A 或 B 型是该型号的切割产品。选型时应使已确定的计算流量和计算扬程同时与性能表列出的中间一行的数值都一致，或是相接近，而又都落在上、下两行的范围内，以确保所选水泵运转在高效率区域。

表 6-1 　　　　　　　　　　 S 系列双吸式单级离心泵部分型号性能参数

泵型号	流量 q_V (m³/h)	扬程 H(m)	转速 n(r/min)	功率 P(kW) 轴功率	效率 η(%) 电动机功率	必需汽蚀余量 $NPSH_r$(m)	质量(kg)	泵型号
100S90	60	95		25.5		61		
	80	90	2950	30.1	37	65	2.5	120
	95	82		33.7		63		
100S90A	50	78		17.7		60		
	72	75	2950	23	30	64	2.5	120
	86	70		26		63		
150S100	126	102		50		70		
	160	100	2950	59.8	75	73	3.5	160
	202	90		68.8		72		
150S78	126	84		40		72		
	160	78	2950	45	55	75.5	3.5	150
	198	70		52.4		72		
150S78A	111.6	67		30		68		
	144	62	2950	33.8	45	72	3.5	150
	180	55		38.5		70		
150S50	130	52		25.3		72.9		
	160	50	2950	27.3	37	80	3.9	130
	220	40		31.1		77.2		

续表

泵型号	流量 q_V (m³/h)	扬程 H(m)	转速 n(r/min)	功率 P(kW)		效率 η(%)	必需汽蚀余量 NPSH$_r$(m)	质量(kg)	泵型号
				轴功率	电动机功率				
150S50A	111.6	43.8	2950	18.5	30	72		3.9	130
	144	40		20.9		7			
	180	35		24.5		70			
150S50B	103	38	2950	17.2	22	65		3.9	130
	133	36		18.6		70			
	160	32		19.4		72			
200S95	183	103	2950	83.1	132	62		5.3	260
	280	95		91.7		79.2			
	324	85		100		75			
200S95A	198	94	2950	74.5	110	68		5.3	260
	270	87		85.3		75			
	310	80		91.1		74			
200S63	216	69	2950	54.8	75	74		5.8	230
	280	63		58.3		82.7			
	351	50		66.4		72			
200S63A	180	54.5	2950	38.2	55	70		5.8	230
	270	46		45.1		75			
	324	37.5		47.3		70			
200S42	216	48	2950	34.8	45	81		6	180
	280	42		38.1		84.5			
	342	35		40.2		81			

　　对于工作效率要求比较高的水泵，还需要校核流量、扬程或效率的偏差。选定泵的型号后，根据泵在管路系统中的情况，判断在流量、扬程变化过程中工作点是否在高效区内。对于吸入高温液体或高吸程的泵还需要对汽蚀性能进行校核。若不满足要求，需另行选择。

　　2. 利用泵的系列型谱选择

　　由相似定律知道，通过改变泵的转速可以改变泵的工作范围，另外，还可通过切割叶轮外径或更换叶轮来改变泵的工作范围。这样，在泵的其他主要部件基本不变的情况下，通过改变叶轮的转速和尺寸即可得到若干台性能相似且工作范围不同的泵。通常，将许多同一类结构、不同规格泵的工作范围绘在同一坐标图中，称为型谱。每种系列的泵都有相应的型谱称为泵的系列型谱，如单级离心泵、锅炉给水泵等的系列型谱。这些泵的系列型谱在泵类产品样本中都可查到。

　　图 6-4 所示为 Sh 系列单级双吸离心泵的型谱，在图上，泵的工作范围是以性能曲线 H-q_V 与其叶轮切割后的性能曲线 H-q'_V 和与设计点附近的两条等效曲线共 4 条曲线所围成，如图 6-5 所示。为了便于选择，在型谱中对每台泵都规定一个合理的工作范围（通常以效率下降约 8% 为界限），即图中的 1-2 和 3-4。1-2 曲线为水泵原来的性能曲线 H-q_V；3-4 为水泵叶轮在允许切割范围内切割后的性能曲线 H-q'_V。

　　选型时，按照计算流量和计算扬程的数值在泵的系列型谱上找到交点，该交点就是所希

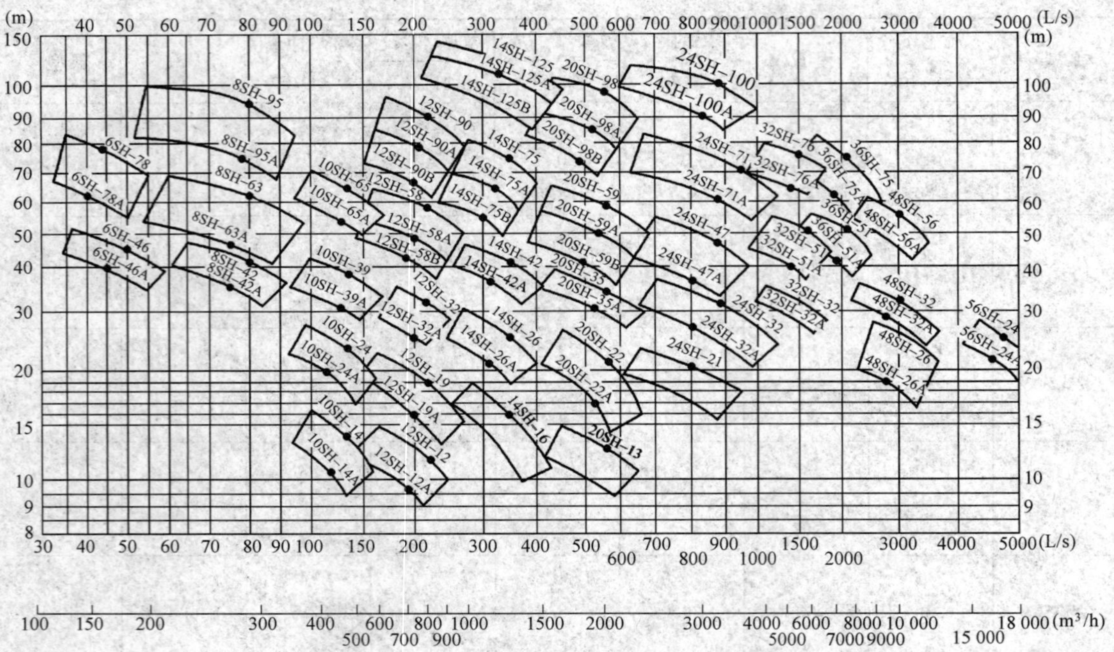

图 6-4 Sh 系列单级双吸离心泵的型谱

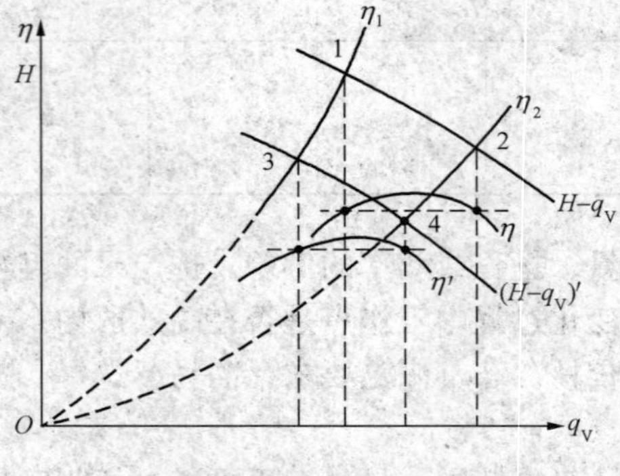

图 6-5 水泵四线图

望的工作点。在 4 线范围内，若流量、扬程的误差满足要求，该点临近的性能曲线所对应的水泵型号作为初选型号。如果交点不在 4 线区域内，可在等流量线上与计算参数交点邻近的 1～2 个 4 线图对应的水泵型号作为初选。在等流量线上查找，目的是确保所选的泵满足流量的要求。

（二）选泵的一般步骤

第一步，按照合理的裕量和联合工作方式确定单台泵的计算参数。

在确定泵的并联台数时应知道，采用一台大泵不仅效率要高于两台小泵的并联，而且造价也低，故最好是选一台大泵，而不用两台小泵。但遇有下列情况时，可考虑两台泵或多台泵并联工作：

（1）需要的流量很大，一台泵达不到此流量。

（2）需要有较大的设备备用率时，常采用两台泵并联工作，一台泵备用。对于一些大型泵，可选用三台 1/3 容量的泵并联，不另设置备用泵，在一台泵检修时，另两台泵仍然可承担 70% 的负荷。

（3）对于需要连续运转的泵，一般应设有备用泵。

在发电厂中常用的泵多数属于后两种情况。

第二步，根据求出的选型计算参数计算比转速 n_s 并选定转速 n。由比转速 n_s 初步确定泵的类型。

第三步，在初步确定类型的水泵性能表或系列型谱上选择适合的型号。

第四步，在泵产品样本上，细查所选型号的水泵性能曲线及其他相关参数。

第五步，在表上（或图上）核对已确定的泵工作点参数，如果效率满足要求，则选型工作完成，否则改变参数重复上述步骤重选。若仍然选不到合适的泵，且扬程相差较多，则可选扬程较大的泵，再对叶轮进行切割。或设法减小管路阻力损失后再选。

如有必要，还需校核汽蚀性能，即验证 $NPSH_a$ 是否大于 $1.1 \sim 1.3$ [NPSH]；也可反过来以 $NPSH_a$ 校改几何安装高度。

第六步，对于在运行中需要经常进行流量调节的大型泵，在确定好型号之后，为了保证其经济性，还要通过经济性分析比较后选定合适的调节方式。最后经过综合分析，选定一种水泵。

三、风机的选型方法

在风机设计规范中的工作参数是按标准入口状态确定的，而风机在实际使用条件下工作参数会因风机的吸入压力、介质温度和密度而异，因此在选型之前必须将使用条件下的风机吸入参数换算为标准参数。参数换算实际上就是将风机在使用条件下，其设计流量所对应的全压和轴功率换算成符合规范的标准吸入状态下的全压和轴功率。可由式（6-1）和式（6-2）计算

全压
$$p_0 = p \frac{\rho_0}{\rho} = p \frac{101\,325}{p} \times \frac{273 + t}{273 + t_0} \qquad (6-1)$$

轴功率
$$P_0 = P \frac{\rho_0}{\rho} = P \frac{101\,325}{p} \times \frac{273 + t}{273 + t_0} \qquad (6-2)$$

式中　p_0，P_0——风机进口设计标准状态下相当的全压和轴功率；

　　　　t_0——制造厂提供的风机进口设计标准状态下相应的温度，对于一般用途的通风机，$t_0 = 20\text{℃}$；对于引风机，则根据引风机的容量而定，$t_0 = 250 \sim 140\text{℃}$ 不等；

　　　　p，P——在使用条件下的吸入压力和轴功率；

　　　　t——在使用条件下风机进口气流温度。

在合理地确定风机参数裕量的基础上，用上述方法可计算出风机的选型计算参数 p_0 和 P_0，以供风机选型之用。

风机选型方法有以下三种。

1. 利用风机性能表选择

具体做法与利用性能表选择水泵相同，这里不再重复。

2. 利用风机性能选择曲线选择

把同系列而不同规格的风机的全压、功率、转速与流量的关系绘制在同一张对数坐标图上的这些曲线就是风机性能选择曲线。如图 6-6 所示为 G4-13（4-72）型风机性能选择曲线，图中 No 为机号，是叶轮直径（单位 m）乘以 10 后取整。图中有 No、转速 n 和风机轴功率 P 三组等值线和一系列高效率工作区的性能曲线。

性能选择曲线选择风机的具体选择步骤如下：

第一步，根据风机是否为联合工作，确定单台风机的最大流量和最大全压。

第二步，按合理的富裕量确定风机计算参数，并换算成标准状态下的计算参数。

第三步，按上述确定的计算参数算出风机比转速 n_y，确定风机的系列及其选择曲线。

第四步，根据计算参数查取选择曲线，即在 p-q_v 坐标图上由计算参数确定的交点所对

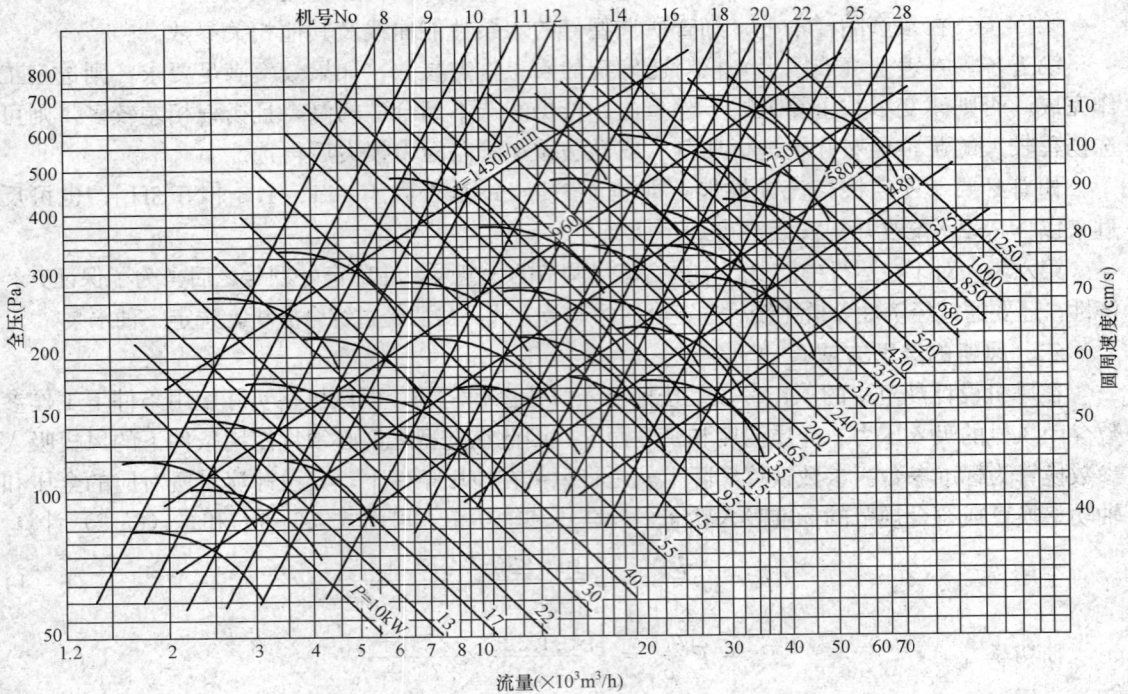

图 6 - 6　G4-13（4-72）单吸离心锅炉送风机性能选择曲线

注：轴向导流器全开，进口温度为 20℃，进口压力为 101 325Pa，介质密度为 1.2kg/m³。

应的型号即为所选风机，这就确定了所选风机的机号、转速和功率。若流量和全压交点不在性能曲线上，如图 6 - 7 所示的交点在 1 点，则沿该点的等流量线（保证流量要求）向上查找，找到与之接近的两条性能曲线并与等流量线相交的 2 点和 3 点，这两条性能曲线所对应的型号即为所选的两个参考的型号。在两性能曲线最高效率点上即可查到对应的机号、转速和轴功率。

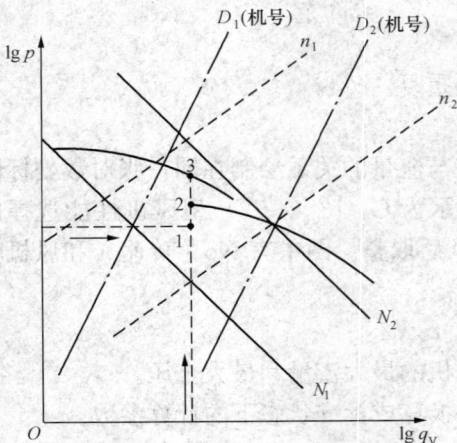

图 6 - 7　风机性能选择曲线的使用

第五步，对所选型号的风机进行经济性分析，综合比较，最后选定一种。

3. 利用风机的无因次性能曲线选择

无因次性能曲线代表了相似的同类风机的性能，用它可做不同类型风机的性能比较，所以用无因次性能曲线选择风机，比较容易确定风机的类型。选择风机时的步骤如下：

第一步，先确定使用状态的计算参数并将其折算成标准状态的计算参数（q_{V0}、p_0），再根据换算后的计算参数和转速求出风机比转速 n_y。

第二步，根据需要和限制，查出与 n_y 相近的几种类型风机的无因次性能曲线，得到对应的无因次性能参数 $\overline{q_V}$、$\overline{p}$、$\overline{P}$ 及 η。

第三步，综合比较后选出一种最合适的类型。

第四步，根据无因次参数、转速和风机计算参数（q_{V0}、p_0 等）由式（4-46）和式（4-47）求出所选风机的叶轮直径 D_2。若用 p_0 和 q_{V0} 分别求出的 D_2 不相等，若其差未超过允许值，求出的 D_2 合格，否则再按上述步骤重选。也可以先不确定转速，由无因次系数 $\overline{q_V}$、$\overline{p}$ 直接求出 D_2，在产品系列机号中选择与 D_2 相等或接近的 D_2'，再由 D_2' 按式（4-46）和式（4-47）求出转速 n。然后在现有的电动机产品中选出转速与 n 相近的电动机，用电动机的转速 n' 取代 n。再用新确定的转速 n' 和叶轮直径 D_2' 重新求 $\overline{q_V}$、$\overline{p}$，在无因次性能曲线图上检验该工况点，若该工况点恰好位于无因次性能曲线上或很靠近曲线，说明 n' 和 D_2' 合适，否则需重新确定。

第五步，在上述过程确定了风机的类型（即系列型号）、机号 No 和转速 n 后，就可以根据其他要求在现有的风机系列产品中选择适合此次选型设计要求的风机了。其他的要求主要是指确定风机出口方向、传动方式、轴承支撑方式等。

第三节 泵与风机叶轮的切割

或是由于泵与风机的选型失败，或是由于在实际工作中管路系统的变化，现实中常有泵与风机工作点长期偏离最佳工况点的情况，严重时使泵与风机的工作效率明显下降。如果泵与风机的流量和扬程都有过大的裕量，可用切割叶轮叶片的方法来减小叶轮的外径 D_2 以适应性能参数的要求，达到节能增效的目的。

一、叶片的切割定律

由泵与风机的基本方程式可知，叶轮的扬程或全压与其外径 D_2 的大小密切相关。因此改变叶轮的出口直径，会使泵与风机性能发生变化，使性能曲线平移。泵与风机叶轮切割前后的流量、扬程（全压）、轴功率的变化规律就是泵与风机的切割定律。

对应于低比转速和中、高比转速泵与风机，切割定律有不同的公式。

低比转速的泵与风机
$$\frac{q_V'}{q_V} = \left(\frac{D_2'}{D_2}\right)^2 \tag{6-3}$$

$$\frac{H'}{H} = \left(\frac{D_2'}{D_2}\right)^2 ; \frac{p'}{p} = \left(\frac{D_2'}{D_2}\right)^2 \tag{6-4}$$

$$\frac{P'}{P} = \left(\frac{D_2'}{D_2}\right)^4 \tag{6-5}$$

中、高比转速泵与风机
$$\frac{q_V'}{q_V} = \frac{D_2'}{D_2} \tag{6-6}$$

$$\frac{H'}{H} = \left(\frac{D_2'}{D_2}\right)^2 ; \frac{p'}{p} = \left(\frac{D_2'}{D_2}\right)^2 \tag{6-7}$$

$$\frac{P'}{P} = \left(\frac{D_2'}{D_2}\right)^3 \tag{6-8}$$

式（6-3）～式（6-8）中加上角标 ′ 表示切割之后的量。

需指出的是，切割定律公式在形式上和应用时很像相似定律，但是叶轮切割前后的几何相似已不存在，故此时相似定律不成立。然而，在切割量不大时，由于叶轮出口安装角变化有限，可认为运动相似近似成立，也就是说，叶轮切割前后的速度三角形是近似相似的，如

图 6-8 所示。切割定律正是以这一线索推导出的。

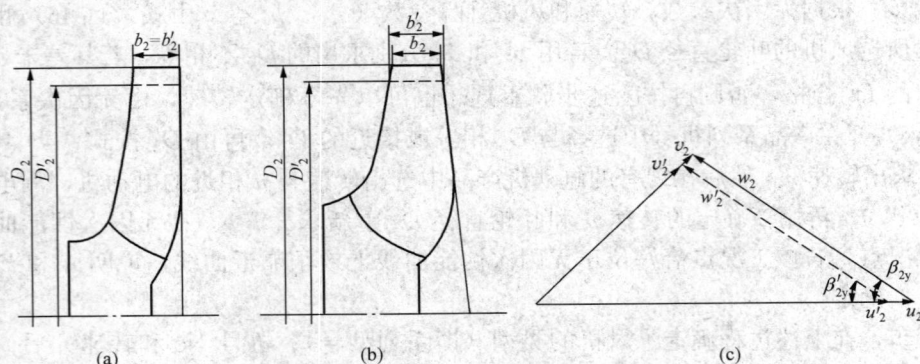

图 6-8　叶轮切割
(a) 低比转速叶轮；(b) 中、高比转速叶轮；(c) 叶轮出口速度三角形

应用切割定律需要区分低比转速和中、高比转速两种情况。对于离心泵而言，低比转速是指 $n_s = 30 \sim 80$；中、高比转速是指 $n_s = 80 \sim 350$。对于离心风机并没有严格界限，要根据叶轮前盘的形状而定，前盘形状如果近似平直，应按低比转速处理；前盘形状如果为锥形或弧形，则应按高比转速处理。实际上以比转速等于多少为分界点并不十分重要，区分比转速高低的目的是判断叶轮的形状，如图 6-8 所示。低比转速的叶轮在切割量不大时，叶片出口宽度基本上不变；对于中、高比转速叶轮，其切割前后的叶片宽度有明显的变化，这是造成低比转速叶轮和中、高比转速叶轮对应不同切割定律的原因所在。因此也可仅根据叶轮形状来判断使用切割定律的哪一组公式。

二、切割曲线

同相似定律类似，切割定律并不能直接反映任意工作点参数的变化规律，那么应用割定律时就必须知道符合切割定律的工况点是怎样的规律。

根据式 (6-3) 和式 (6-4) 可得

$$\frac{H'}{q'_V} = \frac{H}{q_V} = \cdots = K_1$$

所以，与切割前的工况点 A 同时满足切割定律的所有工况点必然落在曲线 $H = K_1 q_V$ 上，这条曲线就称为低比转速泵与风机的切割曲线。同样方法可以推导出中、高比转速泵与风机的切割曲线方程为 $H = K_2 q_V^2$。

图 6-9 中分别给出了低比转速和中、高比转速泵与风机的切割曲线，图中的原工况点 A 在叶轮切割后变为 A'。值得注意的是，只有在同一条切割曲线上的工况点才满足切割定律，且原性能曲线上每个工况点各自只能对应一条切割曲线。这一点和比例定律的应用是类似的。

要进行叶轮切割，首先要利用切割定律来确定切割量，这就要通过做切割曲线来寻找到原性能曲线上的，与切割后工作点（希望达到的）之间满足切割定律的另一个工况点。

三、切割定律的应用

切割定律的应用，首先应根据叶轮形状或比转速大小确定选用合适的公式；然后通过所需的工作点作切割曲线，与原性能曲线交得一工况点，这个工况点与所需工作点之间满足切

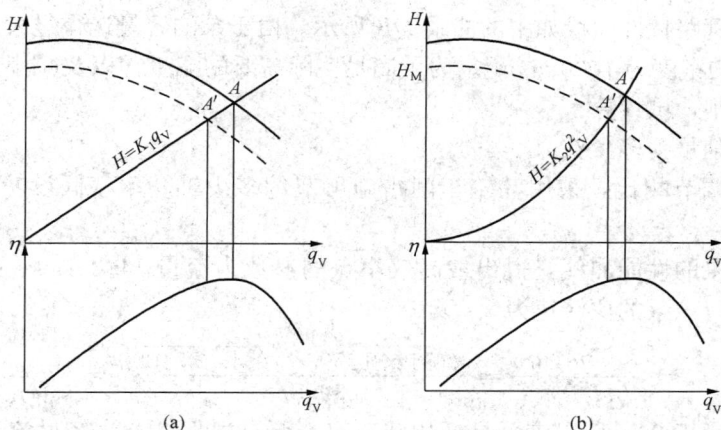

图 6-9　泵与风机叶轮切割曲线

(a) 低比转速叶轮；(b) 中、高比转速叶轮

割定律；由此求出切割后的直径 D_2'，则切割量即为 $\Delta D_2 = D_2 - D_2'$。

在进行叶轮切割时要注意以下问题：

(1) 切割定律是在一些近似和假设的条件下得出的，因此不是一个精确的关系式，存在着较大误差。故在切割时要分多次试探进行，避免一次切割超量。一般总的最大相对切割量为离心泵 $\Delta D_2 / D_2 = 9\% \sim 20\%$，离心风机 $\Delta D_2 / D_2 = 7\% \sim 15\%$（比转速较大时取小值；比转速较小时取大值）。

(2) 叶轮的切割往往会破坏叶轮平衡，因此，切割后的转子需要做动、静平衡试验。

(3) 离心泵叶轮切割后要用锉削的方法修复叶片的末端。一方面，锉削叶片工作面，以恢复原来叶片出口角；另一方面，锉削叶片背面，扩大叶轮出口有效面积，使流量增加。锉削应深入到流道内一定的深度，使叶片均匀过渡到正常厚度。

(4) 对于低比转速泵与风机，可以将叶片与叶轮同时切割，或只切割叶片保留前后盖板。对于高比转速离心泵，可采用斜切，即前盖板的切割量小于后盖板的切割量，也可以只切叶片，保留前后盖板。

(5) 对于多级离心泵，如果多余扬程低于单级叶轮扬程的 1/5 时，只切割末级叶轮即可，且只切叶片；若多余扬程大于单级扬程的 1/5 时，则需切割除了首级叶轮之外的各级叶轮；多余扬程达到一个单级叶轮扬程时，则可拆除一级叶轮。

(6) 在风机的出力不足的情况下，有时可以将叶轮的叶片加长。其加长量的计算和切割的方法相同，但是一定要校核叶轮、轴的强度，并进行功率校核计算，以免电动机过载。

【例 6-1】　某两级单吸离心泵的转速为 1450r/min，叶轮外径为 250mm，其性能曲线如图 6-10 所

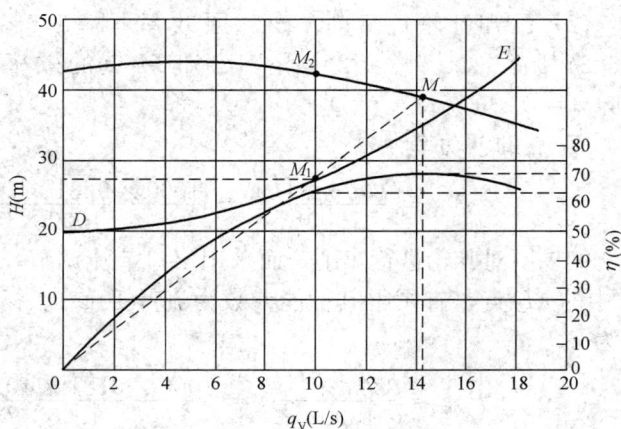

图 6-10　[例 6-1] 图

示,阀门全开时管路特性曲线如中的曲线 DE 所示。由于泵的容量选得过大,实际所需的流量为 $10L/s$,水的密度为 $1000kg/m^3$。为了满足实际需要的流量,以及减小节流损失,拟对叶轮外径进行车削,试计算:

(1) 叶轮车削量为多少?

(2) 与节流调节相比,采用叶轮车削措施可节约多少轴功率(假设叶轮每车削 10%,泵效率下降 1.5%)?

解 (1) 查泵的性能曲线,得出最高效率点的参数为流量 $14.25L/s$、扬程 $39.5m$。因为是两级泵,所以该泵的比转速为

$$n_s = \frac{3.65n\sqrt{q_V}}{(H/2)^{3/4}} = \frac{3.65 \times 1450 \times \sqrt{14.25/1000}}{(39.5/2)^{3/4}} = 67.4$$

因为比转速小于 80,所以该泵是低比转速离心泵。根据题意,经过流量为 $10L/s$ 的坐标线与曲线 DE 的交点 M_1,就是泵叶轮车削后的工作点,M_1 点的性能参数为流量 $10L/s$、扬程 $27.5m$。因为是低比转速泵,所以过 M_1 点和原点作车削直线,它与泵扬程曲线 $H\text{-}q_V$ 的交点 M,就是与车削前的 M_1 点相应的工况点。M 点的性能参数为流量 $14.25L/s$、扬程 $39.5m$、效率 70%。

用 M 点和 M_1 点流量计算叶轮车削后的直径。

由车削公式 $\dfrac{q'_V}{q_V} = \left(\dfrac{D'_2}{D_2}\right)^2$ 得

$$D'_2 = \sqrt{\frac{q_{V,M1}}{q_{V,M}}}D_2 = \sqrt{\frac{10}{14.25}} \times 250 = 209.4(\text{mm})$$

用 M 点和 M_1 点扬程计算叶轮车削后的直径。

由车削公式 $\dfrac{H'}{H} = \left(\dfrac{D'_2}{D_2}\right)^2$ 得

$$D'_2 = \sqrt{\frac{H_{M1}}{H_M}}D_2 = \sqrt{\frac{27.5}{39.5}} \times 250 = 208.6(\text{mm})$$

上面两种方法计算出的结果有较小偏差,这是由于查图误差所导致,为了保证车削后的流量、扬程能满足需要,取上述两直径的大值,即车削后叶轮外径为 209.4mm,车削量为 $250-209.4=40.6$mm,相对车削量为 $40.6/250=0.1624=16.24\%$。

(2) 已知叶轮每车削 10%,泵效率下降 1.5%,现车削 16.24%,所以效率将下降 $(16.24/10) \times 1.5\% = 2.44\%$,已知 M 点的效率为 70%,故 M_1 点的效率为 $70\% - 2.44\% = 67.56\%$。

M_1 点的轴功率为

$$P_{M1} = \frac{\rho g q_{V,M1}H_{M1}}{1000\eta_{M1}} = \frac{1000 \times 9.81 \times 10/1000 \times 27.5}{1000 \times 0.6756} = 4(\text{kW})$$

如果不对叶轮进行车削,而采用出口节流调节,当流量为 $10L/s$ 时,泵工作点为图 6-10 中的 M_2 点,查图得其性能参数为流量 $10L/s$、扬程 $42.5m$、效率 64%。此时泵的轴功率为

$$P_{M2} = \frac{\rho g q_{V,M2}H_{M2}}{1000\eta_{M2}} = \frac{1000 \times 9.81 \times 10/1000 \times 42.5}{1000 \times 0.64} = 6.5(\text{kW})$$

所以,与节流调节相比,采用叶轮车削措施可节约轴功率 2.5kW。

思　考　题

6-1　提高泵与风机的运行经济性一般应从哪几个方面考虑？

6-2　为什么说泵与风机调节方式的经济性和调节效率不是同一个概念？

6-3　影响泵与风机选型的因素有哪些？

6-4　泵与风机选型的原则、方法和步骤如何？

6-5　怎样利用水泵型谱和风机性能选择曲线选择泵与风机？

6-6　为什么不同比转速的叶轮适用的切割定律不同？

6-7　进行叶轮切割时如何合理地确定切割量？

第七章　火力发电厂常用的泵与风机

　　泵与风机是火力发电厂中最重要的辅机之一，它们之间分工协作，驱动各种介质有规律地流动，使机组能够完成能量转换的任务。由于火力发电厂中的泵与风机种类繁多，无法一一详述，本章主要以国产 300MW 机组配套的给水泵、凝结水泵、循环水泵、送风机、引风机和一次风机、排粉机等为例，讲述火力发电厂中主要的泵和风机的结构、性能和运行等方面的特点。

第一节　给水泵及其前置泵

　　给水泵是火力发电厂各种辅机中消耗功率最大的设备，其作用是将给水加压后送至锅炉。它工作在高温、高压条件下，对工作的安全性、可靠性和经济性都有很高的要求。太原第一热电厂 300MW 汽轮发电机组为四川东方电站集团公司生产的亚临界机组，设置 3 台锅炉给水泵，型号为 DG600-240（FK6D32）。为了防止给水泵发生汽蚀，每台给水泵入口前设有 1 台前置泵，型号为 FA1D56。给水泵与前置泵由同一台电动机驱动，前置泵和主给水泵均由上海修造电力总厂生产，给水泵为筒体芯包形式、卧式布置。

　　电动机、前置泵、变速箱及主给水泵的驱动方式与介质流向如图 7-1 所示，从图中可以看出，电动机一端通过联轴器与前置泵相连，另一端通过变速箱及耦合器与主给水泵相连。介质的流向为：除氧器来水通过前置泵升压后进入主给水泵，给水在主给水泵中升压后送往锅炉省煤器。在给水泵的第二级叶轮处接有一出水管，是为再热器提供减温水用的。另外，在给水泵出口门前设有最小流量再循环，以防止给水泵小流量下汽蚀。

　　下面将介绍该给水泵及前置泵的结构特点、辅助设备、主要技术参数、运行维护等方面的知识。

一、前置泵

　　前置泵的主要作用是提高给水泵入口的压力，防止给水泵发生汽蚀。由于前置泵的转速较低（1490r/min），并且采用双吸式结构，因此具有良好的抗汽蚀能力。前置泵的结构如图 7-2 所示，为双吸单排闭式单级离心泵，其外壳为水平中开式结构，泵的出口与入口均在泵壳的下部，有利于前置泵的检修。现将前置泵的主要部件说明如下。

　　1. 前置泵外壳

　　前置泵外壳为优质碳钢铸件，壳体的中分结合面上有一层石棉纸垫，为了减少法兰盘在压力载荷与热冲击联合作用下的变形，采用了高强度螺栓连接。泵脚与泵壳整体铸造，支撑在泵座上，泵壳和泵座的结合面接近轴的中心线，滑键的配置可以保持纵向与横向对中，并适应热膨胀的需要。

　　2. 叶轮

　　双吸式离心叶轮为不锈钢铸件，双吸式结构可确保叶轮的轴向推力基本平衡，剩余的轴向推力很小，不需要专门的轴向推力平衡装置，泵启停过程的轴向推力由自由端的双向推力

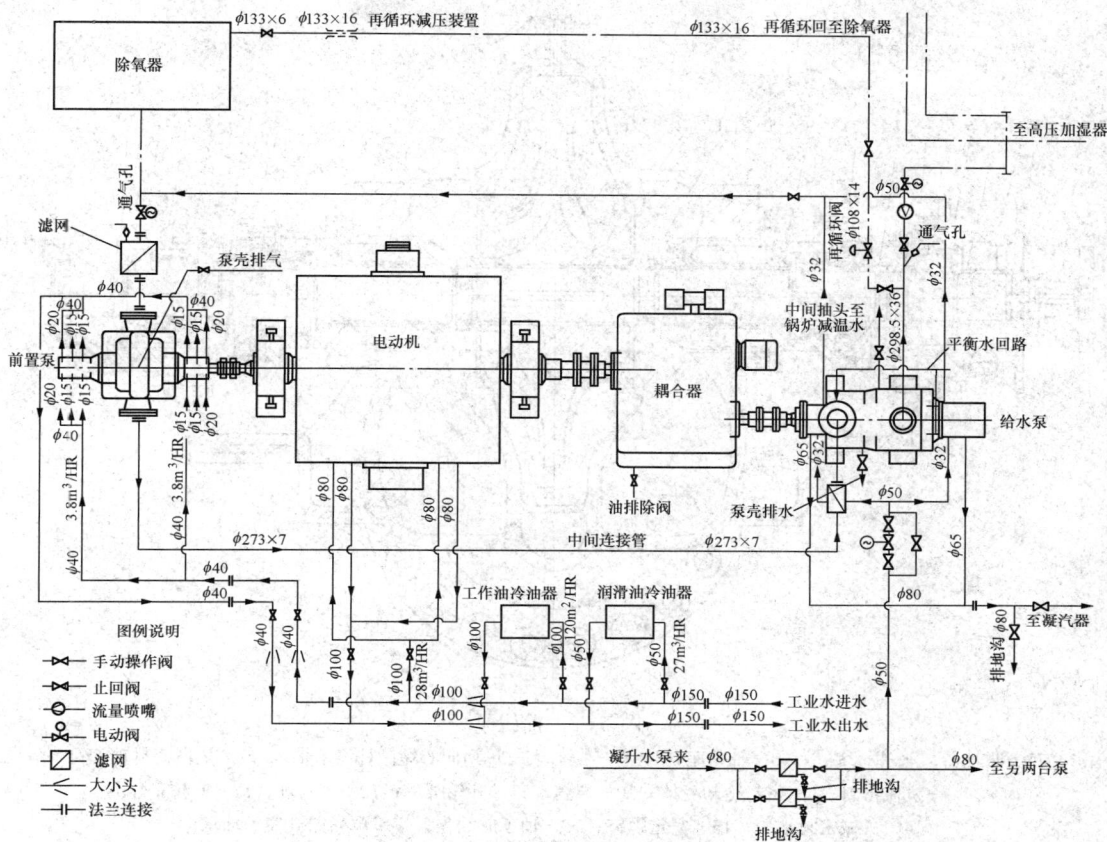

图 7-1　给水泵布置与介质流向

轴承承担。叶轮由键固定在轴上，轴向位置由叶轮两端轮毂的螺母固定，使得叶轮定位在泵壳的中心线上。

3. 轴

泵轴是由不锈钢锻制而成，在淬火和回火前先粗加工，经切削加工至径向留有 3mm 的余量，然后将轴置于一垂直炉中消除应力，再进行最后磨削加工。

4. 叶轮密封环（或称耐磨环）

为了减少叶轮入口的容积损失，在叶轮两侧的入口处装有叶轮密封环。叶轮密封环由两部分组成，一部分装在泵壳上，另一部分用螺钉固定在叶轮上，这样既可以起到密封作用，又能防止叶轮与泵壳的磨损。

5. 轴封

由于泵轴与泵壳之间有相对运动，为了防止泵内的水沿转轴流出，在前置泵的两侧均采用了机械密封。密封的动环与轴一起转动，静环用防转销固定在泵壳上，动环在弹簧的作用下紧压在静环上，使动环与静环沿轴向紧密接触，从而达到密封的目的。在密封的端面上通有来源于凝结水的冷却水，冷却水兼有冷却和润滑作用。另外，机械密封的冷却套也通有冷却水，该冷却水来自工业水。

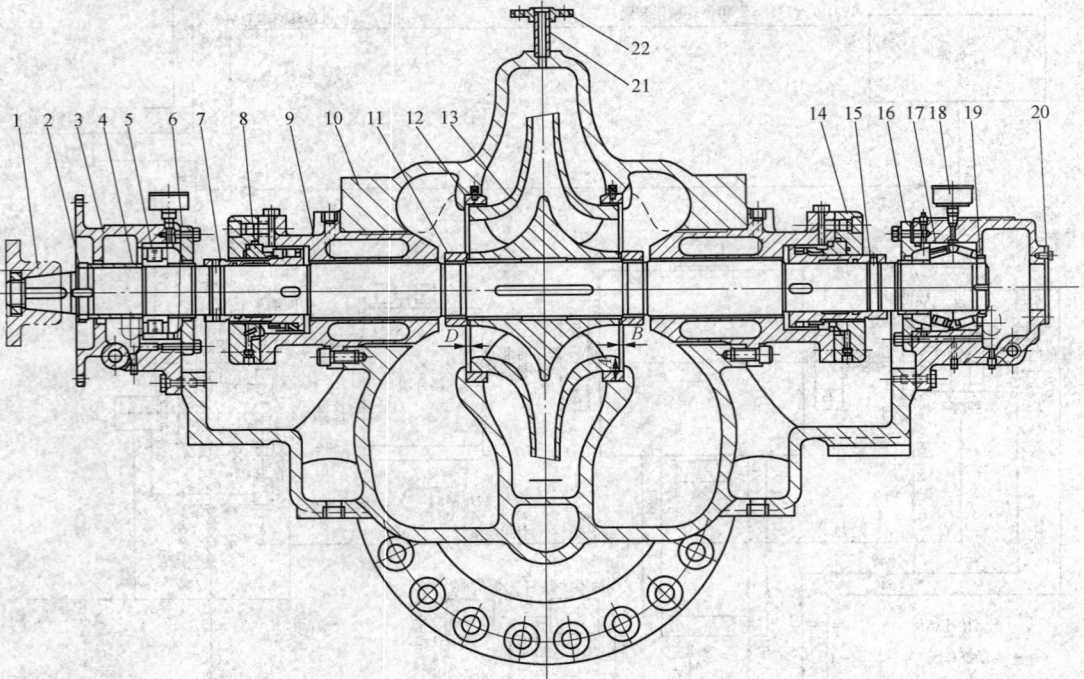

图 7-2　前置泵

1—联轴器；2—锁紧螺母；3—轴承座；4、6—轴套；5—单列向心短圆柱滚子轴承；7—机械密封轴套；
8—机械密封；9—密封冷却壳体；10—泵盖；11—叶轮螺母；12—密封环；13—叶轮；
14—机械密封端盖；15—紧定螺钉；16—轴承座端盖；17—单列圆锥滚子轴承；
18—油杯；19—锁紧螺母；20—端盖；21—短管；22—法兰

6. 轴承

前置泵的端侧（远离联轴器）有两个单列圆锥滚子轴承，该轴承除了可以承担转子运行中的径向力外，还可以承担一定的双向轴向推力。在前置泵的腰侧（靠近联轴器）有一个仅能承受径向力的单列向心短圆柱滚子轴承。为使这些轴承具有良好的润滑条件而采用强制润滑方式，润滑油来自耦合器的油系统。

二、主给水泵

给水泵为卧式圆筒型多级离心泵，如图 7-3 所示。外筒是泵的外壳体，与泵的出、入口管道相连。泵芯包为分段式结构，共有 5 段，各段之间用螺栓固定。给水泵共有六级叶轮，在给水泵的第二级叶轮出口处有一中间抽头，为再热器提供减温水。当给水泵检修时，芯包可从外筒中抽出，不需拆装泵的出、入口管道，并且便于联轴器的对中，如果利用备用芯包可使检修时间大大缩短。下面对该给水泵的各部件作一介绍。

1. 泵壳（外筒）

圆筒式的壳体结构更适于高参数、大容量的给水泵。在泵的外壳体与内部壳体之间充有来自水泵末级叶轮出口的高压水，使各级壳体的温度、压力的差值减小，使水泵的热流和应力均匀对称，即使泵受到剧烈的热冲击时，也能保证泵的同心度，从而提高泵运行的可靠性。内芯可以制成节段式，也可制成水平中开式。如制成节段式内芯，可以不用拉紧螺栓。

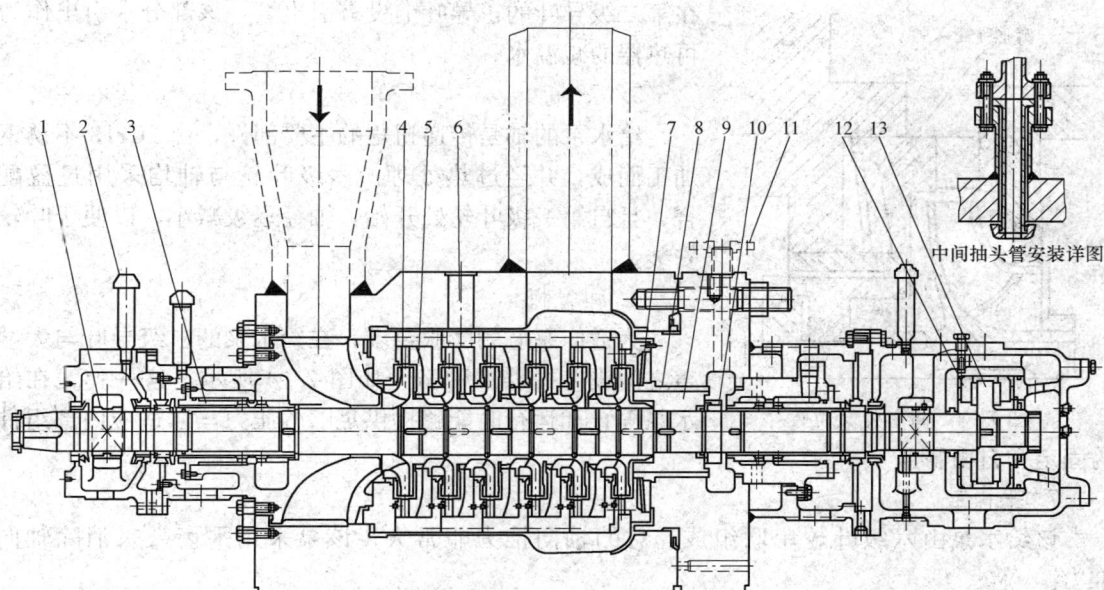

中间抽头管安装详图

图 7 - 3　主给水泵结构

1—径向轴承；2—呼吸器；3—机械密封；4—叶轮；5—导叶；6—中间抽头；7—碟形弹簧；
8—平衡衬套；9—平衡鼓；10—紧固螺母；11—平衡鼓泄水出口；12—推力瓦；13—推力盘

因为末级叶轮输送的高压水会将节段压紧，这样内壳体的节段接合面间不会产生泄漏。这种结构的给水泵在检修时不必拆卸圆筒和进、出水管，只需将泵的整个泵芯从圆筒高压端抽出并更换备用的泵芯即可，大大缩短了检修时间，一般可在 8h 以内使给水泵投入运转。

泵外壳体采用焊接性能良好的锰钢锻体，进、出口管为锻钢件焊到外壳上。筒体内所有受高速水流冲击的区域都镀有不锈钢奥氏镀层以防止冲蚀。

2. 出、入口端盖

入口端盖（小端盖）位于泵的入口侧（腰侧），用螺栓与泵壳相连接，在入口端盖的中央是一环形吸入室，环形吸入室能使流体均匀地进入给水泵的首级叶轮，以减少流动损失。出口端盖（大端盖）位于泵的出口侧（端侧），为锰钢锻件，与末级导叶通过止口套接，在筒体的凹槽内嵌 O 形密封圈形成高效密封。出口端盖由双头大螺栓与圆筒体固定，在拆装螺母时需采用液压专用工具，以防止出口端盖变形。

3. 叶轮

该泵共有六级叶轮，由含铬 13% 的不锈钢浇铸而成。叶轮通过键安装到轴上，各级叶轮之间用挡套连接定位。为了防止叶轮与隔板之间的流体泄漏造成损失，在叶轮与隔板之间装有密封环（耐磨环）。另外，在各级叶轮的吸水侧也装有密封环，其作用是增加叶轮出水回流到吸入口的阻力，以减小叶轮出口泄漏到吸入口的流量。采用密封环后不仅能提高泵的效率，还能防止叶轮与隔板的磨损。

4. 导叶

该泵的六级叶轮都有导叶，导叶的材料与叶轮材料相同。各级导叶嵌在泵芯的环形隔板上，并用暗销固定。末级叶轮只有正导叶；正导叶将末级叶轮的出水汇集后从泵出口排出。

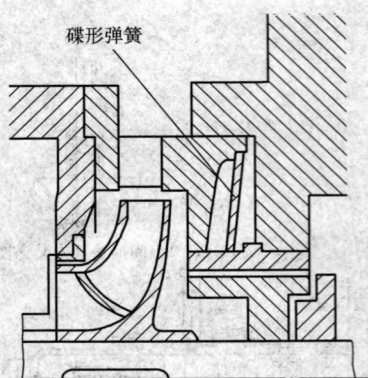

图 7-4　碟形弹簧位置

在第二级导叶的正导叶上设有引出管，该部分水引出作为再热器的减温水。

5. 泵轴

给水泵的轴是传递扭矩的主要部件，由 2Cr13 不锈钢加工而成，并经过热处理。六级叶轮与轴均采用过盈配合，且自第一级叶轮处开始，轴径逐级减小，以便于叶轮安装。

6. 弹簧板

为适应泵芯的膨胀要求，在给水泵的末级导叶与大端盖之间设有一碟形弹簧，如图 7-4 所示。这一弹簧在给水泵停止和运行时能够提供足够的压力，以适应内部组件的固定和自由膨胀。

7. 平衡鼓

该给水泵由六级叶轮串联组成，总的轴向推力非常大，该泵采用平衡鼓来消除轴向推力。

平衡鼓位于泵出口端盖内侧，其外圆表面与平衡衬套内表面均有环形沟槽减少泄漏量，径向间隙一般为 0.41～0.48mm。液体作用在平衡鼓上的平衡力不能完全消除轴向推力，特别是在泵启动过程中，因此在泵的端侧装有一推力轴承，当给水泵正常运行时，绝大部分轴向推力由平衡鼓承担，剩余的部分由推力轴承承担，而当给水泵启动时的轴向推力全部由推力轴承来承担。

8. 轴承

给水泵的两侧各有一个圆柱形径向滑动轴承支承，在给水泵的端侧还有一个自位瓦块式推力轴承，如图 7-5 所示。自位瓦块式推力轴承对两个方向的推力载荷有相同的承受能力，

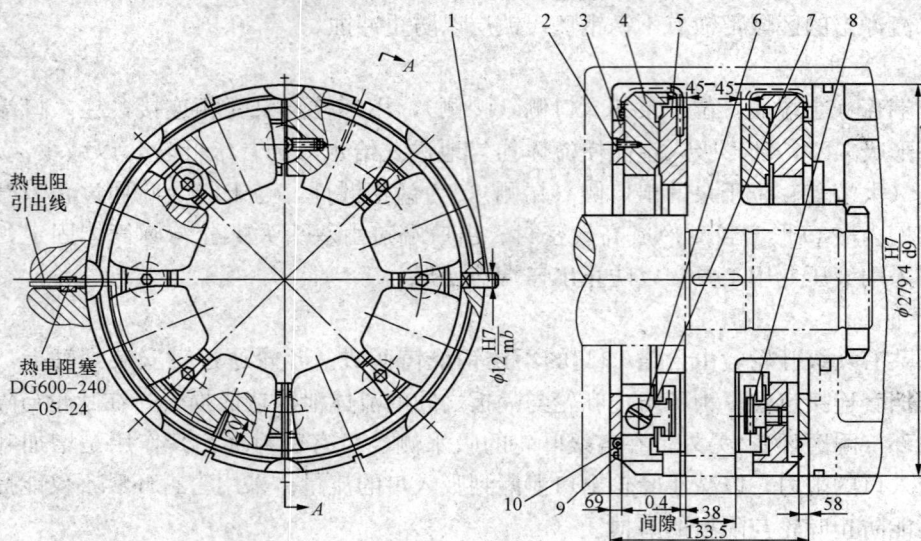

图 7-5　推力轴承

1—圆柱销；2—开槽盘头螺钉；3—衬垫；4—撑板；5—推力瓦块；6—半圆销；
7—开槽沉头螺钉；8—推力瓦块定位螺栓；9—开槽盘头螺钉；10—夹片

推力轴承的瓦块均布在支承环上各单独的定位件之间，瓦块外径嵌在支承环的法兰内，瓦块通过定位件的头部嵌在其两侧的凹槽内，工作时瓦块能够自由倾斜。推力轴承安装在一轴向中分的轴承室内，这种结构可以使泵在检修时调整和更换瓦块更加方便。

9. 轴封

在泵轴与泵壳之间有一定的间隙，为了防止水从间隙中漏出，主给水泵的出入口侧均采用了轴端密封装置。给水泵轴端密封可选机械密封或迷宫式密封，图 7-3 为迷宫式卸荷型密封，该密封的密封轴套与衬套均有反向的双头螺旋槽以减少泄漏。密封水来自凝升泵供给的凝结水，在泵运行时通过调压阀使密封水与卸荷水之间的压力差保持在 0.1MPa，密封水不进入泵内，泵内水也不泄漏出来。运行时凝结水进入迷宫密封后分成两路，一路与从泵内流出的热水混合，并卸荷回到前置泵的入口管，另一路向外泄漏经 U 形管进入凝汽器。当给水泵备用时，由于凝结水压力略高于泵进口压力，密封水就会沿密封的间隙漏入泵内。冷的凝结水进入泵内帮助泵更快地冷却，这样可防止泵内热水分层而造成的变形。

三、给水泵组的主要技术参数及性能曲线

1. 泵组主要技术参数

前置泵和主给水泵的技术参数分别由表 7-1 和表 7-2 给出。在主给水泵中间抽头阀打开和中间抽头阀关闭两种工况下，主给水泵和前置泵的参数均有相应的变化。

表 7-1　　　　　　　　　　前 置 泵 的 技 术 参 数

参　数	中间抽头阀打开	中间抽头阀关闭	参　数	中间抽头阀打开	中间抽头阀关闭
流量（m³/h）	647	597	轴功率（kW）	192.3	185.3
进口压力（MPa）	0.96	0.96	关死点扬程（m）	116	116
出口压力（MPa）	1.84	1.869	进水温度（℃）	166	166
扬程（m）	100	102.5	密度（kg/m³）	900	900
必需汽蚀余量（m）	3.8	3.6	转速（r/min）	1480	1480
有效汽蚀余量（m）	27.5	28	效率（%）	82.5	81

表 7-2　　　　　　　　　　主给水泵的技术参数

参　数	中间抽头阀打开	中间抽头阀关闭	参　数	中间抽头阀打开	中间抽头阀关闭
进口流量（m³/h）	647	597	抽头出口压力（MPa）	8.81	
出口流量（m³/h）	597	597	抽头阀流量（m³/h）	50	0
进口压力（MPa）	1.812	1.842	轴功率（kW）	4354	4218
出口压力（MPa）	22.78	22.78	进水温度（℃）	166	166
扬程（m）	2381	2377	密度（kg/m³）	900	900
必需汽蚀余量（m）	32.5	31	转速（r/min）	5410	5390
有效汽蚀余量（m）	124	127.5	关死点扬程（m）	3010	2985
效率（%）	82.3	82.5	泵质量（kg）	6960	

2. 电动机主要技术参数

电动机主要技术参数见表 7-3。

表 7-3　　　　　　　　　　　　电动机主要技术参数

项　目	参　数	项　目	参　数
额定功率（kW）	5500	启动电流倍率	5.75
额定电压（V）	6000	转速（r/min）	1489
额定电流（A）	607	效率（%）	97.1

3. 液力耦合器主要技术参数

液力耦合器主要技术参数见表 7-4。

表 7-4　　　　　　　　　　　　液力耦合器主要技术参数

项　目	参　数	项　目	参　数
输入转速（r/min）	1490	最大输出转速（r/min）	5410
增速齿轮齿数比	147/39	最小转差率（%）	1.7
泵轮转速（r/min）	5505	调节范围（%）	25～100
主油泵	FUZP450 齿轮泵	辅助油泵	ZP240 齿轮泵

4. 性能曲线

前置泵为定速泵，其性能曲线如图 7-6 所示。前置泵与主给水泵为串联关系，因此前置泵的流量随主给水泵的流量而变化。

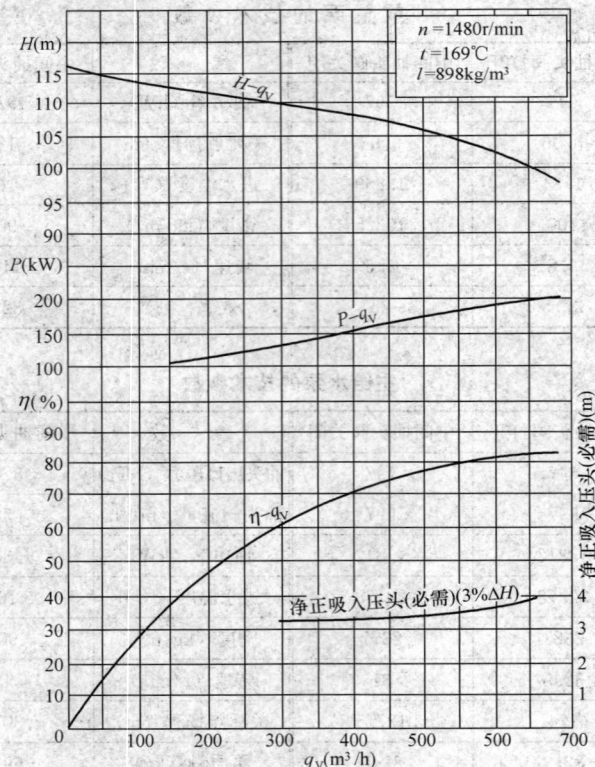

图 7-6　前置泵性能曲线

给水泵运行时，不论使用何种调节方法，都必须严格地保证其工作点在安全工作区内，否则可能会对泵造成损害。给水泵的安全工作区是由给水泵制造厂经过精确计算，并经过试验校正后得到的。图 7-7 为主给水泵的性能曲线，其安全工作区由最小控制流量线、最大控制流量线、最高转速线和最低转速线 4 条曲线围成，如图 7-8 所示。

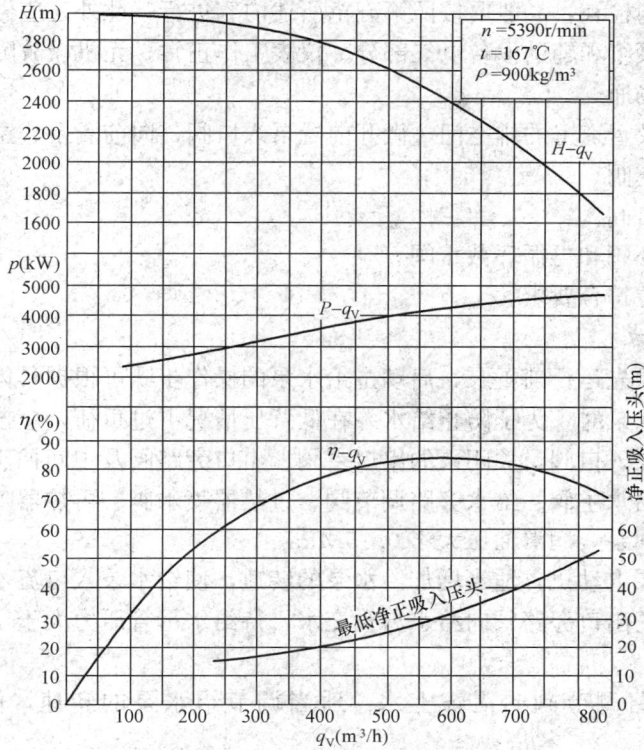

图 7-7　给水泵性能曲线

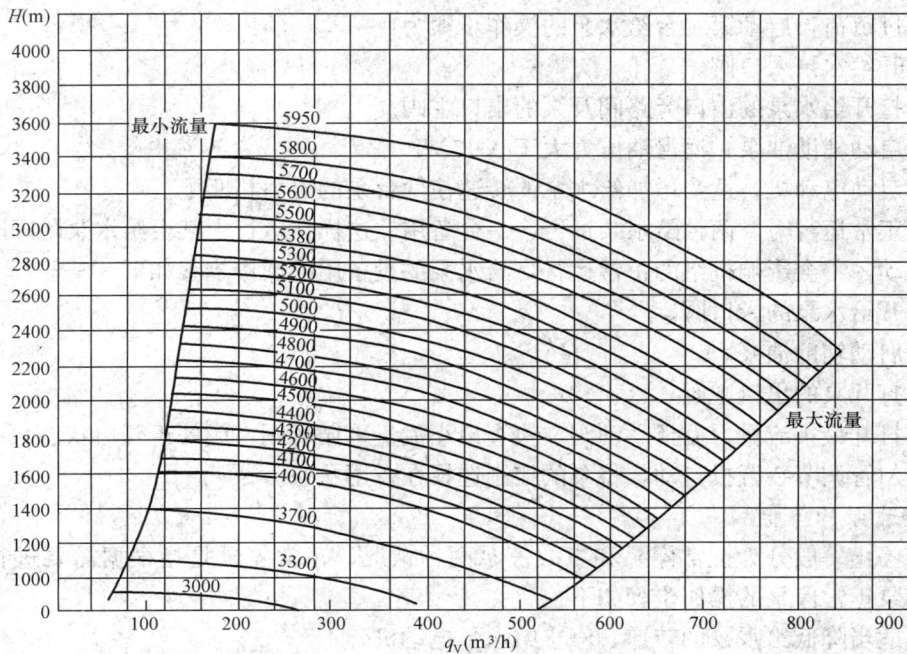

图 7-8　给水泵的工作范围

四、给水泵的运行与维护

1. 给水泵启动前的检查

泵组在启动前的检查，一般要按照第五章所述内容进行，此外还应做到：

（1）检查确认泵组和辅助设备电气部分、仪表工作正常，无机械故障，轴承及轴封冷却水水量充足，油路畅通。

（2）打开泵壳及管道上的排空门，微开前置泵入口阀，向前置泵、主泵及管道注水，当有水冒出时关闭排空阀。

（3）打开泵入口阀。

（4）打开再循环阀和再循环截止阀。

（5）除氧器水位符合要求。

2. 给水泵的启动

泵组的启动必须先运行前置泵，启动主给水泵的操作步骤可根据具体情况进行。

启动第一台给水泵时，为了防止给水泵在低背压情况下过负荷，应按下列步骤操作：

（1）打开给水泵入口阀，关闭泵的出口主阀、出口旁路阀及中间抽头阀。

（2）关闭锅炉给水主阀、给水旁路调节阀、过热器喷水阀、再热器喷水阀。

（3）启动辅助油泵，润滑油压大于 0.15MPa。

（4）启动给水泵电动机，适当增加给水泵的转速，使给水泵入口流量大于 148t/h。

（5）开给水泵的出口旁路阀向给水母管充水，待给水母管压力大于 4MPa 后，开启给水泵的出口主阀。

（6）用给水旁路调节阀向锅炉上水，适当调节给水泵的转速，使给水母管压力大于 4MPa。

在已启动了一台给水泵之后启动第二台泵时，由于给水母管压力已经有所升高，不会发生给水泵过负荷，启动第二台给水泵的操作步骤为：

（1）开给水泵入口阀。

（2）打开给水泵的出口旁路阀及泵的出口主阀。

（3）启动辅助油泵，润滑油压力大于 0.15MPa。

（4）启动电动机，适当增加给水泵的转速使两台泵的出力相匹配。

锅炉正常运行时，两台给水泵运行，一台备用。这样在运行中某台给水泵跳闸时，备用泵自动启动，不会影响机组的正常运行，给水泵的投备用的操作步骤如下：

（1）开给水泵的入口阀。

（2）启动辅助油泵。

（3）打开泵的出口主阀。

（4）打开最小流量再循环手动阀，检查最小流量再循环阀（应处于开启状态）。

（5）勺管调节装置投自动，将泵的控制选择在备用状态。

3. 给水泵的停止

泵的停止一般分为正常停泵和事故停泵两种情况，正常停泵是指根据需要进行人为停泵，给水泵正常停泵的操作步骤如下：

（1）适当降低给水泵的转速，停止给水泵电动机。

（2）停泵后检查辅助油泵是否联动。若辅助油泵没有联动，应立即启动。

（3）关闭泵的出口阀（若停泵作热备用时，不关泵的出口阀）。

（4）检查泵是否有倒转现象。

（5）长期停运时投入电动机的电加热器。

给水泵因事故而停止运行即为事故停泵。为了防止给水泵在异常情况下损坏，给水泵设有许多保护，在运行中达到保护定值时将自动跳闸。给水泵的保护定值见表7-5。

表7-5　　　　　　　　　　给水泵保护定值

保　护　项　目	定　　　值
工作油冷油器的入口油温度	≥130℃
润滑油压	≤0.08MPa（表压）
给水泵入口压力	≤1.25MPa（表压）延时30s
给水泵流量	≤148t/h，10s再循环阀没打开
密封水压差	≤0.015MPa
密封水回水温度	≥90℃
液力耦合器轴承温度	≥95℃
液力耦合器工作油冷油器出口油温	≥85℃
液力耦合器润滑油冷油器入口油温	≥70℃
液力耦合器润滑油冷油器出口油温	≥60℃

给水泵的功率很大，为了减少其故障跳闸时对厂用电负荷的冲击，通常1、2号泵各占一段厂用电母线，3号给水泵的电源可在两段厂用电母线上切换，切换的原则是尽量避免两台运行泵在同一母线上工作。

4.运行中给水泵的检查

（1）检查管道及阀门有无泄漏，泵体有无异常声音和振动，检查机械密封无漏水。

（2）记录泵出口压力及耗电量，并与以前的记录数值相比较。

（3）检查各轴承温度，检查润滑油的流通情况，检查变速箱的油位是否正常。

（4）检查密封水的流通情况，检查各处冷却水循环是否正常。

（5）检查电动机空气冷却器的温度。

（6）检查所有的螺栓牢固，必要时紧固。

五、给水泵的事故处理

给水泵在运行时可能发生各种意外情况。当给水泵发生故障时，应做到及时发现，准确判断，正确处理，以防事故的扩大。现将运行中可能发生的故障现象、原因及处理方法列于表7-6。

表7-6　　　　　　　　　　给水泵的事故处理

序号	故障现象	故障原因	处　理　方　法
1	泵组不能启动	电源故障	检查电源
		电动机故障	检查主电动机
		泵卡塞	拆下联轴器，确定卡塞部位，必要时解体检查给水泵
		泵的启动条件不满足	检查各种启动条件，整定泵的保护值

序号	故障现象	故障原因	处 理 方 法
2	泵的出力下降	电动机或电源故障	检查电动机或电源
		泵倒转	检查泵的转向
		泵内磨损严重	拆泵检查其内部部件
		最小流量再循环阀故障	检查最小流量再循环阀是否开启
		主给水泵转速低	检查液力耦合器及勺管执行机构
		泵的出入口阀没全开	就地检查其开度
3	轴承温度高	润滑油量不足	检查油压及供油情况
		润滑油的油质不合格	检查润滑油和油的等级
		轴承损坏	停泵检查轴承
		电动机与变速箱或泵与变速箱的对中有偏差	检查各对中情况
4	泵在额定工况下电流太大	泵内动、静之间发生摩擦	检查各对中情况
		机械密封安装不当	停泵后检查机械密封
5	泵过热	泵的流量太小	检查泵的出入口门是否全开，泵的入口滤网是否堵塞，前置泵的出口压力是否正常
		泵内部发生磨损	检查内部间隙
		供油不足或油的等级不对	检查供油系统及油的等级
		轴承磨损	检查轴承
		泵组的对中差	检查泵组的对中
6	噪声或振动太大	转子动平衡差	找出泵组中引起故障的设备，检查转子的动平衡
		联轴器对中偏差太大	检查各联轴器的对中
		轴承损坏	检查各轴承
		紧固螺栓松动	检查各紧固螺栓，必要时紧固
		泵的吸入口失压	检查进水系统
		挠性联轴器损坏	检查挠性联轴器
		管道支承不良，发生共振	检查泵附近各管道
		再循环系统故障	检查再循环系统
7	油温太高	冷油器内冷却水量太小	适当加大冷却水量
		冷油器内有空气	排空气
8	润滑油压过低	过滤器堵塞	切换过滤器
		安全阀故障	调整安全阀
		油泵的吸入管堵	检查并清理吸入管
		油泵内进空气	检查油泵吸入管是否有泄漏点
		润滑油系统泄漏	找出泄漏点并处理
9	液力耦合器的工作油压低	节流阀故障	检修或更换节流阀的弹簧
10	润滑油压高	安全阀故障	修理或更换安全阀

序号	故障现象	故障原因	处 理 方 法
11	液力耦合器的工作油压高	节流阀故障	检修或更换节流阀弹簧
12	给水泵的转速下降，流量减小	液力耦合器工作油系统漏油	找出泄漏点并处理
		液力耦合器的易熔塞熔化	停泵后更换易熔塞，找出熔化的原因，并处理
		勺管执行机构连杆断裂	停泵后，更换执行机构连杆
13	工作油泵不转	传动轴断裂	更换传动轴
14	辅助油泵不启动	电源故障	检查并消除电源故障
		电动机损坏	更换电动机
		接线不正确	重新接线
		泵卡塞	处理油泵

第二节　火力发电厂其他的常用泵

除了给水泵之外，火力发电厂中主要的泵还有凝结水泵、循环水泵、锅水循环泵、真空泵等。由于篇幅所限，本节对这些泵的结构、性能及特点仅作简要介绍。

一、凝结水泵

凝结水泵或称冷凝泵、复水泵，它的作用是将汽轮机的排气在凝汽器中凝结的水抽出，并压送至除氧器水箱中。凝结水泵工作时吸入水压力非常低且处于饱和状态，所以泵内极易发生汽化和外部空气漏入泵内，故对凝结水泵的抗汽蚀性能和密封性能均有很高的要求。

图 7-9 所示为某 300MW 汽轮发电机组凝结水流程，该系统配用两台凝结水泵，其中一台保证机组正常运转，另一台作为备用。由于该系统的除盐设备承压能力较差，配有水平中开双吸泵作为凝结水升压泵（简称凝升泵）。凝结水泵抽吸凝汽器内的凝结水，然后送入除盐设备，经过除盐后再由凝升泵送入除氧器。凝结水泵与凝升泵串联工作，可以避免除盐设备承受较高的压力。随着技术的进步，为简化系统，更多的新建机组不用凝升泵，而采用高

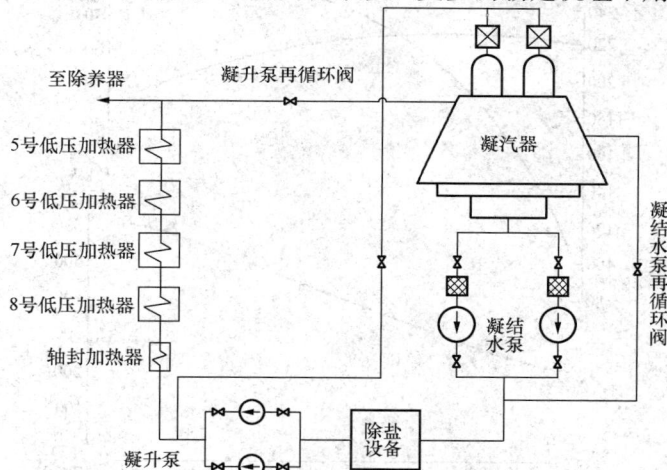

图 7-9　某 300MW 汽轮发电机组凝结水流程

压凝结水泵及可承受较高压力的除盐设备。

大中型机组常用的凝结水泵为中开式和筒袋式多级离心泵,现以 300MW 汽轮发电机组配置的凝结水泵为例,介绍其性能和结构的特点。

1. 主要性能参数及性能曲线

9LDT-2 型凝结水泵的扬程为 84m,流量为 810m³/h,转速为 1480r/min,效率为 75%,汽蚀余量为 3.5m。

泵为低压凝结水泵,在系统中克服各级低加的阻力主要靠凝升泵的压头。高压凝结水泵的扬程要大得多,如 600MW 机组高压凝结水泵的扬程大约在 300m 左右。

图 7 - 10 和图 7 - 11 为该凝结水泵和与之配套的凝升泵的性能曲线,其扬程曲线均为平坦型的,以满足流量变化时扬程变化较小的要求。

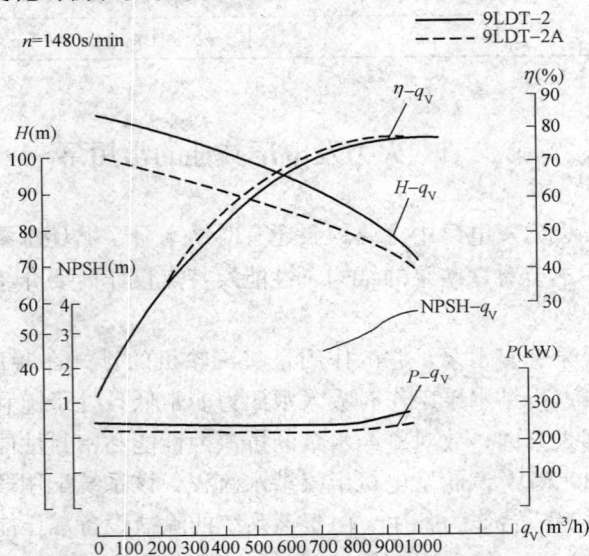

图 7 - 10   9LDT-2 型凝结水泵性能曲线

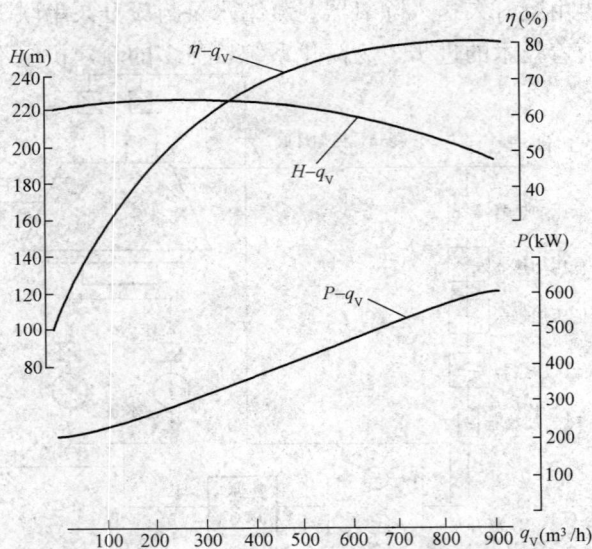

图 7 - 11   NS300/200 型凝升泵性能曲线

2. 结构特点

9LDT-2 型凝结水泵为立式筒袋式结构。筒袋式结构的泵芯一般有节段式和导流壳式两种结构，该泵采用的是导流壳式结构。如图 7 - 12 所示，其整个转子由泵轴、中间轴、传动

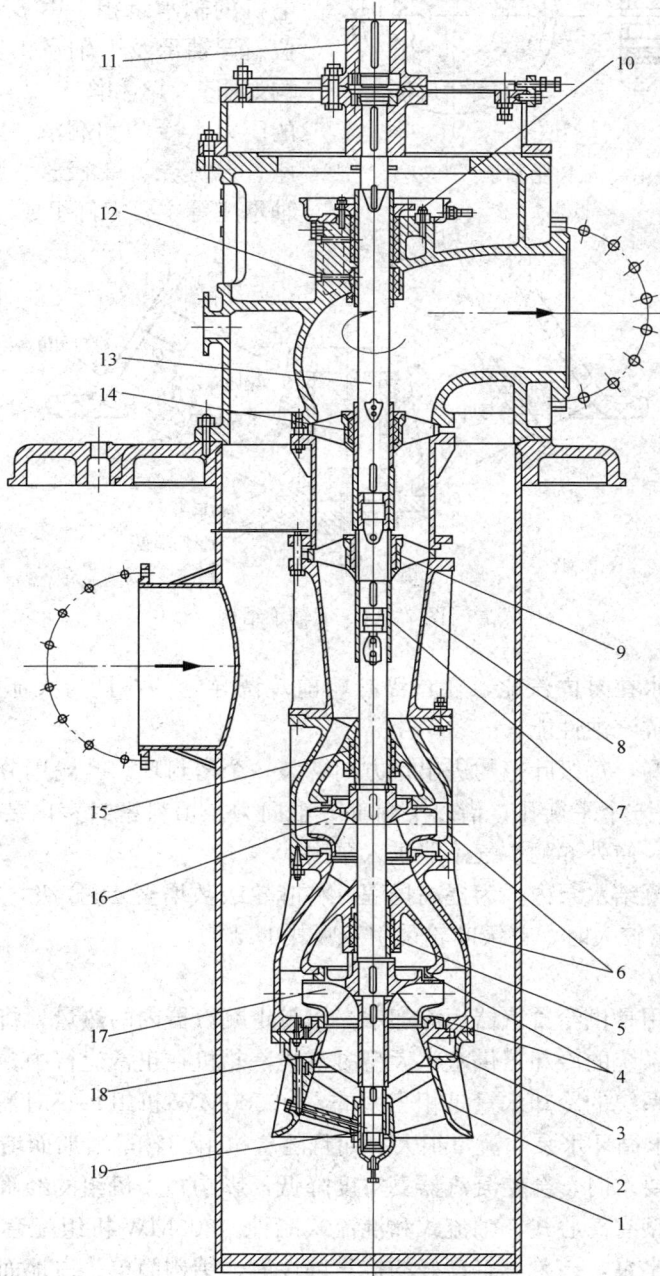

图 7 - 12　9LDT-2 型凝结水泵结构

1—圆筒体；2—下轴承支座；3—诱导论衬套；4—密封环；5、12、14、15—导轴承；
6—导流壳；7—卡套；8—接管；9—径向轴承；10—填料密封；11—联轴器；13—传动轴；
16、17—叶轮；18—诱导轮；19—下轴承

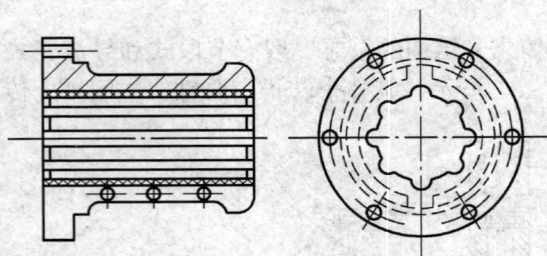

图 7 - 13　氟树脂轴承

轴、叶轮、轴套等组成，通过轴端的卡套、固定套、键将 3 根轴连接。转子的重量及剩余轴向力经泵与电动机联轴器连接后由电机的轴承承担，由 6 道径向轴承径向定位。导轴承及下轴承由氟树脂制成，其结构如图 7 - 13 和图 7 - 14 所示，运行中由泵的压力水冷却和润滑。定子部件由下轴承座、导流壳、变径管、接管、泵座、中间轴承座等主要零件组成。

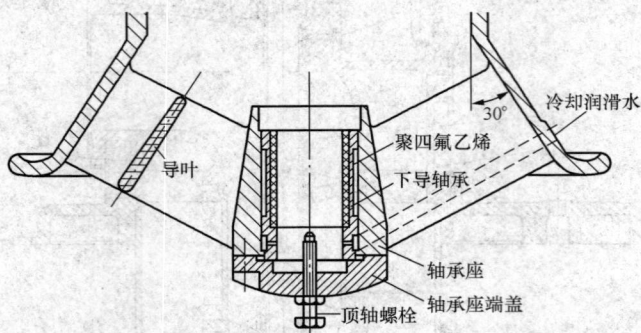

图 7 - 14　下轴承结构

　　为了防止凝结水在泵内汽化，在首级叶轮前装诱导轮。并且为大流量设计，小流量应用，目的是改善泵抗汽蚀性能。

　　为减少泵内泄漏，每级叶轮的进出口方向各装一个密封环。叶轮用分半卡环作为轴向定位，且分别开有 5～6 个平衡孔，借以平衡部分轴向力。填料密封室内装有填料环，通入高压凝结水进行密封，使外界的空气不能进入泵内。

　　在高压筒袋式凝结水泵内，为提高扬程，将叶轮级数增至 4～5 级，在结构上和 9LDT-2 型泵类似。当流量较大时，首级叶轮采用双吸式的结构。

二、循环水泵

　　循环水泵的作用是供给凝汽器用冷却水，以带走凝汽器内的热量，将汽轮机排汽冷凝成水，同时也为其他系统的冷却器供水。大型凝汽式汽轮机在正常运行中，用于凝结汽轮机排汽的冷却水及其他系统的冷却水量是相当大的，如 300MW 机组每小时需要的循环水量约 4 万 t 左右。因此要求循环水泵的流量很大，而且随着机组的容量增加而增加。当循环水流量不能满足机组设计要求时，会使凝汽器真空度降低，影响整个机组的经济性。

　　循环水泵的类型有离心式、轴流式和混流式三种。300MW 机组配套的循环水泵常采用立式的混流式循环水泵，该泵具有良好的抗汽蚀性能、结构简单、占地面积小、布置方便等优点。同时符合大机组冷却水量大而扬程要求也比较高的特点。

　　下面以长沙水泵厂生产的 72LKXA-24A 型循环水泵为例，对其参数及结构进行简介。

　　1. 主要参数

　　该泵型为立式单级单吸导叶式、转子可抽出的混流泵，其主要参数见表 7 - 7。

表 7 - 7　　　　　　　　　　　　72LKXA-24A 型循环水泵的主要参数

项　目	参　数	项　目	参　数
流量（m³/s）	7.5	电动机功率（kW）	2000
扬程（MPa）	1.82	轴功率（kW）	1538
转速（r/min）	425	效率（%）	86
必需汽蚀余量（m）	9.90		

2. 结构特点

72LKXA-24A 型混流泵的整体结构如图 7-15 所示。该泵的吸入喇叭管与外接管用螺栓连接，将液体均匀、平稳地引入叶轮室。叶轮室的外圆上有两个凸耳，与外接管的配套凸耳相接触，以防止泵在运转过程中可抽出部件旋转。导叶轮内安装有两个橡胶轴承，导叶体能有效地转变流出叶轮液体速度的大小和方向，以提高泵的效率。叶轮为半开式叶轮，由键联接在轴上，并用分半卡环和螺栓、弹性垫圈固定。出水弯管将液体水平方向排出，弯管内装有导流片以减小流动阻力。泵与外装置管路系统的连接件均由法兰连接，与出水弯管连接的法兰为活动法兰面，其上各有一个 O 形橡胶密封圈密封，与出水弯管法兰面有 10mm 的间隙，以利于泵体安装。上、中、下轴套及填料轴套是可以更换的，中、下轴套用键连接，用螺钉固定在下主轴上，上轴套、填料轴套装在上主轴上，用轴套螺母压紧。导轴承采用水力润滑的橡胶轴承，橡胶导轴承装于导叶体、轴承座和填料函体的轴承部位上。橡胶轴承的外壳为铸铁，内衬碳化处理的黑色橡胶。轴承润滑水由内接管将外接水源引到中、下橡胶轴承处。泵主轴由上、下两段轴构成，用套筒联轴器连接。电动机支座下法兰与支撑板相连，与泵支撑板之间的接合面用密封胶密封。

导轴承用外接水源润滑，填料函体上有一个管螺纹接口，用来接外接润滑水。泵启动前 5min 要注入 14m³/h 以上的水量，压力为 0.35～0.4MPa，运转平稳后调至 3.5m³/h、0.3MPa。出口连接管处用 2 根 O 形密封圈密封，填料函体与内接润滑管接合部用 O 形密封圈密封，填料轴套与轴套螺母接合处用 O 形密封圈密封，填料轴套与填料函体间用 4 根填料密封，填料函体与泵盖板接合部用青壳纸密封，其余各处静密封均采用密封胶密封。泵支撑板与电动机支座、外接管（上）泵盖板的螺栓需涂密封胶旋入。

另外，循环水泵的流量需要根据季节和机组负荷进行调整，该型的循环水泵没有动叶调节功能，常用改变运行泵台数的办法进行调节。而某些型号的轴流式循环水泵采用动叶调节方式，使得整个机组运行更灵活、更经济。

三、锅水循环泵

锅水循环泵用在大容量的亚临界机组中，强制锅炉蒸发受热面内的水进行循环，以使锅炉在亚临界压力下运行时能有效地冷却水冷壁，是保证水冷壁可靠工作的专用泵。与之配套的电动机有屏蔽式和湿式两种，常见的大型无轴封锅水循环泵即采用湿式电动机。

目前世界上比较有代表性的锅水循环泵生产厂家是德国的 KSB 公司、英国的海伍德—泰勒公司、日本三菱重工公司、美国 CE 公司属下的 CE-KSB 公司。我国沈阳水泵厂和哈尔滨电机厂也引进德国 KSB 泵与电动机的全套设计与制造技术生产锅水循环泵，下面以德国 KSB 泵为例介绍常见锅水循环泵的结构特点。

如图 7-16 所示，锅水循环泵的主要结构特点是将泵的叶轮和电动机转子装在同一主

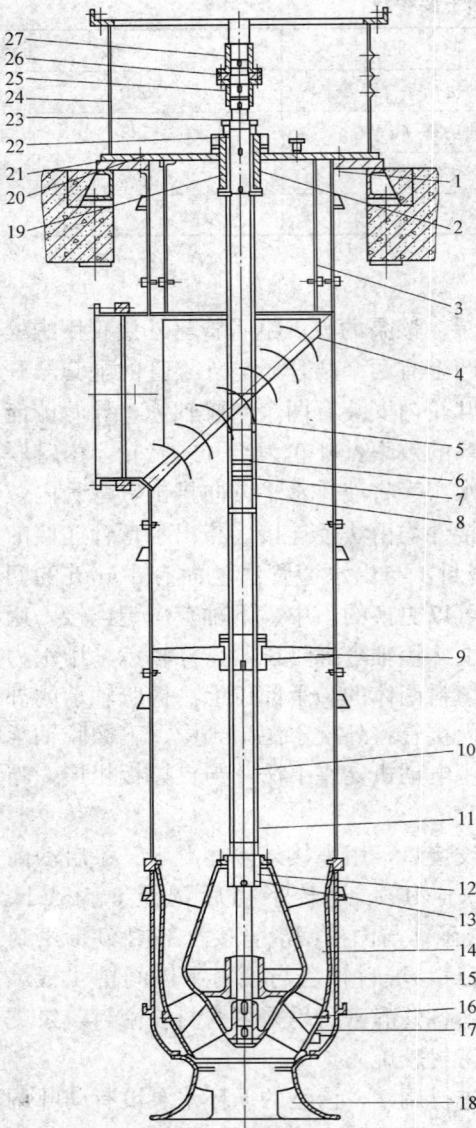

图 7-15　循泵结构图

1—上轴套；2—上橡胶导轴承；3—导流片接管；
4—导流片；5—上主轴；6—套筒联轴器；
7—套筒联轴器连接卡环；8—内接管（上）；
9—中间轴承座；10—下主轴；11—内接
管（下）；12—下橡胶导轴承；13—下轴
承（Ⅰ）；14—导叶体；15—下轴承（Ⅱ）；
16—叶轮；17—叶轮室；18—吸入喇
叭口；19—填料函体；20—泵支撑板；
21—泵盖板；22—分半填料压盖；
23—轴承螺母；24—电动机支座；
25—泵联轴器；26—调整螺母；
27—电动机联轴器

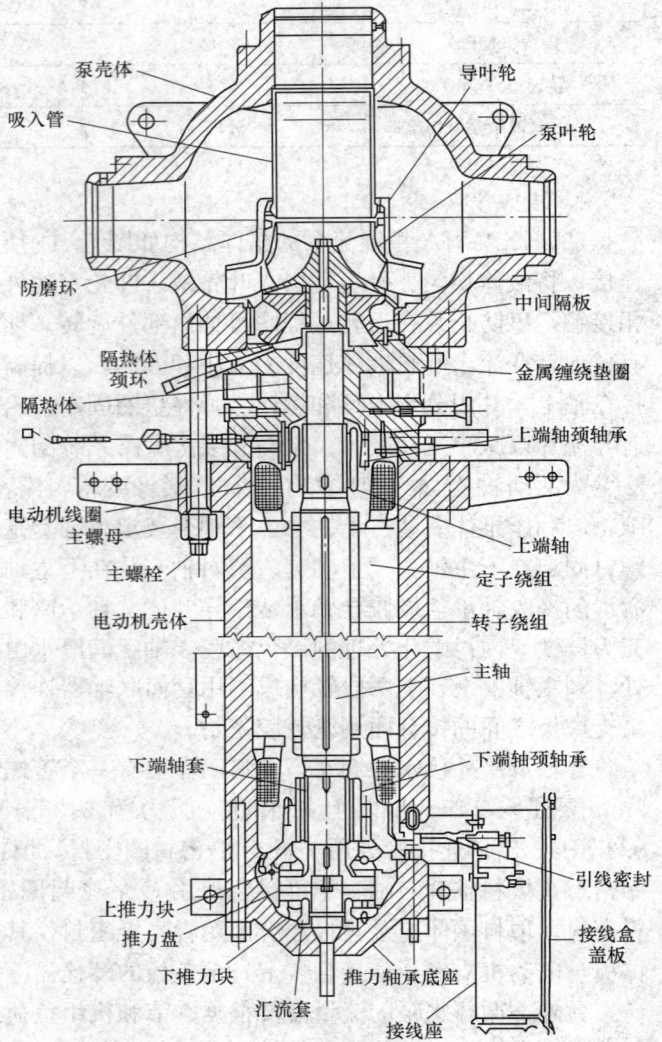

图 7-16　锅水循环泵

轴上，置于相互连通的密封压力壳体内。泵与电动机结合成一整体，没有与电动机相连接的联轴器结构及轴封，这就从根本上消除了泵泄漏的可能性。锅水循环泵的基本结构都是电动机轴端悬伸装有单级离心泵轮的主轴结构，电动机与泵体由主螺栓和法兰进行连接。整个泵体和电动机以及附属的阀门等配件完全由锅炉下降管的管道支吊，这样泵装置在锅炉热态时可以随下降管一起向下自由移动而不受膨胀的限制。锅水循环泵在安装或检修时，只要装拆泵壳同电动机的接口法兰，装拆电线接头和冷却水管道，整个电动机连同泵的叶轮就能从泵壳中卸出。

电动机的定子和转子用耐水耐压的绝缘导线做成绕组，浸沉在高压冷却水中。高压冷却水的水质要比锅水更加纯净，温度比锅炉水低得多，电动机运行时所产生的热量就由高压冷却水带走。该高压冷却水通过电动机轴承的间隙，即是轴承的润滑剂又是轴承的冷却介质。泵体与电动机是被分隔的两个腔室，中间虽有间隙不设密封装置使压力可以贯通，但两种水并不混淆，如图 7-17 所示。由于电动机的绝缘材料是一种聚乙烯塑料，不能承受高温，当温度超过 80℃时其绝缘性能就明显恶化。锅水循环泵在实际使用中最常见的故障就是电动机的绝缘失效，因此绕流电机四周的高压冷却水温度必须严格加以限制，在运行中，一般规定高压冷却水出口温度不超过 65℃。为了保证电动机的安全运行，必须配有一套冷却高压水的低压冷却水系统，如图 7-17 所示。

由于采用水润滑的轴承间隙、绕组的间隙均很小，因此高压冷却水中不得含有颗粒杂质，在高压水管路中必须设有过滤器。

四、真空泵

火力发电机组运行时必须使凝汽器保持在高度的真空状态下，否则会影响机组的经济性和安全性。所以火力发电厂需要配备真空泵为汽轮机启动建立真空，并在正常运行时维持凝汽器内的真空。

常用的真空泵形式多种多样。国内 50～200MW 机组的抽真空系统常采用射水式抽气器，其原理已在流体力学的相关部分有过讲述，这里不再赘述。近些年来，新建 300MW 以上的大型机组常采用水环式真空泵，图 7-18 所示为水环式真空泵抽真空系统示意图。真空泵工作的原理在第一章以有过简要说明，下面仅就工作介质的流程叙述其抽真空的过程。

（1）气体流程：系统接通电源后，泵开始抽真空，当抽至控制阀，且压差开关 11 两端压差达到 3kPa 时，控制阀自动打开，气体经过进气管 3 进入真空泵中，后经排气管 8 排至汽水分离器中，经汽水分离器后从止回阀 4 排出，完成气体抽吸过程。

（2）液体流程：工作液流经输入调节器 9，或旁通管路径 14 流入汽水分离器中后，经液流管道送到热交换器 7 中冷却。冷却后的水送到水环泵内，部分水经喷射送到气体进口进入泵中，泵在运转过程中随气体排出带走部分工作液，从排气管 8 排至汽水分离器中，再经冷却送入泵内，如此形成一个封闭的循环系统。如果汽水分离器中的水位在循环过程中超过 Δ_{max} 或低于 Δ_{min}，则由输入调节器 9 和输出调节器 6 自动控制。

图 7-19 所示为抽真空泵组，真空泵组采用 2Bel 系列的 2Bel353-0 型。该泵设有双侧的吸气和

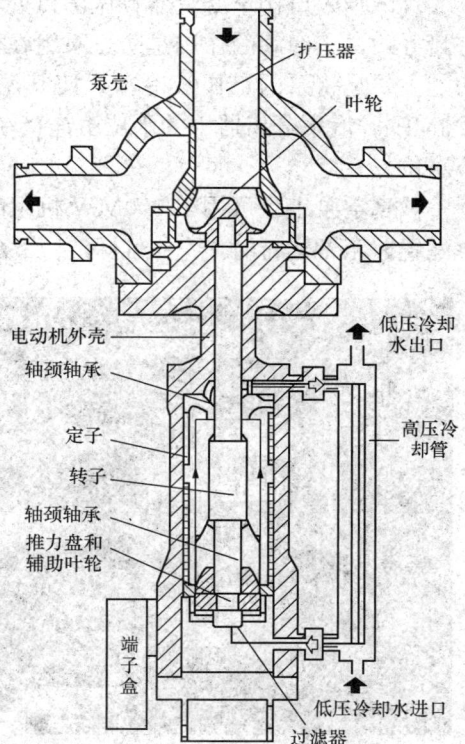

图 7-17　泵体循环冷却水回路

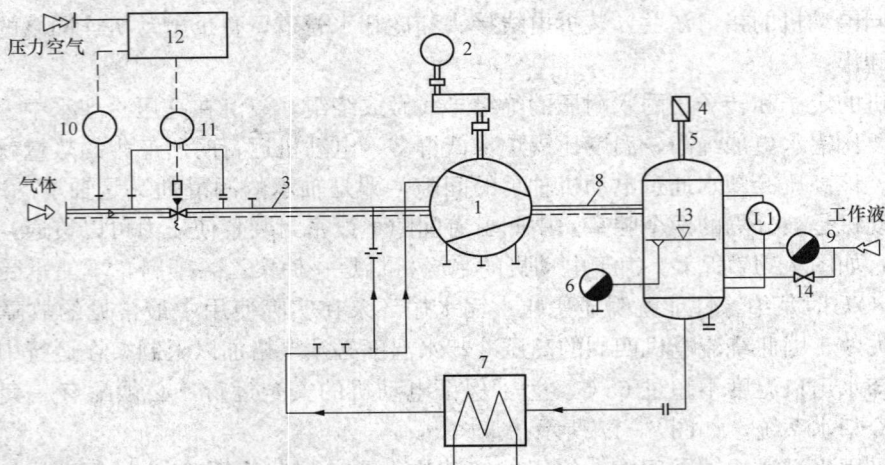

图 7-18 抽真空系统流程图

1—水环真空泵；2—电动机；3—进气管；4—止回阀；5—成套排气管（与分离器一体）；
6—输出调节器；7—热交换器；8—泵排气管；9—输入调节器；10—压差开关；
11—压差开关；12—控制箱；13—汽水分离器；14—手动球阀（旁路管路输入）

排气口以增加其工作能力。某 300MW 机组的真空泵抽气量为 $5267m^3/h$，最大轴功率 120kW，最低吸入绝对压力 3.3kPa。两套真空泵组成如图 7-18 所示的闭式循环，正常运行的情况下，1 台运行 1 台备用。

气体吸入口接至凝汽器背压出口处，进、排水口接闭冷水系统。水环泵的轴封采用填料密封方式，止回阀的作用是防止泵组在作为系统备用停运时水泄漏到凝汽器中。热交换器的功能主要是将泵的工作液冷却，使其温度控制在允许的范围内。冷却液压力一般为 $0.2\sim0.6MPa$。汽水分离器中的水位由连接在其上的输入调节器和输出调节器共同控制，自动调节水位。

该真空泵组也可用于 600MW 机组的抽真空系统，用于 600MW 机组时常采用 3 台真空泵配置，正常运行时，2 台运行，1 台备用，机组启动抽真空时 3 台都运行。

五、灰渣泵

灰渣泵是用来将锅炉排出的灰渣与水的混合物输送到灰场的特殊水泵。一般要求灰水混合物中灰渣的粒度应在 25mm 以下，对于大块的灰渣必须预先由碎渣机破碎。灰渣泵工作时，灰水混合物中固体杂质对过流部件磨损很大，因此泵壳内设有护套，且叶轮选用优质耐磨材料制成，并将易损部件适当加厚。

图 7-20 为 PH 型灰渣泵的结构图。泵体、泵盖、托架、泵座等都由铸铁制造；叶轮、护套及前护板采用耐磨性良好的锰钢制成；泵轴则由优质碳素钢制

图 7-19 抽真空泵组

造。为了防止泵体迅速磨损,在泵的内部装有护套及前护板。叶轮侧壁两面均有背叶片,以防止浆状混合液体中的坚硬颗粒进入叶轮与侧壁之间,既可以保护填料室,又起到辅助两侧的密封作用。有较高压力的清洁水经过孔眼 21 及 24 注入泵的护套和泵盖间的空腔及填料室的水封处。轴承采用双列向心球面滚子轴承,分布在托架前后支承处。泵的轴向推力由单列向心球轴承承受。联轴器侧轴承由调整螺母定位压紧。轴承由机油润滑,并在油池位置装有冷却水管,以保持轴承冷却。

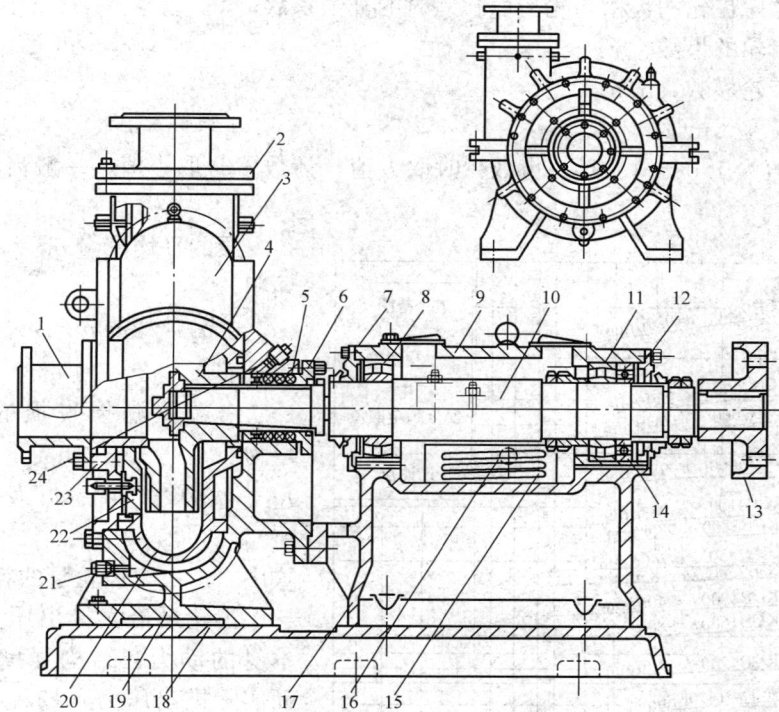

图 7-20 PH 型灰渣泵结构图

1—进水管;2—出水管;3—泵体盖;4—叶轮;5—填料;6—填料压盖;7—前轴承端盖;
8—双列向心球面滚子轴承;9—托架盖;10—轴;11—双列向心球面滚子轴承;
12—后轴承端盖;13—联轴器;14—单列向心球轴承;15—冷却室盖;16—油标;
17—托架;18—泵座;19—泵体;20—护套;21—输入清水处;22—前板;
23—泵盖;24—轴封冷却水入口

在火力发电厂中除了上述用途的水泵外,还有工业用水系统的工业水泵、冲灰用的冲灰泵、射水式抽气器用的射水泵、供给化学车间作水处理的生水泵、化学车间将生水处理后供给锅炉用水的软水泵,以及疏水系统用的疏水泵等。这些水泵一般输送纯净的水,或者含机械杂质不多的水,而且温度和扬程也不高,多采用一般用途的清水离心泵。

六、齿轮泵和柱塞泵

在火力发电厂中大量应用的容积泵主要是齿轮泵和柱塞泵。各种设备如给水泵、送风机、引风机、液力耦合器、大型电动机等常采用齿轮泵作润滑油泵。柱塞泵在发电厂中则主要应用在化学水处理加药泵、汽轮机 DEH 系统的高压油泵。

1. 齿轮泵的性能特点

关于齿轮泵的结构原理已在第一章作了简要介绍，在本章中主要讲述齿轮泵的性能和应用。

齿轮泵采用排量 q 和转速 n 的乘积表示平均流量。泵的排量 q 为泵每一转愉出的液体体积，即

$$q = 2\pi kzm^2 B \times 10^{-6}(\text{L/r}) \tag{7-1}$$

式中　k——考虑齿轮的齿槽与轮齿面积差时的补偿系数；

　　　z——齿轮的齿数；

　　　m——齿轮模数，mm；

　　　B——齿宽，mm。

k 的经验值为 $1.06 \sim 1.115$，齿数少时取大值，齿数多时取小值，一般齿轮泵齿数 z 为 $6 \sim 20$。

泵的平均流量 q_V 为排量和转速的乘积

$$q_V = nq = 2\pi knm^2 B \times 10^{-6}(\text{L/min}) \tag{7-2}$$

考虑泄漏损失损的实际平均流量为

$$q_V = \eta_V nq = 2\pi \eta_V knm^2 B \times 10^{-6}(\text{L/min}) \tag{7-3}$$

式中　η_V——齿轮泵的容积效率。

齿轮泵最大排出压力仅取决于泵本身的动力、结构强度和密封性能，而实际排出压力（扬程）则只与管路系统的摩阻和背压有关，而排量几乎与排出压力无关。在工作中，齿轮泵的排出压力一般较大且随流量的变化不大，故性能较硬。在这一方面，其他的容积泵与之类似。图 7-21 为 KCB 系列齿轮泵的输出压力 p 和平均流量 q_V 的关系曲线，可见，齿轮泵转速不变时流量变化很小。

齿轮泵在发电厂中应用的情况，可用给水泵主油泵、辅助油泵为例加以说明。图 7-22 为某机组给水泵油系统，主油泵、辅助油泵均为齿轮泵，它们置于液力耦合器内，为耦合器及整个给水泵组提供润滑油。主油泵由泵轴通过齿轮带动运转，辅助油泵由

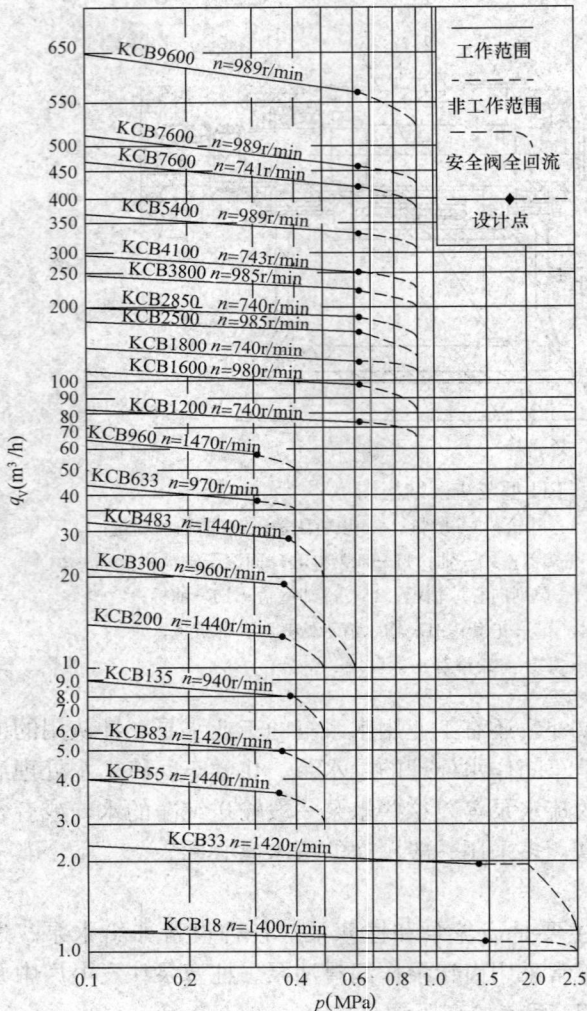

图 7-21　KCB 系列齿轮泵性能曲线

电动机带动，在给水泵停运时为泵组提供润滑油。

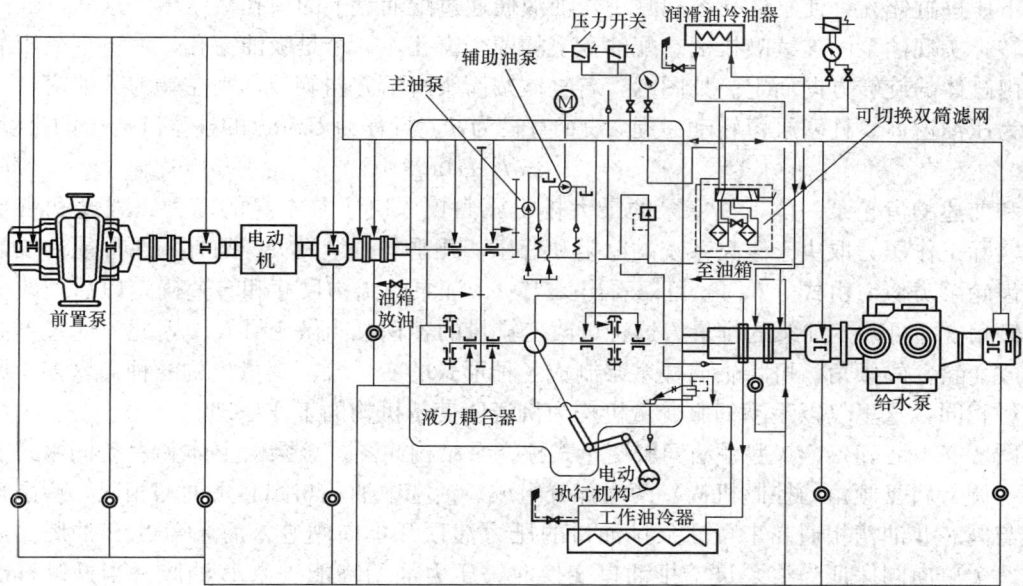

图 7-22　给水泵油系统中的齿轮泵

2. 柱塞泵的工作原理

发电厂常用的柱塞泵一般是由多个柱塞和缸体组成，依靠柱塞与缸体内孔组成可变的密闭容积进行工作的。由于柱塞和缸体内孔都是圆柱表面，柱塞与缸体的尺寸精度高、摩擦及泄漏量小、容积效率高。在各类容积式油泵中柱塞泵可达到的工作压力是最高的。它与齿轮泵、容积式叶片泵相比，具有结构紧凑、体积小、质量小、速动性能好、压力高、可精确调节排量（变量泵）等优点。

柱塞泵按柱塞相对于缸体轴线的排列位置可分为轴向柱塞泵和径向柱塞泵两大类。近年来应用较多的是轴向柱塞泵。轴向柱塞泵的柱塞中心线平行于缸体的轴线，缸体集成于一个转子内，柱塞和缸体相对于轴对称分布在轴的周围，如图 7-23 所示。

轴向柱塞泵分为斜轴式和斜盘式两大类，但是它们的工作原理都是相同的。图 7-23 为斜盘式柱塞泵工作原理示意。斜盘式轴向柱塞泵由若干个缸体、柱塞固定在同一根转动轴上。柱塞在回程弹簧的作用下，始终压在固定的斜盘表面上。配油盘固定在缸体的右端，开有两个腰形透孔，分别与泵的吸、排油口相通，称为配油窗孔。当传动轴带动缸体旋转时，柱塞在回程弹簧和斜盘的作用下，在缸体孔内作往复运动。当柱塞随缸体由图示最下端转到最上端位置时，柱塞在回程弹簧的作用下向外伸出，使柱塞孔的容积增大形成一定的真空。这时，油液便通过配油盘上的窗孔

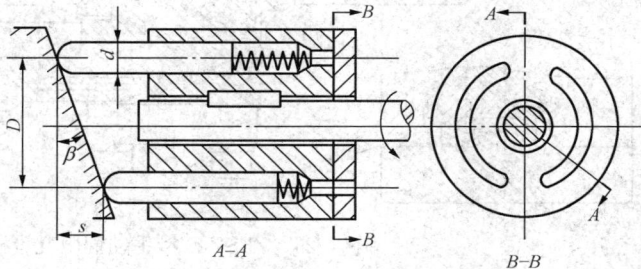

图 7-23　斜盘式柱塞泵工作原理示意

被吸入缸体孔门。当柱塞从图 7-23 所示位置的最上端随缸体转到最下端时，柱塞在斜盘的作用下压进缸体孔，使缸体孔容积减小，油液便通过配油盘上的窗孔被压出。这样，缸体连续旋转，实现油泵的连续吸排油。配油盘上的两个窗孔，一个是吸油窗孔，另一个是压油窗孔，由缸体的旋转方向而定。如图示，若缸体按箭头所示方向旋转，则左端为吸油窗口，而右端为压油窗口。柱塞泵每转动一周，z 个直径为 d、行程为 $D\tan\beta$ 的柱塞缸产生的排量为

$$q = 1/4\pi d^2 z D\tan\beta \tag{7-4}$$

和前述的齿轮泵一样，柱塞泵的最大排出压力仅取决于泵本身的动力、强度和密封性能，实际工作压力取决于管路系统的摩阻和背压，几乎与排量无关。故柱塞泵性能曲线的形状与齿轮泵类似。由式（7-4）可以看出：当一个油泵的结构尺寸和转速确定以后，改变斜盘的倾角 θ 即可改变油泵的排量。这种可改变排量的容积泵叫做变量泵。因此，通过不同的方式改变斜盘的倾角，可将轴向柱塞泵制成各种形式的变量泵。变量机构的种类繁多，原理也不尽相同，这里仅以手动伺服变量机构为例说明变量机构的工作原理。

图 7-24 是 ZBSV40 型手动伺服变量式柱塞泵结构简图。该泵由主体和手动伺服式变量机构（调节斜盘倾角的控制机构）两大部分组成。活塞中油孔与阀芯 I 油槽相通，后泵盖 A 油腔与阀芯 II 油槽相通。来自油泵排油口的压力油顶开单向阀进入后泵盖的 B 油腔。后泵盖上两个单向阀保证当油泵进、排油口变换时，压力油始终能进入 B 油腔。当操纵杆静止时，油槽 I 和 II 全被关闭，活塞不动，油泵排量为定值。当操纵杆往上移动时，伺服阀芯随

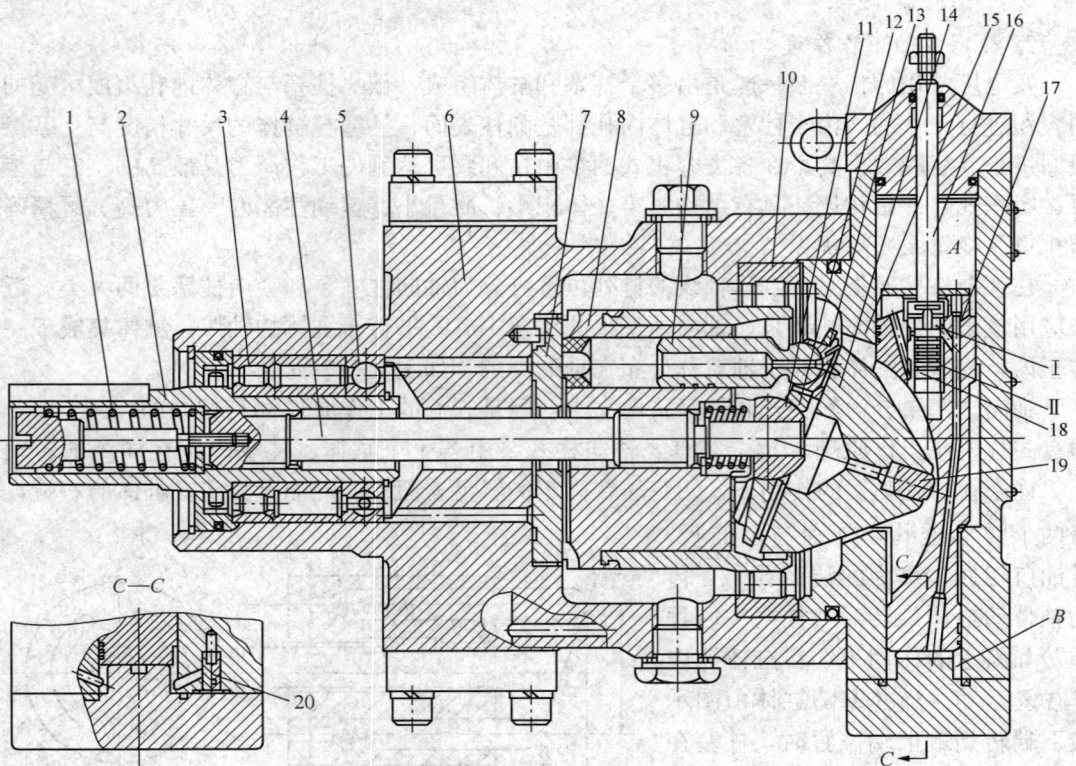

图 7-24 ZBSV40 型手动伺服变量柱塞泵结构简图

1—弹簧；2—轴套；3、5、10—轴承；4—传动轴；6—泵体；7—配油盘；8—柱塞缸；9—柱塞；11—球铰；
12—压盘；13—滑块；14—斜盘；15—后泵盖；16—操纵杆；17—活塞；18—伺服阀芯；19—销；20—单向阀

之上移，Ⅰ油槽关闭，Ⅱ油槽打开，A油腔的油通过活塞内阀套流入泵体内卸压，此时在B油腔压力油作用下使活塞亦向上移动，直至阀芯的Ⅱ油槽关闭为止。活塞的移动，改变了斜盘的倾角，使油泵的排量也随之改变。当操纵杆往下移动时伺服阀芯随之下移，阀芯上的Ⅰ油槽打开，Ⅱ油槽关闭，使活塞两端的两腔油相通。但由于活塞两端面积约为1：2，因此活塞两端受力不等使活塞向下移动，直至阀芯中Ⅰ油槽关闭为止。活塞的移动使斜盘倾角也随之改变，即改变了油泵的排量。

由此可见，活塞随伺服阀芯向同一方向按同样的行程移动。如活塞移动使斜盘经过中间位置时，则在传动轴转向不变的情况下油流方向改变。油泵的工作压力越大，作用在活塞上的力越大，而作用于控制操纵杆上的力不大。

第三节　送风机及引风机

送风机及引风机是火力发电厂重要的辅机，送风机的作用是向炉膛内提供燃烧所需的二次风及磨煤机所需的干燥用风；引风机的作用是将锅炉中燃烧产生的烟气吸出并维持炉膛的负压。送、引风机的工作直接关系到炉内的燃烧过程，对整个机组运行的可靠性、安全性和经济性有着重要影响。所以，对送、引风机的一般要求是效率高、调峰的适应能力强、运行中噪声低、安全可靠。

火力发电厂中采用的送、引风机形式主要有离心式和轴流式。离心式风机结构简单、性能可靠，广泛地应用于中小型火力发电厂的送、引风机中。目前，国内300MW以上的大型机组，主要采用结构复杂的动叶可调轴流风机作送风机。在引风机中，大型机组常采用动叶可调轴流风机、入口静叶可调轴流风机（子午加速型轴流风机）或采用大型的离心风机。

目前，大型火力发电机组的轴流式送、引风机，以引进国外先进技术生产的产品为主。如上海鼓风机厂引进德国TLT公司技术生产的FAF和SAF型轴流风机、沈阳鼓风机厂引进丹麦NOVENCO公司技术生产的ASN型轴流风机、武汉鼓风机厂引进日本三菱重工株式会社（MITSUBISH HEAVY INDUSTRIES LTD.）的技术生产的ML-H型轴流风机。

一、送风机

FAF20-10-1型送风机为上海鼓风机厂引进德国TLT公司技术生产，与300MW机组配套的轴流式动叶可调风机。下面将对该风机的结构、性能、运行维护等方面进行说明。

（一）送风机的结构

FAF20-10-1型送风机的结构如图7-25所示，主要由进气箱、风机外壳、轴承箱、叶轮、联轴器、中间轴、出口导叶、动叶调节机构、扩压筒及油系统组成。

1. 进气箱

送风机的进气箱由钢板制成，其作用是使介质在风机的入口处转向，并均匀加速，以减少阻力损失。进气箱的一端通过膨胀节与风机的外壳相连，另一端与风道相连。

2. 风机外壳

风机的机壳和进气箱均为钢板焊接结构，直径为2000mm，呈圆筒形。为了便于检修，风机外壳做成水平中分式结构，上半部分可以拆卸。叶轮及轴承位于风机外壳内，风机的外壳对叶轮起支承作用。为了减弱运行中产生的振动的传播，在进气箱与叶轮外

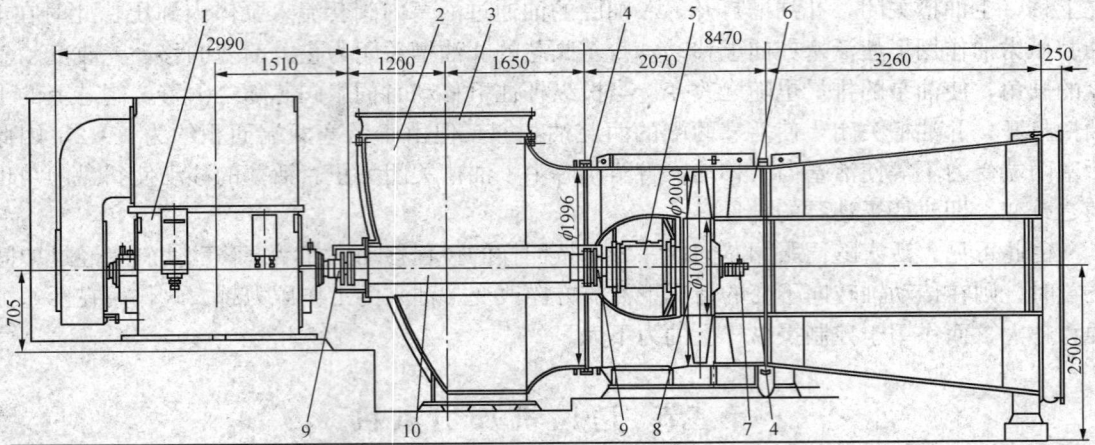

图 7-25 FAF20-10-1 型送风机结构

1—电动机；2—进气箱；3—柔性接口；4—软连接；5—轴承箱；

6—导叶；7—控制头；8—叶轮；9—联轴器；10—中间轴

筒间和导叶外筒与扩压器外筒间为挠性连接。进气箱入口和扩压器出口均设有膨胀节以补偿热膨胀。

　　3. 轴承箱

　　送风机的转子由轴承箱内的轴承支承，轴承箱内共有三列轴承，如图 7-26 所示，从图中可以看出，两端为滚柱轴承，中间靠近联轴器侧为向心推力滚珠轴承。轴承的两端装有密封，将轴承箱与外界隔绝，这些密封必须定期润滑。轴承箱上装有一油位指示器，运行中可

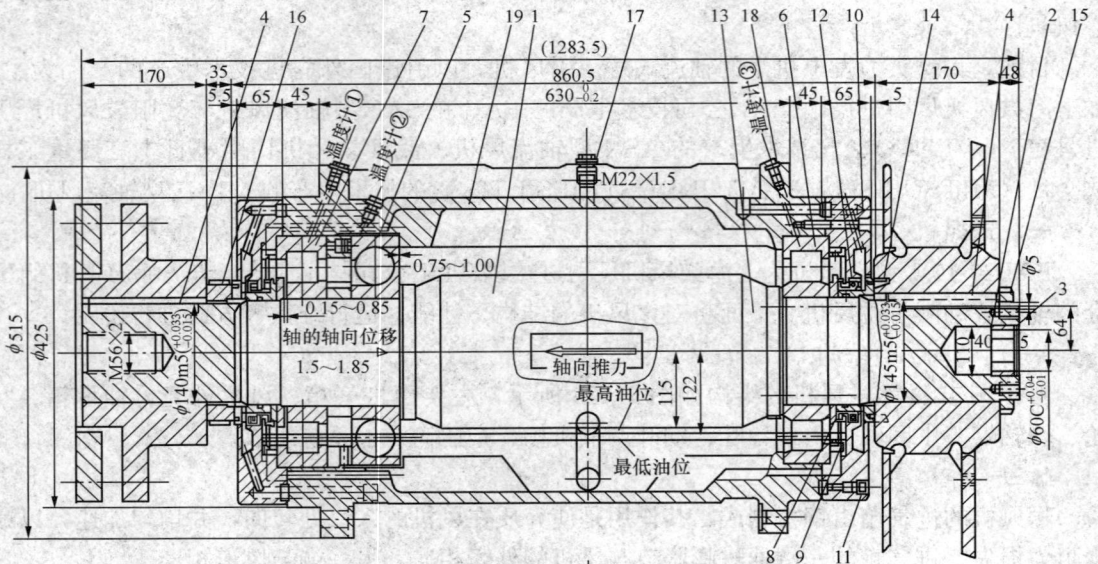

图 7-26 FAF-20-10-1 型轴流送风机的转子轴承箱结构图

1—主轴；2—推力轴衬；3—挡圈；4—键；5—推力轴承；6、7—滚柱轴承；8、9—甩油环；

10—轴承盖；11—弹簧垫圈；12—密封；13—O 形圈；14—衬；15、16—圆螺母；

17—密封衬圈；18—密封旋塞；19—轴承外壳

监视轴承箱的油位。由于轴承负载较大，轴承箱采用强制润滑，在轴承箱上接有来油管和回油管，润滑油对轴承箱起润滑和冷却作用。另外，在轴承箱上还装有测温元件，运行中监视轴承箱的温度。

4. 转子

转子是送风机最主要的部件，包括主轴、叶轮、液压缸、控制头等。转子的结构如图7-27所示，下面对转子的各部件作一介绍。

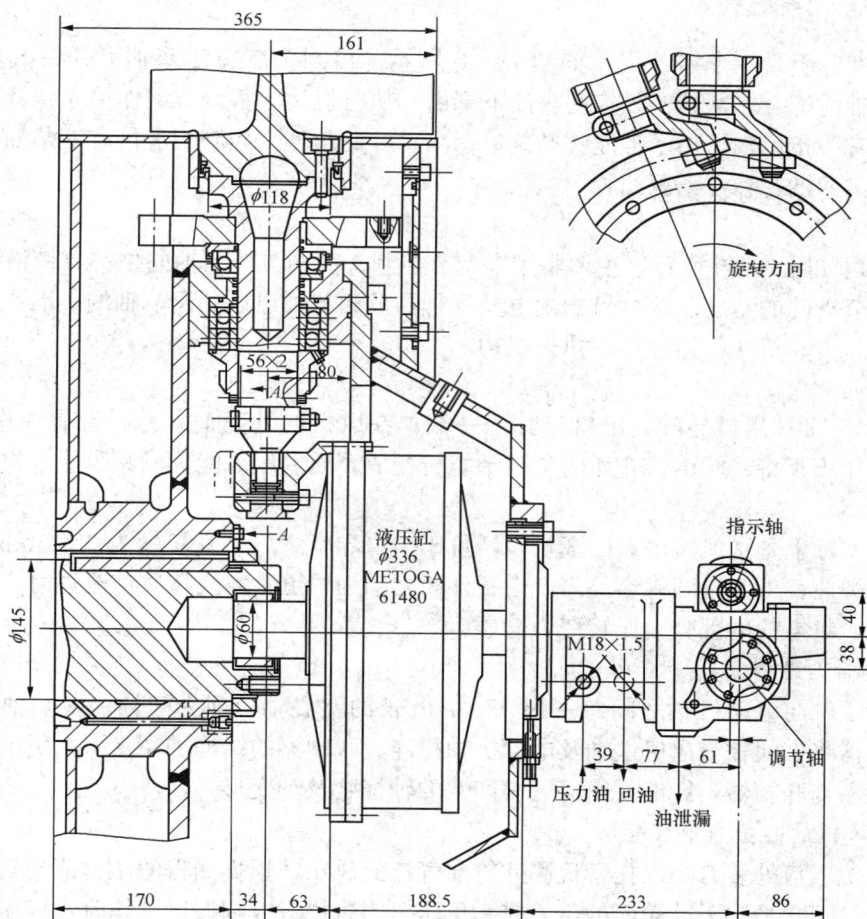

图 7-27　送风机转子

（1）主轴。主轴的作用是将电动机的功率传递给叶轮对介质做功，主轴横穿轴承箱，由三盘轴承支承，主轴的一端是叶轮，另一端借助联轴器与空心轴相连，主轴的长度为 1283.5mm。

（2）叶轮。叶轮为焊接结构，因此叶轮质量较轻，惯性矩较小。叶轮套装在主轴上通过键固定，并由锁母锁紧，叶轮直径为 $\phi1000$。

叶轮由动叶片、叶柄、平衡重锤、曲柄、轮毂等部件组成。该风机共有 16 片扭曲动叶片。动叶片的材料为铸造铝合金，通过 6 根螺栓固定在叶柄上。叶柄插入轮毂的圆孔内，由三列滚珠轴承支承固定，在叶柄上还装有曲柄和平衡重块。曲柄通过滑块与液压缸相连，将液压缸的调节动作转变为叶片的角度变化。液压缸套装在活塞轴上，外圆周通过曲柄轴承与

16 个曲柄相连。液压缸内部的活塞固定在活塞轴上，液压缸在活塞轴上可以轴向移动，活塞轴内设有进油和回油孔。在活塞轴的自由端一端装有封口的轴套，该轴套装在活塞轴的端部，用螺栓固定在液压缸上，轴套封口端装入主轴端部 $\phi60$ 的孔内，轴套除了随液压缸旋转外，还可在主轴与活塞轴之间轴向滑动；活塞轴的另一端是控制头。叶轮轮毂的对侧是一个密封盖，轮毂与密封盖用螺栓连接，两者构成了叶轮的腔室。活塞轴中部用法兰固定在密封盖上，与叶轮一起转动。由图 7 - 28 可见液压缸内部的结构。

5. 控制头

控制头实际上是一个错油门，如图 7 - 28 所示。控制头装在活塞轴上并由滚珠轴承支承，与活塞轴的配合非常精密。控制头的下部由一执行机构，将调节动作输入到其内部。控制头的上方有一指示轴，指示轴能够准确显示出动叶的角度。控制头上接有三条油管，一条来油管、一条回油管和一条漏油管。

6. 执行机构

执行机构如图 7 - 29 所示，主要是用来调节控制头内调节杆的轴向位移，使液压缸的位置变化来调节动叶的角度。执行机构由电动执行器及调节轴组成，调节轴的一端与控制头相连，另一端与电动机执行器相连，执行机构。

7. 出口导叶

送风机装 17 片出口导叶，出口导叶的一端焊在风机的外壳上，另一端焊在中心筒上。出口导叶的作用是将动叶出口介质的旋转动能转变成介质的压力能，以减少能量损失。

8. 扩压筒

扩压筒实际上是送风机出口的渐扩段，位于出口导叶之后，其长度为 3260mm，内侧是钢板制成的圆筒，外侧是圆锥形外筒，内、外筒之间为风道，空气从风道流过时，其流通截面逐渐增加，将空气的部分动压转变为静压。

9. 中间轴与联轴器

在风机主轴与电动机轴之间有一根 2850mm 长的空心轴，即中间轴。中间轴两端各有一挠性联轴器将中间轴与风机主轴及电动机轴相连。联轴器的结构如图 7 - 30 所示。这种联轴器是一种平衡联轴器，能够平衡运行时产生的轴挠度及轴变形。

10. 送风机的喘振报警装置

在送风机入口处装有一皮托管检测叶轮前气流的风压，根据测得的压力值来判断风机是否发生喘振。正常情况下叶轮前的压力应为负压，当风机进入喘振区工作时，气流压力会大幅度波动，皮托管检测到的压力也为一个波动值。当此脉冲压力值大于设定的压力整定值时，就会触发压力开关、电接触器发出报警信号，提醒值班人员及时处理。

(二) 送风机的油系统

每台送风机有两套独立的油系统，如图 7 - 31 所示，一套供风机的轴承润滑及动叶的调节；另一套供电动机轴承的润滑。下面对这两套油系统作一说明。

电动机轴承润滑油系统主要是向电动机的前后轴承提供润滑油，该系统有两台油泵，正常情况下一台运行，另一台备用。送风机的轴承润滑与动叶调节公用一套油系统，该系统也有两台齿轮油泵对称布置在油箱上。正常情况下，一台油泵运行，另一台油泵备用，当运行的油泵发生故障时，启动备用油泵，确保系统的压力。过滤器后的压力油经过一供油管道送至送风机的控制头，作为送风机动叶控制油，压力调节阀后的油作为轴承润滑油。

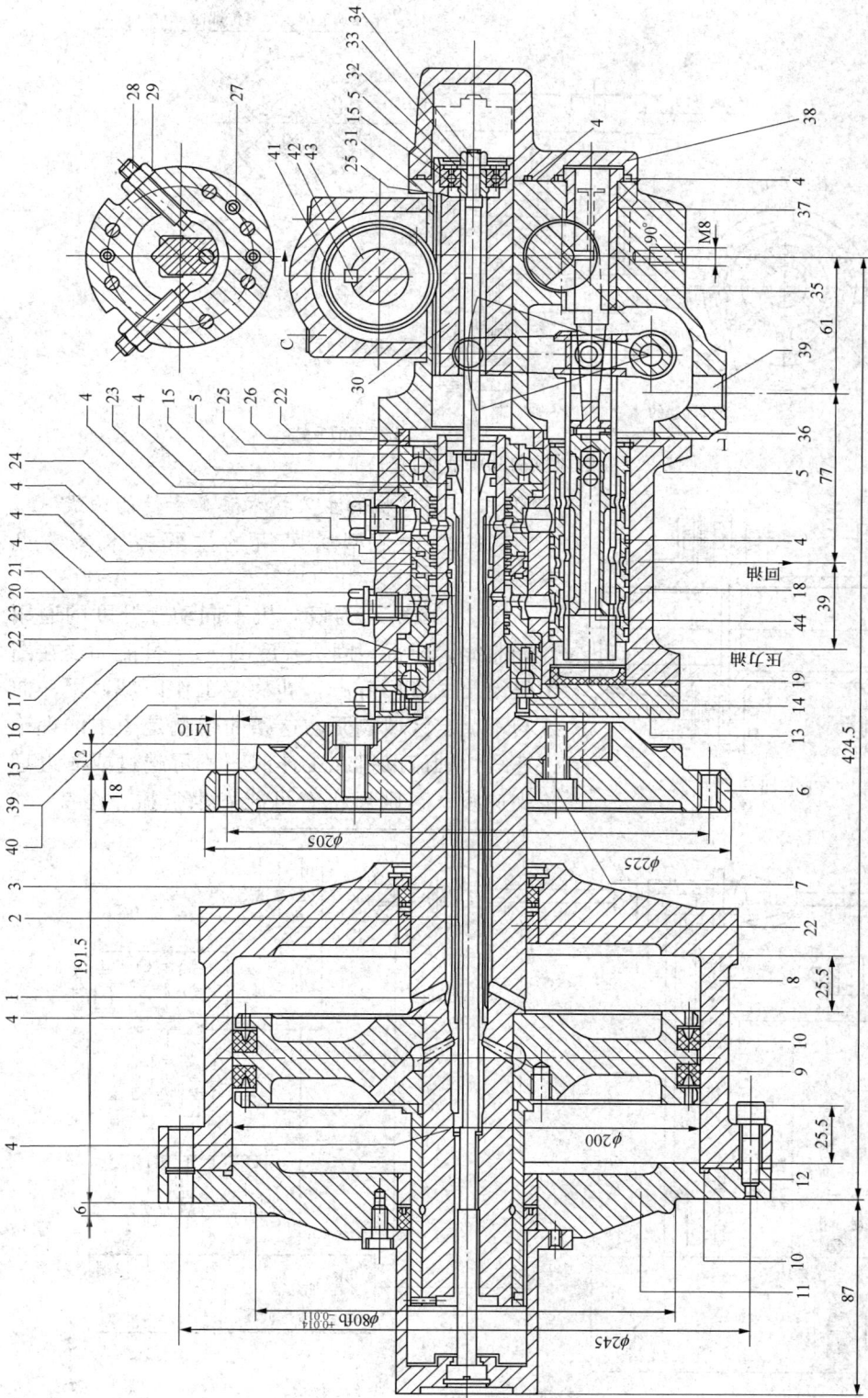

图 7-28 液压调节装置（控制头）

1—输入轴；2—导油套；3—导油衬；4—O形圈；5—孔用弹性挡圈；6—连接法兰；7,12,28—螺钉；8—油缸；9—活塞；10—槽环；11—缸盖；13,38—盖；14—径向密封；15—单列向心球轴承；16—止动垫圈；17—圆螺母；18—液压系统壳体；19—环形皮碗；20—六角螺塞；21,40—密封环；22—隔环；23,31—轴封；24—环；25—碟形弹簧；26—轴用弹性挡圈；27—弹性销；29,33—螺母；30—螺母；32—垫圈；34—开门销；35—活塞标；36—铆钉；37—衬；39—螺塞；41—齿轮；42—平键；43—轴；44—控制清芯组

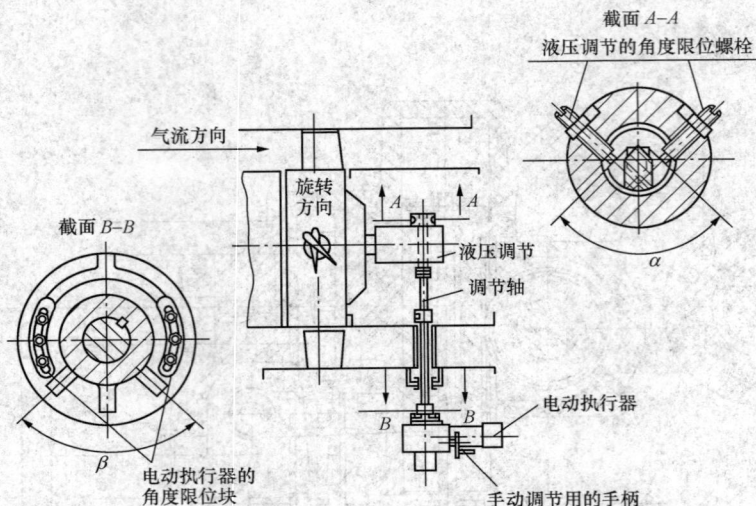

图 7 - 29　送风机动叶调节执行机构

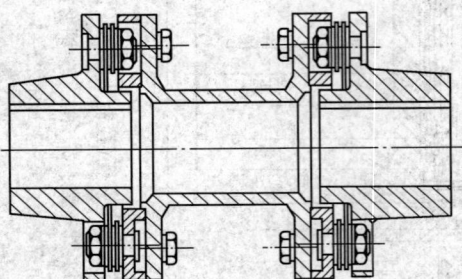

图 7-30　TLT 风机联轴器

（三）送风机的主要技术参数和性能曲线

FAF20-10-1 型送风机的主要技术参数见表7-8。

图 7-32 所示为该风机不同动叶开度的通用性能曲线，但每一固定开度的 p-q_V 性能曲线在图中仅绘出了可用部分，即稳定工作区域，用一曲线与不稳定区域隔开，这条曲线就是图中的理论失速线，轴流风机在工作时，不可越过或靠近理论失速线，否则风机有可能发生喘振。图 7 - 32

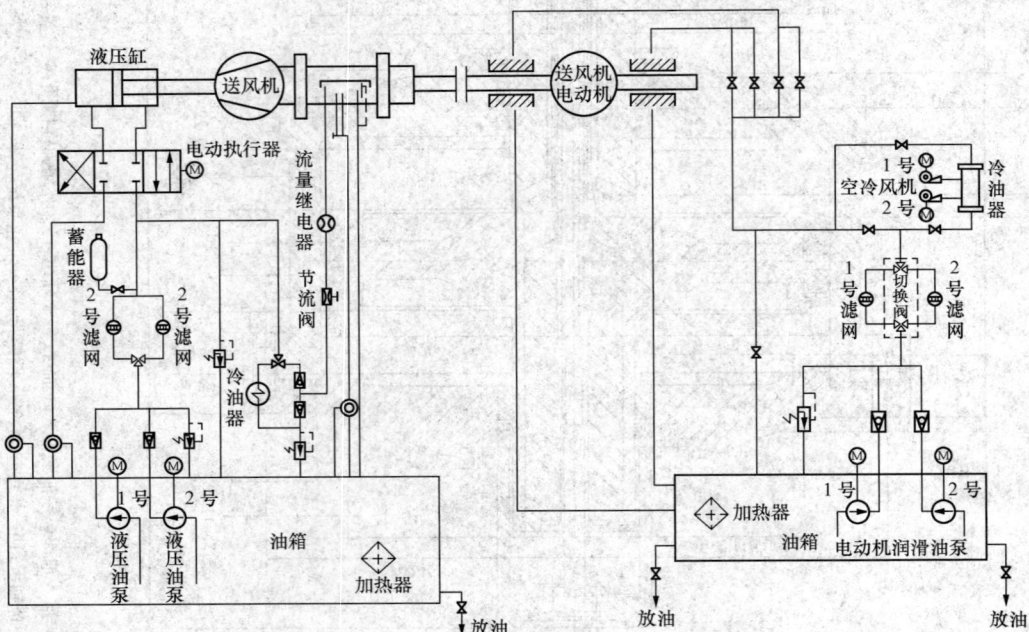

图 7 - 31　送风机油系统

中给出了单台风机运行的最大风量（T. B）、锅炉最大出力时送风机的风量（BMCR）、锅炉额定出力时送风机的风量（ECR）、锅炉70％额定负荷时送风机的风量（70％ECR）4种工况的工况点位置。FAF20-10-1型送风机的动叶调节范围是－25°～25°。

表7-8　　　　　　　　　　　　　　送风机的主要技术参数

名　称	单　位	参　数
风机型号		FAF-20-10-1
单台风机运行的最大风量（T. B）	m³/h	167.37
单台风机运行时的全压升（不含消声器损失）	Pa	5211
锅炉最大出力时送风机的风量（BMCR）	m³/h	145.54
锅炉最大出力时送风机的全压升（不含消声器损失）	Pa	4160
锅炉额定出力时送风机的风量（ECR）	m³/h	132.87
锅炉额定出力时送风机的全压升（不含消声器的损失）	Pa	3475
锅炉70％额定负荷时送风机的风量（70％ECR）	m³/h	93.96
锅炉70％额定负荷时送风机的全压升（不含消声器损失）	Pa	1737
风机最大轴功率	kW	1113
风机转速	r/min	1470
叶轮直径	mm	φ1000
叶顶直径	mm	φ1996

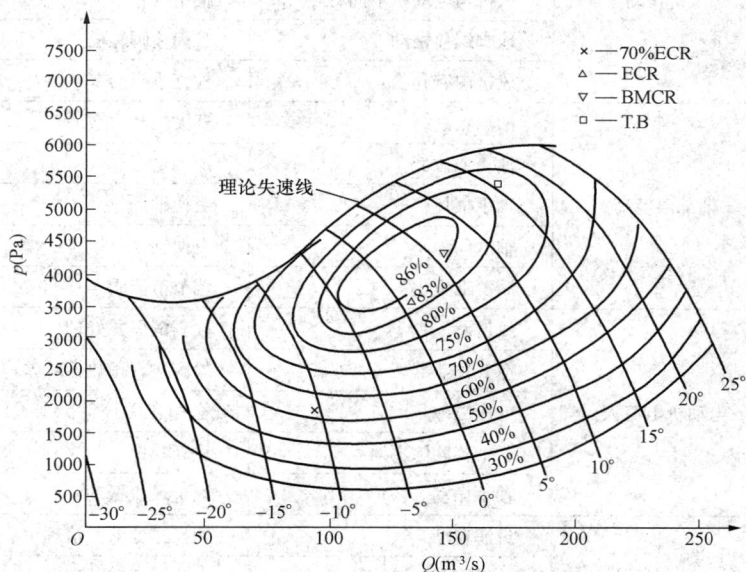

图7-32　FAF20-10-1型送风机性能曲线

（四）送风机的运行与调节

送风机的调节过程是：当接受到调节指令时，调节执行器带动调节轴动作，通过滑阀系统的切换使压力油在活塞两侧产生压力差，液压缸产生移动，通过曲柄带动每个动叶转动，达到调节的目的。动叶角度的调节过程是液压系统从一个平衡状态向另一个平衡状态过渡的过程。调节过程结束后，动叶的调节机构处于相对的平衡，控制头的每一个位置与动叶的位置相对应。为保证送稳定而高效运行，轴流风机运行中应注意的几点：

（1）运行中风机的出口压力不能太高。从图7-32看，若风机出口的风压太高，风机的工作点就会接近理论失速线，易造成风机失速。风机失速不但会影响风机的正常运行、使风机损坏，并且使压力不稳，造成锅炉的燃烧事故。轴流风机若用增加管道阻力的方法调节送风量，或者空气预热器严重堵灰时，相当于增加了管道的阻力，在这种情况下可能会造成送风机的不稳定运行，所以运行中应注意防止管路系统的阻力过大。

（2）运行中风机的动叶开度不能太小。送风机并联时输出的风压是由两台风机共同决定的，如果一台风机动叶的开度太小，则容易造成风机的失速。在两台风机并列运行的情况下，应尽量使两台风机的出力保持一致，以免一台风机的动叶开度太小而引起失速。

（3）运行中尽量使送风机工作点保持在风机的最佳工作范围内。从风机的工作特性曲线可以看出，送风机的动叶开度在$-5°\sim10°$的工作范围内效率最高，并且运行稳定。

（五）送风机的常见故障及处理

轴流送风机常见故障、可能的原因及处理方法见表7-9。

表 7-9　　　　　　　　　　　　　送 风 机 的 故 障 处 理

序号	故障现象	故 障 原 因	处 理 方 法
1	送风机振动大	转子不平衡	找平衡
		叶轮损坏或动静摩擦	停风机检查
		风机与电动机不同心	找中心
		地脚螺栓松动	紧固地脚螺栓
		风机内有异物	检查风机内部
2	轴承温度高	油温太高	开大冷却水
		油箱油位低	加油
		轴承损坏	更换轴承
		轴承间隙小	更换轴承
		润滑油量小	调节节流阀
3	电动机电流大	风道漏风	检查漏风并处理
		空气预热器堵塞	检查空气预热器压差，必要时冲洗
		电压故障	检查电源
		联轴器间隙不对	重新找中心
		轴承振动	测量风机振动
4	油压低	过滤器堵	切换过滤器并清理
		油系统漏油	查找漏点并处理
		油泵故障	切换油泵
5	送风机有异声	叶轮上有沉积物	清除沉积物
		叶片损坏	更换叶片
		轴承损坏	更换轴承
		基础下沉使风机失去中心	查找数据，重新找中心

二、引风机

一般动叶可调的轴流式引风机，其结构和性能与上述的轴流送风机类似，故不再赘述。国产大型机组常采用静叶可调式轴流风机，这种风机又称为子午加速式轴流风机。下面将以 AN31e6 型静叶可调式轴流风机为例说明该风机的结构、性能、运行维护等方面的知识。

（一）引风机的结构

AN31e6 型风机是由成都电力机械厂引进德国 KKK 公司技术生产的静叶可调式轴流风机，该风机的结构由进气弯头（进气箱）、进口集流器、进口导叶、出口导叶、转子、轴承及扩压器等部件组成，如图 7-33 所示。所有静止部分均用钢板制成，各部分之间通过法兰连接。下面对风机的各个部件作一说明。

1. 进气弯头

进气弯头的一侧与入口烟道相连，另一侧与风机的外壳通过法兰相连，在进气弯头内装有导流板以确保烟气均匀性通过。进气弯头的主要作用是改变烟气的流向，使烟气顺利地进入风机。

2. 入口导叶

入口导叶位于风机叶轮的入口前，共有 24 片翼形叶片固定在叶柄上，叶柄的内端套在入口导叶的芯筒上，叶柄外端通过两个滚动轴承沿壳体的圆周方向用螺栓均匀地固定在风机外壳上。24 片入口导叶的叶柄轴匀与控制环相连，控制环通过连杆与伺服电动机相连。入口导叶的执行机构如图 7-34 所示。

引风机入口导叶的调节过程如下：伺服电动机通过连杆带动控制环移动，控制环带动叶柄轴转动，从而使入口导叶的角度改变，使风机的负荷改变。引风机入口导叶角度的调节范围是 −75°（全关）～30°（全开）。

3. 集流器

在入口导叶的前后各有一集流器，集流器为水平中分式结构，以便于拆装。集流器的作用是在烟气流进导叶和动叶之前将部分静压变为动压，使烟气顺利地进入导叶和动叶中。集流器的形状为渐缩形，与风机外壳用法兰连接。

4. 出口导叶

每台引风机的叶轮后装有 36 片出口导叶，出口导叶的外端用螺栓固定在风机的外壳上，导叶的内端与芯筒相连。出口导叶的作用是确保叶轮后的烟气沿轴向流动，提高风机的效率，出口导叶通过芯筒对轴承有支承作用。

5. 扩压器

扩压器的作用是将介质的一部分动压转变成静压。扩压器位于出口导叶之后，由扩压器外壳、扩压器中心套和扩压器楔形支座组成。扩压器外壳是由钢板卷制而成的圆锥筒，扩压器外壳两端分别与出口导叶的外壳及出口风道用法兰连接。

扩压器的中心套为由钢板卷制而成的圆柱状结构，在扩压器的中心套下侧有一切口，该切口将轴承冷却风管、润滑油管及轴承的温度测点引入风机内部。扩压器的楔形支座是由钢板焊接而成，楔形支座位于扩压器外壳与扩压器中心套之间，对中心套起支承和固定作用。

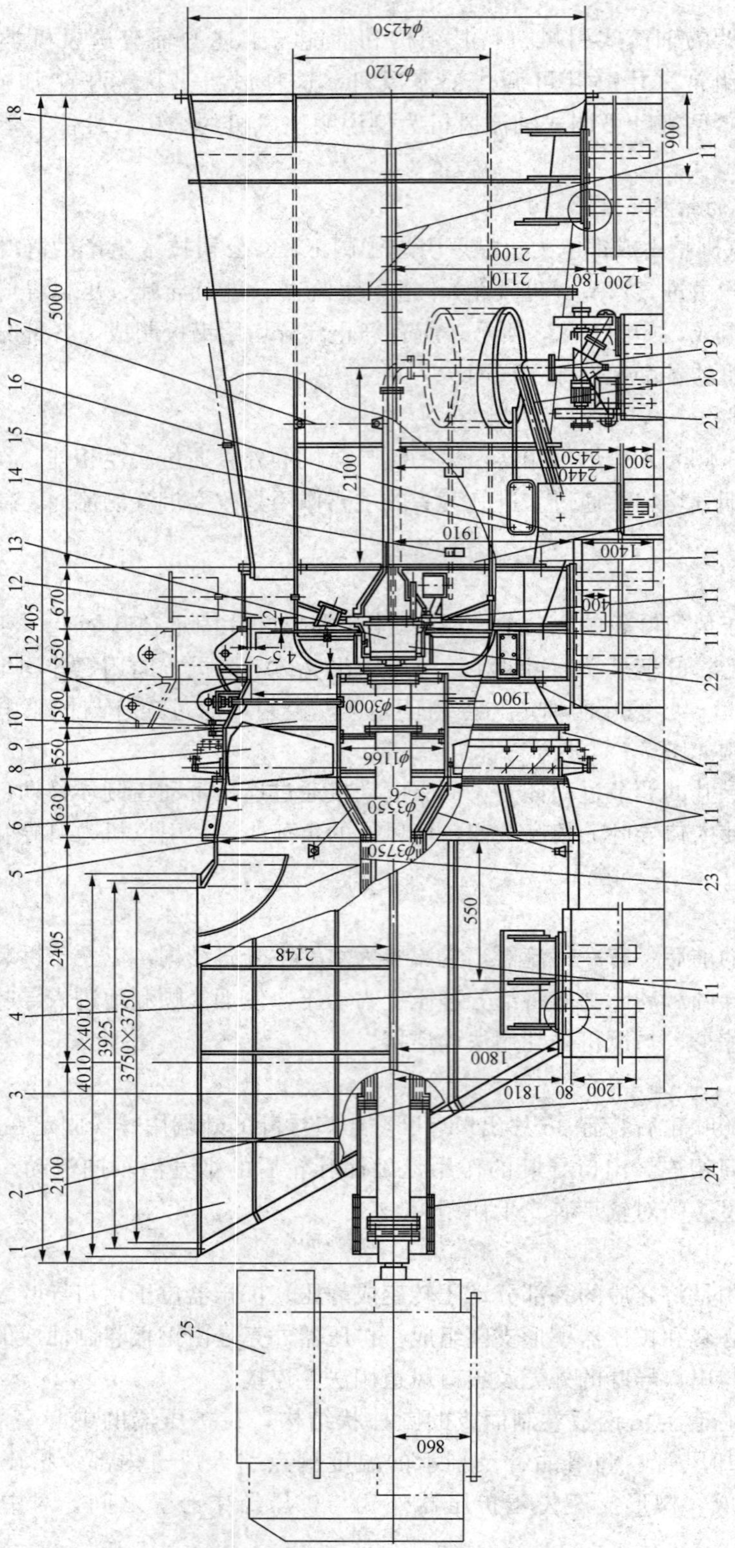

图 7-33 AN31e6 引风机的结构

1—进气箱；2—隔板；3—护轴管；4—支腿；5—拉紧器；6—集流器；7—可调导叶筒；8—可调导叶；9—集流器；10—膨胀节；11—螺栓；12—出口导叶；13—轴承箱；14—护管夹；15—仪表盘；16—支架；17—月板；18—扩压器；19—冷却风管；20—润滑油管；21—冷却风机；22—热电阻；23—轴套；24—联轴器护罩；25—电动机

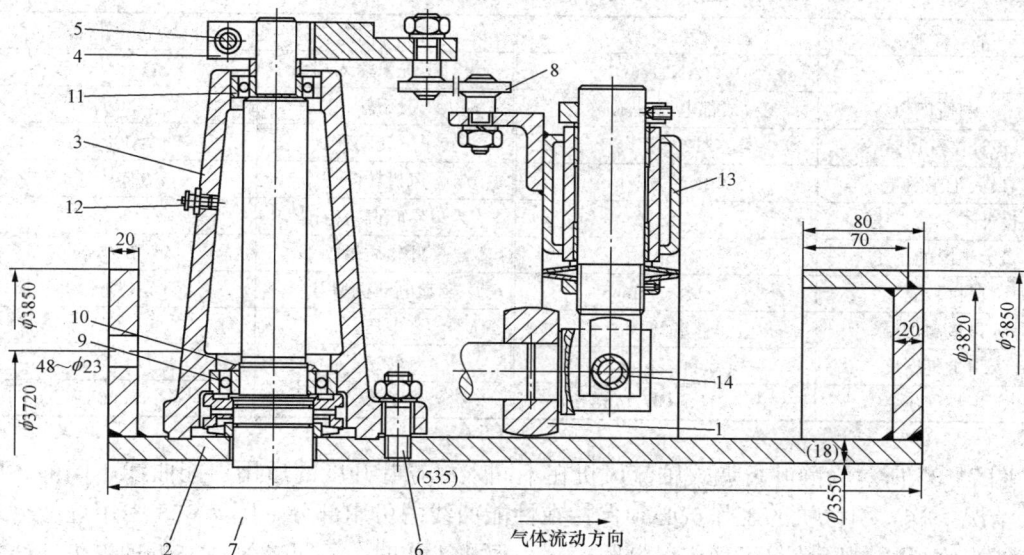

图 7-34　引风机入口导叶调节机构

1—滚轮；2—风机外壳；3—轴承座；4—夹紧连杆；5—夹紧螺栓；6—固定螺栓；7—导叶；
8—连杆；9—内侧轴承；10—卡环；11—外侧轴承；12—加油嘴；13—控制环；14—轴销

6. 轴承箱

该风机的轴承箱为整体圆柱体形状，其端面法兰与出口导叶芯筒通过螺栓连接，芯筒由出口导叶支承。轴承箱内共有三盘轴承，端部为滚珠推力轴承，中间为滚柱径向支承轴承，联轴器侧为滚柱径向支承轴承。各轴承采用油脂润滑。

由于烟气的温度较高（约 140℃），为了防止轴承温度过高，轴承箱通有冷却风，冷却风由两台轴承冷却风机提供，正常情况下一台运行，另一台备用。

7. 轴套

为了防止引风机的轴过热及烟气对轴产生化学腐蚀，引风机的中间轴装在轴套内，轴套由钢板卷制而成，轴套为中分式结构。

8. 叶轮

叶轮是风机做功的部件，叶轮由钢板压制后焊接而成，13 个叶片均匀地焊接在叶轮上，叶片具有良好的空气动力特性，不仅效率高而且耐磨损。叶片采用等强度设计，既提高了强度，又提高了叶片自身的固有频率，使叶轮的安全性大大提高。叶轮通过法兰固定在轴承箱的轴端，呈悬臂结构。

9. 中间轴

叶轮和驱动电动机之间由两根空心轴通过两个联轴器相连。靠近驱动电动机侧的中间轴较长（5.28m），靠近叶轮侧的中间轴较短（0.52m），两根中间轴之间通过法兰相连，这样有利于检修。

（二）引风机的主要技术参数和性能曲线

AN31e6 型引风机的主要技术参数见表 7-10。

表 7 - 10　　　　　　　AN31e6 型静叶可调式轴流引风机送风机的主要技术参数

名　　称	参　　数	名　　称	参　　数
型号	AN31e6	设计工况下输入功率	1339kW
制造厂	成都电力机械厂	最大工况下输入功率	2061kW
设计工况风量	312.6m³/s	转子的转动惯量	2050kg·m
最大工况风量	359.5m³/s	风机转向	从入口方向为逆时针方向
设计工况的全压	3483Pa	入口导叶调节范围	+30°~75°
最大工况的全压	4538Pa	叶轮质量	2100kg
风机转速	745r/min	驱动电动机型号	YKK800-2-8-W
入口最高烟温	200℃	电压	6kV
入口烟气密度	0.804kg/m³	转速	745r/min
平均气压	89 591Pa（672mmHg）	功率	2500kW

图 7 - 35 所示为静叶可调式轴流风机在不同入口导叶开度的通用性能曲线，同前述的送风机情况一样，引风机的工作点必须保持在性能曲线的可用部分，图 7 - 35 中用虚线（理论失速线）将可用的区域与不稳定区域隔开。引风机工作时，不可越过或靠近理论失速线，否则风机有可能发生喘振。图 7 - 35 中给出了单台引风机运行的最大风量（T.B）、锅炉最大出力时引风机的风量（BMCR）、锅炉额定出力时引风机的风量（ECR）、锅炉 70％额定负荷时引风机的风量（70％ECR）4 种工况的工况点位置。

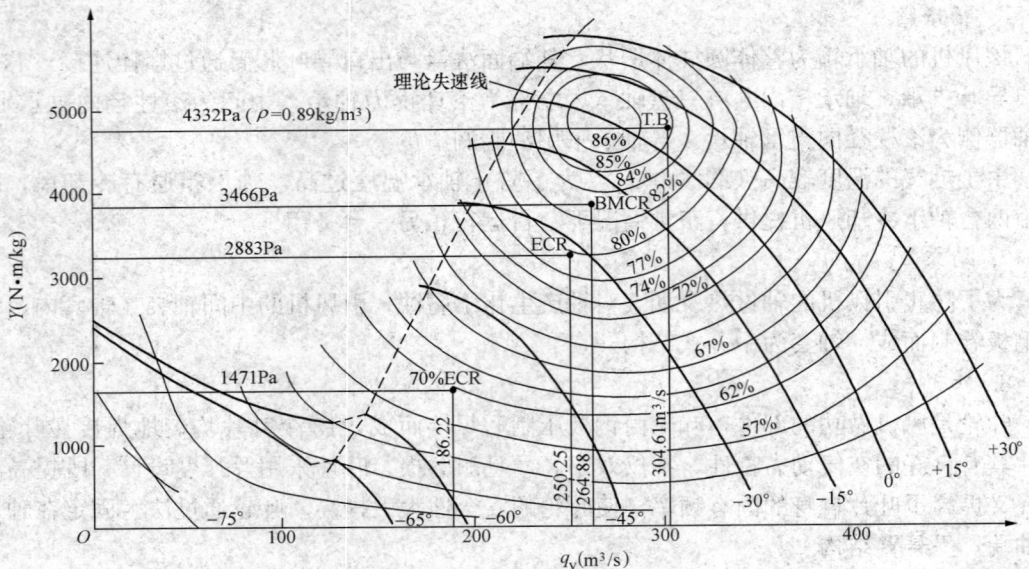

图 7 - 35　静叶可调式轴流引风机的性能曲线（型号 AN3026，转速 745r/min）

静叶可调式轴流引风机与轴流送风机的性能特点类似，故运行的要求也类似。一般来讲，静叶可调式轴流引风机运行中，只能通过入口导叶来调整负荷，不允许用风机的出口和入口挡板来调节风机的负荷，调整时应尽量使两台风机的负荷相匹配，在任何工况下风机的工作点不得靠近失速线与喘振线。从图 7 - 35 可以看出，风机入口导叶开度位于−15°~30°

时风机运行稳定性和经济性较好。

（三）送风机常见故障及处理

轴流送风机常见故障、可能的原因及处理方法见表 7-11。

表 7-11　　　　　　　　　　　　　　引 风 机 的 事 故 处 理

序号	故障现象	故障原因	处 理 方 法
1	轴承温度高	轴承损坏	更换轴承
		轴承间隙太小	按要求的间隙装配轴承
		润滑油量不足	检查润滑油管是否畅通或加油
2	声音异常	轴承的间隙太大	检查风机轴承及电动机轴承，必要时更换
		动静发生摩擦	紧急停风机并检查叶轮是否损坏
		转子与静止部分间隙不当	检查各间隙并进行必要的调整
3	两台风机负荷不匹配	入口导叶的调节不同步	重新调节入口导叶的零位，检查执行器，拧紧固定螺栓
4	风机负荷无法调节	伺服电动机故障	更换伺服电动机
		杠杆与入口导叶轴外端夹紧头松动	检查夹紧头并紧固
5	风机运行不稳定	引风机的出口或入口挡板没全开	开启挡板，消除节流
		叶片磨损造成转子不平衡	做动平衡或更换叶轮
		轴承损坏	更换轴承
		风机抢修后启动时，各部件的温度不均匀	待温度均匀后，风机的不稳定就会消失
6	引风机振动	转子不平衡	首先判断风机振动是由于受迫振动引起，还是由于共振引起，判断方法如下：①当风机的转速降低时，振动消失，这种振动是由于共振引起的；②当风机的转速降低时，振动随之减小，这种振动是由于受迫振动引起的。判断出振动的原因后，采取相应措施消除

第四节　其 他 常 用 风 机

火力发电厂中常见的风机除了送、引风机外还有很多，如一次风机、排粉机、再循环风机，以及各种设备的冷却风机等。本节仅讲述与一般离心风机相比较为重要，或结构、性能上较为有特点的风机，即一次风机、排粉机和再循环风机。

一、一次风机

锅炉的一次风机的主要作用是提供具有一定的压力，将煤粉送入燃烧器的一次风。一台燃煤锅炉通常需配置 2 或 4 台一次风机。一次风机常见的形式有单吸或双吸式的离心风机，

300MW 机组的一次风机有选用离心风机的，也有选用两级叶轮的轴流风机的，600MW 以上的大型机组一般为轴流风机。现以型号为 G6-45-11№21 一次风机为例加以说明，该型风机的形式为单吸式离心风机，其型号中的 G 表示锅炉一次风机，6 表示最佳工况时全压系数乘 10 后的整数值；45 表示最佳工况时的比转数（工程单位制）；11 表示进风方式及设计顺序号；№21 为机号；表示风机叶轮的直径为 2100mm；F 表示双支承联轴器传动方式。风机进口与出口风道成 90°，并且进口风道及出口风道与水平方向成 45°角。

（一）离心式一次风机的结构

一次风机主要由叶轮、机壳、进气箱、集流器和调节挡板等部件组成，如图 7 - 36 所示。

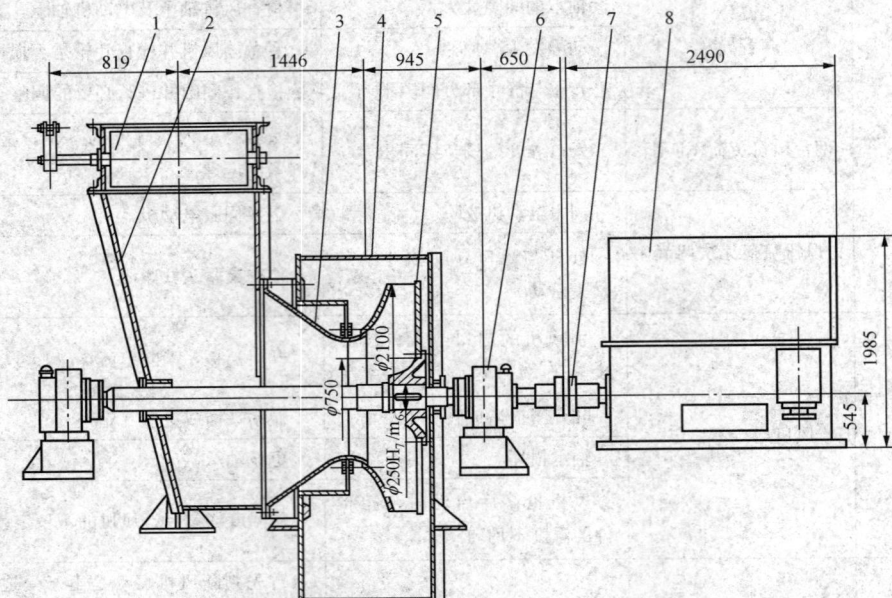

图 7 - 36　　G6-45-11№21 风机结构

1—调节挡板；2—进气箱；3—集流器；4—机壳；5—叶轮组；6—轴承组；7—联轴器；8—电动机

1. 叶轮

叶轮是风机传递能量的主要部件，叶轮由前盘、叶片、轮毂和后盘组成。叶片为倒机翼形后弯式，叶轮由钢板焊接而成。为了提高了叶轮的耐磨性，叶轮的材质选用 16Mn。

2. 机壳

机壳为钢板焊接的蜗壳结构，作用是将叶轮中排出的气体引向出风口，同时将气流的部分动能转变为压力能。机壳用 Q235 钢板焊接而成，外侧焊有肋板以增加其钢性，机壳与集流器用螺丝连接。机壳为三开式结构，将上部机壳拆开后，转子可以直接吊出，在机壳上设有人孔门，以便于停机后的维护与检查。

3. 集流器

集流器主要作用是将气体均匀地导入叶轮内，减小气体的能量损失。集流器为双曲线喇叭形，其出口插入叶轮内，外部加焊阻流板（挡风圈），以阻止叶轮入口形成涡流。

4. 调节挡板

离心式一次风机常采用入口调节挡板来调节风量，有径向式和轴向式两种。在风机的出口一般设有断挡板，该挡板仅起关断作用，不能调节。

5. 轴承

该风机由两个滚柱轴承支承，腰侧为推力轴承，端侧为支持轴承。为冷却轴承，轴承组采用稀油润滑并设有冷却水进行冷却。

（二）一次风机的性能特点

在多数情况下，一次风机的吸入介质温度为常温空气，但是也有一次风机吸入热风的情况，在此情况下风机实际工作状态将不同于在标准状态，各项主要的性能参数都会有所变化，这方面的论述详见第四章相关内容。表 7 - 12 给出了 G6-45-11F№21 型一次风机单台运行最大出力工况（T. B）下的主要性能参数，该组参数对应的环境条件是：大气压力为 101 323Pa(760mmHg)，空气密度为 1.2kg/m³，进气温度为 20℃。在同样的环境条件下，给出的性能曲线如图 7 - 37 所示。

表 7 - 12　　　　　　　　　　G6-45-11F№21 型一次风机主要技术参数

名　　称	单　位	参　　数	名　　称	单　位	参　　数
风机型号		G6-45-11FNo21	转速	r/min	1000
流量	m³/h	15.74×10⁴	全风压	kPa	8.1
轴功率	kW	430	效率	%	83.1
电动机型号		YKK500-1-6	叶轮质量	kg	961.5
电动机功率	kW	560	电动机电压	kV	6

需特别指出的是，图 7 - 37 中表示风机提高能量大小的参数 Y 是指单位质量的气体通过风机后所获得的能量，叫做风机的单位质量功，单位是 N·m/kg。使用 Y 的好处是 Y 与输送介质的密度无关，而使用 p 则需要因环境温度和大气压变化对全压进行修正。图 7 - 37 中给出的工况点 T. B 对应的全压 p 是标准吸入状态下（大气压力为 760mmHg，温度为 20℃）的风机的全压，它与单位质量功 Y 的关系是

$$p = \rho Y$$

在两台并列运行风机的调整时，确保风机稳定运行，应尽量保持两台风机的出力相近。运行人员一般是根据风机的电流和入口调节挡板开度调节风机的出力。

（三）一次风机常见故障及处理

一次风机常见故障及处理见表 7 - 13。

二、排粉机

有些类型的锅炉制粉系统要求使用排粉风机，即排粉机。排粉机的作用是维持制粉系统的负压，并将制粉乏气作为三次风送入炉膛。排粉机吸入的介质是含有 8%～15% 的煤粉、温度在 60～70℃ 的含煤粉气流，因此在其结构上与一般用途的风机有所不同。某国产 300MW 机组配置的 M5-29-11№20.5D 型的排粉机，为单吸式离心风机。该型号的含义为：M 表示排粉机；5 表示最佳工况时的全压系数乘10后的整数值；29 表示最佳工况时的比转数；11 表示排粉机进风方式及设计顺序号；№20.5 为机号，表示排粉机叶轮直径为

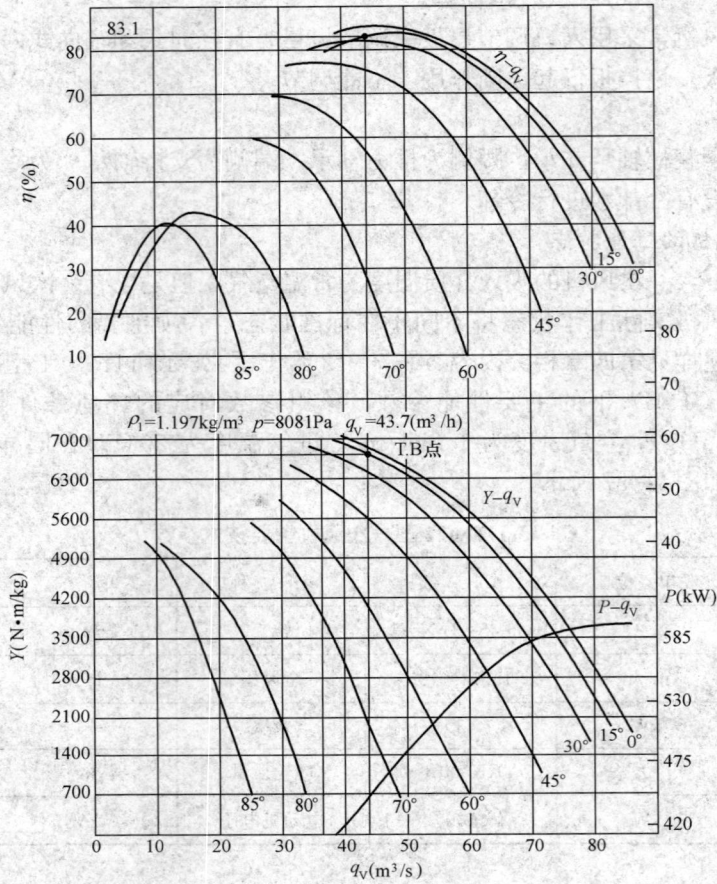

图 7 - 37　G6-45-11F№21 型风机性能曲线

2050mm；D 表示悬臂支承联轴器传动方式。排粉机的结构如图 7 - 38 所示。

表 7 - 13　　　　　　　　　　　一次风机常见故障及处理

序号	故障现象	故 障 原 因	处 理 方 法
1	风机的性能降低	叶轮和壳体变形，叶轮腐蚀或磨损	修理或更换
		轴封磨损	更换轴封
		系统漏风增大	检查各风道是否泄漏
		气体的密度变化	检查工作条件是否变化
		叶轮上结垢或积尘	检查清理
2	电动机电流增大	系统漏风	检查各风道
		动、静部分发生摩擦	检修或更换叶轮
		电源故障	处理电源
		环境温度变化	检查环境温度
		调节挡板工作不良	检查调节挡板

序号	故障现象	故障原因	处理方法
3	轴承温度高	润滑不足或过多	确保润滑油合适
		润滑油老化	更换润滑油
		润滑油中杂质太多	更换润滑油
		轴承座的水平度与同轴度不准	重新调整
		冷却水系统故障	修理或更换
		轴承紧力不够，内环转动	更换轴承
4	风机振动大	由于腐蚀或磨损叶轮不平衡	做动平衡
		轴承损坏	更换轴承
		叶轮上积尘	清理叶轮上的积尘
		地脚松动	紧固螺栓
		联轴器磨损	更换联轴器
		联轴器的水平度和同轴度未调准	重新调整
		基础刚度下降	加固基础
		动静部分摩擦	修理或更换
5	风机有异声	轴承磨损或有缺陷	更换轴承
		轴承缺油	加油
		操作不稳定	改进操作条件
		动、静部分摩擦	修理或更换
		联轴器磨损	更换联轴器
		有异物进入风机	清除异物
		叶轮损坏	更换叶轮
6	调节挡板工作不良	连杆、手柄和销子严重锈蚀	加润滑脂或修理

（一）排粉机的结构特点

（1）排粉机为单侧轴承箱悬臂式支承，轴承箱内共有四盘轴承，靠近风机侧为两盘滚柱承力轴承，靠近电动机侧为两盘滚珠推力轴承，如图 7-39 所示。

（2）排粉机的机壳和叶轮都采用耐磨材料并且工作表面经特殊处理，以提高耐磨性。

（3）为保证工作时有效散热，轴承组采用稀油润滑，并在轴承箱内设有冷却水管。

（二）主要技术参数和性能曲线

M5-29-11№20.5D 型排粉机的主要技术参数见表 7-14，性能参数为介质温度 70℃、密度为 1.025kg/m³。排粉机的性能曲线如图 7-40 所示，图中给出了（T.B）工况点的位置，

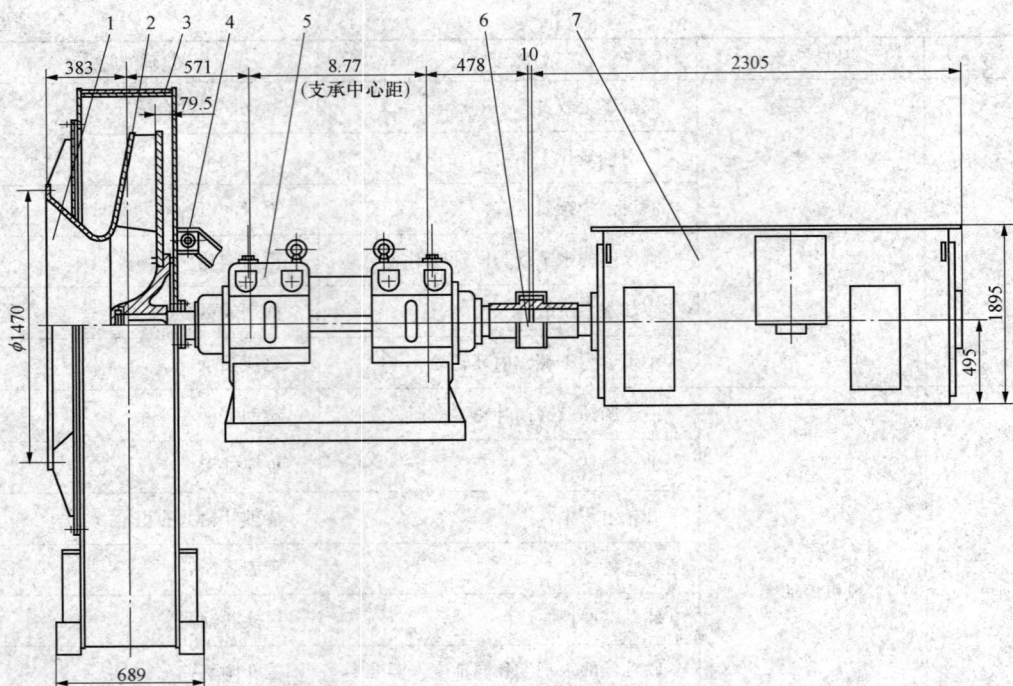

图 7-38   M5-29-11№20.5D 型排粉机结构
1—集流器；2—叶轮；3—蜗壳；4—螺栓；5—轴承箱；6—联轴器；7—电动机

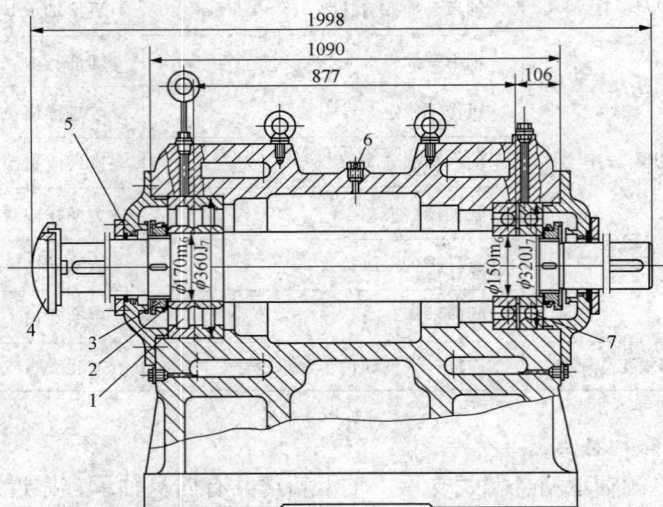

图 7-39   排粉机轴承箱
1—轴承；2—止退垫圈（风机侧）；3—甩油螺母；
4—轴头螺母；5—油封；6—安全塞；7—轴承

同一次风机的情况一样，排粉机性能曲线的纵坐标也是单位质量功 Y。

当排粉机负荷变化时，要求风压的变化平稳，一般要求 Y-q_V 曲线平坦无驼峰。

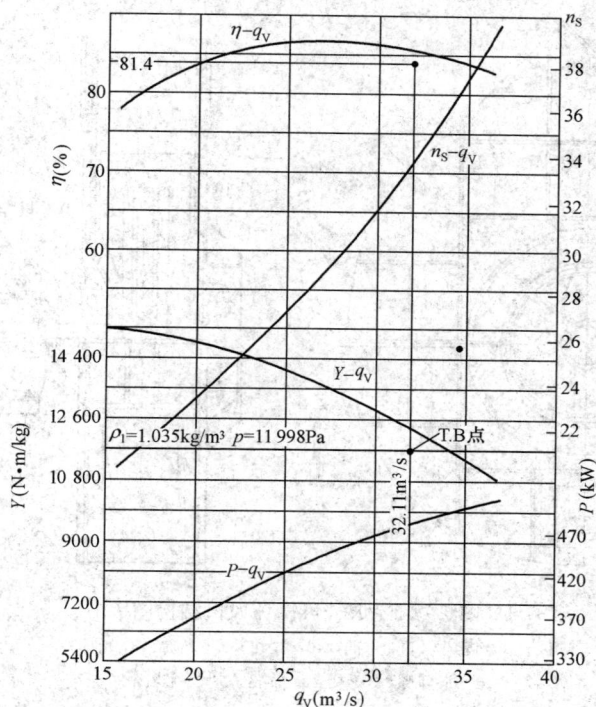

图 7-40　排粉机性能曲线

表 7-14　　　　　　　　　　　　　排粉机的主要技术参数

名称	单位	参　数	名称	单位	参　数
型号		M5-29-11№20.5D	流量	m³/h	$6.47×10^4$～$8.32×10^4$
制造厂		成都电力机械厂	全风压	kPa	14.2～14.9
介质温度	℃	70	介质密度	kg/m³	1.025
润滑油		N22 机械油	轴功率	kW	344～401
冷却水量	t/h	0.5～1.5	电动机转速	r/min	1486
电动机功率	kW	630	电动机质量	kg	5615

三、烟气再循环风机

　　烟气再循环风机应用在强制通风方式中，作用是抽出省煤器出口处的低温烟气送回炉膛，以调节过热蒸汽的温度。因其输送高温烟气，如 22 万～100 万千瓦的锅炉省煤器出口的烟气温度为 330～420℃，所以材料要求耐高温、耐腐蚀、耐磨损。结构要容易维修和更换，一般采用径向桨叶形离心式风机。国产 300MW 机组直流锅炉所配的两台再循环风机就是这种径向桨叶形离心式风机，如图 7-41 所示。

　　叶轮的材料用耐高温高强度的钢板，也有用不锈钢板制作的。主轴多用优质碳素钢，也有用 CrMo 合金钢的，蜗壳式机壳采用普通低合金钢或普通碳钢，机壳的内壁都衬有锰钢板以保护机壳不被磨损，一旦磨损还可以更换。

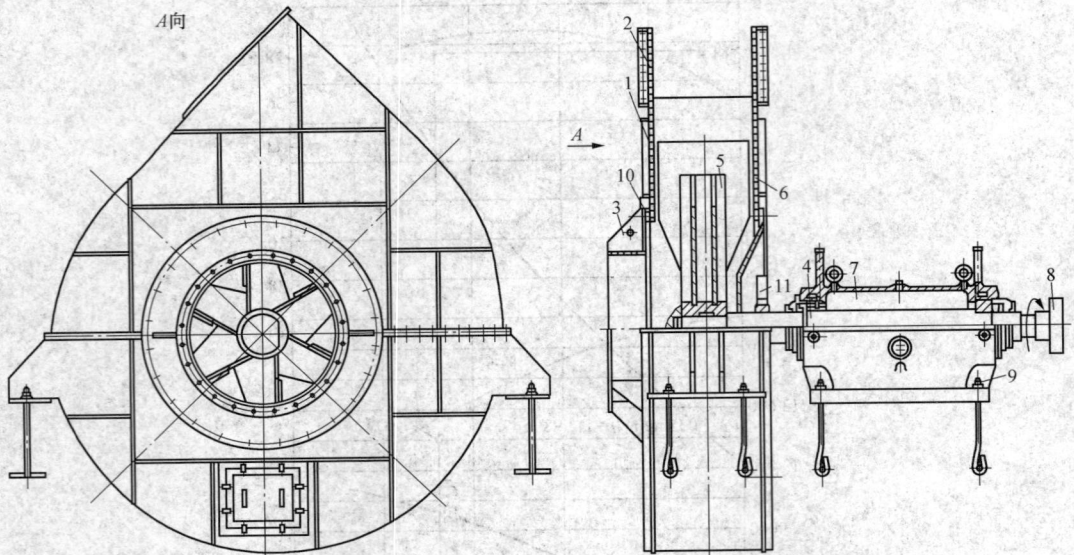

图 7-41 烟气再循环风机结构图

1—机壳；2—衬板；3—进风口；4—轴；5—叶轮；6—后盖；7—轴承箱；8—联轴器；
9—地脚螺栓；10—石棉绳；11—小叶轮

机壳与靠近叶轮的一道滚珠轴承间有一个半开式小叶轮。小叶轮由风机轴驱动，其作用是促使机壳与轴承间的空气流动，以降低高温烟气通过机壳和轴时对轴的传热。

国外 1000MW 机组锅炉上所用的烟气再循环风机参数为烟气量 16 000m³/min、风压 3922.4Pa、温度 420℃、转速 740r/min、电动机功率 2150kW。

思 考 题

7-1 给水泵前置泵的结构有哪些特点？

7-2 给水泵前置泵机械密封的端面冷却水和冷却套冷却水的水源有什么不同？为什么？

7-3 圆筒式结构的给水泵具有哪些优点？

7-4 启动第一台给水泵和启动第二台给水泵的操作有何不同？为什么？

7-5 对给水泵的工作电源有什么要求？

7-6 发电厂中常用的各种泵与风机的作用如何？对这些泵与风机一般都有哪些要求？

7-7 本章讲述的给水泵、前置泵、凝结水泵和循环水泵分别采用哪种轴端密封形式？

7-8 发电厂常采用齿轮泵和柱塞泵来输送什么液体？这两种泵的性能有什么特点？

7-9 变量柱塞泵是怎样改变输出流量的？

7-10 送风机、引风机、一次风机、排粉机以及烟气再循环风机在发电厂锅炉系统中的作用是什么？对这些风机有哪些特殊要求？

7-11 轴流风机为什么需要安装喘振报警装置？

7-12 简述 FAF20-10-1 型送风机的主要结构。

7-13 要使轴流送风机工作稳定，在运行中应注意什么？

第八章 泵与风机的检修

为保证泵与风机运行的安全可靠性，必须对其进行检修。所谓检修就是指通过检查和修理以恢复或改善泵与风机设备原有性能的工作。按设备使用状况来分，检修工作分为预防性检修和事后检修；按规模来分，检修工作分为大修、中修和小修。泵与风机检修工作的内容因检修类型而异。本章将介绍泵与风机检修的基本知识和火力发电厂常见的泵与风机检修操作的基本方法。

第一节 泵与风机通用部件的装配工艺

一、泵与风机的解体与组装

（一）解体前的准备工作

泵与风机的解体是指为了处理内部部件的缺陷，对泵与风机进行拆卸的过程，可分为部分解体和全部解体。解体是检修工作的开始。

检修是建立在对设备结构和工作原理充分理解的基础上的工作，需要检修人员熟悉设备的各种零件用途、它们之间的配合关系以及装配方法。泵与风机解体前应了解其技术规范和参数，并对设备做好检修前交底工作。交底工作包括设备运行状况、历次主要检修经验和教训、检修前主要缺陷等。具体准备工作还包括人员准备、工具准备、工作票准备、材料准备、备件准备和施工现场准备。根据检修项目和类别的不同，具体准备的内容有所不同。

（二）解体

泵与风机解体的顺序必须根据设备结构、部件装配方式确定。对于主设备上连接的附属设备，如果不影响主设备的解体工作，可不拆卸或整体拆下。对安装位置有要求的零件，解体前应做好位置标记。常用的标记方法是在零件结合面的侧面用錾子或钢号打上记号。记号不能打在配合面上，也不要用粉笔、样冲做记号。如果零件上已有正确的记号，就不需要再打。对于有间隙和紧力要求，或组装尺寸要求的零件组合体，在拆卸时应进行测量并做好原始记录。对于难拆卸的连接，常使用加热法或专用工具进行拆卸，需进行敲击时，应使用铜棒或其他软质材料，不许用锤子直接击打。如果有必须拆卸而又拆不下来的零件，可以采用破坏性拆卸方法，拆卸时应尽量保全价值高、制造困难或没有备品的零件。对于拆卸后的零件应分类放置并妥善保管，对于需修复的零件应及时安排修理，对于精密的长轴和细长杆件应竖直吊放或多点支架水平放置。

（三）组装

泵与风机的组装顺序原则上可按解体的相反步骤进行。在组装过程中，应详细地测量各部件的配合间隙，并做好记录，必须严格按技术要求逐项进行检查，防止错装、漏装零件。组装过程中，如果发现不符合技术要求的情况，必须重新进行装配。

组装完毕经检查无误，再对泵与风机进行调整和试验。在确定无问题后，方可试车。试车工作要按照从低速试到高速、从空负荷到满负荷的顺序进行。在试车过程中，要特别注意声音、振动、温升及各种仪表的指示。如发生异常现象，应停机检查。待试车合格后方可修饰外表，并办理移交手续。

在检修工作中，要求工作场地整齐、清洁，防止因现场凌乱影响检修质量，甚至发生人身事故。检修项目必须按规程进行，正确使用工具，操作要仔细认真，严禁野蛮作业。

二、轴套装件的拆卸与组装

在泵与风机检修时，对于紧配合安装在轴上的叶轮、滚动轴承、平衡盘、联轴器、齿轮等轴套装部件，在拆卸或组装之前，要将套装件清洗干净并在轴和轴孔的配合面上涂抹少许润滑油，再根据轴与孔的配合松紧度确定拆装的操作方法。

（一）常温下操作方法

1. 使用丝杆或拉马拆装轴套装件

如图 8-1 所示，在拆卸套装部件时，可以使用丝杆之力将轴套装件平稳地拉出或顶出。对于拆卸之初静摩擦力较大的轴套装件，可以在丝杆拉紧（即套装件受到一定的拉力）的情况下，垫上软金属垫用手锤在套装件上对称振打，当套装件松动后，不可继续锤击，用丝杆将其拉出或顶出。进行组装的过程与拆卸相反，操作要点是类似的。在操作过程中，为保持作用在套装件上的力均匀，紧螺母要轮换进行，着力点要相对于轴对称且尽量靠近轴心，同时，顶在轴上的力要作用在轴中心且保持在轴向。

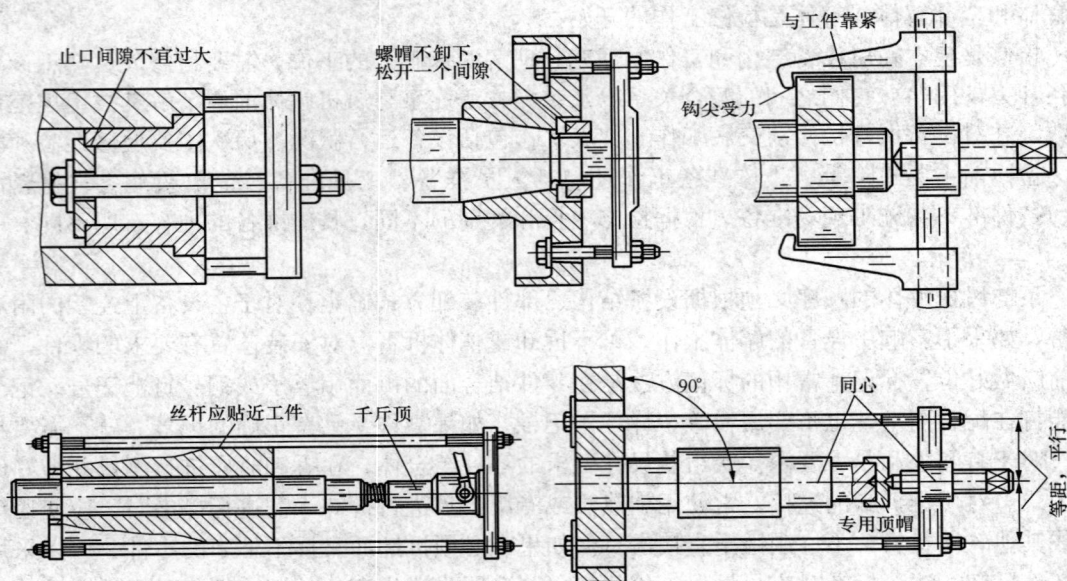

图 8-1　使用丝杆或拉马拆装轴套装件

拆装滚动轴承时，作用力应直接作用于配合圈的端面上，不可通过滚动体传递作用力，也不可以于轴承的保持架、密封圈和防尘盖上。对于装拆轴上的轴承，如果拆装力作用于轴承外圈，会损坏轴承的滚动体和滚道，并使轴承内圈变形而增加安装或拆卸的阻力。

2. 使用压力机拆装轴套装件

泵与风机的滚动轴承和联轴器的拆装常使用压力机拆装方法，所需的注意事项和上述方法基本相同。同上述情况以及锤击法一样，对于滚动轴承的装卸，都应注意防止操作过程对轴及轴承的损坏，如图 8 - 2 和图 8 - 3 所示。

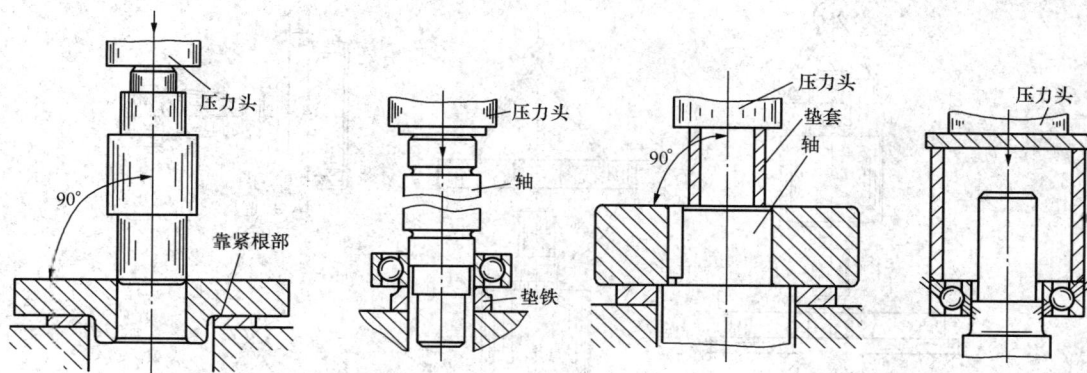

图 8 - 2 压力机拆装套装件

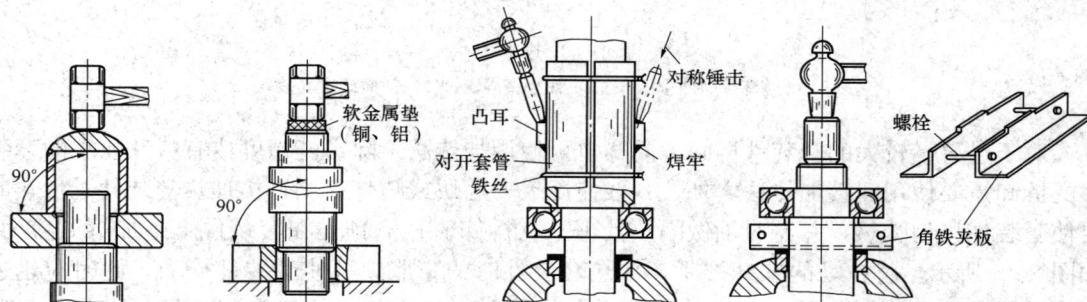

图 8 - 3 锤击法拆装套装件

3. 使用锤击法拆装轴套装件

对于有间隙过渡配合的轴套装件，可以采用锤击法进行安装，如图 8 - 3 所示。使用锤击法时不可直接锤击套装件，并且要保持锤击时的冲击力平衡作用在套装件上。

（二）加热拆装法

对于过盈量较大的轴套装件安装可以采用对套装件加热的方法使孔径扩大后，趁热迅速进行套装的方法，也叫热套法，如图 8 - 4 所示。加热方法分为直接加热法和间接加热法。

直接加热法是指对套装件进行直接加热的方法，可以使用氧气—乙炔火焰、燃油喷灯、电炉、工频感应器等热源对套装件进行加热。直接加热法具有加热速度快、对现场要求不高、所需设备简单等优点，但加热的均匀度较差。直接加热法常用在联轴器、风机叶轮、轴套等部件的装配。间接加热法是通过中间介质来加热套装件的方法，一般使用已报废的润滑油作为加热介质。间接加热法对部件的加热均匀，可用于精密度较高的套装件，如滚动轴承、齿轮等部件的装配。

加热所需的温度与孔径、过盈量、金属热膨胀系数和金属材料允许的温度极限等有关，一般滚动轴承允许加热的温度高限为 120℃。

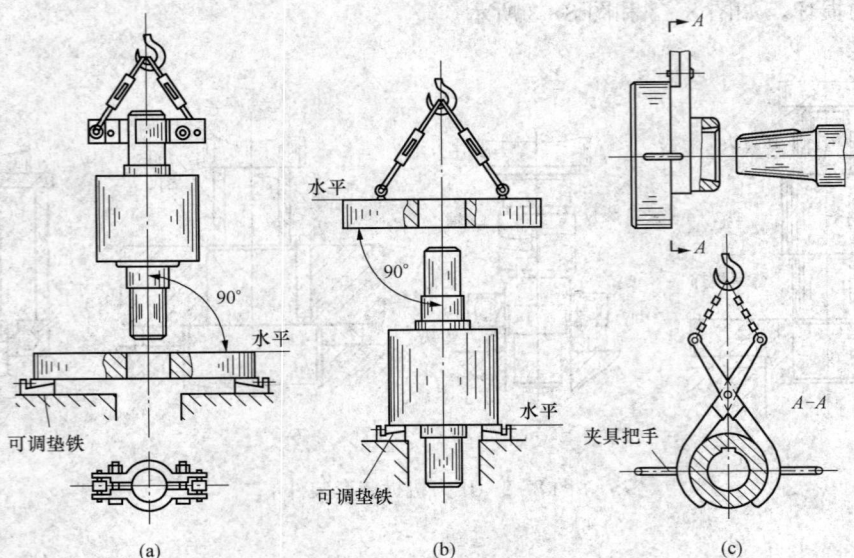

图 8-4 热套方法

（a）套装件水平固定；（b）轴竖直固定；（c）轴横放置套装

对于过盈量较大的套装件拆卸，同样也可使用加热法。除了高精度或有特殊要求的套装件的拆卸需要使用间接加热法之外，一般使用氧—乙炔或喷灯火焰直接加热套装件。加热时要使套装件均匀受热，并需对轴做隔热处理。在拆卸时，需预先在套装件上施加拆卸应力，如图 8-5 所示，将拉马的螺杆拧紧，加热套装件时的膨胀，可使套装件松动，此时应迅速用拉马将其拉出。如果拆卸不成功，需待套装件和轴都冷却后再对套装件进行加热，重新拆卸。

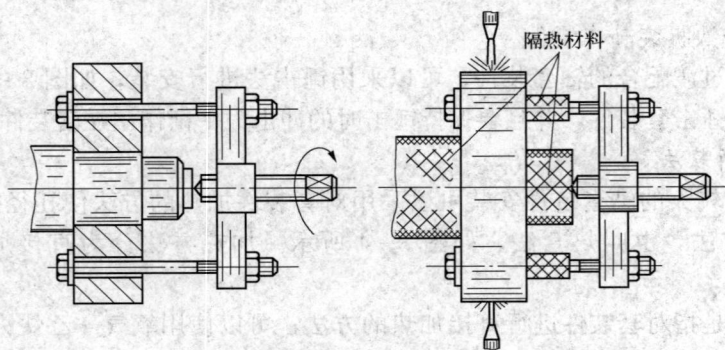

图 8-5 加热拆卸套装件

三、螺纹连接及螺栓的拆装

螺纹连接是构件之间最常见的一种连接方式。除少数构件采用螺纹直接连接外，绝大多数的构件是通过螺栓紧固件进行连接的。

（一）螺栓的紧度

螺栓的紧度是指螺栓被拧紧后产生的内应力，即螺栓作用在构件上的压紧力。在构件装配时，施加在螺栓或螺母上的扭力矩，有一部分用来克服摩擦阻力（约占总扭力矩的一半），其余的形成了螺栓紧力。螺栓的紧度必须适当，紧力不够则起不到紧固作用，过紧会使螺栓损坏或使连接件变形。泵与风机检修中，一般的螺栓所需力矩都是凭经验掌握。对于有紧固力要求的，常在检修规程中列出，操作时需使用扭力扳手。螺栓所允许的扭力矩与螺栓直径、金属弹性极限强度、螺纹类型等有关，表 8 - 1 所示为 M30 以下规格普通碳素钢螺栓允许力矩。

表 8 - 1　　　　　　　　　　　　　普通碳素钢螺栓允许力矩

螺纹直径 (mm)	允许力矩 (N·m)	举 例		螺纹直径 (mm)	允许力矩 (N·m)	举 例	
		扳手长度 (mm)	用力 (N)			扳手长度 (mm)	用力 (N)
M4	2	100	20	M14	87	250	350
M6	7	100	70	M16	130	300	430
M8	16	150	110	M20	260	500	5000
M10	32	200	160	M24	440	1000	440
M12	55	250	220	M30	850	2000	430

（二）拧紧螺栓的方法

（1）直接旋拧螺帽或螺母，利用螺纹作用拉伸螺栓，使螺栓产生拉应力（即紧度）。这种方法需要克服很大的摩擦力，在拧紧螺栓或螺母时容易造成螺纹滑丝或牙面被拉毛而损伤螺纹，甚至将螺栓扭断。但是，该方法简便易行，对于紧力不大的中、小型螺栓最为适用。

（2）冷态下，先使用拉伸器将螺栓拉至预定的应力，使螺栓产生相应的伸长量，再旋紧螺母。或者将螺栓加热使之膨胀增长后，再轻轻旋紧螺母，待螺栓冷却后产生一定的紧力。使用该方法紧螺栓，对螺纹不产生损伤，还可以控制螺栓紧度，但是需要专用设备和计算螺栓伸长量，故一般仅用在大型螺栓或对紧度要求高的场合。

（3）在拧紧成组螺栓时不能一次拧紧，应分多次，并且按照对称的顺序进行，如图 8 - 6 所示。每次拧紧螺栓都应使每个螺栓的紧度趋于一致，这样，才能最终使各个螺栓的紧度一致、被紧部件不会变形。

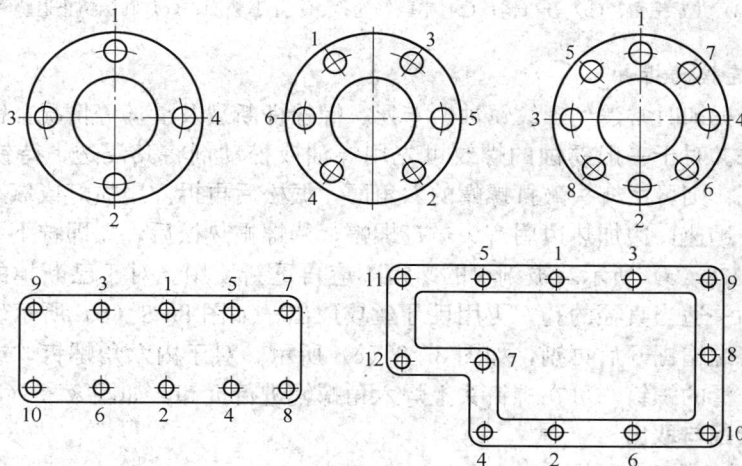

图 8 - 6　螺栓紧固顺序

（三）螺栓连接的防松措施

采用螺栓连接时，如果仅依赖螺纹的摩擦锁紧固定螺栓，则在运行过程中会因振动等原因使螺栓滑动，而造成连接松弛。因此固定运动部件的螺栓一般都需要采取防松措施，主要方式如图 8-7 所示。另外，由于金属有应力松弛现象，经过一段时间运行的螺栓紧固力会减低，尤其是处于高温下工作的螺栓。对于承受较大拉力的螺栓，运行一定时间后，需要对螺栓进行再次紧固。

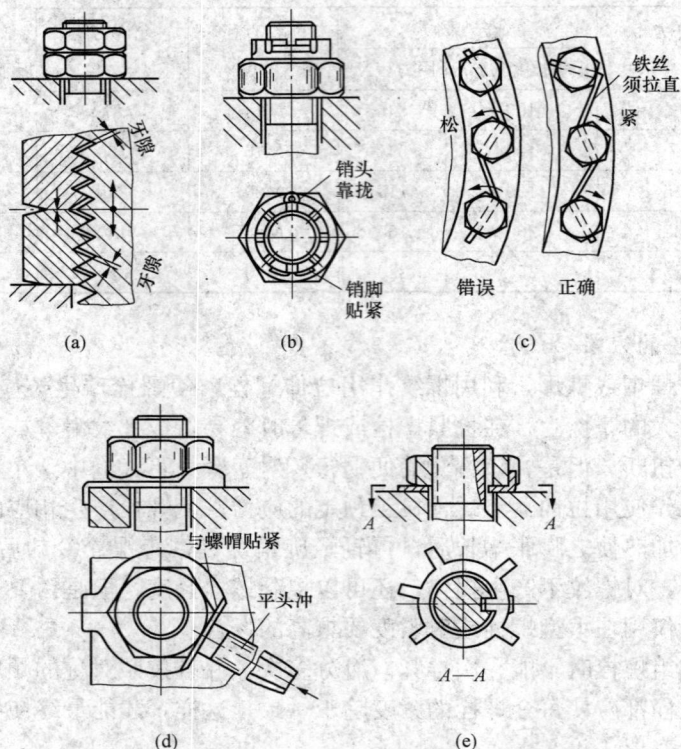

图 8-7 螺纹连接的防松
（a）并紧螺帽；（b）开口销；（c）串联铁丝；（d）止退垫圈；（e）圆螺帽止退垫圈

（四）螺栓连接的拆卸

螺纹连接在拆卸时常遇到螺纹锈蚀、卡死、螺栓杆断裂及滑丝等情况，需要根据具体情况选择拆卸方法。对于一般锈蚀的螺纹可先用煤油或松动剂将其浸透，待铁锈松软后再拆卸。若锈得过死，则可用榔头敲打螺帽的六角面，振松后再拆。用喷灯或氧—乙炔火焰将螺帽加热，加热要迅速，边加热边用榔头敲打螺帽，待螺帽热松后，立即拧下。或用平口錾子剔螺帽，如图 8-8（a）所示，被剔下的螺帽不应再重新使用。对于已断掉的螺栓，可在断掉部分的中心钻一适当直径的孔，再用反牙丝攻取出，如图 8-8（b）所示。也可用钢锯沿着外螺纹切向将螺帽锯开后再剔，如图 8-8（c）所示。对于内六角螺钉，或平基、圆基螺钉旋具刀口被拧滑的螺钉，可在螺钉头上焊六角螺帽进行拆卸，如图 8-8（d）所示。

四、键销装配与取出

（一）键的装配与取出

在轴上的键槽中，键必须与槽底接触，并与键槽两侧有紧力。轴孔上的键应与键槽两侧

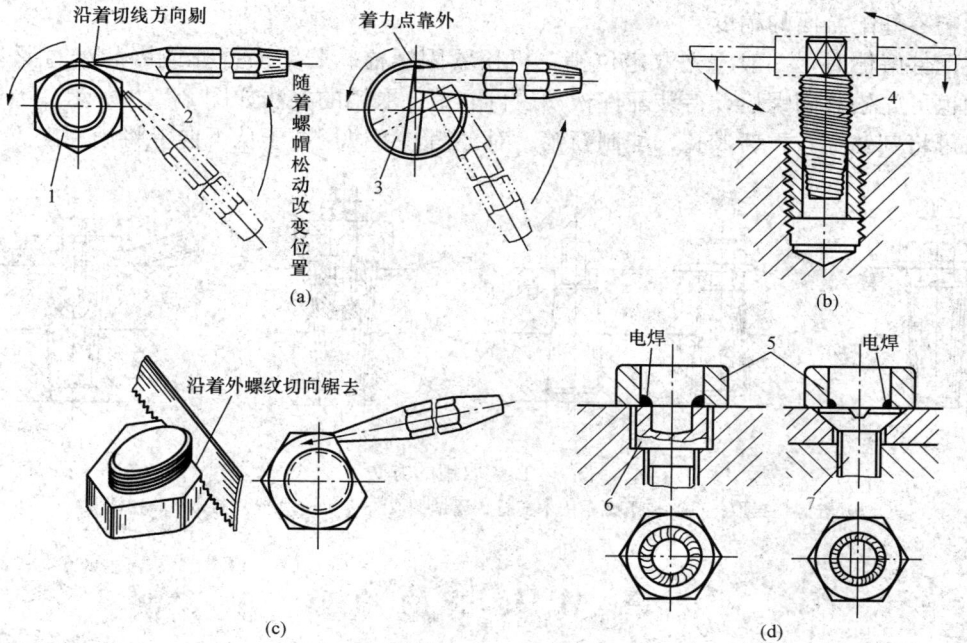

图 8-8　螺纹连接件锈死后的拆卸方法

1—六角螺钉或螺帽；2—平口錾；3—圆基螺钉；4—反牙丝攻；

5—六角螺帽；6—内六角螺钉；7—平基螺钉

无间隙，且顶部与键槽必须有明显的间隙，如图 8-9（a）所示。键在安装时，要用软材料垫在键上，将其打入键槽中，键取出时，一般采取用錾子轻轻剥键的非配合面端头，将键从槽中剥出，不可伤及两侧配合面。一旦轴上或孔内的键槽有较大的损伤，需要加宽键槽，另配新键。键的类型有平键、半圆键、楔键和滑键，各种的装配和取出方法如图 8-9 所示。

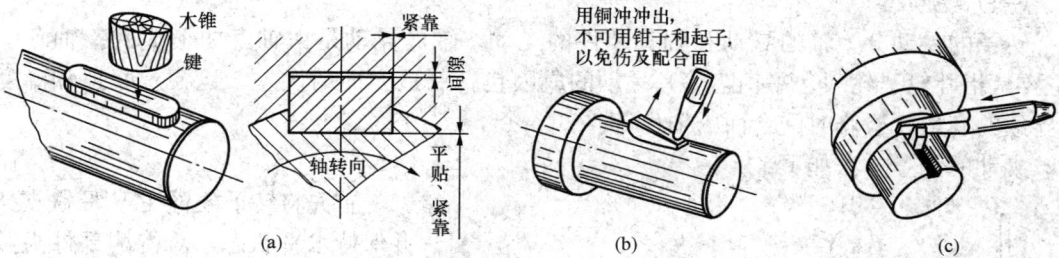

图 8-9　键的装配与取出

（a）平键；（b）半圆键；（c）楔键

（二）销的装配与取出

销的类型有圆柱形和圆锥形两种。销孔必须用铰刀铰制，销与孔的配合必须有一定的紧力。销的配合段接触面积不得少于 80%，可以用红丹检查配合情况。销的装配应在零件上的紧固螺栓未拧紧前将销装上。装销时，先将零件上的销孔对准，再将销涂上机油装入。不许利用销子的下装力量使零件达到对位，这样会造成与下销孔发生啃伤。锥销的装配紧力不宜过大，一般只需用手锤木把敲几下即可。打得紧，不仅取销时困难，而且会使销孔口边胀大，影响零件配合面的精度。

装配件解体时，一般应先取定位销，再松紧固螺栓。若销已锈死或因装配过紧取不出时，则也可先松紧固螺栓，待装配件松动后再取销。取销的方法如图 8-10 所示。当销子锈死时，可将其钻掉，重新铰孔，配制新销。对穿销，可以用冲子从下向上将销冲出。

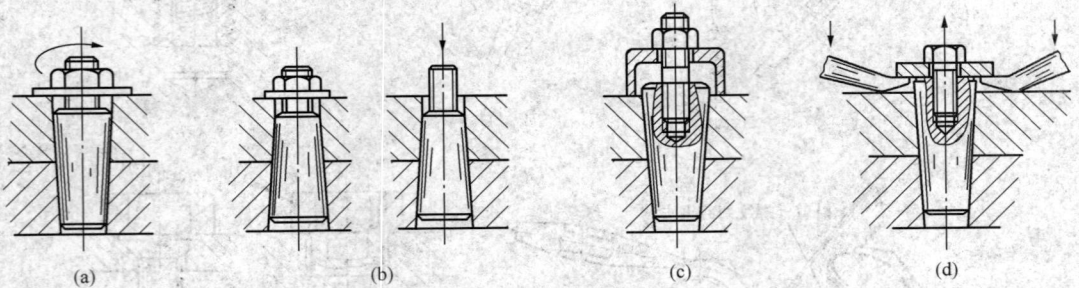

图 8-10　取销的方法
（a）拧螺帽拔取；（b）取下螺帽用木槌打（反销的取法）；（c）用丝对拉取；（d）撬取

第二节　转 子 的 检 修

转子是泵与风机内转动部件的总称，包括轴、轴套、叶轮、平衡盘、推力盘、联轴器等。转子部分的检修技术要求较高，其检修质量对整个泵与风机的运行至关重要。

一、晃动与瓢偏

在转动中，转子的外圆面对轴心线的径向跳动称为晃动，晃动的幅值称为晃动度，简称为晃度；在转动中，转子端面沿轴向的跳动称为瓢偏，转子端面外缘瓢偏的幅值称为瓢偏度。转子的检修，要求晃度与瓢偏在允许的范围内，否则泵与风机会发生严重振动、动静部件摩擦等现象，严重者可造成轴承损坏、动静部件咬死等现象，而使泵与风机无法运行。

（一）晃动

转子的晃动分为轴的晃动和轴套装件的晃动。轴的晃动是由轴弯曲形成的；轴套装件（主要是指叶轮、轮毂、平衡盘等）晃动的成因包括制造方面的误差、运行中摩擦和温度不均导致的变形、检修时配合面的损伤等。

晃动的测量方法如下：

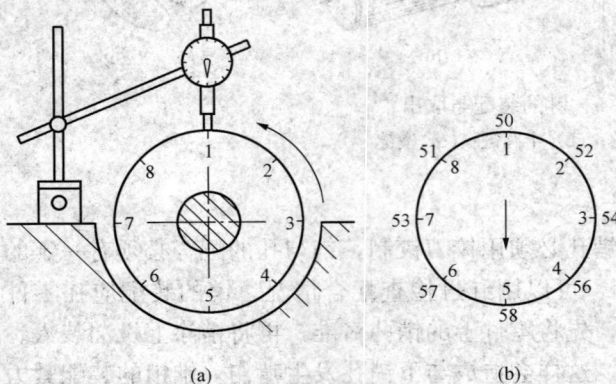

图 8-11　测量晃动的方法（单位：0.01mm）

首先将转子放置在 V 形铁支架上并保持水平状态，对待测部件沿圆周八等分，标记序号并做好记录准备。测量表面必须选在同轴心的经过精加工的表面，其表面应清洁、无锈、无伤痕。然后将百分表固定，将测量杆垂直对准测量位置，如图 8-11（a）所示。

测量时先将转子转动一周，检查表架是否牢固，观察百分表指示是否正常，即同一测点的示值应一致或误差在 0.005mm 之内。然后将测量点调整到 1 点，按次序测量并记录。以图 8-11（b）为示例可知，相对点百分表读数差的最大值即为该测件的晃度。

（二）瓢偏

轴套装件瓢偏的成因与形成晃动的原因基本相同。测量瓢偏需要采用两个百分表，这是因为在测量过程中，转子可能沿轴向有一定的移动，用两个表测量端面跳动是为了在计算时抵消轴向窜动对测量的影响。因为轴向窜动对于两个表的影响是一样的，而端面的轴向跳动仅表现为两个表的差值。具体测量方法如下。

用测晃动相同的方法支撑固定转子和百分表，将待测部件沿圆周八等分并标记序号，如图 8-12 所示。两个表测量位置固定在同一直径上的对称位置，并且尽量靠近边缘。被测位置需是洁净无锈的精加工表面。百分表的调整与前述相同。测量数据的记录方法有两种，即图记录法和表记录法。

使用图记录法，首先记录两个表的读数，如图 8-13 所示，然后计算同一位置记录值的平均值。瓢偏度即为相对点的两表平均值之差，最大瓢偏位置在 1-5 方向。

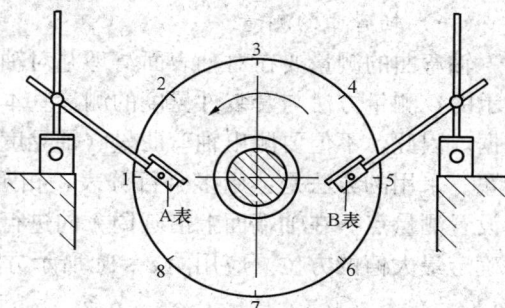

图 8-12 测量瓢偏的方法

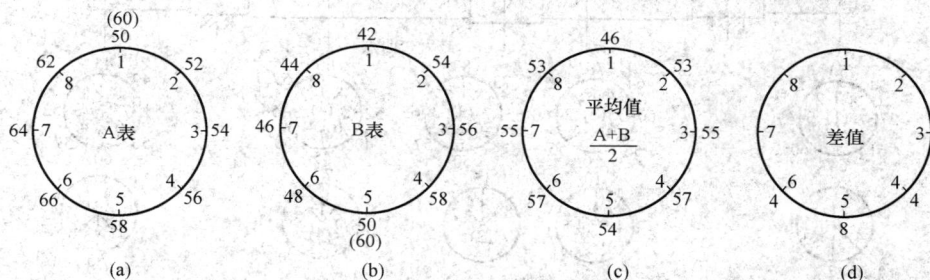

图 8-13 瓢偏测量的记录与计算

表记录法就是将两个表所测量的数据填入表 8-2（以上图例数据为例计算）。

表 8-2 　　　　　　　　　　　瓢偏测量记录及计算举例　　　　　　　　　　0.01mm

等 分 位 置		A 表（a）	B 表（b）	$a-b$	瓢偏度计算
1	5	50	50	0	
2	6	52	48	4	
3	7	54	46	8	
4	8	56	44	12	
5	1	58	42	16	$瓢偏度=\dfrac{(a-b)_{\max}-(a-b)_{\min}}{2}$
6	2	66	54	12	$=\dfrac{16-0}{2}=8$
7	3	64	56	8	
8	4	62	58	4	
1	5	60	60	0	

计算结果与图记录法相同。表 8 - 2 中可以看出，测点经转动一周后回到 1-5 测点位置时，两个表的读数由 50 变为 60，这表明在转动过程中发生了轴向窜动，窜动量为 10，但是两个表的差值并没有变，这正是使用两个表测瓢偏的原因所在。

二、轴弯曲

泵与风机的轴经过长期使用后，会因运行中的摩擦、受热不均、检修中拆卸或保管不当等原因发生弯曲，尤其是细长轴更容易发生弯曲。轴弯曲会造成转子不平衡、动静部件摩擦和泵与风机振动严重超标。所以，在泵与风机检修过程中，需要测量轴的弯曲度，对于弯曲度超过允许值的轴要进行校直操作。

（一）轴弯曲的测量

轴弯曲的测量要在对轴表面清理并对轴颈损伤修复后进行。轴弯曲的程度是用轴的晃度表示的，测量方法与套装件晃度的测量基本相同。测量轴弯曲的一个重要目的是为直轴提供依据，因此，不但要测出轴弯曲量（轴晃度）而且还需要测出轴弯曲的方向和最大弯曲点的位置。采用的方法是：用多个百分表，相距 250～300mm 设置测量点，或在主要套装件位置设置测量点。在轴端面上沿圆周方向进行 8 等分，并标记序号，测量每个测点轴面的晃度并确定最大值的方位。应用图 8- 14 所示方法确定最大轴弯曲点。

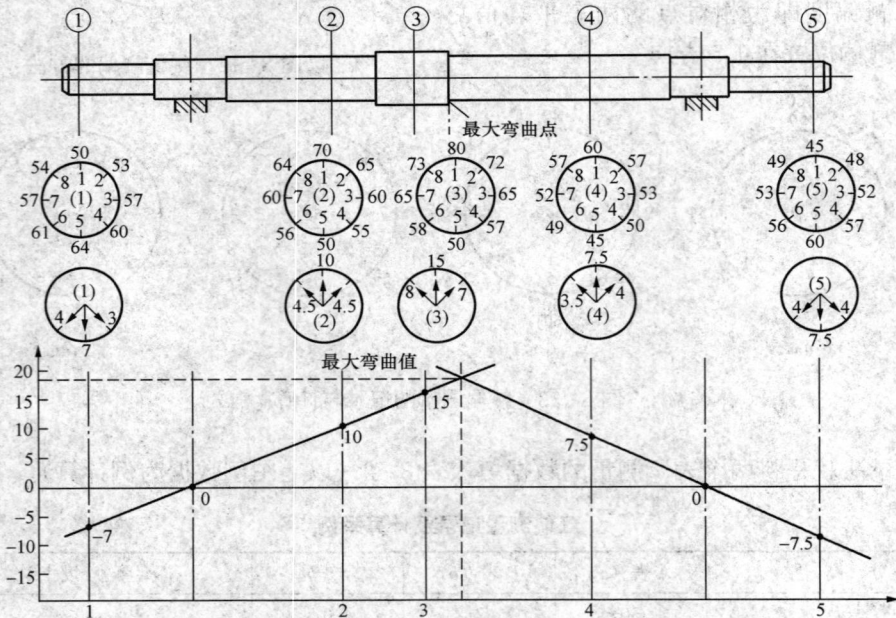

图 8- 14　轴弯曲的测量

图 8- 14 中的曲线仅表示 1-5 轴面上轴弯曲的情况，实际中，轴弯曲有可能在多个方向上存在。这种多方向复杂的轴弯曲直轴工作会异常困难且效果也不理想，所以对于价值不高的轴，发生复杂的弯曲时，一般不修复而是直接报废。

（二）轴的校直

直轴应在处理完轴的其他缺陷后进行。直轴前还需要确定钢材的种类和所采用的热处理工艺，对于淬火的轴应进行退火处理。具体的直轴方法的选择要根据轴的材质、硬度和弯曲情况进行。

1. 捻打法

捻打法通过捻打轴的凹面，使局部金属延展，将轴直过来的方法。捻打直轴时，将弯曲轴置于固定的支架上，使弯曲处凸面向下，并用硬木或紫铜棒在凸面处垫实，然后用捻棒捻打弯曲处的凹面，如图 8-15 所示。捻棒一般用硬质钢材制成，捻棒要做成弧状，弧面应与轴表面吻合且没有棱角，以免捻打时损伤轴面，如图 8-16 所示。一般用 1～2kg 的锤子锤打捻棍，锤打的范围为轴圆周的 1/3，捻打位置和次序按图 8-17 所示的顺序进行。

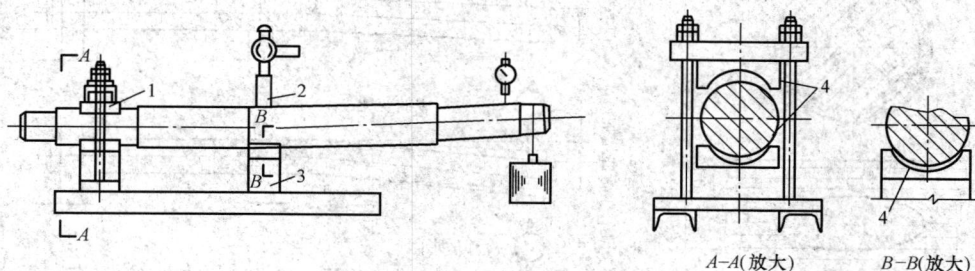

图 8-15 捻打法直轴
1—固定架；2—捻棍；3—支持架；4—软金属

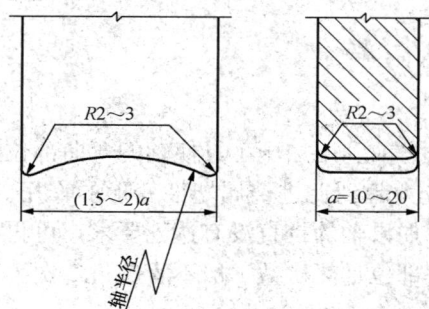

图 8-16 捻棍

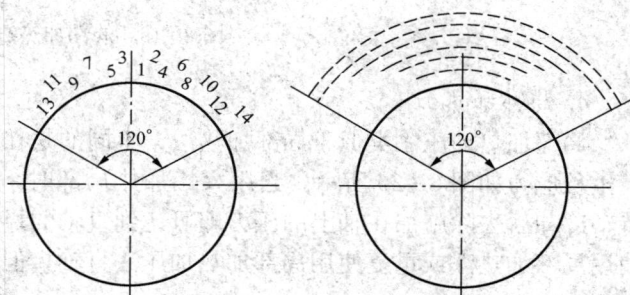

图 8-17 捻打次序及范围

捻打过程中要注意百分表的变化，随时掌握直轴的情况。为了防止直轴后再发生弯曲，一般应根据具体情况过直 0.03mm 左右，然后经过回火处理，弯曲值即可达到最小。捻打直轴法一般适用于小直径的、或弯曲度比较小的轴。

2. 机械加压法

对于小型的泵或风机轴可以采用机械加压法直轴。如图 8-18 所示，将轴置于 V 形铁上，凸面向上，用螺旋增压器缓慢下压轴的凸面，将轴压直。同捻打法一样，机械加压法直轴也需要一定的过直量。

3. 局部加热法

局部加热法是通过加热弯曲轴的凸侧，使局部金属膨胀而被压缩，冷却后使轴校直的直轴方法，如图 8-19 所示。加热部位选在轴的最大弯曲点的凸侧，加热时需在轴上包覆石棉布隔热，加热局部开有加热

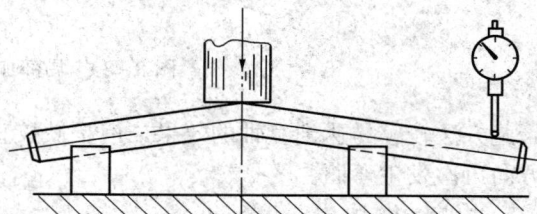

图 8-18 压力法直轴

孔，如图 8-19（a）所示。直轴时采用喷灯等火焰加热，加热温度约为 600～700℃，使轴产生一定量的过变形，如图 8-19（b）所示。加热后用石棉布覆盖加热孔进行保温，让轴自行冷却，如果冷却过于急剧，可能会使轴产生裂纹。如果直轴未达到目标值，可沿轴向稍移动加热孔后重复上述过程。局部加热法直轴适用于弯曲程度不大的碳钢和低合金钢轴。

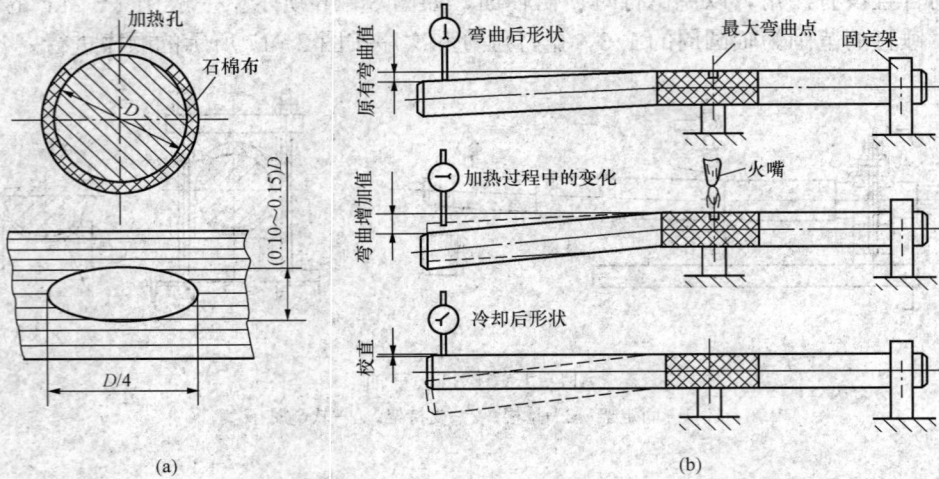

图 8-19 局部加热法直轴

4. 局部加热加压法

局部加热加压法类似于局部加热法，不同的是在加热之前利用加压工具使轴的弯曲部位产生预应力如图 8-20 所示。当用火焰加热局部时，预应力起到促进金属塑性变形的作用。待轴冷却后去除施加在轴上的压力即可达到直轴的目的。如果轴的校直没有达到要求，可再使用局部加热法或重复使用局部加热加压法直轴，但同一部位加热次数一般不宜超过 2 次。

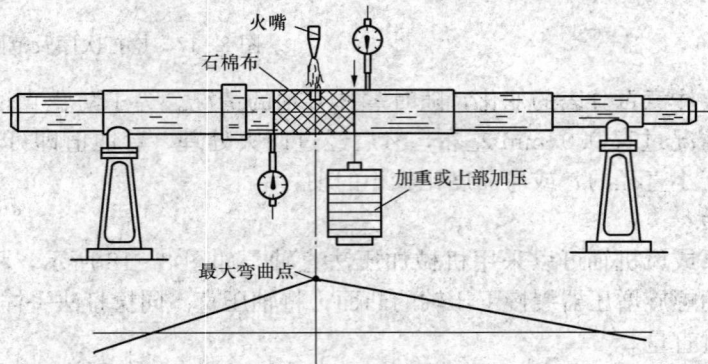

图 8-20 局部加热加压法直轴

此方法较容易达到直轴的效果，但是被校直的轴稳定性较差，在将来运行中可能向原来的方向再次发生弯曲。

5. 内应力松弛法

内应力松弛法是将最大弯曲处的一段轴在整个圆周上进行加热，使温度缓慢上升至低于回火温度 30~50℃。然后在靠近最大弯曲点的凸侧施加压力，使轴产生一定量的弹性变形。随着加热的持续，金属内应力渐渐降低（应力松弛），同时弹性变形逐渐地转变为塑性变形。

三、联轴器找中心

为使相连接的泵与风机和原动机的轴转动灵活、不受阻，两段（或多段）轴应该同心，即各段轴的中心线重合，或处于同一条连续的曲线上。若相连接的两段轴的中心偏差过大，运转时必然会引起设备超常振动。对于使用联轴器链接的轴，找中心就是通过调整设备位置，使联轴器对轮的端面平行、外圆同心，来达到使轴同心的目的。

（一）测量工具

联轴器找中心时需要测量的是联轴器两个对轮端面的不平行偏差（张口偏差）和外圆不同心偏差（高低偏差）。不同类型的设备，找中心使用的测量工具不同，对于结构复杂、技术要求高的设备，常用的测量工具包括两副专用支架（桥规）、三个百分表，如图 8-21 所示。使用一个百分表测量对轮外圆在转动时的径向偏差，即高低偏差，另两个百分表测量两个对轮端面在转动时轴向偏差，即张口偏差。测量张开偏差使用两个表的目的是抵消操作过程中产生的轴向窜动对轴向偏差的影响。

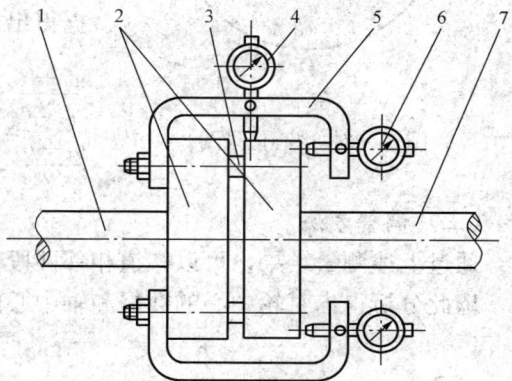

图 8-21 联轴器找中心及测量工具

1—基准设备轴；2—联轴器；3—连接销子；
4、6—百分表；5—专用支架；7—被调设备轴

对于使用滚动轴承、或轴向窜动量小的一些泵或风机，也可用一副支架、两个百分表进行找中心测量。测量时应多次盘动转子，查看百分表的复位情况，确认轴向窜动在可以忽略的范围内。如果设备没有足够的空间让百分表通过，可以使用如图 8-22 所示的桥规，用塞尺进行测量。

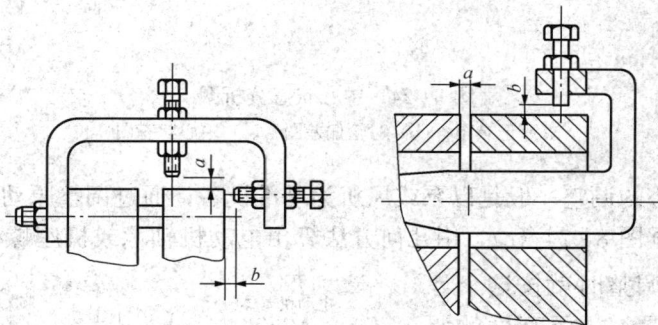

图 8-22 塞尺测量法找中心

（二）测量方法

（1）在测量操作前要清理对轮表面油污、锈迹。保持对轮在原来连接位置并安装一根柱销，使两个对轮可以同步转动。试转动转子，确保轴承工作正常。

（2）根据联轴器周围空间选择并安装桥规及百分表，并调整测量间隙。试转动一周，查看百分表的指示是否正常及复原情况。

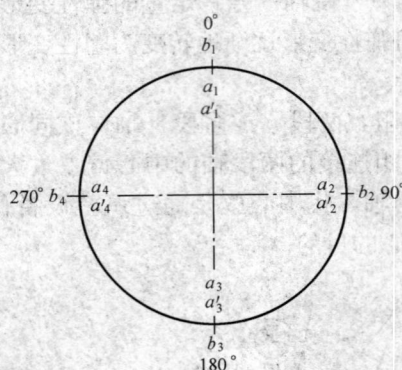

图 8-23　中心记录图

（3）开始测量时，先将对轮外圆测点置于正上方作为 0°测位，测量端面张口偏差并记作 a_1 和 a_1'，测量外圆的高低偏差并记作 b_1；再盘动转子 90°，测量端面张口偏差 a_2、a_2' 和外圆高低偏差 b_2；然后再测记 180°、270° 位置的外圆和端面的偏差。用图记录法记录测量数据，如图 8-23 所示。

（4）端面张口偏差由上下方向和左右方向两组数据得出，即上下方向为 $\dfrac{a_1+a_1'}{2}-\dfrac{a_3+a_3'}{2}$，左右方向为 $\dfrac{a_2+a_2'}{2}-\dfrac{a_4+a_4'}{2}$；外圆的高低偏差，上下方向为 $\dfrac{b_1-b_3}{2}$，左右方向为 $\dfrac{b_2-b_4}{2}$。

（三）调整方法

通过上述测量结果，可以知道相邻两段轴的对中心的情况。图 8-24（a）为测量数据举例，依此分析得出对轮中心的数据和轴中心的状态，如图 8-24（b）、（c）所示。

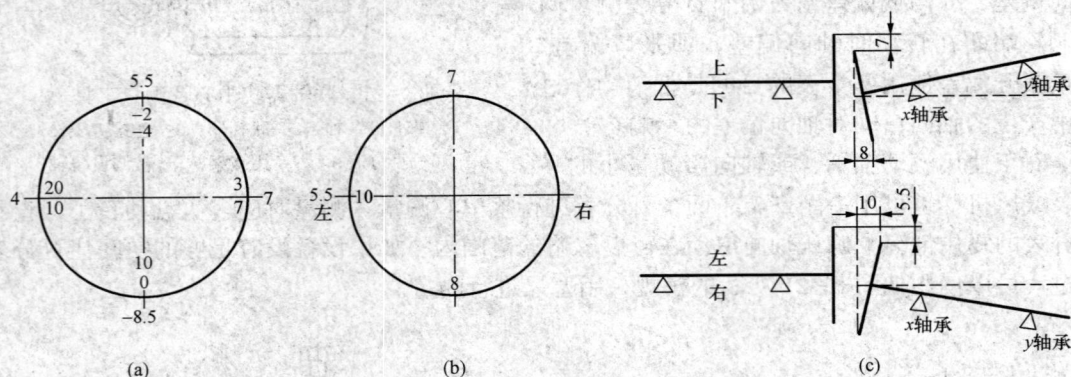

图 8-24　中心状态分析图
（a）记录图；（b）对轮偏差图；（c）中心状态图

泵与风机轴中心的调整一般是以泵或风机为基准设备，通过调整原动机（电动机）的空间位置进行的。根据图 8-24（c），用几何方法算出电动机轴承或机座螺栓孔处应移动的距离和方向，找中心调整时就按这个计算值调整电动机位置。上下高度的调整是通过增减电动机机座下垫片厚度实现的。对于中、小型泵与风机水平位置的调整，可以利用顶丝和百分表，边测量边调整电动机位置，直到满足要求为止，如图 8-25 所示。

下面以图 8-26 所示情况来说明调整量的计算。先计算出 x 轴承和 y 轴

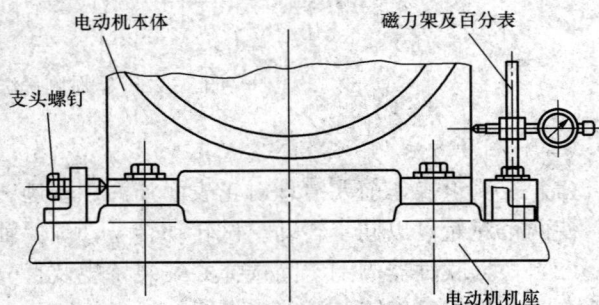

图 8-25　电动机水平方向调整

承为消除端面张口所需的调整量，根

据三角形相似原理，近似有：$\dfrac{\Delta x}{a}=\dfrac{l_1}{D}$；

$\dfrac{\Delta y}{a}=\dfrac{l}{D}$。

则两轴承处的调整量分别为：$\Delta x=$

$\dfrac{l_1 a}{D}$；$\Delta y=\dfrac{la}{D}$。

然后再考虑消除外圆高低偏差，

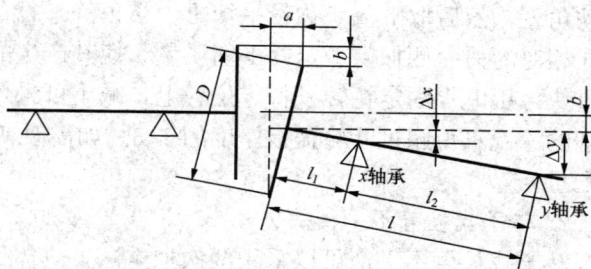

图 8-26 对轮找中心调整量

根据图 8-26，只需将 x 轴承和 y 轴承处加上 b，即总调整量为：$\Delta x+b$；$\Delta y+b$。

四、转子找平衡

转动机械的转子如果其质量中心不与转动中心重合，在运行时会在转子上产生离心力，这一离心力通过支撑轴承以振动的形式表现出来。尤其是高速运行的转子，即使其转子的质量偏心很小，也会造成较大的振动。因此，转子质量的不平衡是造成转动设备振动最常见的原因之一。对转子进行质量平衡校验工作叫做转子找平衡。转子找平衡方法又分为找静平衡和找动平衡两种。

（一）转子找静平衡

1. 转子找静不平衡的原理

转子找静平衡需要在静平衡台上进行，如图 8-27 所示。找平衡时，将转子放置于静平衡台上，轴颈处由水平的轨道支撑。然后轻轻转动转子，并让其自由停下，则可能有如下两种情况：一种是转子的重心在轴心线上，转子可以在任意位置停下来，此时即为平衡状态；另一种是转子的重心不在轴心线上，转子会因偏心而产生转动力矩，驱使其向重心最低的方向转动，即不平衡状态。当转子不平衡力矩大于轨道上轴的滚动摩擦力矩时，转子将停止于使重心在轴心线下方，这种静不平衡称为显著不平衡；如果转子不平衡力矩小于轨道上轴的滚动摩擦力矩时，不平衡力矩不能驱使转子转到重心在轴心线下方的位置，这种静不平衡称为不显著不平衡。

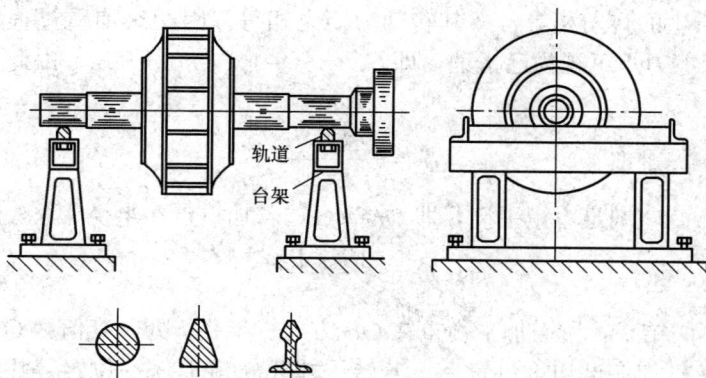

图 8-27 静平衡台及轨道截面形状

找静不平衡，首先要在静平衡台上测出所需平衡重和加重位置，测量时可用试加重的方法，即将重块临时固定于转子上或直接贴上油灰。加重需逐渐加大，直至使转子产生一定的转动角度，然后取下重块称量平衡重。校正静平衡的基本原理是在转子的偏重的一侧减去、或在相对的另一侧加上一定的平衡质量，使其产生的转动力矩与不平衡力矩相抵消。所加平衡重块可用电焊固定在转子特定位置上，减重可采用铣削或磨削的方法。对于叶轮，铣削或磨削的深度不得超过叶轮盖板厚度的1/3。如需改变加重或减重的半径，可根据等效力矩计算配重。

2. 转子找显著不平衡的方法

转子找显著不平衡可以采用两次加重法，具体做法是：

(1) 找出转子重心方位。将转子放置在静平衡台的轨道上，往复滚动数次，偏重的一侧会停在轴心线的下方。如果每次的结果均一致，则转子的正下方就是重心的方位。将该方位定为 A，A 的对称方位为 B，即为试加质量的方位，如图 8-28 (a) 所示。

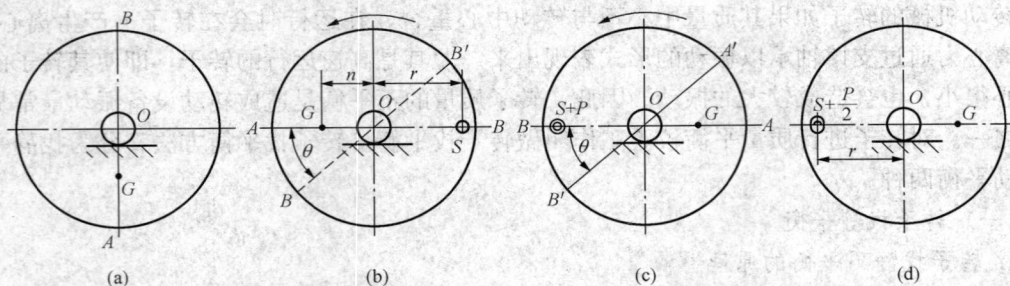

图 8-28 两次加重法找转子显著不平衡

(2) 第一次试加平衡重。如图 8-28 (b) 所示，将 AB 转到水平位置，在 B 方向半径为 r 处试加一平衡重 S，使 A 点向下转动 30～45°。然后称出 S 质量，再将 S 回复原位置。

(3) 第二次试加平衡重。如图 8-28 (c) 所示，将 AB 调转 180°，使 AB 为水平位置，并在 S 上试加平衡重 P，加上 P 后使 B 点向下转动，转动角度与第一次加重时相同。然后取下 P 称重。

(4) 计算应加平衡重。第一次加重后剩余不平衡力矩为 $Gx-Sr$；第二次为 $(S+P)r-Gx$。因两次加重产生的转角相等，故其转动力矩也相等。因两次加重过程中转子的滚动条件近似相同，其摩擦力矩可视为已抵消，即 $Gx-Sr=(S+P)r-Gx$。由此可求出原不平衡力矩 Gx 为

$$Gx = \frac{2S+P}{2}r \tag{8-1}$$

所加平衡重量 Q 应满足力矩平衡，即 $Qr=Gx$，若加重点在半径 r 处，所以

$$Q = \frac{2S+P}{2} \tag{8-2}$$

根据上述计算的结果，所需加平衡重在 OB 方向、半径 r 处，其值为 Q。

(5) 校验。将 Q 加在试加重位置后，若转子能在轨道上任一位置停住，则说明该转子已不存在显著不平衡。如果改变加重或减重的半径，可根据等效力矩法计算其相应的半径。

3. 找转子不显著不平衡

对于转子的不显著不平衡，可采用试加重周移法找出不平衡质量及其位置。

(1) 将转子圆周分成若干等分（通常为 8 等分），并将各等分点标上序号。

（2）如图 8-29（a）所示，试加重先从 1 点开始。将 1 点的半径线置于水平位置，并在 1 点试加平衡重 S_1，使转子向下转动一角度 θ，然后取下称重。用同样方法依次找出其他各点试加平衡重。在试加重时，必须使各点转动方向和转动角度一致，加重半径一致。

（3）以测出的加重量 S 为纵坐标，加重位置为横坐标，绘制曲线图，如图 8-29（b）所示。曲线交点的最低点为转子不平衡重 G 的方位。曲线交点的最高点是应加平衡重的位置。

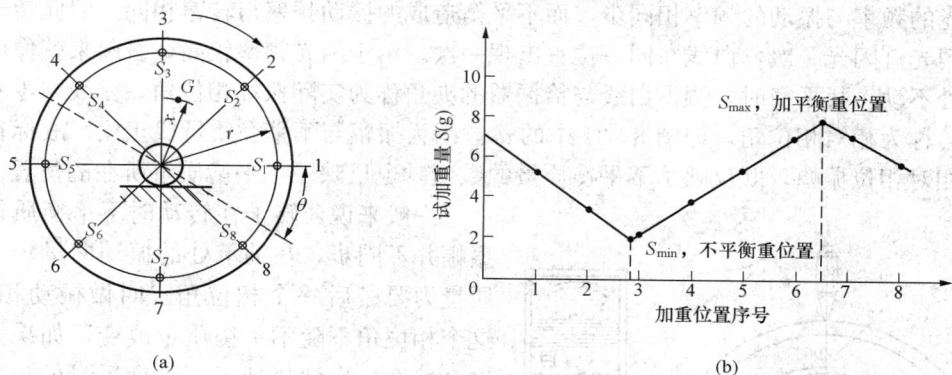

图 8-29 试加重周移法找静平衡

（4）计算应加平衡重。分析力矩平衡情况得

$$Gx + S_{\min}r = S_{\max}r - Gx$$

$$Gx = \frac{S_{\max} - S_{\min}}{2}r$$

若在半径 r 处加平衡重 Q，则 $\qquad Q = \dfrac{S_{\max} - S_{\min}}{2}$ （8-3）

对于泵与风机，静平衡允许的偏差是不超过叶轮外径值的 1/40，如直径为 200mm 的叶轮，静平衡允差为 5g。对于经过静平衡校验后的转子，不能进行任何影响静平衡的修理。

找转子静平衡的常用方法有多种，除了使用加重法之外，常用的还有秒表法等（参见其他书籍，由于篇幅的限制，本书不做赘述）。

（二）转子找动平衡

1. 转子动平衡的概念

静平衡的转子仅表示整个轴系相对于轴的质量分布是均衡的，并不意味着在各个垂直于轴心的平面内的质量分布均衡。例如多级泵转子，若两个叶轮质量中心都不与轴心重合，并且叶轮因偏心而产生的径向力可以互相抵消，则这两个叶轮是静平衡的。但是这两个叶轮在轴旋转时会产生一个力偶，如图 8-30 所示，这个力偶作用于轴上可以造成轴系的转动。因为这种不平衡力偶只是在转子转动时产生，所以这种不平衡叫做动不平衡。在多级泵安装时，应先对每个叶轮找静平衡，转子组装后，应对整个转子找动平衡。对于质量分布较集中的转子（如单级泵或风机）或低速转子，一般不需要找动平衡，只需静平衡合格即可。

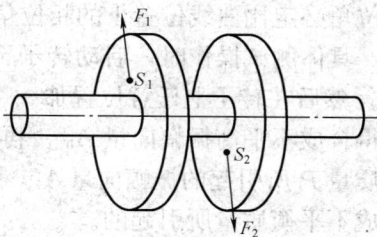

图 8-30 动不平衡原理

2. 闪光测相法找动平衡

找动平衡的方法有多种，主要有测相法、划线法、两点法和三点法等。在泵与风机检修中常采用闪光测相法，如图 8-31 所示。测量前在轴端面上画一径向白线（即在轴的圆周面或在轴端面半径方向），在轴承座端面上贴一个 0°～360° 的刻度盘，并将拾振器放置在轴承盖的正上方。当转子稳定在工作转速时，用闪光测振仪的拾振器在轴承盖正上方测量振动。此时不平衡质量所引起的振动通过拾振器转化为电信号，并传到闪光测振仪，触发闪光灯闪光。闪光的频率与振动的频率相同步，而不平衡造成的振动频率与转速相同。因此转子每转一周，闪光灯闪光一次，白线在同一位置出现一次。由于闪光频率较高，看起来就像白线停留在一处不动。找平衡时，测得白线与拾振器的夹角称为实际振幅相位角。白线与零刻度之间的夹角称为相对相位角，即图 8-31 中的 α_0。因为振幅与不平衡质量成正比，故标在白线位置的相对相位振幅，既反映了不平衡质量的数值，也反映了不平衡质量所在的位置。

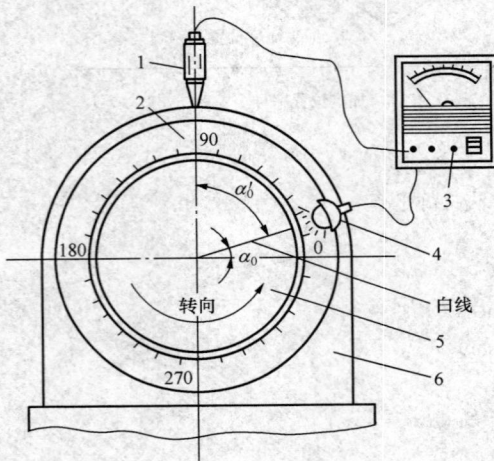

图 8-31 闪光测相法的布置
1—拾振器；2—刻度盘；3—闪光测振仪；
4—闪光灯；5—轴端头；6—轴承座

一般来说，转子在转动时不平衡质量力与振幅并不同步，在轴承处的振动向量较不平衡质量力要滞后一个相位角，叫做振动相位角。这个相位角不随不平衡质量改变，如果知道了这个角度，也就找到了不平衡质量的位置。然而这个角度是无法直接测量的，但振幅与转子上特定的不平衡质量点的相对相位却是能够测量的。

如果在转子上增加或减少质量，则合成后的不平衡质量的方向就会改变，开始闪光的时间也随之改变，因此白线出现的位置，即相对相位发生改变。相对相位变化的角度就是不平衡离心力变化的角度。随着不平衡质量变化，振幅数值也发生变化，由此可以找出不平衡质量的大小和位置。图 8-32 所示为闪光测相法校验动平衡的向量图。

假设原有不平衡质量 G 的位置为（1），用 $\vec{G}$ 表示，可测得白线位置 I，按测得的振幅数值在 I 位置标示 $\vec{G}$ 的相对相位振幅 A_0。若在（2）位置加试加质量 P，则此时的真实不平衡质量应是 $\vec{G}$ 与 $\vec{P}$ 的合成，可用质量向量平行四边形法则求得，以 $\vec{G}+\vec{P}$ 标示，其位置为（3），此合成质量向量的相位角比原不平衡质量 $\vec{G}$ 的相位角减小（滞后）了 θ。此时测得白线位置就应在 III，根据前述不平衡质量位置变化及白线位置相应变化的规律，白线 III 的相对相位角必定比白线位置 I 的相位角增加（超前）了 θ。

具体测试操作时，启动转子至工作转速，测出以相对相位表示的原始不平衡振幅向量 A_0。然后在转子上任意位置加一个试加质量 P，启动转子至工作转速下（先前转速相同），测得合成不平衡振幅向量 A_{01}。再将合成振幅向量 A_{01} 与原始振幅向量 A_0 用作图法绘出由试加质量 P 所引起的振幅向量 A_1，因为合成不平衡向量 A_{01} 是由实际不平衡质量与试加质量 P 合成不平衡质量所引起的。

测量所得的振幅 A_0+A_1 是合成质量引起的振幅，可以认为是 G 的振幅与 P 的振幅所合

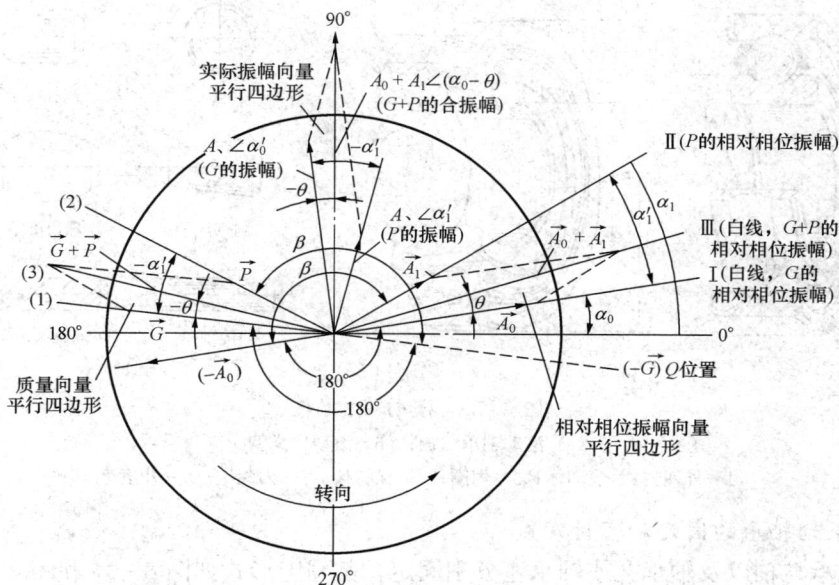

图 8 - 32 闪光测相法的布置

成的，用 A_0、A_0+A_1 及 θ 这三个已知数所作出向量平行四边形，称为相对相位振幅向量平行四边形。由于 $\vec{G}+\vec{P}$ 比 $\vec{G}$ 的相位角滞后 θ，而相对相位合成振幅 A_0+A_1 比 A_0 的相位角超前 θ，与质量平行四边形改变的方向相反。在拾振器位置所作的实际振幅向量平行四边形与质量向量平行四边形改变方向相同。利用相对相位振幅与质量两个向量平行四边形的比例关系，可以从已知的试加质量 P 算出不平衡质量 G 的数值。从 P 所在位置及测得的两次白线位置（Ⅰ 和 Ⅲ）算出平衡质量的位置。然后，在 A_0 向量的反方向画 $-A_0$，求出 $-A_0$ 与 A_1 的相对相位差 $\beta=\alpha_0+180°-\alpha_1$（角度以刻度盘为准）后，再将试加质量 P 的位置逆刻度转 β 角，即得到应加平衡质量 Q 的位置。平衡质量值可由 $Q=P\dfrac{A_0}{A_1}$ 计算得出。

第三节　轴承与密封装置的检修

一、滚动轴承

（一）概述

轴承是与轴颈相配合，并对轴起支撑和定位作用的零件。按照转动中的摩擦性质，轴承可分为滑动轴承和滚动轴承。

滚动轴承的结构如图 8 - 33 所示。轴承的内圈和外圈，与轴颈和轴承座或轴承孔之间采用有一定紧力的过渡配合。内圈与轴一起转动；外圈则安装在轴承座或轴承孔内起支撑作用。轴承内、外圈之间的滚动体以滚动摩擦形式以降低摩擦力，并对轴给予稳定支撑。保持架将轴承中的滚动体等距隔开，并保持滚动体在滚道上运动。

滚动轴承具有摩擦小、效率高、轴向尺寸小、装拆方便的优点，在非大型重载的泵与风机上有非常广泛的应用。

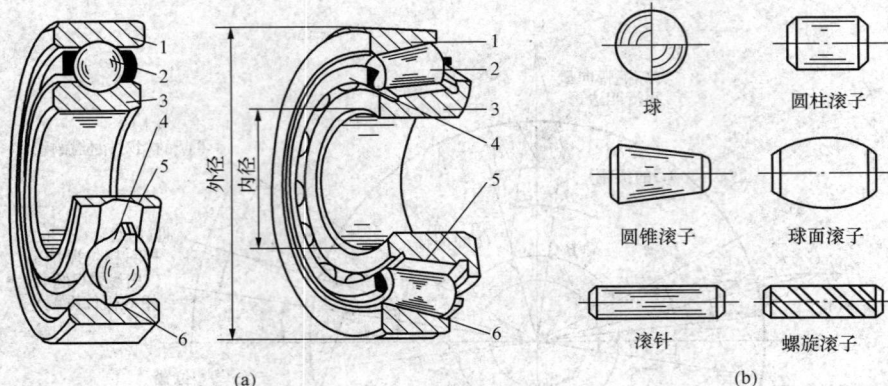

(a)

(b)

图 8-33 滚动轴承结构

（a）滚动轴承结构；（b）滚动体类型

1—外圈；2—滚动体；3—内圈；4—保持架；5—内滚道；6—外滚道

（二）滚动轴承的固定和密封装置

滚动轴承与轴以及轴承孔或轴承座分别固定，其固定形式如图 8-34 和图 8-35 所示。

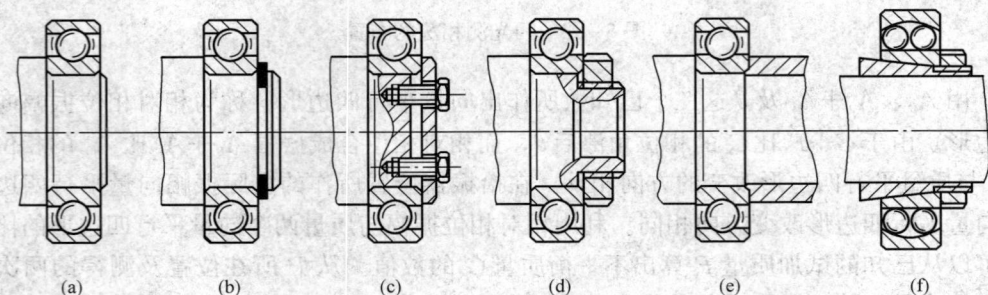

(a)　　(b)　　(c)　　(d)　　(e)　　(f)

图 8-34 轴承内圈的固定方法

（a）轴肩单向定位；（b）弹性挡圈定位；（c）轴端挡圈固定；（d）圆螺帽固定；（e）轴套固定；（f）锥套固定

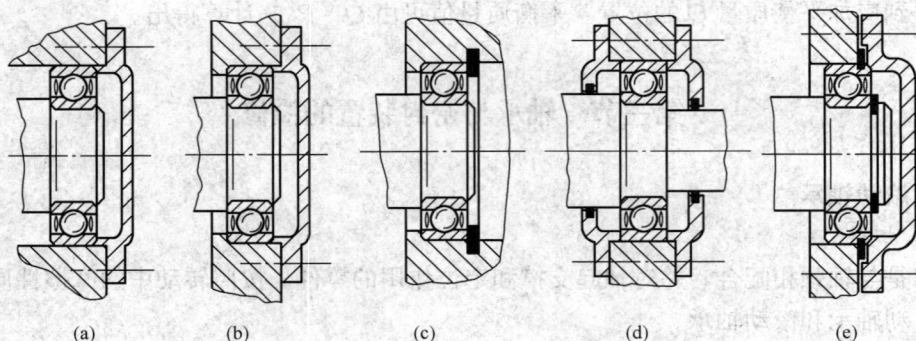

(a)　　(b)　　(c)　　(d)　　(e)

图 8-35 轴承外圈的固定方法

（a）端盖单向固定；（b）端盖和轴承座双向固定；（c）弹簧挡圈和轴承座双向固定；
（d）内外端盖固定；（e）卡环固定

一般的泵与风机轴需要两个以上的轴承组成一个轴承组，负担支持整个转子的作用。为适应温度变化，泵与风机轴的固定必须留有一定的膨胀间隙，如图 8-36 所示。

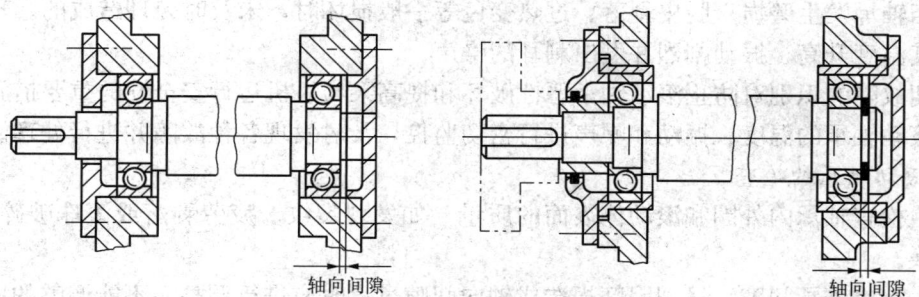

图 8 - 36　轴承组合的轴向定位

泵与风机的轴承一般安装在轴承箱或轴承座内，为防止轴承内润滑剂向外泄漏，以及外界的灰尘、水分、腐蚀性介质和杂物等进入轴承内，通常需要密封装置，这种密封叫做油封，其结构如图 8 - 37 所示。

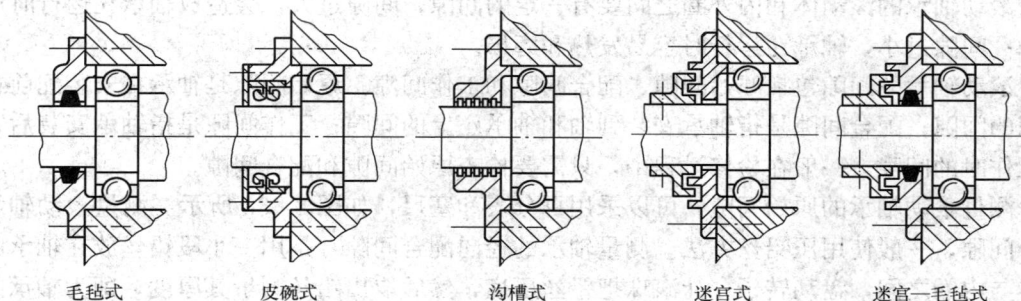

| 毛毡式 | 皮碗式 | 沟槽式 | 迷宫式 | 迷宫—毛毡式 |

图 8 - 37　滚动轴承的密封装置

（三）滚动轴承检修

1. 滚动轴承的损坏类型及原因

（1）锈蚀。因为氧气等氧化介质对金属的氧化作用，轴承在长期储存和使用过程中会发生锈蚀，故轴承储存时需要进行上油脂保护。对于使用中的轴承，润滑脂、润滑油在一定程度上阻止了锈蚀，但是应避免轴承处于长期不工作状态或处于潮湿的环境。

（2）磨损。一般来讲，滚动轴承的内部在不缺乏润滑剂的情况下，滚动体与保持架和滚道之间存在的摩擦非常轻微。但是在轴承安装不当时，其滚动体和滚道表面受力异常，这会导致轴承磨损加剧。尤其是有粉煤灰等硬质颗粒进入轴承内部，轴承的磨损会更加显著。磨损会使轴承的间隙加大，容易产生振动与噪声。

（3）滚道表面脱皮剥落。造成这种现象的原因是轴承内外圈在运转中不同心、振动过大、润滑不良、轴颈或轴承孔的圆度不好、安装紧力过大所产生的配合部位的金属疲劳破坏。另外，轴承材质不良和制造质量不好也会引起轴承在使用期间发生脱皮剥落现象。

（4）过热变色。滚动轴承的工作温度如果超过 170℃，轴承钢就会变色，超温后的轴承钢性能发生改变。轴承超温的主要原因是轴承缺油或断油，供油温度过高和装配间隙不当。

（5）轴承的破裂。轴承的内外圈、滚动体或保持架破裂是滚动轴承的恶性损坏，其主要原因是当轴承发生磨损、脱皮剥落、过热变色等一般损坏时，未及时处理造成的。轴承的破裂会使其温度升高、振动剧烈并发出刺耳的噪声。

早期故障的识别对防止滚动轴承恶性破坏和提高泵与风机运行安全性的重要措施，运行中需对滚动轴承的温度、振动和噪声进行密切监控，及时发现各种故障并进行处理。

2. 滚动轴承的检查

（1）检查轴承内外圈和滚动体表面的质量。如发现裂纹、疲劳剥落或滚珠破碎的现象，必须更换。

（2）检查轴承间隙。发现因磨损造成轴向间隙过大时应进行调整，不能调整的应更换。

（3）检查密封是否老化、损坏，一旦发现有问题应及时更换。新的毡圈式密封装置，在安装前要在熔化的润滑脂中浸润 30～40min，然后再安装。

（4）轴承始终应该保持良好的润滑状态，重新涂油之前，应用汽油清洗干净，所涂的润滑脂为轴承空隙的 2/3。

3. 间隙的测量和调整

滚动轴承的滚动体和内外圈之间要有一定的间隙，间隙过大，会造成轴承在运行时产生振动；间隙过小，轴承在运行时容易发热和磨损。

滚动轴承的间隙包括原始间隙、配合间隙和工作间隙。原始间隙是轴承在未装配前自由状态的间隙；配合间隙是指轴承安装到轴和轴承座上的间隙；工作间隙是指轴承安装后，轴承工作时的间隙。一般在检修过程中，只需要检查原始间隙和配合间隙。

测量滚动轴承的原始间隙，可以采用百分表和塞尺，如图 8-38 所示。测量滚动轴承的配合间隙，一般使用压铅丝方法。测量轴承的径向配合间隙，是用一小段铅丝放在轴承的滚动体与内圈之间，盘动转子，让滚珠把铅丝压扁，然后取出铅丝测量其厚度，即为轴承的径向配合间隙。轴向配合间隙一般采用压铅丝的方法，也可以用深度游标尺直接测量。压铅丝测量轴向间隙的方法是，选择适当直径的铅丝并剪成 8 段，依次用牛油粘放在轴承座端面或

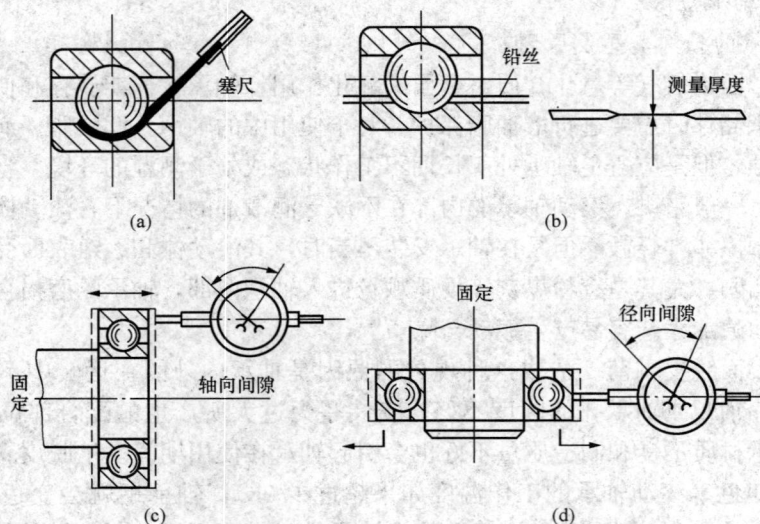

图 8-38　滚动轴承的间隙测量方法
（a）塞尺测量法；（b）压铅丝测量法；（c）百分表测量轴向游隙；（d）百分表测量径向游隙

轴承的外圈上。均匀地拧紧轴承座的端盖螺栓，然后拆下轴承盖取出铅丝，用千分尺测量铅丝的厚度，即为轴向配合间隙。

对于向心轴承，径向配合间隙是制造厂确定好的，一般用户是无法调整的。轴向配合间隙的调整可以通过调整垫片的方法来实现。

4. 滚动轴承的安装与拆卸

滚动轴承的拆装方法在本章第一节有所介绍。在装拆滚动轴承时需要注意的问题有如下几点：

（1）安装前应准备好所需的量具和工具，并检查轴承及轴装配段的尺寸以及表面粗糙度，滚动轴承的配合紧力一般为 0.02～0.05mm。安装时不宜直接用轴承试装。

（2）新轴承一般都有保护油脂，安装前需要将油脂及滚道内的颗粒物清洗干净。

（3）在装拆滚动轴承时，使用的方法应根据轴承的结构、尺寸及配合性质而定。拆装时的作用力应直接作用于相应的轴承套圈的端面上，不可通过滚动体传递作用力，也不能作用在保持架、密封圈或防尘盖等容易变形的零件上。

二、滑动轴承

（一）概述

在发电厂中，大型的泵与风机一般采用滑动轴承。和滚动轴承相比，滑动轴承更适宜承受重载和冲击载荷，噪声低，并具有较好的抗振、减振性能，并且其运行可靠、寿命长。滑动轴承的不足之处是：①摩擦耗功较高；②对轴及轴颈的精度和表面光洁度要求高；③维修时对轴瓦刮削工艺要求高；④需要专用的供油装置，使得系统更复杂，增加了维修工作量，并且对润滑油也有较高的要求。

以圆筒形轴瓦为例来说明滑动轴承的工作原理。轴颈和轴瓦之间存在一个楔形间隙，当轴转动时，润滑油被轴面带入楔形间隙。随着楔形通道变窄，油压力增大，并且油压随着转速的增加而增加。当油压的作用足以克服轴颈上的载荷时，轴就被顶起，如图 8-39 所示。随着轴颈被抬高，楔形间隙加大，使润滑油压降低，当油压的作用和轴颈上的载荷相平衡时，轴颈便稳定在平衡位置上。随着转速的变化，轴颈中心沿着图 8-39（c）所示的轨迹移动。滑动轴承运行中必须有供油系统不间断地向轴承内供给润滑油，油膜在运行中产生的热量由循环润滑油带走。

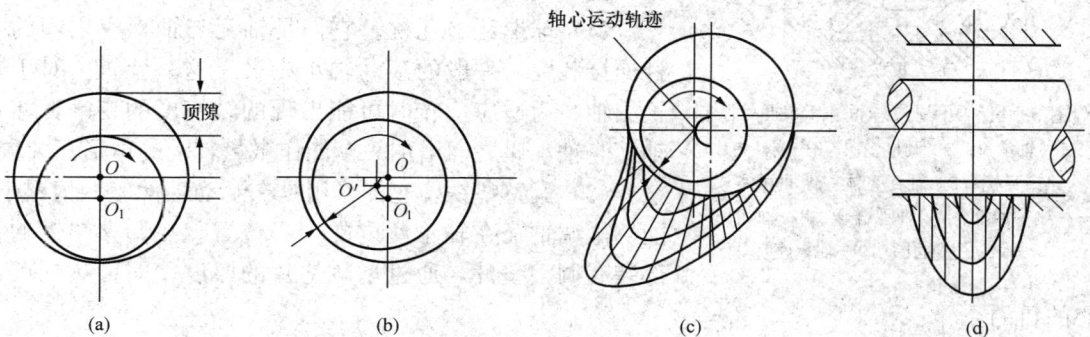

图 8-39 滑动轴承油膜的形成

（a）轴静止状态；（b）运动状态轴心的位移；（c）轴心运动轨迹及油膜内径向压力分布；
（d）油膜内轴向压力分布

轴瓦的类型有多种，常见的类型如图 8-40 所示。其中圆筒形轴瓦结构简单，仅有一个油楔，工作时轴的径向稳定性差，常见于中小型设备。椭圆形轴瓦内有两个油楔，轴瓦运行时的稳定性和可靠性较好，结构也简单。三油楔轴瓦和可倾式轴瓦结构复杂，但其轴系的稳定性好，常用在高速给水泵等大型设备上。

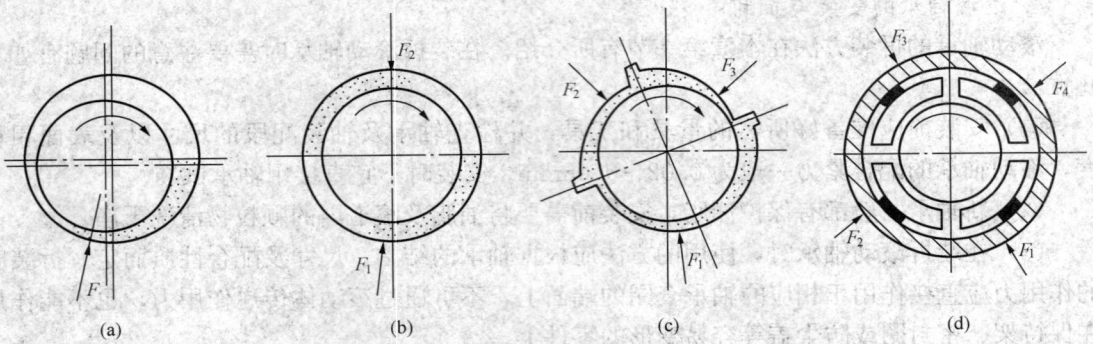

图 8-40 轴瓦的形式

(a) 圆筒形轴瓦；(b) 椭圆形轴瓦；(c) 三油楔轴瓦；(d) 可倾式轴瓦

（二）滑动轴承的一般结构

以可调式球面滑动轴承为例，如图 8-41 所示，其结构主要由以下部件组成：

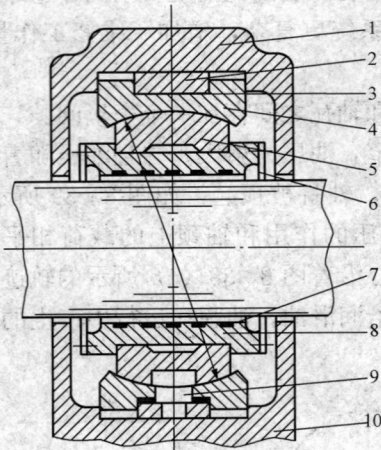

图 8-41 可调式球面滑动轴承结构
1—轴承盖；2—调整垫铁；3—调整垫片；
4—瓦枕；5—轴瓦壳体（球面瓦体）；
6—油挡；7—轴承合金；8—轴瓦；
9—进油孔；10—轴承座

（1）轴承座。有独立式、与主机联体式两类，多为铸铁结构（普通铸铁或球墨铸铁）。

（2）轴承盖。又称轴瓦盖。它与轴承座构成轴承主体，起固定轴瓦的作用，通过轴承盖可调整对轴瓦压紧的程度（即轴瓦紧力）。

（3）轴瓦。轴瓦分为分体式及整体式两种，由单一金属铸造，如铜瓦、生铁瓦等。通常动力设备的轴瓦为双层结构，即在轴瓦体（瓦胎）内孔上浇铸一层减磨衬层。减磨衬层的材料一般选用轴承合金，又称乌金或巴氏合金，其类型有铅基合金和锡基合金两种。

（4）球形瓦与瓦枕。它们是轴瓦与轴承座之间的一种连接装置，一般的滚动轴承中没有这一装置。对于较长的轴，为适应旋转时可能出现的轴挠度的变动，才在轴瓦与轴承座之间增加一套能作微量转动的球形瓦装置。

（5）调整垫铁。它的作用是在不动轴承座的情况下，能够微调轴瓦在轴承座内的中心位置。在调整垫铁的背部装有调整垫片，通过增减垫片的厚度，即可达到调中心的目的。

（6）挡油装置。它固定在轴瓦的两端，其内孔与轴颈保持一定间隙。它的功能是阻止润滑油沿轴向外流，起轴封作用。

（7）润滑油供油系统。重要的动力设备的滑动轴承均采用独立的、可靠性高的润滑油供油系统，以确保不间断地向轴瓦供油。

（三）滑动轴承的常见缺陷

滑动轴承在工作中，由于润滑和轴承本身等原因，常会造成轴承的一些缺陷，对轴承的安全运行造成威胁。滑动轴承的缺陷主要表现在轴承合金层表面磨损、产生裂纹、局部脱落、脱胎、腐蚀及熔化等。其中最常见的是轴承合金层表面磨损，后果最严重的是轴承合金熔化。这就要求在检修工作中对轴承进行仔细检查，及时发现所存在的缺陷。

检查合金层脱胎的方法是：将轴瓦浸过煤油后擦净表面，然后挤压瓦胎，用涂白粉或贴干净纸的方法查看瓦胎与合金层接合处是否有煤油渗出，若有则说明渗油处有缝隙，即该处脱胎。如发现合金层磨损过多、存在砂眼、气孔、杂质、脱胎及裂纹等应进行补焊或进行轴瓦重新浇铸。检修时还需检查轴承合金表面的磨合印痕的异常情况，合金层的厚度应符合工艺要求。

（四）轴瓦刮削的要求

滑动轴承的合金表面必须与轴颈有效地配合，对于新浇铸的、补焊合过金层的、间隙和接触区不正常的轴瓦，需要按照滑动轴承的特殊工艺要求进行刮削。刮削工具一般是采用三角刮刀。刮削的目的是保证轴承运转时润滑所需要的间隙和轴瓦的几何形状，包括油窝、油口和合金层表面的特殊要求，图 8-42 所示为滚动轴承下瓦的形状和与轴颈的接触面。轴转动时，润滑油经油口进入油窝，油窝可以使油散开，有利于油膜的形成和对轴瓦的冷却。轴承上瓦的刮削主要是为了保证工作间隙。

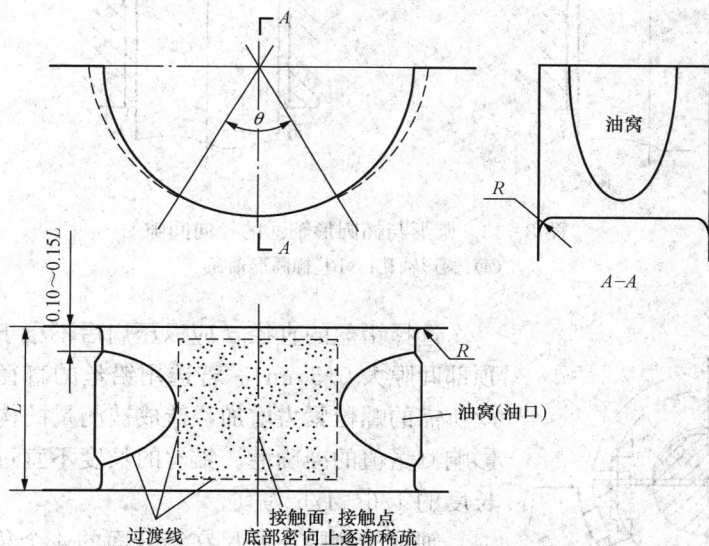

图 8-42　下瓦刮削后最终的形状

在静止状态，一般的滑动轴承下轴瓦与轴颈的接触角约 $60°\sim70°$，在现场是通过测量轴瓦上接触区弧长来检查轴瓦与轴颈的接触区域。在轴承下瓦的接触面上应为点接触状态，对于高转速设备接触点的密度为每平方厘米不少于 3 点，对于中速设备每平方厘米不少于 2 点，非接触面不允许有接触点。检查轴瓦和轴颈接触情况的方法是：将红丹粉用机油调和后涂于轴承合金表面或轴颈表面，再将轴瓦放置在轴颈或假轴的表面进行研磨，观察研磨后的合金表面。在适合的光线条件下，观察到的亮点既是接触点。在刮削时用刮刀将不需要的接触点（高点）刮削掉。

（五）滑动轴承间隙和紧力的调整

1. 径向间隙（顶隙、侧隙）

在静止时，轴颈落在下瓦上，轴颈顶部的间隙叫做顶隙；在轴瓦水平结合面处轴颈两侧的间隙叫做侧隙。图 8-43 表示了圆形与椭圆形轴瓦的径向间隙的要求。轴瓦顶隙可以用压铅丝的方法测量，即把 2 段铅丝安放在轴颈顶部、4 段铅丝安放在轴瓦水平结合面上，如图 8-44 所示，然后拧紧轴承结合面螺栓，再将轴瓦卸开，取出铅丝并测量厚度，为轴瓦两端的顶隙，即 $a_1-\dfrac{b_1+b_2}{2}$ 和 $a_2-\dfrac{b_3+b_4}{2}$。两端间隙应近似相等，否则说明轴瓦出现了楔形偏差。

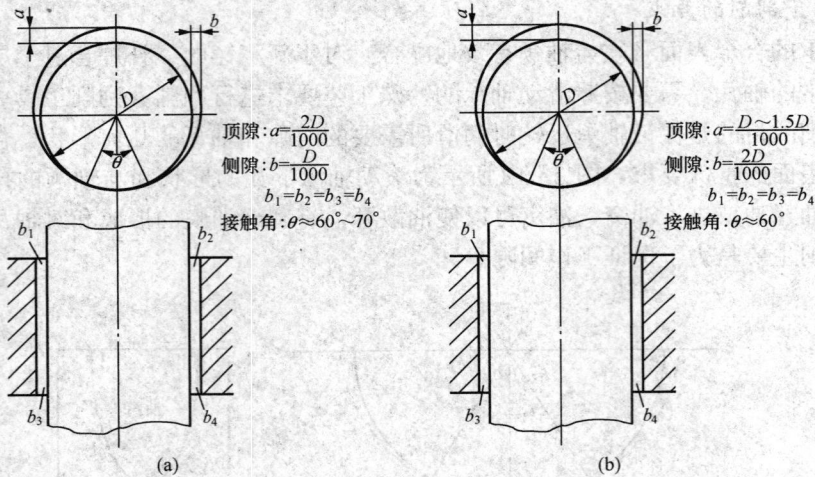

顶隙：$a=\dfrac{2D}{1000}$

侧隙：$b=\dfrac{D}{1000}$

$b_1=b_2=b_3=b_4$

接触角：$\theta\approx60°\sim70°$

顶隙：$a=\dfrac{D\sim1.5D}{1000}$

侧隙：$b=\dfrac{2D}{1000}$

$b_1=b_2=b_3=b_4$

接触角：$\theta\approx60°$

（a）　　　　　　　　　　（b）

图 8-43　圆形与椭圆形轴瓦的径向间隙

（a）圆形轴瓦；（b）椭圆形轴瓦

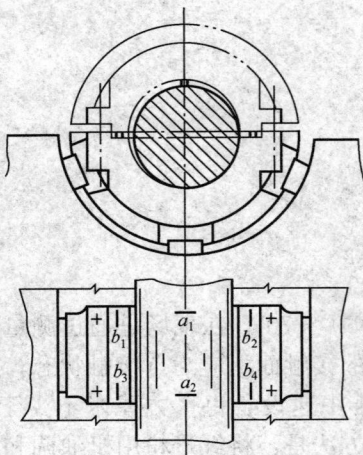

图 8-44　顶隙的测量

选择铅丝的直径 d 应以压扁后不小于 $d/2$ 为好（或比顶部间隙大 0.5mm）。若选用铅丝的直径过大，则压扁铅丝所需的螺栓紧力增加，造成被测量的构件过大的变形而影响测量值的准确性。铅丝的长度不宜过长，一般以轴瓦长度的 $1/6\sim1/5$ 为宜。

轴瓦的侧隙用塞尺在结合面的 4 个角处测量。轴颈两侧的间隙从轴中心向下是对称的楔形间隙，侧隙的测量一般是将塞尺插入深度为轴径的 $1/12\sim1/10$ 处测得的值。下瓦两侧的楔形间隙应基本对称，对称程度的检查也要用塞尺沿 4 个瓦口插入进行。

2. 轴瓦紧力

轴瓦紧力是指轴承盖对轴瓦的压紧力，实质就是在压紧轴瓦时轴承盖的弹性变形。其作用主要是保证轴瓦在运行中的稳定，防止轴瓦在转子不平衡力的作用下产生振动。

轴瓦紧力的测量与轴瓦顶隙的测量方法相同，只是放铅丝的位置不同。测量轴瓦紧力是将铅丝放在轴承座的结合面和轴瓦的顶部，如图 8-45 所示。轴瓦紧力值等于两侧铅丝厚度的平均值与顶部铅丝厚度的平均值之差。

轴瓦紧力应符合制造厂的规定，对于圆筒形轴瓦，紧力值一般为 0.05～0.15mm，球形轴瓦紧力不宜过大，以免球面失去调心的作用，通常取紧力值为 0.03mm 左右。轴瓦两侧的紧力值尽量一致，否则整个轴瓦就会偏离原来的中心，而影响到轴颈与下瓦的接触状态，对于这种情况，可以对瓦顶部的垫铁做适当的调整。

上述紧力值适用于在运行中轴瓦与轴承盖温差不大的轴承。如果在运行中轴瓦与轴承盖温差较大，则应考虑温差的影响来调整紧力。

图 8-45 轴瓦紧力的测量

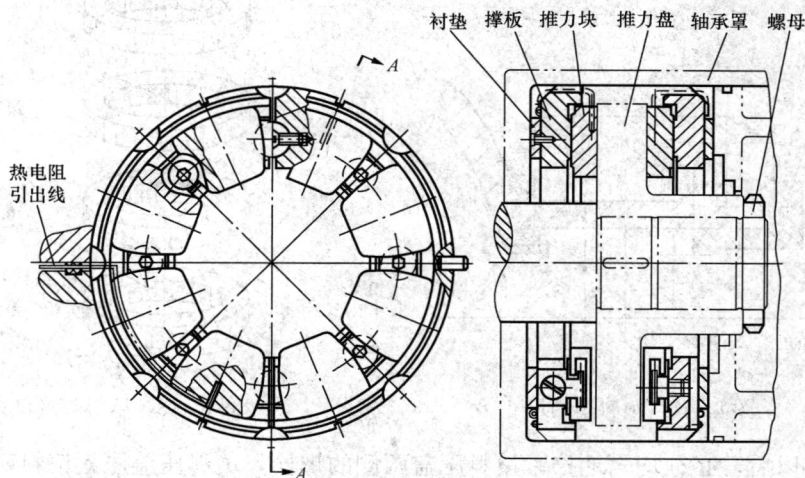

（六）滑动推力轴承的检修

大型的泵与风机一般都需要设置推力轴承来克服轴向力，图 8-46 为某给水泵推力轴承的结构图。瓦块均匀地分布于撑板上，固定件可以使瓦块自由倾斜但不会从撑板上掉下来。工作时推力瓦块与固定于轴上的推力盘保持一定的轴向间隙，承担部分轴向力，轴向力的其余部分由平衡盘或平衡鼓承担。

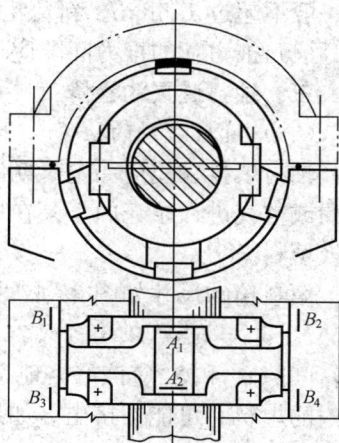

图 8-46 给水泵推力轴承结构

推力轴承检修的要点如下：

（1）推力盘的瓢偏度一般要求小于或等于 0.02mm，盘面应光滑，无磨痕或腐蚀痕迹。

（2）检查各瓦块合金面的工作印迹及磨损程度。不同瓦块的工作印迹大小应一致，如不一致，说明工作中的瓦块承受的负载不均，应查明原因。同时还应检查瓦块上的合金层是否有脱胎现象，若发现脱胎，应更换或重新浇铸合金。

（3）测量每块瓦的厚度值。要求各个瓦块厚度值的差不超过 0.02mm；瓦块上合金层厚度一般不超过 1.5mm。新瓦粗刮后应留 0.10mm 左右的修刮量。

（4）推力瓦的推力间隙应小于转子与静子之间的最小轴向间隙。

三、轴封装置的检修

（一）填料密封的检修

轴封填抖在使用一定时期后，其弹性和润滑作用就会丧失，如不及时更换就会造成液体外漏或空气进入泵壳内。泵在检修时需要更换填料，运行时如发生严重泄漏时，也需要随时更换填料。

填料箱的尺寸如图 8-47 所示，一般要求为 $D = (1.2 \sim 1.4)d$；$\varepsilon = 0.5E$；$t = (2 \sim 2.5)E$；$\delta_1 = \delta_2 = 0.5 \sim 0.75$mm。填料压盖和填料挡圈的内圆表面和轴或轴套必须保持同心，间隙 δ_1 和 δ_2 应该严格地符合所要求的标准，过小会造成动静部件的摩擦，过大则填料函内的填料有可能被挤出。如果填料箱的尺寸不符合要求，必须进行修整或更换。

在更换填料时，首先应拆开填料压盖，用取盘根工具或铁丝钩取出填料及水封环，清洗压盖和水封环，卸下水封管，然后再装入新填料，并检查各部件的间隙。填料的种类很多，应根据泵的工作温度、压力、介质的性质和泵轴的表面线速度选取。在切取填料时，应保证规格和切取长度准确，切口整齐、无松散的石棉头，接口应成 $30° \sim 45°$ 角，如图 8-48 所示。每个填料圈应涂上润滑剂并单独压入填料函内。压装时，填料圈的切口必须互相错开，相邻填料圈的接口应交错 $120°$。水封环应对准密封水进出孔，考虑到安装后填料被压缩，需要向外移 $3 \sim 5$mm，这样，装上填料压盖后，水封环就基本对正位置了。

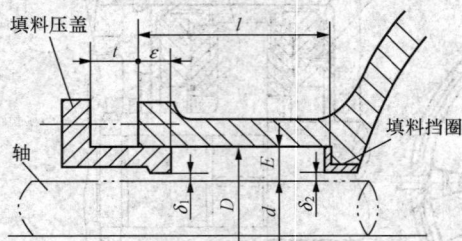

图 8-47 填料箱的尺寸   图 8-48 填料圈接口

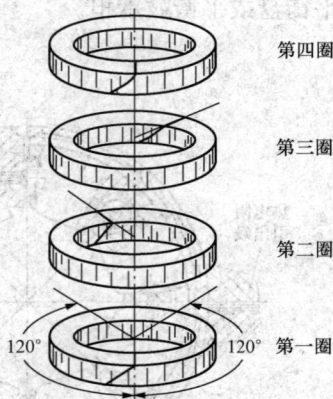

装完填料以后，必须均匀地拧紧填料压盖两侧的螺栓，填料压盖压入填料函的深度，一般为一圈填料的高度，但不能小于 5mm。填料压盖的调整一般要在泵运行后根据泄漏情况进行，泄漏量应保持滴落，一般要求为每分钟数十滴。调整应仔细进行，防止压盖压偏。

填料密封在运行时会对轴套产生一定的磨损，当轴套磨损较大或出现沟痕时，必须更换轴套。

（二）机械密封的检修

1. 机械密封的清理与检查

（1）组装机械密封前必须清理动环、静环、轴套等部件，彻底清除异物。

（2）检查密封面是否平整、动静环表面是否存在划痕、裂纹等缺陷，这些缺陷会造成机械密封严重泄漏，必要时在组装前做水压试验。

（3）检查密封轴套是否存在毛刺、沟痕等缺陷，对于具有螺旋泵送机构的机械密封还要检查螺旋线是否存在裂纹、断线等缺陷。

（4）检查所有密封胶圈是否存在裂纹、气孔等缺陷，其直径是否在允许范围内。

2. 机械密封组装技术尺寸校核

（1）测量动静环密封面的尺寸。当选用不同的摩擦材料时，硬材料摩擦面径向宽度应比软的大1～3mm。静环的内径一般比轴径大1～2mm，而对于动环，为保证浮动性，内径比轴径大0.5～1mm，用以补偿轴的振动与偏斜，但间隙不能太大，否则会使动环密封圈卡入而造成密封能力的破坏。

（2）机械密封紧力的校核。机械密封的紧力也叫端面比压，紧力过大可使密封摩擦面发热，加速端面磨损，增加摩擦功率；紧力过小则会导致泄漏。紧力的大小是在机械密封设计时确定的，在组装时的测量方法是先测量安装好的静环端面至压盖端面的距离，再测量动环端面至压盖端面的距离，两者的差即为机械密封的紧力。长时间运行后补偿弹簧性能发生变化而影响机械密封的紧力，在检修中需要测量补偿弹簧的长度并进行修正。

（3）测量静环防转销子的长度及销孔深度。机械密封组装时静环防转销子过长会导致静环不能组装到位，这种情况一经运转即会损坏机械密封。

3. 机械密封安装与拆卸的注意事项

机械密封安装时应注意：

（1）确定机械密封的安装位置，要在转子与泵体的相对位置固定之后进行。安装前要认真检查密封零件数量，动、静环有无损伤、裂纹和变形等缺陷。

（2）弹簧压缩量要按规定进行，不允许有过大或过小现象，允许误差为±2.0mm。压缩量过大，增加动静环端面比压，加速端面磨损；压缩量过小，动静环端面比压不足则不能密封。

（3）动环在安装后能在轴上灵活移动（把动环压向弹簧后，能自由地弹回）。

（4）在联轴器找正后均匀地上紧轴承压盖，注意防止法兰面偏斜。盘动转子，反复用塞尺检查压盖与轴或轴套外径的间隙（即同心度），间隙的偏差应不超过0.10mm。

（5）安装机械密封对转子的要求是：轴弯曲不超过0.05mm；在密封端面处的转子径向跳动应不大于0.01mm；转子轴向窜动应小于0.05mm。

机械密封拆卸时应注意：

（1）机械密封的拆卸顺序与安装顺序相反。

（2）在拆卸机械密封过程中应仔细，不可动用手锤、扁錾等以免破坏密封元件，如因有污垢不能拆下时也不能强行拆卸，应清洗干净再进行拆卸。

（3）如果泵的两端都有机械密封，在装配和拆卸过程中必须互相照顾。

（4）对于工作过一段时间的机械密封，如果压盖松动后密封面发生移动，则应更换动静环零件，不应重新上紧继续使用。因为在松动后，摩擦副原来运转轨迹会发生改变，接触面的密封性难以保证。

4. 机械密封的试运行

（1）泵启动前，需检查机械密封的冷却和润滑系统，保证其完善畅通，应清洗泵及管道系统，以防铁锈等杂质进入密封腔内。

（2）泵安装完毕后，用手盘动联轴器，检查轴是否轻松旋转，如果盘动时阻力太大，需检查有关安装尺寸是否正确。

（3）泵启动前，应使密封腔内充满液体，对于设有密封水系统的，应在泵启动前投入。

（4）泵在投入运行后，应观察密封部位的温升是否正常，是否有泄漏现象。如有轻微泄漏，可以跑合一段时间，泄漏量会逐渐减少。如运转 1～3h，泄漏量仍不减少，则需停车检查。

第四节 泵 的 检 修

因为不同类型泵的结构不同，其检修程序和具体项目也不相同，故需分别介绍。前述各节已将检修工作中的主要项目做了介绍，在此主要是以检修程序和特殊要求的讲解为主。

一、单级离心泵的检修

以 IS 型单级单吸机械密封清水泵为例介绍单级泵的检修过程。

（一）检修前的准备

检修前应对设备运行状况、历次主要检修经验和教训、检修前主要缺陷等进行交底。做好施工现场准备工作，包括清理布置检修场地、准备各种专用工器具、办理工作票、验证安全措施的执行等。

（二）水泵的解体

先由电气人员拆下电动机接线，然后进行泵体的拆解。

泵体的拆解顺序应根据结构的不同来进行。在拆卸过程中，一般都需要进行联轴器对轮间距、转子的轴向间隙的测量，并做好记录。联轴器的拆卸要使用拉马取下，对于联轴器连接螺栓和其他配合部件要做好标记。从轴承室中抽出泵轴时若有困难，可以用紫铜棒敲击轴头，但力度不能过大，防止伤及泵轴。

（三）清理检查、测量各部件间隙和尺寸

清理检查叶轮和泵壳内表面有无裂纹、汽蚀、冲刷，密封环处有无严重磨损或锈蚀；用细砂纸清理泵轴，检查泵轴有无裂纹、磨损；按要求检查并测量轴承和轴封装置；检查拆卸下的螺栓完好情况。对不符合质量标准或损坏的零部件进行修复或更换。

测量的主要项目包括轴弯曲、叶轮与密封环径向间隙、轴与轴套的径向间隙、转子组装后的晃动度、机械密封的压缩量等。对于振动超标的泵，应做转子的静平衡试验。

（四）泵体的组装

泵体组装的顺序大体上与解体顺序相反。泵体组装前应检查所有零部件表面应光滑无毛刺。轴承的安装要使用规定的方法，并按紧力要求紧固压盖螺栓。机械密封的安装要按照定位尺寸装在轴套上，测量转子的推力间隙，调整好机械密封的压缩量，注意不要漏装 O 形密封圈。泵体组装时应更换泵壳结合面的密封垫。联轴器中心应符合标准，联轴器对轮间距应为 2～3mm。

二、多级离心泵的检修

多级离心泵的结构复杂，形式多样，故检修工作内容和程序的针对性较强。在此仅以双壳体圆筒形多级离心泵为例介绍多级离心泵的检修。该型式水泵广泛地应用在大、中型火力发电厂，作为锅炉给水泵，具有一定的代表性。例如，国产 300MW 火力发电机组配套的给

水泵，常选用型号 FK6D32（DG600-240）的多级离心泵，该泵有 6 级叶轮，轴封采用迷宫式密封，由平衡鼓平衡轴向力。其设计参数为 $n=5410\text{r/min}$，$H=2381\text{m}$，$q_V=597\text{m}^3/\text{s}$，$P=4354\text{kW}$。

对双壳体圆筒形给水泵解体检修前的准备工作如下：

对泵体进行任何维修作业之前，必须确保泵壳内无压力，并隔离给水泵。然后切断电动机电源及润滑油系统电源；切断所有仪表的电源。关闭中间抽头阀门，打开放水阀和排气管，放空筒体内的水，切断冷却水源。拆下两端轴承支架和轴封上的所有影响拆卸工作的仪表、测量装置和小口径管，拆下平衡室回水管，拆下联轴器罩壳并断开联轴器。

（一）双壳体圆筒形给水泵解体

1. 抽出芯包

（1）使用专用工具拆下大端盖双头螺栓上的大螺母。

（2）如图 8-49（a）所示，用螺栓将拆卸板紧固在传动端轴承座上，旋入第一级拆卸管，将拉紧螺栓旋紧至轴端上，再装压紧板、垫圈，并用螺母拉紧芯包。将槽钢支承板固定在泵座上，调整滚筒起顶组件的高度，使其与拆卸管接触。将吊耳装至大端盖上，并系上绳索，慢慢升起吊钩拉紧吊索。用提供的专用工具拆下端盖螺母，用起顶螺钉顶出芯包直到滚筒起顶组件碰到套环。

（3）如图 8-49（b）所示，固定在扁担两头的绳索，一端系在大端盖吊耳上，另一端系在拆卸管上，保持扁担及芯包保持水平位置，连接第二级拆卸管，并改变定位套环位置，继续缓慢地抽出芯包直至套环处。依次连接下一级拆卸管，逐步移出芯包，直至第一级拆卸管露出筒体，并稳定地支承好芯包。在进口端盖处装起重吊耳，用行车吊住芯包，将绳索套在筒体螺栓及第二级拆卸管上，吊住拆装组件，脱开第一、二组拆卸管。

（4）如图 8-49（c）所示，吊开芯包，移至检修作业区域，搁置在合适的支架上。

2. 拆卸轴承组件

在芯包解体时，应把芯包固定并支撑好，最初的拆卸在水平位置进行，最后阶段芯包应如图 8-50 所示垂直支承。在拆卸整个过程中，芯包的重量不能由轴来支撑。

（1）拆下拆卸工具、起吊工具和吊耳。按照图 8-50 所示，装上芯包支撑板使其紧贴在进口端盖上，用 4 根两端有螺纹的拉杆固定芯包组件，再在大端盖上安装吊耳。

（2）拆卸传动端轴承。拆下拉紧芯包的螺母、垫圈和压紧板及轴头上的双头螺栓，旋下第一级拆卸管，拆下固定在传动端轴承支架上的拆卸板。轴承盖装上吊环，拆下轴承盖螺母、螺栓及定位销，用起顶螺钉顶起轴承盖并小心地移开。取下轴承压盖，拆下径向轴承和挡油圈，用拉马取下半联轴器、键及其固定螺钉，然后拆下轴承支架。在轴上标好抛油环位置后松开螺钉，拆下抛油环，再拆下传动端托板。

（3）拆卸自由端径向和推力轴承。卸下端盖和 O 形圈，支架盖装上吊环，卸下紧固螺母、螺栓和定位销，用起顶螺钉顶起轴承支架盖并小心地移开；拆下紧固螺母、拔出定位销、拆下轴承压盖、拆下上半部的径向轴承和挡油圈；拆下推力轴承罩，顶起轴，将下半部径向轴承和挡油圈翻转到上面并拆下。推力轴承的结构如图 8-46 所示，拆卸时应先将测温探头、导线拆下，然后卸下推力轴承撑板，拆下自由端轴承支架的紧固螺栓、螺母及定位销，拆下轴承支架。用加热法并使用专用工具拆下推力盘及键。

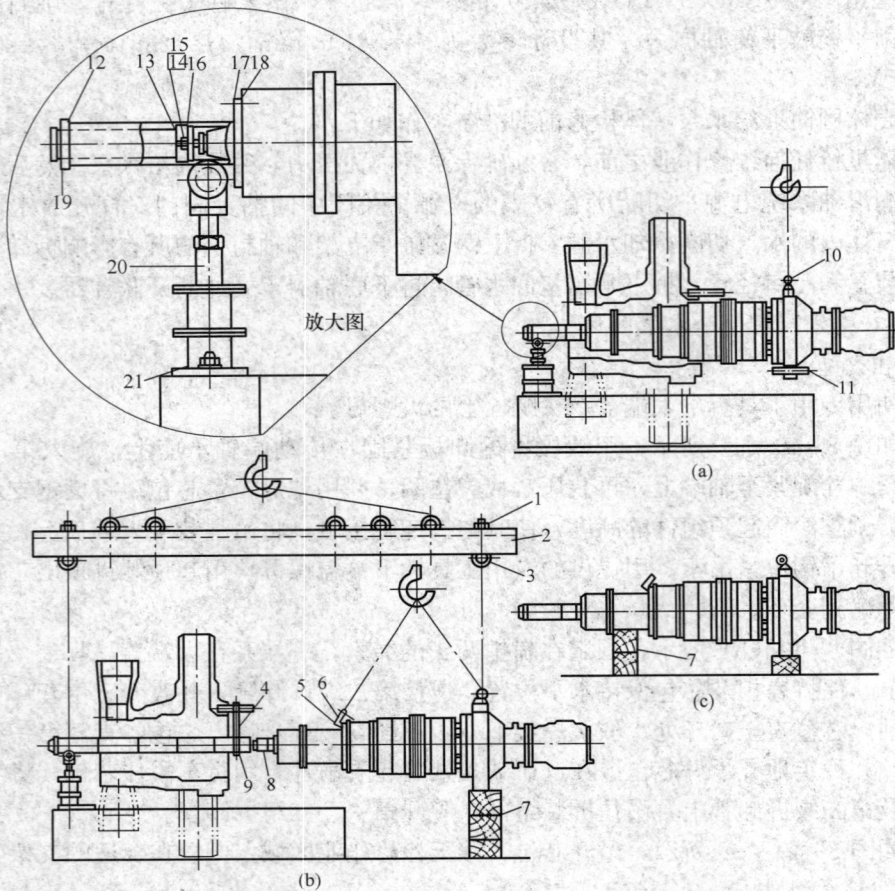

图 8-49　圆筒式给水泵抽出芯包

1、14—螺母；2—扁担（槽钢）；3—吊环；4—绳索；5、18、21—螺栓；6—起重吊耳；7—道木；
8、9—拆卸管；10—大端盖起重吊耳；11—起顶螺栓；12—紧定螺钉；13—双头螺栓；15—垫圈；
16—连接片；17—管子连接板；19—套环；20—滚筒起顶座组件

3. 内泵壳解体

（1）吊起芯包至垂直位置，放到支撑架上，如图 8-50 所示。

（2）拆下拉紧螺杆与大端盖的螺母和垫圈，拆下拉杆，将大端小心地吊离泵轴并移开。注意保护平衡鼓或平衡鼓衬套。用专用扳手拆下平衡鼓螺母、止动垫圈并取出平衡鼓密封压圈及密封圈；用加热法拆下平衡鼓，拆下平衡鼓键和蝶形弹簧，并保存好。

（3）拆下螺钉，取出末级导叶，用加热法拆下末级叶轮，并在叶轮上做好标记以便于安装，拆下叶轮键和叶轮卡环；拆下第四、五级内泵壳的紧固螺钉，拆下第五级内泵壳及导叶；用加热法卸下第五级叶轮、键及卡环。

（4）重复前面的步骤直到轴上仅留下首级叶轮。在轴端拧上吊耳，装上起吊工具，然后松开传动端定位螺母，拆下定位螺母、夹紧板、双头螺杆，小心地将轴从进口端盖吊开；将轴水平支撑，用火焰加热首级叶轮的轮毂，拆下首级叶轮、键，再将进口端盖从支架上吊开。

（二）清理检查和修理

对于解体后的泵芯所有部件都应清洗和检查，测量所有部件的间隙。对于间隙已达最大允许间隙或下次大修前可能达到最大允许间隙的配合部件，则应更换该部件。

（1）清理检查泵轴，测量泵轴弯曲度及变形，并对缺陷进行修理。

（2）检查叶轮有无磨蚀痕迹，特别是叶片顶部。检查叶轮内孔，确保内孔光滑无变形。叶轮的磨蚀痕迹无法处理时应更换。

（3）检查并测量叶轮口环（密封环）、导叶及内泵壳衬套，对于有磨损、间隙超过允许范围的组件进行修光或更换。

（4）检查并测量平衡鼓及平衡鼓衬套，修复磨损缺陷，更换间隙超过允许值的组件。

（5）检查密封轴套和密封衬套的损坏情况并测量其径向间隙，若间隙值超过允许值，则应更换新密封轴套或衬套。

（6）清洗并检查径向轴瓦和推力瓦块有无损坏或磨损痕迹。其巴氏合金表面上不应有可观察到的磨损，否则应修复或更换；检查润滑油密封圈有无损坏或磨损，必要时更换新的。

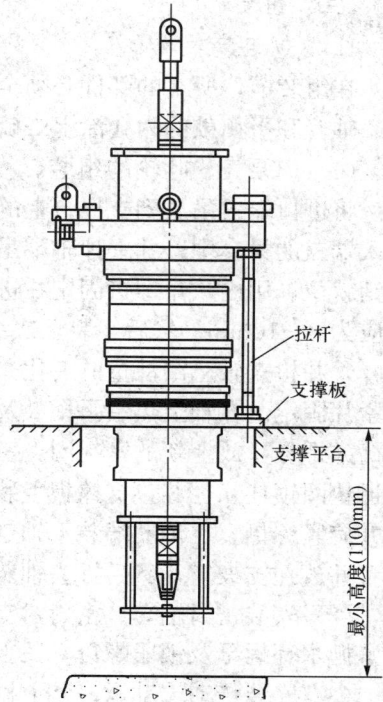

图 8-50　内泵壳解体

（7）如果转子更换了叶轮、平衡鼓及半联轴器时，应按要求进行动平衡检查。转子动平衡要求在 25N 以内。校验动平衡可通过去除叶轮盖板上的金属来达到，但是在叶轮前后盖板任一点的厚度不能少于 6.5mm，去除部分应在直径 260～290mm 的扇形范围内，且弧长不超过叶轮周长的 1/10。

除此之外，还需检查挡油圈、挡水圈等小部件；检查所有双头螺栓、螺母、螺钉、键及销子；检查联轴器及螺栓。各个部件如有损坏或缺陷，应修复或更换。所有接头垫片、O 形圈、挡圈等在组装时都应更换新的。

表 8-3 为该泵的主要间隙，第一组为新件的间隙值，第二组为应该更换新件的间隙值。

表 8-3　　　　　　　　　　　各部件间隙质量标准

间　隙　位　置	第一组	第二组	间　隙　位　置	第一组	第二组
径向轴承和轴	0.215/0.14	0.26	末级导叶和大端盖间（轴向）	1.23/0.27	
抛油环和挡油圈	0.41/0.35	0.47	总轴向间隙（在推力轴承上）	0.4	根据检查
导叶衬套和叶轮轴颈部	0.49/0.41	0.675	内泵壳和叶轮	4	
内泵壳衬套和叶轮进口颈部	0.49/0.41	0.675	导叶和叶轮	4	
平衡鼓和平衡鼓衬套	0.49/0.41	0.675	转子总的轴向窜动（不装推力瓦块时）	8	
密封轴套和密封衬套	0.48/0.41	0.67			

（三）组装

1. 芯包组装

在组装前，所有的部件必须全面地清洗，所有的内孔和油路必须清洗，在轴、叶轮的内孔、轴套和平衡鼓的内孔涂上二硫化钼干粉。

（1）内泵壳、叶轮的组装。将泵轴水平支承在支架上，热装首级叶轮、键，并靠紧轴肩。将进口端盖吊放到支撑台上的支撑板上，在轴自由端装上轴吊耳，吊起泵轴，将其竖直穿入端盖的衬套中，并去掉轴端吊耳。将预先装配好的导叶与内泵壳吊装到进口端盖上，定位销就位，用内六角螺钉固定在进口端盖上。用百分表和起吊转子的方法测量总窜动量，其值应为 8～10mm。然后，装上次级叶轮的卡环和键，按上述方法装上次级叶轮、内泵壳和导叶，并检查轴总窜动量的变化。依次装上各级叶轮、内泵壳和导叶，连接螺钉必须用新的锁紧片固定。在轴上热装平衡鼓及键，趁热装上平衡鼓螺母将其拧紧，当组件冷却后，拧下平衡鼓螺母，放上新的密封圈、密封压圈及锁紧垫圈，用专用扳手旋紧平衡鼓螺母，然后用止退垫圈锁住。在芯包支撑板上装上拉杆，小心地将大端盖放下并穿过泵轴和拉杆，装上垫圈并旋紧螺母。在传动端装上轴定位装置（见图 8 - 49）及芯包起吊装置，将芯包吊至水平位置并放在支架上，然后拆去轴定位装置。

（2）安装密封轴套、密封衬套，把自由端及传动端的密封箱体装入，用螺栓紧固衬套，旋紧抛水环螺母及锁紧螺母，装上托板，用螺栓紧固。

（3）安装传动端轴承。装上抛油环并固定在轴上，安装传动端轴承支架，紧固螺母安装下半部径向轴承。为保证转子与静止部分的同心度，在轴颈上安装百分表测量抬轴量，抬轴量应为总抬轴（没安装下轴瓦时的）的一半。然后，安装上半部径向轴承、径向轴承压盖及上半部挡油圈，装上定位销，用螺母紧固轴承压盖；装上支架盖，用定位销、螺栓、螺母将其定位并紧固在轴承支架和进口端盖上。

（4）安装自由端轴承。先将抛油环安装固定到轴上，再安装轴上的推力盘键，用加热法将推力盘装到轴上，装上锁紧垫圈后用专用扳手拧紧推力盘螺母。然后将自由端轴承支架定位及紧固在大端盖上。安装径向轴承并测量抬轴量，使抬轴量总抬轴量的一半；安装推力瓦撑板，使之与推力盘相接触；再将轴承端盖固定到轴承支架上，并检查轴向间隙。检查时，将轴向传动端顶紧，使得推力盘紧贴在内侧推力瓦块上，用塞尺测量外侧推力轴承撑板衬垫（调整垫）与端盖间的间隙，然后再将推力轴承罩安装到轴承支架上。

2. 安装芯包

（1）芯包水平放置，将拆卸板安装在传动端轴承支架上，旋入第一级拆卸管，将拉紧螺栓旋入至轴端，再装压紧板、垫圈并用螺母拉紧芯包（螺母不宜拧得太紧，消除间隙即可）。拆下芯包上的调节螺栓螺母、拉杆和进口端芯包支撑板。

（2）在大端盖、进口端盖上分别装上新的 O 形圈，在进口端盖与筒体的配合面上安装新的镀铜低碳钢接口垫。

（3）在大端盖和进口端盖上安装吊耳，把芯包吊至装配现场。连接上第一和第二级拆卸管，将槽钢支承板及滚筒起顶组件固定在泵座上，使拆卸管置于滚筒起顶组件上。

（4）拆去进口端盖上的吊耳，用行车起吊并保持芯包水平，将芯包小心地推入筒体内，并确保各 O 形圈和密封件不受损坏；拆下每级位于滚筒起顶组件处的拆卸管，直到第一级拆卸管位于滚筒起顶组件上。调整起顶组件，使泵对中，继续将芯包推入筒体，直到端盖套上双头螺栓。

（5）当大端盖装贴在筒体上时，拆下端盖上的吊环，拆下起顶组件、槽钢扁担，从轴端处拆下压紧板，旋下第一级拆卸管，拆下紧固拆卸板的螺钉，取下拆卸板。

（6）在大端盖双头螺栓上装上螺母，先用手紧螺母，再用液压扳手拧紧所有大螺母，然后装上保护帽。

三、轴（混）流泵的检修

大容量火力发电厂的循环水泵一般采用轴流式或混流式泵，其特点是扬程不高，但流量很大。用做循环水泵的轴流泵和混流泵，在结构上基本相同。近年来新投产的 300MW 机组配套的循环水泵一般采用单吸开式叶轮、转子可抽出的立式混流泵。图 7-15 为型号72LKXAL-24A 的混流泵的结构图，用做某 300MW 机组的循环水泵。该型泵的转子在泵体不拆卸的情况下，可单独抽出进行检修。泵的吸入口垂直向下，出水口水平布置，位于基础层之下。从电动机端往下看，泵顺时针旋转，泵的轴向力由电动机上的推力轴承承担。现以该型泵的解体大修为例介绍其检修问题。

（一）检修的准备和注意事项

（1）在泵进口侧放下闸板门，出水阀应可靠隔绝、不泄漏，集水井内的存水应抽光，检修时发现泄漏要及时处理。

（2）现场准备两个干净的空油桶，将轴承室的存油抽至空油桶中。

（3）拆下轴承室及冷油器的冷却水管，吊出冷油器，拆除轴承室油位计。

（二）泵的解体

1. 解体前的测量

（1）将电动机轴头平面清理干净，用水平仪按东西、南北两个方向测量轴头水平，在测量位置做好标记并记录测量结果，以便检修后复测。

（2）进入循环水泵吸入口内，测量叶片与泵壳之间的间隙并记录在表中。

（3）卸下泵轴填料压盖，取出填料，均匀放置锲形铁块并塞实；将联轴器对轮相对位置做好标记，松去对轮螺栓，测量泵轴提升量并做好记录。

（4）在电动机轴头及电动机靠背轮两处放置百分表，测量转子的晃动并记录测量结果。

（5）松开电动机支座上的连接螺栓，做好标记后，将电动机吊出，放置在专用架；将电动机侧半联轴器用两个千斤顶顶起，旋下对轮螺母，平稳放下对轮。

2. 泵的解体

（1）清理电动机支座上的法兰，用长平尺架在法兰面上，在两个方向上测量支座的水平，做好记录；将支座与泵盖板的连接螺栓拆除，做好连接标记后，将支座吊出。

（2）旋下泵轴顶端调整螺母，吊出泵侧对轮；取出楔形块，吊出填料函体；拆卸泵支撑板与泵盖板之间的连接螺栓，将泵盖板与导流片吊出，吊出时要注意保持平衡。

（3）将润滑水上、下接管间的连接螺栓拆除，吊上接管；将套筒联轴器吊起，取出套筒联轴器内的连接卡环，将上轴吊出到检修场地。

（4）将润滑水下部内接管与导叶体连接螺栓拆下，把中间轴承与下内接管一起吊出。

（5）对导叶体外壁与筒体间结合处进行清理并用煤油浸泡，然后将下轴连同导叶体、叶轮缓慢地吊出，放置在专用的钢架上。

（6）卸下叶轮固定装置，吊出下轴并摆放在枕木上。将导叶体与叶轮室之间做好连接标记，拆除连接螺栓，逐件吊出导叶体和叶轮。

（三）部件的清理、检查

1. 清理、检查泵轴

检查下主轴工作段表面镀铬层是否有脱胎、剥落、裂纹和划伤沟槽，键与键槽配合是否完好，轴端螺纹与螺母配合松紧是否合适。清理、检查轴套，轴套表面镀铬层应完好、无剥落等影响使用的现象，否则应更换。可根据泵使用时的情况决定是否测量轴弯曲。

2. 清理、检查橡胶轴承

该混流泵的支持轴承为橡胶轴承，其外壳材质为铸铁，内衬是经碳化处理的黑色橡胶。将橡胶轴承清理后，检查轴承内衬橡胶有无脆裂、脱壳、冲刷及损伤，测量橡胶轴承的内径及对应的轴套外径，如间隙大于标准则应更换轴承。

3. 套筒联轴器的检查

外观检查应光滑无毛刺，工作面应光洁、无裂纹及划伤沟槽，键与键槽配合良好、无松动；测量泵轴外径与套筒联轴器工作面内径并做好记录。

4. 叶轮的检查

清理叶轮表面污垢，检查外观，表面应完整光滑，无严重冲损、裂纹及汽蚀。

5. 导流板及泵壳的检查

导流板表面的外观应无裂纹、冲蚀、汽蚀等缺陷，无明显的变形；泵壳流道内壁应光滑无严重冲蚀，无砂眼及裂纹，各筒体结合面应光滑、平整无渗漏。

6. 轴承室导瓦及推力瓦块的检查

检查导瓦及推力瓦块的乌金瓦面应光滑无损伤，瓦面无裂纹，乌金面无脱壳、碎裂；检查导瓦及推力瓦与推力头的磨合情况，接触面积应大于 70%，否则应进行研刮处理；测量推力瓦块的厚度并做好记录；检查导瓦的上、下托板及绝缘板。

（四）泵的组装与调整

泵的组装步骤大体上与解体时相反。组装就位后需调整的项目：

（1）测量电动机轴头的水平，如水平不合格则应调整电动机基座垫片，直至合格。

（2）测量电动机转子的晃动，检修前后测量位置应保持一致。要求电动机联轴器径向跳动小于或等于 0.05mm，如不合格，则需对电动机及转子进行调整。

（3）将联轴器连接螺栓紧足，测量泵轴提升高度并进行调整。

（4）进入泵的吸入口测量叶轮与泵壳的间隙并做好记录。如叶片与泵壳间隙不合格，可通过改变泵轴的提升高度进行间隙调整，间隙合格后，测量并记录泵轴的提升高度。

（5）用 0.10mm 塞尺片轴向塞入导向轴承两侧间隙，旋紧调整螺钉，当两侧塞尺片松紧相同且刚好抽出时，将调整螺钉上的锁紧螺母旋紧，抽出塞尺片。

第五节　风机的检修

一、离心风机的检修

由于各种离心风机的结构上比较接近，其检修内容和程序也基本相同。

（一）检修前的准备

检修前应了解应修水泵的性能和检修工艺，并向运行人员了解运行中存在的问题，以及日常的缺陷及上次检修的台账记录。在开工前做一次详细的检查，包括风机轴承温度和振动情况、电动机和基础的振动情况和运行参数，以及风机外壳与风道法兰的严密性及其锈蚀情况。准备好专用的工具、配件和所需的材料，办理工作票并落实安全措施。

（二）离心风机的解体与检查维修

离心风机检修工作的主要内容包括：风机叶轮及机壳检查及各部间隙测量调整；轴承箱解体；主轴和轴承各部检查及其间隙的调整；清理轴承箱内部，并更换润滑油；联轴器找中心等。

现以 MF9-10-12 型风机为例叙述离心风机的检修工艺。在火力发电厂中，该型号风机被用作中速磨煤机的密封风机。

1. 轴承箱解体、检查和调整

（1）切断电动机电源，拆除冷却水管路和轴承温度表，放尽润滑油。

（2）拆下联轴器螺栓，拆除轴承箱上下盖之间的定位销及连接螺栓，拆除轴承侧压盖螺栓，吊出轴承箱上盖。

（3）测量并检查轴承和轴承箱完好程度，记录下压盖所加垫的厚度、轴承游隙、轴向间隙和紧力，调整加垫的厚度使轴承间隙和紧力符合要求。

（4）装复轴承箱上、下压盖及轴承侧压盖，更换轴承密封的羊毛贴并压紧密封压盖，装复轴承温度表及冷却水管路，加入干净的机械油。

（5）按要求进行联轴器找正。

（6）电动机试转（确定电动机转动方向正确），连接联轴器对轮、装保护罩。

（7）启动风机，进行不小于 4h 的风机试运行。要求轴承三向振动值达标、两侧轴承的温升小于或等于 40℃、润滑油和冷却水均无泄漏。

2. 主要部件的检修

（1）叶轮应无裂纹、无瓢偏现象，对于振动过大的叶轮，可视情况进行动平衡校验；机壳应无裂纹，叶轮与机壳的间隙应均匀无碰撞摩擦现象；检查机壳与主轴间密封羊毛毡，不合格的应更换。在风机装复机壳封闭前一定要检查、确保机壳内无杂物。

（2）叶轮和轮毂有超过允许的瓢偏、磨损或配合间隙过大且无法修复时，需要更换。更换叶轮时，现将连接叶轮和轮毂的铆钉割去，再将铆钉冲出，取下叶轮后将轮毂结合面修平。安装叶轮一般采用热铆法，即将铆钉加热至 800～900℃ 后趁热插入铆钉孔内，然后用专用工具铆合，冷却后用小锤敲打钉头，检查铆合质量。

轮毂与轴一般为过盈配合，更换轮毂时如果在常温下拆装困难，可以用加热法拆卸。安装新轮毂要在轴检修后进行。过盈量要符合原图纸要求。新轮毂装上后要测量晃度和瓢偏。

（3）检查风机主轴，应无裂纹、腐蚀及磨损，轴颈的圆度应符合要求且无拉毛现象。如果轴在机壳轴封处有明显摩擦痕迹，说明其运转时的晃动超过允许值，需要检查弯曲度。

（4）检查、调整风机进出口管路，风机与管路的橡胶软接头应无破损，否则应更换；调整集流器对口间隙、径向间隙。集流器应伸入叶轮口约 9mm。

（5）轴承的检修按本章第三节要求进行。

（三）离心风机的组装

组装的顺序大体上与解体顺序相反。在转子吊装就位后即可进行叶轮在机壳内位置的找正。转子的找正即可通过调整轴承座来进行，也可以微调机壳的位置进行。在连接风机进出口管道时，如果有错位不允许强拉，以免造成机壳和管道的变形。联轴器找中心时，要保证主轴的水平位置，一般对水平度的要求为 0.1mm/m。

二、轴流风机的检修

目前，在 300MW 以上的火力发电机组中，送风机、引风、一次风机及脱硫风机采用的主要型式为轴流式，一般送风机为动叶可调式轴流风机，其他多为静叶可调式轴流风机。本书以引进德国 TLT 公司技术生产的 FAF 型锅炉送风机为例介绍其检修相关问题。

检修工作开始前需进行相应的准备。

（一）风机转子的拆卸

1. 风机机壳上半部的拆卸

在拆卸机壳前需要先将叶片关闭。然后拆卸围带、机壳体水平法兰和吊环范围内的隔声层，卸下机壳连接螺栓和定位销，借助机壳上半部的水平法兰上的顶开螺钉将上半部机壳顶起，用绳索将上半部机壳平稳吊起，直至机壳移动时不会碰到叶片为止，然后横向移出，并放在木垫板上。

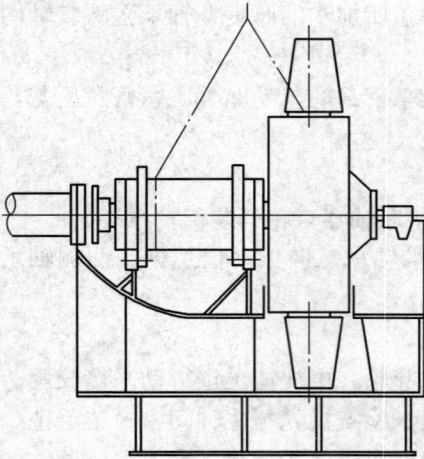

图 8-51　转子的起吊

2. 转子的拆卸

从液压调节装置上拆离调节轴和指示轴和其他固定装置，拆卸液压装置和主轴承箱上的油管路；拆下轴承温度计，松开中间轴和风机侧的联轴器联结螺钉；在进气箱内托住中间轴，松开电动机侧的联轴器，将主轴承箱和机壳之间的连接螺栓卸下，将转子（包括轴承箱）吊起，如图 8-51 所示，然后将转子放置到专用支架中。转子吊起时应要保持水平平稳，注意防止叶片受损。

（二）叶轮的解体

1. 液压调节装置的拆卸

拆除轮毂盖连接螺钉，卸掉轮毂盖并做好标记；松开 4 个液压缸装置调整螺钉，将液压缸支承座旋上吊耳环，用绳索吊住，拆除液压支承座连接螺钉，将液压支承座拆下；拆除液压缸与调节盘连接螺钉，从主轴的轴衬中将液压缸及控制头抽出；取下调节盘组件。

在电厂的检修中，一般不对液压缸进行解体检修，需要解体时必须返风机制造厂维修。

2. 轮毂的拆卸

拆下叶轮并帽连接片及螺栓，旋松叶轮并帽取下，拆下主轴轴衬挡圈，在轮毂上旋上两个专用吊耳，将轮毂吊好。用叶轮拆卸的专用液压工具将叶轮平稳拉下，并水平放置。拆下调节连杆锁紧螺帽，并取下调节杆。旋松叶柄螺母，拆卸叶柄轴，包括叶片、叶柄轴承及平衡重锤，拆下叶柄轴套。注意：轮毂内部拆下的零部件应按记号分类放置。

（三）叶轮的检修

1. 叶片的检查

（1）为了及时地发现叶片存在的缺陷，可在大、小修中对叶片分批进行抽查。方法可采用着色探伤法，进一步全面检查叶片工作面及叶根部分是否产生裂缝、气孔、砂眼等缺陷。

（2）由于叶片螺钉在长期拉应力作用下会拉长，使螺钉紧固力下降，所以每次检修都必须对叶片螺钉进行力矩复测，注意拆下的叶片螺钉不可再使用。

（3）叶片间隙测量检查。将叶片位置调到近似开足的位置，测量叶顶部与外壳间间隙，找出最长叶片与外壳最小间隙；在外壳某一定点上，测量每一块叶片间隙，并做好记录。找出最长叶片，把外壳等分8点，然后用最长叶片测量各点的叶片与外壳的间隙，找出叶轮外壳最狭窄处，在此处测量出每块叶片的间隙并做好原始记录。

2. 叶片的更换

（1）首先拆卸机壳上盖，依次将液压调节装置拆卸至滑块，旋松叶柄螺母。叶柄固定装置如图8-52所示。

（2）用内六角扳手卸下叶片螺钉，拆下旧叶片。要按对角拆卸旧叶片，以免叶轮不平衡。

（3）新叶片是经过制造厂力矩称重、装配、计算平衡、叶片编号打印，因此安装中叶片要对号入座。

（4）新叶片安装要对角进行，叶片螺钉全部换新，对叶柄轴螺纹应清理检查，使螺钉能随手旋进。叶片螺钉在安装前应涂上润滑油，安装时要对角均匀预紧，再用扭力扳手按预定扭矩对角扳紧。

（5）新叶片全部安装完毕后，进行叶片间隙测量调整，最后装复其余部件。

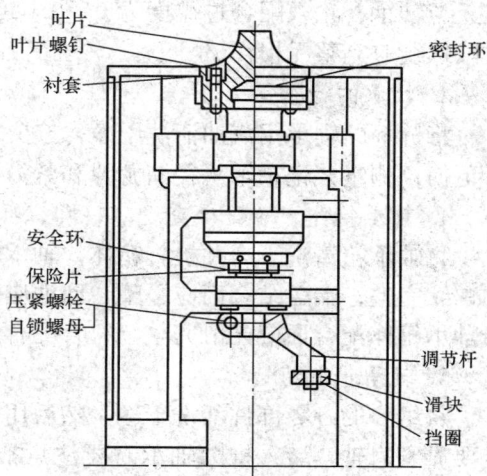

图8-52　叶柄的固定装置

3. 轮毂的检查

（1）检查滑块、销子及其调节杆的完好情况，如磨损严重、碎裂裂纹等情况应更换。

（2）检查清理调节盘及调节导环，调节盘表面应无裂缝，配合面光滑无毛刺。

（3）检查和清洗叶柄轴承，保证轴承的完好，否则应予以更换；检查清理叶柄轴套，保证其完好，与孔配合不松动，否则应更换。

（4）检查叶柄上螺纹与螺帽、叶柄上叶片螺钉孔的螺纹应完整；叶柄无弯曲、无磨损、表面光滑，与轴套配合转动灵活。叶柄清理干净后涂上防锈油剂。

（5）平衡重锤表面应无缺陷，轴孔光滑，与叶柄配合不松，键槽完整，配合良好。

（6）清理轮毂、轮毂盖、液压缸支承座，检查表面无裂缝等缺陷，各结合面平整无毛刺，螺纹完整。

4. 轮毂的安装

（1）轮毂所有零部件安装过程与拆卸顺序相反进行。

（2）在安装前必须对各部件认真进行清理检查，特别是各光滑结合面、配合面及清洗过的零部件加涂防锈油剂。

（3）轮毂上各部件的安装必须按照制造厂打下的相配记号进行。

（4）各部件的紧固连接螺钉，需按规定的拧紧力矩紧固。

（5）叶柄轴承装配时必须重新添加润滑油脂。

（6）液压缸与控制头的同心度误差小于或等于0.03mm。

（四）轴及轴承箱的检修

1. 轴承箱解体检修

轴承箱的解体检修是在转子及叶轮拆卸解体后进行，并放尽轴承箱内的剩油，将箱体外部清洗干净。用加热法将电动机侧联轴器拉下，然后拆下前后轴头锁紧并帽，取下螺栓垫圈；拆除轴承箱前后两端盖与箱体连接螺钉，并做好记录，取下挡油圈；将主轴连同轴承一起从箱体中抽出，放于专用架子上。用加热法从主轴上拉下所有轴承。

2. 主轴的检查

测量主轴的同心度，各配合段圆度应小于或等于 0.02mm，轴面应完整、无裂纹等缺陷，与轴承、轮毂配合过盈度为 0～0.02mm。轴与联轴器、键槽与键的配合不松动，各螺纹段螺纹应完整无损伤。

3. 轴承的检查

将拆下的轴承用汽油清洗干净，按要求对轴承进行检查，对于结构不完整、外观变色的予更换；测量并记录轴承径向游隙和紧力。

4. 轴承箱体、端盖检查

将轴承箱清洗干净并检查箱体。轴承箱体应完整、无裂缝、结合面应平整，紧固螺钉孔的螺纹完整；端盖结合面应平整，回油应孔畅通，油封无老化现象，否则应更换；轴承外圈与轴承箱体配合面应光滑完整、符合配合要求。

5. 轴承箱的组装

将组装的各零部件清洗干净，然后用加热法将各零部件依次快速套入轴上，注意轴承一定要靠紧肩轴，装入推力轴承时要注意推力方向。装配好的轴承组件必须待冷却后装进箱体，轴承外圈应涂上润滑油，安装时注意前后方向、位置正确。安装箱体前后端盖应按原记号进行，四周间隙应均匀，涂上密封胶，然后均匀紧固螺钉。结合面应严密不渗油。

（五）联轴器、中间轴的解体检修

1. 联轴器拆卸检查

该风机的联轴器可用压缩联轴器弹簧片方法使中间轴定心凸肩从联轴器中分离退出，如图 8-53 所示。联轴器、中间轴拆卸在前要做好记号，联轴器连接螺钉螺纹应完整，不弯曲，弹簧片完好无磨损。电动机及风机侧半联轴器拆装可用加热法进行，联轴器孔应光滑无毛刺，键与键槽、轴与联轴器配合应恰当。紧固联轴器连接螺钉应按说明书规定的力矩进行。

2. 联轴器、中间轴对轮中心找正

松开收回螺栓，将电动机及风机侧半联轴器压缩弹簧片放回，使中间轴凸肩插入联轴器内。连接紧固螺栓时，注意半联轴器与中间轴法兰连接位置应按原平衡标记号对接。用两个百分表及表架，分别进行电动机、中间轴、主轴转子对轮中心找正，找中心允许误差为 ±0.1mm。

（六）动叶角度校验调整

在风机复装完毕，并且液压润滑油系

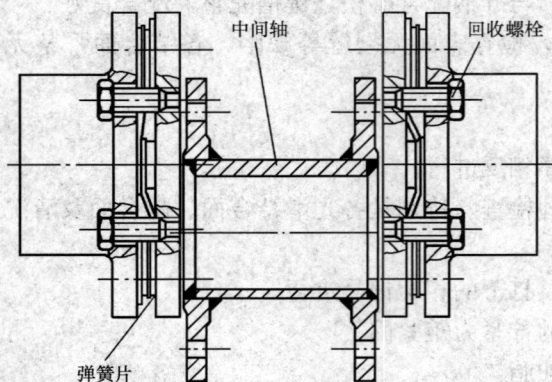

图 8-53　联轴器及中间轴的拆卸

统安装试运正常的条件下，可进行动叶角度校验调整。

先开启液压润滑油泵，调整好油压，将控制头动叶片开足并关死限位紧固螺钉松开，再将控制头调节轴与调节机构连杆相连接。手摇动叶电动执行机构，使液压调节装置发生动作，使叶片根部对准轮毂上原有刻度盘值，调到动叶开足位置 25°。然后旋紧开足限位支头螺钉，用同样方法调整动叶关煞位置－30°。然后转动动叶，校验调整动作过程，确认无误后，将控制头指示轴与调节机构连杆相连接，并调整机壳外部动叶片指示实际刻度。

思 考 题

8-1 使用百分表（千分表）或塞尺对工件进行测量时应注意哪些问题？

8-2 拆卸轴套装件一般有哪些方法？在拆卸困难的情况下，是否可以使用锤击法拆装？

8-3 如何用加热法安装滚动轴承？

8-4 拧紧法兰螺栓时一般应按照怎样的顺序？为什么？

8-5 何谓晃动？何谓瓢偏？它们是何原因形成的？有哪些危害？对于离心泵的叶轮如何测量其晃动和瓢偏？

8-6 轴弯曲如何测量？校直轴弯曲的方法有哪些？

8-7 联轴器找中心的意义何在？怎样进行联轴器找中心？

8-8 何谓转子的静平衡？怎样找显著不平衡和不显著不平衡？

8-9 何谓转子的动平衡？怎样用测相法找转子的动平衡？

8-10 滚动轴承损坏类型及原因是什么？

8-11 如何测量滚动轴承的紧力？如何测量滚动轴承的轴向间隙？

8-12 如何给滚动轴承添加润滑脂？

8-13 滑动轴承的轴承合金哪些类型？什么叫脱胎？如何检查轴瓦是否脱胎？

8-14 轴瓦刮削的目的是什么？检修工作中对滑动轴承的间隙有何要求？怎样测量间隙？

8-15 机械密封安装与拆卸应注意哪些问题？安装时如何测量机械密封的紧力？

8-16 机械密封安装后进行试运行时应注意什么？

8-17 单级离心泵解体检修过程中需要测量哪些项目？

8-18 简述双壳体圆筒形给水泵泵芯的解体检修过程。

8-19 简述 FAF 型锅炉送风机叶轮的检修过程。

参 考 文 献

[1] 郭立君. 泵与风机. 北京：水利电力出版社. 1986.

[2] 侯文纲. 工程流体力学 泵与风机. 北京：水利电力出版社. 1985.

[3] 杨诗成，王喜魁. 泵与风机. 4 版. 北京：中国电力出版社. 2012.

[4] 张燕侠. 流体力学 泵与风机. 北京：中国电力出版社. 2007.

[5] 刘得雨. 水泵技术问答. 北京：水利电力出版社. 1983.

[6] 吴民强. 泵与风机节能技术问答. 北京：中国电力出版社. 1998.

[7] 安连锁. 泵与风机. 北京：中国电力出版社. 2008.

[8] 毛正孝. 泵与风机. 2 版. 北京：中国电力出版社. 2014.

[9] 马文智. 现代火力发电厂高速给水泵. 北京：水利电力出版社. 1984.

[10] 赵鸿逵. 热力设备检修基础工艺. 2 版. 北京：中国电力出版社. 2007.

[11] 电力行业职业技能鉴定指导中心. 水泵检修. 北京：中国电力出版社. 2006.

[12] 国电太原第一热电厂. 锅炉及辅助设备. 北京：中国电力出版社. 2005.

[13] 望亭发电厂. 汽轮机. 北京：中国电力出版社. 2002.

[14] 望亭发电厂. 锅炉. 北京：中国电力出版社. 2002.

[15] 万振家、陈海金. 锅炉辅机检修. 北京：中国电力出版社. 2008.

[16] 华东六省一市电机工程（电力）学会. 锅炉设备及其系统. 北京：中国电力出版社. 2001.

[17] 华东六省一市电机工程（电力）学会. 汽轮机设备及其系统. 北京：中国电力出版社. 2000.

[18] Igor J. Karassik. 泵手册. 3 版. 陈允中，等译. 北京：中国石化出版社. 2002.